哺乳动物杂交与生殖调控

Hybriding and Reproductive Regulation in Mammals

李喜和　孙青原　曹贵方　包斯琴　主编

科学出版社

北　京

内 容 简 介

本书共分为七章，第一章"生命的诞生和进化"，为读者介绍了生命诞生与进化的基础知识，激发读者对生命科学与现代生物技术的兴趣。第二章"动物性别分化和有性生殖"，重点介绍哺乳动物有性生殖的由来、受精与生命发生及哺乳动物个体性别决定机制。第三章"自然界的动物杂交"、第四章"动物的人工杂交"分别介绍家畜、野生动物常见杂交例子，从生殖生物学角度让读者认识这些科学问题。第五章"异种动物受精与生殖隔离"、第六章"动物繁育与生殖调控技术"基于编者开展的科学研究，介绍现代家畜繁殖生物技术在科学研究与产业应用领域中的热点，这部分也是本书的核心内容。最后，第七章"人类生殖繁衍和生存危机"，结合环境变化、传染病、人类生殖辅助技术等社会热点问题，激发读者对科学的追求及对美好生活的期望。

本书汇集了哺乳动物杂交与生殖调控领域目前的最新研究成果与有趣问题和观点，对于生命科学研究领域的科技工作者及生物、畜牧与医学专业的学生都具有较高的参考价值。

图书在版编目（CIP）数据

哺乳动物杂交与生殖调控 / 李喜和等主编 . —— 北京：科学出版社，2022.6

ISBN 978-7-03-072482-3

Ⅰ . ①哺… Ⅱ . ①李… Ⅲ . ①哺乳动物纲－杂交育种－研究 ②哺乳动物纲－繁殖力－调控－研究 Ⅳ . ① Q959.805

中国版本图书馆 CIP 数据核字（2022）第 100081 号

责任编辑：李 悦 薛 丽 / 责任校对：郑金红

责任印制：肖 兴 / 封面设计：北京蓝正合融广告有限公司

科 学 出 版 社 出版

北京东黄城根北街 16 号

邮政编码：100717

http://www.sciencep.com

中国科学院印刷厂 印刷

科学出版社发行 各地新华书店经销

*

2022 年 6 月第 一 版 开本：787×1092 1/16

2022 年 6 月第一次印刷 印张：21 插页 1

字数：497 000

定价：218.00 元

（如有印装质量问题，我社负责调换）

《哺乳动物杂交与生殖调控》编辑委员会

主 编 简 介

李喜和 日本东京农业大学动物学博士,现任内蒙古大学生命科学学院教授、博士生导师,内蒙古赛科星繁育生物技术(集团)股份有限公司首席科学家,内蒙古赛科星家畜种业与繁育生物技术研究院院长。1998～2005 年在英国剑桥大学临床兽医系任高级研究员,主要从事家畜受精生物学与生殖生物技术、干细胞生物学、动物遗传资源研究应用。主持并参与国内外科技项目 30 余项、发表科学论文 180 余篇、获得发明专利 22 项、主编或参编专著 3 部。在 *Nature*、*Stem Cell Reports*、*Cell Research*、*PNAS* 等期刊上联合发表多个重要科技成果。特别是主持开发的以奶牛为主的家畜性别控制新技术与新产品,实现了大规模产业化应用,取得了显著的经济与社会效益。现任中国科学技术协会委员、内蒙古生物工程学会理事长、内蒙古自治区归国华侨联合会副主席与科技委员会主任。

孙青原 东北农业大学博士,国家杰出青年科学基金获得者、中国科学院"百人计划"入选者、"新世纪百千万人才工程"国家级人选、国家重点基础研究发展计划(973 计划)首席科学家。1998～2020 年任中国科学院动物研究所研究员;2020 年 10 月调入广东省第二人民医院工作,任研究员、首席科学顾问。一直从事卵子发育、受精及早期胚胎发育研究,在 *Science*、*Nature Cell Biology*、*Nature Communications*、*PNAS*、*Nature Aging* 等国际期刊发表论文 430 余篇,主编或参编著作 22 部,连续 7 年入选"中国高被引学者"榜单。曾获国家自然科学奖二等奖、中国青年科技奖、"中国科学院杰出青年"称号、留学回国人员成就奖等。

曹贵方 西北农林科技大学博士,现任内蒙古农业大学兽医学院教授、内蒙古赛科星家畜种业与繁育生物技术研究院常务副院长。主要研究领域为家畜组织胚胎学、生殖生物学与生物技术。承担国家自然科学基金项目 8 项、内蒙古自治区科学技术项目 4 项,"tPA、cAMP 与 Ghrelin 等内源信号分子对牛羊卵母细胞与胚胎发育的作用及机制研究"成果荣获 2019 年度内蒙古自治区自然科学奖一等奖。主编或参编专著 7 部、发表研究论文 125 篇,培育了肉羊新品种'戈壁短尾羊'。任内蒙古生物工程学会副理事长、秘书长,获"内蒙古自治区突出贡献专家"称号、内蒙古自治区"草原英才"工程人选。

包斯琴 东京农业大学动物学博士,现任内蒙古大学生命科学学院教授、博士生导师、学科带头人，英国剑桥大学 Gurdon 发育生物学研究所兼职研究员。2002 ~ 2015 年在英国剑桥大学 Gurdon 发育生物学研究所、Sanger 研究所做博士后研究，并担任高级研究员，主要从事动物干细胞与发育生物学、生殖生物学与生物技术研究。主要科研成果发表在 *Nature*、*Cell Stem Cell*、*Nature Cell Biology*、*EMBO Reports*、*Cell Research*、*Stem Cell Reports* 等期刊。

序 一

地球物种多种多样、生命形态千变万化，物种杂交在亲缘关系靠近的微生物、作物及低等动物中比较常见，也是生命科学研究的重要领域。杂交优势的遗传特性是大众的共同认知，马与驴的杂交后代骡子普遍不育、具有生长发育优势的遗传特性也被大众熟知，但是极少数骡子的可育也是科研工作者和社会关注的"热点新闻"。生物遗传科技工作者百年来一直关注这些极少数骡子为什么能够生育的科学问题，也提出了所谓的"亲缘假说"。虽然过去几十年随着遗传学与生物信息学研究手段的进步，对于许多物种基因组的解析取得了重要进展，但是关于动物杂交的生殖调控，特别是骡子可育机制目前还没有明确的科学证据。

李喜和博士等在《哺乳动物杂交与生殖调控》一书中，从一个新的科学角度切入哺乳动物生殖隔离与生物进化的生命科学研究领域，重点介绍了物种性别分化与有性生殖、动物的自然杂交与人工杂交、家畜繁育与生殖调控技术，列举了几种大家熟悉的马和驴杂交的骡子（mule）、狮和虎杂交的狮虎兽（liger）、骆驼和羊驼杂交的骆羊（cama）等杂交范例，汇集了该领域目前最新的研究成果与有趣问题和观点，对于生命科学研究领域的科技工作者及生物、畜牧与医学专业的学生具有很好的参考价值。

中国工程院院士张涌

2021 年 6 月 27 日

序 二

动物杂交是生命科学与生物技术研究，特别是物种生殖隔离、物种进化相关遗传机制研究的热点领域。

该书作者之一李喜和博士在英国剑桥大学临床兽医系工作期间，从事马受精生物学研究，受 W.R. 艾伦（W.R. Allen）教授与 R. 肖特（R. Short）教授两位世界级动物生殖生理学与繁殖生物技术研究领域知名专家影响，对马驴杂交后代骡子的生殖调控机制研究产生了浓厚兴趣。回国后多年来一直关注该科学问题，从组织学、细胞学、遗传学、分子生物学角度开展了一系列研究，对于早期科研人员提出的动物杂交可育的"亲缘假说"及骡子生殖与生殖调控有了初步了解。2017 年 12 月，李喜和博士牵头，联合英国剑桥大学 Sanger 研究所、上海海洋大学、中国科学院动物研究所及内蒙古农业大学共同启动了"骡子基因组项目"，目前该项目研究内容与检测分析基本完成，对骡子生殖调控机制有了一些新发现。

该书汇集了动物杂交有趣而令人深思的基础知识与研究成果，结合哺乳动物性别控制、动物克隆、干细胞、基因编辑等现代生殖生物技术，对于丰富学生、科研人员的生命科学知识，拓展生命科学研究思路具有重要的启发和参考价值。

中国科学院院士魏辅文

2021 年 6 月 26 日

前　言

　　千姿百态的生命存在于地球，生命科学探求地球生命的生存和繁衍规律，也包括对我们人类自身的认识。本书以介绍生命活动的基础知识为铺垫，以哺乳动物杂交的生命现象与生殖调控为焦点，展示了与生殖相关的胚胎工程、性别控制、动物克隆、基因编辑等生物工程技术，以期与读者共同探讨一些非常有趣的生命活动现象，以及与此相关的内容对产业、社会和人类生存的影响。

　　全书分为七章，第一章"生命的诞生和进化"，为读者介绍了生命诞生与进化的基础知识，激发读者对生命科学与现代生物技术的兴趣。第二章"动物性别分化和有性生殖"，重点介绍哺乳动物有性生殖的由来、受精与生命发生及哺乳动物个体性别决定机制。第三章"自然界的动物杂交"、第四章"动物的人工杂交"分别介绍家畜、野生动物常见杂交例子，从生殖生物学角度让读者认识这些科学问题。第五章"异种动物受精与生殖隔离"、第六章"动物繁育与生殖调控技术"基于编者开展的科学研究，介绍现代家畜繁殖生物技术在科学研究与产业应用领域中的热点，这部分也是本书的核心内容。最后，第七章"人类生殖繁衍和生存危机"，结合环境变化、传染病、人类生殖辅助技术等社会热点问题，激发读者对科学的追求及对美好生活的期望。

　　未来人类社会的进步并不仅仅依靠于生物技术与生物工程产业，生命科学也不能代表所有的科学研究领域。所以我们并不希望所有的人都来从事生命科学研究，但是如果通过阅读本书增进了读者对生命的理解，激发了生命科学工作者探寻生命奥秘的兴趣，使其更加热爱我们赖以生存的自然和自然赋予我们的生命，也不枉本书各位编委付出的辛劳。编者在本书中提出了许多与生命和生殖存在、调控和进化相关的疑问，当然也希望有更多对生命科学感兴趣的学生和科研工作者加入到这个研究行列，那将是编者最大的欣慰。

　　以上是编者非常肤浅的知识和见解，希望与读者共同讨论。

编　者

2019 年 12 月于英国剑桥

目 录

彩版

第一章 生命的诞生和进化

第一节 生命的定义

生物界所有生物的基本单位是细胞（cell）。生物（life）有细菌和酵母那样的单细胞微生物（single-cell microbe，single-cell microorganism），无细胞结构的病毒（virus），也有多细胞组成的植物（plant）、动物（animal），可以说细胞是微生物（不包括病毒）、植物、动物生命的基本单位（迈克尔·艾伦·帕克，2014；常洪，2009）。

根据考古研究推测大约 35 亿年前（Ni et al.，2013），在地球的原始海洋中诞生了生命——单细胞生物，这类生命的基本结构就是细胞，我们把此时的细胞称作原始细胞（archaeocyte）。顾名思义，这种原始细胞的生命机制和现在的细胞相比应该是非常简单的模式。原始细胞随着地球环境的逐渐变化而发生了结构和机能上的生物演化（life evolution），形成了现在的原核生物（prokaryote）和真核生物（eukaryote）。原核生物绝大部分为单细胞构造，也有像螺旋藻、鱼腥草这种多细胞的藻类；而真核生物有单细胞也有多细胞，多细胞生物演化地位不断提升，最终形成哺乳动物（查尔斯·达尔文，2018；李一良和孙思，2016；周长发，2009）。生命的基本概念，强调一个"活"或"动"的特点，我们可以从以下三个要素来定义（图 1-1）。

图 1-1 体现生命体基本三要素的个体起源模式图

一、自身延续能力（新陈代谢）

生命可以被理解为一台自动调控的生物机器，新陈代谢（metabolism）是生命最基本的过程。它从外界获得所需的能量，通过新陈代谢来维持其自身的种系延续，这是生命和非生命的根本区别（理查德·道金斯，2013；周长发，2009）。例如，一座山、一栋建筑或者是一台机器经过风吹雨打，或不断使用，逐渐被风化、老化，或者破损甚至解体，但它本身没有修复能力，而生命通过遗传调控的物质代谢可完成自身的修复和延续个体的生存。新陈代谢包括两个过程：一是生物体从外界摄入物质，经过一系列的转化与合成过程，将其转变为组成自身的物质，并储存能量，称为同化作用；二是生物体将自身的物质进行分解，释放出能量，把分解所产生的废物排出体外，称为异化作用。同化作用与异化作用是一对矛盾，但是这两个生命过程必须同时进行，生命有机体就是在矛盾中不断更新、修复和成长的（Dodd et al.，2017；Ni et al.，2013）。

二、系统延续能力（生长、繁育和繁殖）

生物的生殖方式多种多样，很多生物可以通过一分为二的分裂方式产生与自身遗传特性完全一样的子代细胞，并由细胞形成组织和生命体；高等植物、动物的繁殖主要通过形成单倍体雌雄生殖细胞，然后通过受粉、受精产生有性生殖后代（沃恩等，2017；常洪，2009；张昀，2019；Christopher and Christopher，2002）。在进行细胞分裂时，细胞内的遗传物质——脱氧核糖核酸（deoxyribonucleic acid，DNA）首先进行自我复制，然后把两套完全一样的 DNA 分配到两个子代细胞。这种细胞分裂方式在单细胞生物、多细胞生物、个体生长和生殖细胞发育过程中均可见到。这样由同一祖先来源并在此基础上实现内部的有序性、发展与繁殖的种群称作生命系统（living system），生物就是通过这种方式来维持生命系统的延续。病毒不具备"自我保存"和"自我增殖"能力，所以还不能称作生命系统。

三、演化法则（遗传、变异和进化）

生物演化是在生物延续的漫长岁月中，由于内外因素的影响而自然发生的物种生存、变异的生命现象。因为生物具有演化特征，所以才形成了不同的系统，出现了千姿百态的生物种类（据估计地球上现存的生物种类约有 250 万种）。生物的演化是历经千百万年漫长的过程由 DNA 的突变累积引起的。通过进化，生物对自然的适应能力增强，而不适应环境变化的种类被逐渐淘汰，这就是英国生物学家达尔文在 19 世纪中期提出的进化论观点。生物演化是一个渐进过程，只要生物存在，这种演化就会延续。但是，随着近几十年来遗传学和生物技术的快速发展，特别是以 DNA 为基础的生物遗传机制的新成果和新发现，推动了生物遗传的"人工操作"［动物克隆（animal cloning）、转基因技术（transgenic technology）、基因编辑（gene editing）、干细胞生物学（stem cell biology）］，使我们对生命和生物演化有了进一步的认识（李喜和，2009）。生物演化是一个从量变到质变的漫长过程，形成了地球上千姿百态的物种，而生殖隔离（reproductive isolation）是新物种演化形成的标志性生理特点，究竟 DNA 的变异累计多大，或者是发生什么关键 DNA 变异就产生了生殖隔离，这是关于物种发生的遗传学、进化学研究的重要领域。

第二节 地球生命的诞生

一、宇宙、太阳、地球

原始宇宙（universe）处于真空状态。距今大约120亿年，宇宙的某处一个高温、高压的能量团发生了大爆炸，由此而产生了原子（atom），并形成了分子（molecule），出现了物质世界。现在宇宙中最简单的元素为氢（元素符号为H，原子量为1）、最复杂的元素为铀（元素符号为U，原子量为238），合计共有92种元素存在于自然之中。

物质的产生造就了无数的星云体。我们居住的地球（earth）所属的银河系（Milky Way Galaxy）就是其中之一。银河系是一个直径约10万光年（1光年为光在真空中1年内所行的距离）的圆形星云体，太阳系（solar system）位于距银河系中心约3万光年的地方。太阳（sun）为自己发光的恒星体，有9个行星围绕太阳转动，这9个行星自身不能发光，保持围绕太阳的"公转"和"自转"两种运动形式，地球是其中之一（图1-2）。地球位于金星和火星之间，据目前的研究和推测是唯一有生命的星球体。根据火星探测结果推测，火星可能也有生命体存在，但还没有找到确凿证据。地球上之所以有生命，是因为它具备了其他星球所没有的生命生存条件，这些条件为：①液态水；②适宜的温度；③能源（光）。另外一个很重要而有趣的现象是由于太阳与地球之间的距离和地球本身的大小，产生了适度的重力，而这个重力恰好使液态水和空气能够保持在地球上或边缘，为生命的存续创造了一个得天独厚的环境。

图1-2　风云四号A星拍摄的地球彩色合成图像（董瑶海，2016）

二、海的形成

地球形成时不断受到其他小行星的冲击，由此产生的热量和火山喷发使地球表面处于一种熔岩状态，这个时期的地球大气主要以火山烟为主。现代火山烟的主要成分为水蒸气，此外还含有氢氧化钠（NaOH）、二氧化碳（CO_2）、氮气（N_2）和硫（S）等成分，与原始火山烟的成分可能基本相似。原始大气中的水蒸气积累到一定程度，随着地球温度的下降以雨的形式落到地球表面，并在低凹地带汇聚，这就形成了原始海洋（proto-ocean）。

据推测，原始海洋为 pH 0.3 左右的酸性水，在漫长的岁月中通过溶解海底的玄武岩中的钠（Na）、钾（K）、镁（Mg）及钙（Ca）而逐渐中和。另外随着降雨的不断发生，把溶解的盐类物质（以 NaCl 为主）带入海洋，使得海水的盐分浓度不断增加。现代海水的 pH 为 8.1，略呈碱性，盐分含量为 3.5%。地球表面 72% 被水覆盖，这种情况恐怕除地球外没有第二个行星如此，这也是生命在地球产生的基础条件（迈克尔·艾伦·帕克，2014；李一良和孙思，2016）。

三、生命起源学说

迄今为止提出了许多关于生命起源的假说——神创论、宇宙发生论或自然起源论等。在这里之所以称"假说"，是因为生命起源到目前为止还没有定论，但有一点可以肯定，那就是生命是伴随着地球环境物质的化学进化而出现的。在自然起源论中，大部分与地点或代谢有关，包括了基于各种科学家自己喜欢的生物分子命名的各种各样的前生物世界。通常来说，"生命来自哪里？"与"生命是怎么来的？"并不是同样的问题。但是，在生命起源研究群体中，关于最早的自然起源生命是光能自养还是化能自养，或是异养的问题还未达成共识。此外，生命起源研究的核心是建立了一套以遗传密码为核心的模拟生化系统，生命的起源和遗传密码是两个紧密联系的科学问题，对其中一个科学问题的了解需要对另一个科学问题的了解，也有助于对于另外一个科学问题的了解。

（一）神创论

神创论认为世界万物都是由神所创造。《圣经》上说，"起初，神创造天地"（迈克尔·艾伦·帕克，2014；李一良和孙思，2016）。神创论的质疑者认为神创论的根源是类比于人的制造能力，以及对概率论的错误应用。他们认为这种推理的根本错误在于忽视了自然界普遍存在的自组织现象（如雪花、沙丘在一定条件下自动形成某种规则的形状，这显然不是被某高级主体有意制造，而且也不能用概率论来推断）。生命体的最根本特征是由遗传密码控制的自组织个体，同时可以通过自我繁殖来延续种系，而不是被外来力量制造的。

（二）宇宙发生论（或生命外来论）

这一假说提倡"一切生命来自宇宙"的观点，认为地球上最初的生命来自宇宙间的其他星球，即"地上生命，天外飞来"（张昀，2019；周长发，2009）。这一假说认为，宇宙中的"生命胚种"可以通过陨石或其他途径跌落在地球表面，即成为最初的生命起点。现代科学研究表明，在已发现的星球上，自然状况下是没有保存生命体的条件的，因为没有氧气，温度接近绝对零度，又充满具有强大杀伤力的紫外线、X 射线和宇宙射线等，所以任何"生命胚种"是不可能保存的。这个假说实际上把生命起源的问题推到了无边无际的宇宙中，同时这个假说对于"宇宙中的生命又是怎样起源"的问题，仍是无法解释的。

（三）自然起源论

　　自然起源论又称"自生论"或"无生源论"，认为生物可以随时由非生物产生，或者由另一些截然不同的物体产生，如中国古代所谓"肉腐出虫，鱼枯生蠹"（李一良和孙思，2016；周长发，2009）。中世纪有人认为树叶落入水中变成鱼，落在地上则变成鸟等。自然起源论在 19 世纪前广泛流行，这种假说认为，生命是从无生命物质自然发生的，如我国古代认为的"腐草化为萤"（即萤火虫是从腐草堆中产生的）、腐肉生蛆等。在西方，亚里士多德（公元前 384 ～前 322 年）就是一个自然起源论者。

（四）化学起源论

　　1953 年，美国化学家和生物学家斯坦利·劳埃德·米勒（Stanley Lloyd Miller）设计了一个有趣的实验，为生命的蛋白质学说提供了有力的证据（迈克尔·艾伦·帕克，2014；李一良和孙思，2016；张昀，2019；周长发，2009）。这个实验模仿原始大气的主要成分和海洋环境，把氢气（H_2）、甲烷（CH_4）、氨气（NH_3）、水蒸气（H_2O）和一氧化碳（CO）置于一个封闭的玻璃容器内，长时间放电诱发各种物质之间的化学反应（图 1-3）。米勒通过对回收物质的分析，结果惊奇地发现合成了生物体蛋白质（protein）原料的多种氨基酸（amino acid）成分，而这些氨基酸在他后来采集到的陨石中均得到了证实。米勒的实验也同时发现了组成核酸（nucleic acid）［指脱氧核糖核酸和核糖核酸（ribonucleic acid，RNA）］的数种碱基成分。据此实验结果，米勒提出了生命起源的"蛋白质学说"，他认为原始生命产生于海洋中紫外线达不到的地方，而蛋白质是生命的先驱体。1983 年，同是美国科学家的托马斯·罗伯特·切赫（Thomas Robert Cech）在发现 RNA 的酶促功能之后，提出了生命起源的"RNA 学说"。目前这两种学说各据其理，但是还没有更直接的科学证据证明各自真伪。我们可以暂且带着这个问题来进入下面的话题，也许有一天某位读者会解开这一生物学难题。

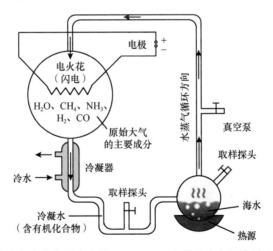

图 1-3　美国化学家和生物学家米勒（S. L. Miller）的生命起源实验（Miller，1953）

　　此前的研究发现，早期生命形式的演化主要是单链 RNA，相比较于现在的 DNA-RNA 蛋白质生物而言显得非常简单，科学家试图了解早期地球上以单链 RNA 为基础的生命是如何使用水环境中磷元素的。含有早期磷形态的陨石坠入地球后，形成的亚磷酸盐足以改变海洋的化学构成，为细胞利用磷元素铺平了道路。2013 年南佛罗里达大学的天体生物学小组的研究发现，地球生命进程的关键因素是陨石，早期地球生物演化出可利用无机物质的能力，将其转变为有机物质，这显然是生命进化史上的一个突破（Dodd et al.，2017；Ni et al.，2013）。南佛罗里达大学地质学助理教授马修·帕塞克（Matthew Pasek）称本项研究成功解释了早期地球生物是如何利用磷元素，这一元素是组成细胞结构不可或缺的物质，如细胞膜的形成需要磷元素的介入。科学家发现大约在冥古宙时期，地球被大量的陨石撞击，陨石中的磷元素在水中被释放出来，逐渐与地球上的早期分子发生反应，这一发现得到地质考古的证实，科学家在一些距今 35 亿年的太古宇宙石灰石中发现了磷。调查结论认为地球形成之后的数亿年，陨石为地球带来了大量的磷元素，这些磷元素与水发生了反应，逐渐形成细胞所使用的磷形态。2013 年，美国佛罗里达州立大学医学院结构生物学家发现了首次出现在地球上的原始生命进程，传统理论认为最早诞生于地球上的生命出现于 35 亿 ~ 38 亿年前，科学家迈克尔·布拉伯（Michael Braber）和他的研究小组通过研究数据发现了在这个时期存在大约 10 种氨基酸物质，可折叠形成具有一定空间结构的蛋白质，它们可能产生于 40 亿年前，并参与了地球上第一个生物体的代谢活动。迈克尔·布拉伯认为地球上出现的第一个微生物可适应原始地球的环境，能够进行自我复制，有着一个非常不起眼的开始。

　　地球的漫长演化大致可以分为 3 个主要阶段，最初的 7 亿年被称为黑暗时代，地质过程已全部被极其活跃的地质（如火山活动）和天体过程（如大规模的陨石彗星撞击）一次次地覆盖，因此目前对此了解甚少，在这个阶段地球从一个恶劣的完全不适合生命存在的行星演化成了一个适合孕育生命的宜居行星。第 2 个主要阶段，从 38.5 亿年前到大约 7 亿年前地球的生物圈基本上是一个微生物的世界，直至新元古代晚期出现了后生动物，从 5.4 亿年前的寒武纪大爆发到现在属于第 3 个主要阶段，是动物和植物快速演化和繁盛的时期。目前，地球上最古老的关于生命存在的证据来自 38.5 亿年前形成的变质沉积岩中的 ^{14}C。该碳同位素值曾被认为是典型的生物物质的碳同位素特征，因此推测当时已存在生命。但后来的研究显示，这些最古老的沉积岩中的碳及球状含碳结构都可能是后期多次变质作用的产物，因此它们的碳同位素特征并不能有效证明在 38.5 亿年前地球上就已经有生命存在。38.5 亿年前地球经历了一个可以毁灭任何生命的过程，即"最后的大轰击"，这是一个短暂而高频的陨石彗星撞击地球的过程。如果生命在此之前就已出现在地球上，则难以幸免。但此后地球上的海洋一直延续至今，为生命的起源和演化提供了保障。地球之所以被称为蓝色星球是因为它是太阳系中唯一的液态水可以存在于其表面的行星。在地球海洋中沉积的岩石是地球上迄今发现的最古老的沉积岩之一，如前寒武纪条带状硅铁建造（banded cherty iron formation，BIF）。这些中生代到古生代的 BIF

的形成与微生物的作用关系密切，如其中铁氧化物就是在直接或间接的微生物作用下被氧化而沉淀下来的。因此 BIF 的形成是最早的有生命参与的沉积过程之一。35 亿年前形成的叠层石是目前已知的最古老的生命存在的岩石学证据。这些叠层石的特殊纹层结构只能在特定的环境中由微生物参与的有机质胶结的矿物沉淀才可以形成。绍普夫（Schopf）在其早年发表的著名论文中描述了保存于约 34.6 亿年前的燧石中的与蓝细菌非常相似的结构，后来布拉西耶（Brasier）等在 2002 年及此后发表的数篇论文中均指出这一结构及其中所含的碳粒都是热液化学作用和后期成岩与变质作用叠加的产物（李一良和孙思，2016）。

英国伦敦大学地球科学系的两位博士，2017 年 3 月 1 日宣称他们发现了 37.7 亿～42.8 亿年前形成的微生物化石（Dodd et al.，2017）。电子显微镜下的微生物化石具有微小的细丝和赤铁矿细管（图 1-4），这些化石结构能够证明发现的丝状物曾有生命痕迹。要知道，目前科学界最主流的观点是，地球最早的生命起源于 34 亿～ 35 亿年前。这就是说，如果这一发现最终能够被科学界证实的话，地球生命史将彻底改写，生命起源从最早的 35 亿年前，大大前置到 37.7 亿年前，甚至是 42.8 亿年前。这一发现发表在科学权威期刊《自然》杂志上。这两位发现者认为，地球是在 45 亿年前形成的，海洋是在 44 亿年前出现的，如果微生物化石最终能被证明诞生于 42.8 亿年前，那就证明生命在海洋形成后不久就出现了。因为从数亿年的地质年代衡量，42.8 亿～ 44 亿年前，可以说是紧挨着的。

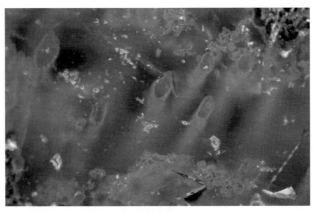

图 1-4　显微镜下的微生物化石（Dodd et al.，2017）

第三节　生 物 演 化

一、生物的演化途径

从古地层中的化石分析结果可以看出，生物在诞生后的漫长岁月中不断地发生变化，并演变出新的种类，我们把这种现象称作生物演化（life evolution）。生物演化和地质年代的划分参照图 1-5。

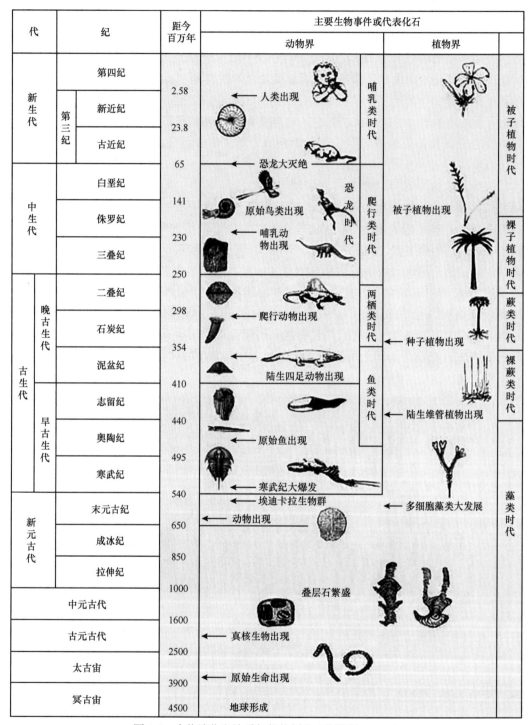

代	纪		距今百万年	主要生物事件或代表化石		
				动物界	植物界	
新生代	第四纪		2.58	人类出现		被子植物时代
	第三纪	新近纪	23.8			
		古近纪	65	恐龙大灭绝	被子植物出现	
中生代	白垩纪		141	原始鸟类出现		裸子植物时代
	侏罗纪		230	哺乳动物出现		
	三叠纪		250			蕨类时代
古生代	晚古生代	二叠纪	298	爬行动物出现		
		石炭纪	354		种子植物出现	裸蕨类时代
		泥盆纪	410	陆生四足动物出现		
	早古生代	志留纪	440		陆生维管植物出现	
		奥陶纪	495	原始鱼出现		
		寒武纪	540	寒武纪大爆发		藻类时代
新元古代	末元古纪		650	埃迪卡拉生物群 动物出现	多细胞藻类大发展	
	成冰纪		850			
	拉伸纪		1000			
中元古代			1600	叠层石繁盛		
古元古代			2500	真核生物出现		
太古宙			3900	原始生命出现		
冥古宙			4500	地球形成		

图 1-5 生物演化和地质年代的划分（弗图摩，2016）

  大约 5 亿 4000 万年以前的地球被划分为元古代。这个时代的生物极其稀少，目前采集到的最古老的生物化石年龄推算约为 35 亿年。元古代后期开始出现了细菌和藻类化石，其中"蓝藻"的发现标志着当时光合植物的形成，由此而使地球大气中的氧气成分不断增加，推测在该时代末期的氧气含量大约为现在大气含氧量的1%。进入古生代，出现了真核生物绿藻，并且大气中的氧气含量进一步增加，这个时期的海洋中生活有大量的三叶虫和其他海藻类生物，同时出现了简单脊椎动物（vertebrate）。大约距今4亿年前，随着大气和陆地环境的变化，出现了陆栖动物，像蜘蛛和蝎子的祖先等，同时鱼类开始向两栖类进化。推测这个时代大气中的氧气含量基本达到了现代水平。3.5亿年前，巨大的蕨类植物形成原始森林，爬行类和昆虫类开始在陆地环境中逐渐繁荣起来（张渊，2019）。

中生代是大型恐龙（dinosaur）的繁荣时期，鸟类的祖先——始祖鸟（archaeopteryx）也在这个时期出现了。某种爬行类动物开始向哺乳类发展，海洋中则出现了类似鹦鹉螺（nautilus）的大型软体动物。中生代末期，持续繁荣几千年的恐龙和裸子植物由于地球陆地环境的急剧变化而全部灭绝，同时被子植物代替了裸子植物开始在陆地上繁衍。造成地球环境变化的主要原因被认为是来自宇宙的巨大陨石和地球相撞而引起的火灾及植被毁灭等。

从6500万年前到现在的这一阶段在考古学上称作"新生代"。这是哺乳类动物进化和繁衍的时代。新生代的地球反复出现温暖期—寒冷冰河期变化，同时地壳发生所谓的"造山"运动，形成了喜马拉雅山、阿尔卑斯山等高山，地球环境逐渐接近现在的状态。人类祖先被认为是在地球环境变化相对平息后的数百万年前开始出现的。对于人类的祖先，还不能说已经研究得很清楚，一般的说法是人类和黑猩猩、大猩猩具有共同的祖先，经过猿人—原人—旧人—新人而逐渐进化而来的，作为人类的"新人"据估计诞生于大约4万年前，人类的诞生和进化途径可参照图1-6。

图1-6　人类诞生和进化途径（沃恩等，2017）

作为考古学的传统手段，多年来一直从不同年代地层、不同地区发掘的化石形态来分析、判断生物的种类、进化和亲缘关系。近年来随着分子生物学和遗传学的研究方法与分析手段的改善，逐渐出现了以生物品种间的DNA碱基序列、蛋白质和氨基酸组成的比较分析法来进行物种分类的方法，即所谓"分子考古分类法"。例如，通过对生物球蛋白（globulin）的比较分析，推定人类和黑猩猩的进化分支在500万年前，比以前的化石研究指出的1500万年前更加准确。这是因为作为蛋白质一种的球蛋白的分子构造，随着物种的进化也以一定的速度发生变化，所以通过比较不同物种的球蛋白结构，可以确定其相互间的亲缘关系和在生物演化中的地位。这种变化我们称之为"分子进化"。应用这种分子分析比较法，有的人类学者对人种间的亲缘关系得出一个有趣的结论。通过比较不同人种妊娠妇女胎盘细胞的线粒体（mitochondrion）结构，从而推测地球上的所有人种均来自20万年前非洲某地居住的一位女性，并给该女性定名为"夏娃"（Eve）。当然，这种说法尚有许多疑问，但分子分析比较法无疑作为一种考古和生物分类的新手段，在以后的科学研究中将被越来越多地采用，并由此提供更确凿的证据，使我们对生物起源、进化，尤其是对人类自身有一个更明确的了解和认识（Malcolm and Roger，1999）。

目前人类基因图谱已经绘制完毕，为研究人类的起源、进化提供了非常重要的基础资料。2013年，英国《每日邮报》报道科学家绘制出首个完整的穴居人基因序列，并发布在网站上方便全球各地的研究人员免费下载，该基因序列可以呈现基因副本之间的微小差异，能够区分源自母系和父系的个体遗传基因。另据报道，德国马克斯·普朗克演化人类学研究所已经完成了对尼安德特人的基因组测序，进一步丰富了人类考古研究的基础资料。

中国科学院古脊椎动物与古人类研究所的倪喜军研究组发现了一副近乎完整的灵长类动物骨架，是迄今为止全球最古老的灵长类动物化石（Malcolm and Roger，1999），这一发现为灵长类动物的早期进化提供了重要线索。这副骨架化石大约在55亿年前形成，属已知最早和最原始的眼镜猴近亲，由于眼镜猴与类人猿（包括猴子、猿和人类）相近，此发现证实了人类的起源在很早期已经截然不同。中国科学院发现的化石标本为始新世早期（5480万～5580万年前）的化石，骨架同时混合了类人猿和眼镜猴的特征，英文学名为"Archicebus Achilles"。研究证实跗猴型下目与类人猿亚目（亦即人类的祖先）的分歧比科学家之前预想的要早得多。2013年两位科学家报道了最新发现的一种胎盘哺乳动物化石，它们长着较长的尾部，以昆虫为食，是人类等哺乳动物的远古祖先，这项研究颠覆了之前科学家对人类远古祖先的认识，在该研究中，这种远古胎盘哺乳动物是在恐龙灭绝之后才进化出现的。该研究跟踪分析了胎盘哺乳动物的起源，它的后代物种包括：人类、啮齿类、鲸类等。事实上，它是一种类似于鼩鼱的动物，体重不足500g，进化形成于0.65亿年前超大质量小行星碰撞地球导致恐龙灭绝之后的20万年。与当前广泛被认可的理论相矛盾的是，这项研究推断这一远古物种并未开始分裂进化成现代物种分支。胎盘哺乳动物是哺乳动物进化的最大分支，现今的胎盘哺乳动物种类分支达到5100多支，非胎盘哺乳动物包括袋鼠和其他有袋目哺乳动物，以及鸭嘴兽等产卵单孔目动物。科学家在这项研究中得出结论：这种类似于鼩鼱的远古动物长着双角子宫，大脑具有复杂的大脑皮层，它的胎盘近距离接触环绕胎儿的覆膜，这与人类胎盘的特征相近。

二、生物进化论

现代生物是随着地球生物环境的变化，经历了漫长的进化历程而来的，这一点已被许多科学证据证明，毋庸置疑。但是对于生物的进化途径，可以说目前仅限于提出了各种各样的学说，并依然处于不同学说之间的争论状态。我们不想勉强读者去接受某一种说法，只想把几种代表性的进化论学说简单地介绍给读者，读者也许会从中做出自己的判断，或者有兴趣去探讨这个有趣的问题。

（一）拉马克进化论

生物学伟大的奠基人之一法国的博物学家让·巴蒂斯特·拉马克（Jean-Baptiste Lamarck）于 1809 年写了一本著作——《动物学哲学》（*Philosophie Zoologipue*）（迈克尔·艾伦·帕克，2014；张昀，2019；周长发，2009）。在这本书中拉马克指出，生物具有根据环境变化的需要而改变自身形态特征的特性，在此情况下，经常使用的器官发达，不用的器官退化，并且这种形态变化可以传给子孙后代。这就是拉马克的"形态进化论"或称"器官进化论"，当然，这只是拉马克形态进化论的一部分，但在不久后发现后天引起的形态变化不能够传给子孙，所以拉马克的这种说法也就失去了支持。

（二）达尔文进化论

1859 年，英国的生物学者、进化论奠基人达尔文出版了《物种起源》（*The Origin of Species by Means of Natural Selection*，图 1-7）。达尔文以丰富的事例阐述了他的进化论学说——自然选择说（natural selection theory）。达尔文从 1831 年开始花了 5 年多时间跟随一艘科学考察船在南美洲各地采集生物化石，并观察各种生物活动，寻找能够证明他所提学说的证据（李一良和孙思，2016）。根据达尔文的自然选择说观点，来自相同父母的子孙个体间存在多种多样的变异，这种个体间的变异在生存环境中被不断地选择，即适合环境的变异通过个体被保存，而其他个体则逐渐被淘汰，这种个体变异积累到一定程度即产生了新的物种。

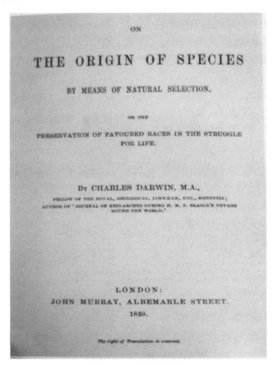

图 1-7　《物种起源》

达尔文的进化论学说改变了人们对生物进化的理解，在遗传学尚不发达的 160 多年前，这种简单明快的生物进化自然选择学说得到了学术界的广泛支持，同时从某种意义上说也为生物进化的研究校正了方向，并对以后的遗传学等相关生命科学的发展提供了启示。

（三）其他生物进化学说

继达尔文之后，1868 年德国的温哥纳（Wangner）提出了他的生物进化"隔离学说"，强调了由于地球环境的隔离造成了生物的适应性进化，其中一个最明显的事例就是现存于澳大利亚的有袋类动物。1885 年同是德国生物学者的爱米尔（Eimer）提出了生物进化的"定向学说"，指出了生物进化具有内在定向性，与自然选择无关。另外还有 1901 年荷兰学者德弗里斯（De Vrier）提倡的"突变学说"，日本遗传学家木村资生提出的"中性学说"等。总而言之，关于生物进化的研究，由于不能够用实验来证实，只能随着生命科学的不断发展去寻找新的证据，可以说不同时代对生物进化的认识都是与当时的科学发展水平密切相关的。

尽管到目前为止达尔文的进化论学说受到了人们的普遍接受，但仍有不少自然界的生物活动现象难以用他的自然选择学说来解释。例如，在蜜蜂的世界中，工蜂（雌蜂）承担抚养后代的工作但不产生自己的后代，蚂蚁的生活史中也有同样的现象存在。作为犬科的豺（jackal）也有类似情况，群居的豺只有一头雄豺繁殖自身后代，其余的雄豺只负责后代的抚养。1976 年英国著名演化生物学家理查德·道金斯（Richard Dawkins）发表了生物进化的"遗传性利己学说"（其中提出了"自私的基因"，the selfish gene），指出了生物个体只是一辆装载着遗传物质的"车"，而驾驶"车"的是遗传物质自身，也就是生物体的一切行为均由遗传物质支配，包括繁殖子孙后代的生殖行为。遗传物质的这种支配性非常自私，其目的是为有效地保障自己的存在，上述动物的利他行为，从总体上看也是为了更好地维持遗传物质自身的延续。道金斯的这种观点为达尔文学说做了补充，但并不是说到此为止生物进化论学说已经完美，不需要再作探讨，世界上的生物千差万别，可以说进化途径千姿百态，许多问题还有待于逐步澄清，同时又有许多新的问题衍生出来，这就是科学不断发展的原动力。

新的研究成果在不断为生物进化的理论研究提出不同观点或者对先前假说进行补充。2013 年国外研究表明，生物在进化过程中，少数能够从人类导致的不利环境中生存下来，如气候变化、过度捕捞等。研究人员在实验室设定了杂乱的生活环境，并捕捉了一些野生土壤螨类，结果发现它们能迅速地适应生活环境，仅仅经过五代，这些野生螨就从基因层面进化出了新的特质，扭转了快要灭绝的势头。科学家发现进化出新特质的螨类生长速度最为缓慢，但却拥有极强的繁殖力，因此推测，该物种从衰退转变为兴盛的原因不仅是环境对强繁殖力个体的自然选择作用，还包括对子代强适应力的选择作用（李一良和孙思，2016；张昀，2019）。

此外，随着科技手段的多样化和研究成果的不断积累，生物进化研究领域越来越深入和细化。2012 年，英国科学家发现，控制人类睡眠和引起时差综合征的生物钟机制远比我们想象得更古老，距今已经有大约 25 亿年历史。英国剑桥大学科学家阿希列什·雷迪（Akhilesh Reddy）发现过氧化物酶 24h 循环工作，即使在绝对黑暗中，研究人员也在鼠、果蝇、植物、真菌、水藻、细菌甚至古生菌（最原始的细胞生命）中发现同样的酶（张昀，2019）。在缺乏阳光的前提下，过氧化物酶也能够在所有这些有机体中保持一段时间，而这正是生物钟的一个主要特点。对这种酶进行基因排序分析发现，它出现在约 25 亿年前，当时地球正处于"大氧化事件"时期，植物开始通过光合作用向大气中释放氧气。雷迪认为，过氧化还原酶可以保护原始细胞在白天光合作用达到最高峰、释放氧气最多时免受伤害。2013 年中国科学院昆明动物研究所张亚平领导的研究人员发现，导致人类大脑发育异常的 *MCPH1* 基因，在人类大脑进化和智力起源中起到关键作用，可能是人类大脑区别于其他非人灵长类大脑的重要遗传因素之一（Shi et al., 2013）。通过对 *MCPH1* 基因的蛋白质序列比较分析，科研人员鉴定了一组人类和猿特异的氨基酸突变，并对这些突变位点的功能效应进行了系统研究，结果显示，该基因中大部分的人类特异突变位点都会改变其对下游基因的调控效应。这表明 *MCPH1* 基因在人类与非人灵长类之间已经发生了明显的功能分化，并且这种功能分化可能是导致人类进化中大脑容量急剧扩增的关键动因之一。

第四节　地球外是否存在生命

一、生命存在的条件

地球型生命可以称作"碳素生命"（carbon life），主要由有机分子集合而成。在这里我们提出一个问题，这也是学术界抑或全社会普遍关注的一个问题，这就是地球型生命在地球外是否存在？

作为生命体有机化合物原料的主要包括 C、H、O、N 4 种元素。这 4 种生命基础元素也已被证明普遍存在于宇宙之中，加之电磁波（能量）充满宇宙空间，说明宇宙其他星球也具有合成有机化合物的可能性。这一推测通过星际分子、陨石成分分析均已得到证实。那么这些有机化合物进一步结合并聚集起来是否可以形成具有生命属性的物质系？这个物质系是否具有生物繁衍能力？长期以来众多的研究人员在苦苦地寻求这个答案，但遗憾的是到目前为止尚未有一个明确回答。近年来一些科幻电影把"外星人"搬上银幕，甚至某些公众媒体宣称在某地发现了"外星人"，虽然结合了许多现代科学概念、科学元素，但普遍被认为是为满足观众好奇心的"闹剧"。从科学角度来看，生命存在的 3 个基本条件，即第一要有大量的液态水，第二需要适合生命生存的温度环境，第三必须持续获得生命延续的能量（光）。迄今为止，在太阳系中除地球之外没有发现第二个具有这 3 个生命产生和延续条件的星球。

二、火星是否曾经存在生命

据观察火星表面留有河流的痕迹，并且夏季火星表面某些区域的温度可上升到几摄氏度，所以不能否定在过去某一阶段火星上曾有生命存在（图 1-8）。研究人员坚信火星上现阶段仍有生命体存在，但要使人相信，除非从火星上抓到一个活的生命体来地球"示众"，否则只是一种猜测而已。火星上曾有过洪水，火星表面上也有一些河流通道痕迹，十分清楚地证明了许多地方曾受到水的侵蚀。但是，由于火星引力小，水蒸发成气体，这些水蒸气只存在很短的时间，而且距今也有大约 40 亿年了。2008 年，"火星勘测轨道飞行器"上的高分辨率科学实验成像仪发现浅色沉积物，暗示这颗行星在长达 10 亿年间一直保持着潮湿环境（薛彬等，2019）。对太阳系以外的星球是否有生命体存在的争论很少，随着探测技术的发展，在人类好奇心和生存恐惧感的驱动下，也许有一天会到达太阳系以外的某个星球探明真相（薛彬等，2019）。

图 1-8　火星可能存在过生命的证据（薛彬等，2019）

　　2013 年 2 月美国国家航空航天局（NASA）科学家表示，"好奇号"（Curiosity）火星探测器发现火星在遥远的过去可能存在维持初等生命的基本化学元素。"好奇号"探测器在火星一个从前的河床上钻探沉积岩，对其样品进行分析后鉴别出硫、氮、氢、氧、磷和碳，研究人员表示，这些元素可以结合在一起，为微生物提供可能的能源，虽然这个发现还不能证明火星上曾存在生命，但是这是朝揭开火星之谜迈出的又一大步。2013 年一支国际科学家小组进行的一项研究发现，2012 年坠落在斯里兰卡的一颗陨石的碎片中存在藻类化石，这一发现证明宇宙中的某一个角落有生命存在，研究论文作者深信他们的发现为有生源学说提供了坚实证据（薛彬等，2019；中国航天科技集团有限公司，2020）。根据这一学说，生命存在于宇宙中的某一个角落，通过陨石、小行星和原行星传播。美国海湾物种海洋实验室和国家老龄研究所的科学家将摩尔定律应用于研究地球生命复杂性的增长速度上，结果表明有机生命很有可能来自太阳系以外，因为它出现的时间远早于地球。他们认为大致上可以用非冗余性功能核苷酸（non-redundant functional nucleotide）的数量来衡量生物遗传的复杂性，并预期这种复杂性呈指数增长，由基因配合、特化基因复制及与现有基因相关的新功能位点的出现等这几个反馈因素决定。按照复杂性每 3.76 亿年提高 1 倍，逆向推演得出生命的第一次出现是在 100 亿年前，这无疑比地球本身的形成要早得多（目前普遍认为地球形成于 45 亿年前）。假如摩尔定律对生物复杂性的增长速度真的适用，则表明生命起源于地球以外的其他地方，后来迁移到地球。2014 年 12 月 1 日出版的《陨石学与行星科学》杂志上发表了国际研究团队的发现：科学家在一块火星陨石（被称为 Tissint，图 1-9）中发现了碳颗粒，并证明了这种碳颗粒是有机物质，而且认为这种有机物质有可能是生物形成的。这一发现，是火星曾有过生命的"迄今为止最令人鼓舞的科学论据"。

图1-9　Tissint陨石（Lin et al.，2014）

　　2017年2月23日，据英国广播公司报道，科学家发现在太阳系之外，一颗被称为TRAPPIST-1的超冷矮星周围的所有7颗行星的表面都可能有液态水，其中有3颗行星还位于适宜生命存在的宜居带（图1-10）。

图1-10　TRAPPIST-1星系和太阳系内行星实际大小、位置对比（Gillon et al.，2017）

　　科学家在英国《自然》科学期刊上发表了这一破纪录发现：有7颗类似地球大小、温度相似、可能由岩石构成的行星围绕一颗恒星公转（Gillon et al.，2017）。比利时列日大学天文学家迈克尔·吉伦（Michael Gillon）认为，该系统行星彼此非常接近，如果一个人站在一颗行星表面可以看到相邻星球的地貌特征和大气层。它们和其恒星距离也更近，但其恒星要比太阳小、冷很多，因此行星上可能有液态水，也就可能有生命存在。论文的共同作者，英国剑桥大学的阿莫里·特里奥德（Amaury Triaud）博士表示，这个星系距离其"太阳"最远的第7颗星上有自己的大气层，即可以保持其星球表面热度的温室气体，它也可能是"适合生存的"。这个星系由美国国家航空航天局斯皮策太空望远镜发现并证实。英国广播公司科技事务编辑大卫·舒克曼（David Shukman）分析认为，虽然这个星系距离地球39光年之遥，但其恒星质量比太阳要小得多，亮度比太阳低得多，这就方便太空望远镜对这个星系更仔细地观察。他指出，科学家现在已经开始在有关星球上寻找涉及生命的关键气体，如氧气和甲烷等，由此可以找到这些星球表面情况的关键线索。

三、中国探月工程

月球是地球最近的邻居，也是地球唯一的天然卫星，是出现在各个人类文明中的重要元素，也是几千年来中国神话传说和文人骚客们魂牵梦绕的所在。经过几十年的发展，中国航天在 21 世纪进入新阶段，把深空探测列入重点发展方向之一。对月球的探测也成为焦点，这便是著名的"嫦娥工程"，它正式始于 2004 年，采用"绕、落、回"三步走发展战略全方位研究月球，目前已经取得了数次任务的巨大成功。2020 年 11 月 24 日 04 时 30 分，中国文昌航天发射场，长征五号运载火箭将我国"嫦娥五号"探测器成功送入地月转移轨道。这次任务是人类在时隔 44 年后再次尝试获取月球土壤样本，对中国探月，乃至整个人类探月有着划时代的重要意义。

"嫦娥五号"探测器要实现组合体制动绕月、软着陆月球、两种方式采集月壤样本、月球上空交会对接及返回地球并着陆等一系列高难度操作，它的轨道器、着陆器和上升器都需要携带独立却各自功能不同的复杂推进系统，是人类无人探月的难度之最。2020 年 12 月 17 日 01 时 49 分，"嫦娥五号"完成所有科学考察任务，带着 2kg 月球土壤材料安全降落在内蒙古四子王旗，标志着我国探月工程进入新阶段（图 1-11）。

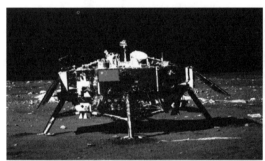

图 1-11 "嫦娥五号"登月（左）与返回地球（右）（北京航天飞行控制中心，2021）

参 考 文 献

北京航天飞行控制中心. 2021. 月背征途. 北京: 北京科学技术出版社.
查尔斯·达尔文. 2018. 物种起源 (插图版). 苗德岁, 译. 南京: 译林出版社: 151.
常洪. 2009. 动物遗传资源学 (精). 北京: 科学出版社.
董瑶海. 2016. 风云四号气象卫星及其应用展望. 上海航天, 33(2): 8.
弗图摩. 2016. 生物进化. 葛颂, 顾红雅, 饶广远, 译. 北京: 高等教育出版社.
李喜和. 2019. 家畜性别控制技术. 3 版. 北京: 科学出版社.
李一良, 孙思. 2016. 地球生命的起源. 科学通报, 61(28): 3065-3078.
理查德·道金斯. 2013. 地球上最伟大的表演: 进化的证据. 李虎, 译. 北京: 中信出版社.
迈克尔·艾伦·帕克. 2014. 生物的进化. 陈素真, 译. 济南: 山东画报出版社.
薛彬, 刘生润, 杨建峰. 2019. 用于火星表面生命信息探测的激光拉曼技术进展. 深空探测学报, 6(5): 103-112.
张昀. 2019. 生物进化. 北京: 北京大学出版社.

中国航天科技集团有限公司. 2020. 探月探火迎来新进展. http://www.sasac.gov.cn/n2588025/n2588124/c15512031/content.html[2020-09-21].

周长发. 2009. 生物进化与分类原理. 北京: 科学出版社.

T. A. 沃恩, J. M. 瑞, N. J. 恰普莱夫斯基, 等. 2017. 哺乳动物学. 6版. 刘志霄, 译. 北京: 科学出版社.

Christopher D J, Christopher B. 2002. Assisted Reproductive Technology. UK: The Press Syndicate of the University of Cambridge.

Dodd M S, Papineau D, Grenne T, et al. 2017. Evidence for early life in Earth's oldest hydrothermal vent precipitates. Nature, 543(7643): 60-64.

Gillon M, Triaud A H M J, Demory B O, et al. 2017. Seven temperate terrestrial planets around the nearby ultracool dwarf star TRAPPIST-1. Nature, 542(7642): 456-460.

Lin Y, Goresy A E, Hu S, et al. 2014. NanoSIMS analysis of organic carbon from the Tissint Martian meteorite: evidence for the past existence of subsurface organic-bearing fluids on Mars. Meteorit Planet Sci, 49: 2201-2218.

Malcolm P, Roger S. 1999. Ever Since Adam and Eve: The Evolution of Human Sexuality. UK: The Press Syndicate of the University of Cambridge.

Miller S L. 1953. Production of amino acids under possible primitive earth conditions. Science, 117: 528.

Ni X, Gebo D L, Dagosto M, et al. 2013. The oldest known primate skeleton and early haplorhine evolution. Nature, 498(7452): 60-64.

Shi L, Li M, Lin Q, et al. 2013. Functional divergence of the brain-size regulating gene MCPH1 during primate evolution and the origin of humans. BMC Biology, 11: 62.

英汉对照词汇

amino acid	氨基酸	molecule	分子
animal cloning	动物克隆	natural selection theory	自然选择说
archaeocyte	原始细胞	nautilus	鹦鹉螺
archaeopteryx	始祖鸟	non-redundant functional nucleotide	非冗余性功能核苷酸
atom	原子		
carbon life	碳素生命	nucleic acid	核酸
cell	细胞	prokaryote	原核生物
deoxyribonucleic acid, DNA	脱氧核糖核酸	protein	蛋白质
dinosaur	恐龙	ribonucleic acid, RNA	核糖核酸
earth	地球	solar system	太阳系
eukaryote	真核生物	stem cell biology	干细胞生物学
gene editing	基因编辑	sun	太阳
globulin	球蛋白	transgenic technology	转基因技术
life	生命	The Origin of Species by Means of Natural Selection	《物种起源》
life evolution	生物演化		
Milky Way Galaxy	银河系	the selfish gene	自私的基因
mitochondrion	线粒体		

第二章　动物性别分化和有性生殖

第一节　生物和生殖

动物有雌、雄之分，人类有男、女之别，这就是本章所要介绍的性别分化和有性生殖。由于常见，人们以为性别区分是理所当然的事，因为这是动物繁衍子孙后代的需要，但殊不知性别的出现也同样经历了漫长的进化过程。那么动物以外的微生物、植物有没有性别？它们又怎样繁殖自己的后代呢？对于这些问题多数人就没那么清楚了。性别和生殖是生物学研究领域最深奥和复杂多样的问题，本章内容将帮助读者对动物性别分化和有性生殖有一个基本认识，如果想继续深入研究，可在此基础上阅读更多的相关专业书籍。

一、生物和生殖多样性

生物个体（亲代）产生与自己相同的子孙后代的过程称作生殖（reproduction）。生殖的结果一般产生比亲代更多的后代，因此经过世代交替生物的数量在不断增加。繁殖（propagation）与生殖的意义几乎相同，但前者更加强调后代数量增加的含义。

生物的生殖方式可以分为"有性生殖"（sexual reproduction）和"无性生殖"（asexual reproduction）两大类，但每一类其中又有多种多样的形式。生殖的基本机制是细胞分裂，有性生殖是从雌雄配子结合后的受精卵开始，经过细胞分裂、分化最后发育为个体，无性生殖的细胞分裂本身就是生殖过程。对于单细胞生物来说，个体分裂就是生殖过程。出芽生殖是单细胞生物和低等动植物中常见的另一种无性生殖方式。这种无性生殖方式首先是细胞或个体的一部分开始形成一个类似"芽"的小突起，当芽长到与母体大小差不多时，从母体脱离，成为一个新个体。单细胞酵母、海绵生物和腔肠动物中的许多种类属于出芽生殖。病毒不属于真核生物范畴，它是通过宿主细胞进行生殖的，但并不是一分为二，侵入宿主的病毒 DNA（或 RNA）整合到宿主的遗传物质上并进行表达，由此产生了病毒的各种结构成分，积累到一定程度（潜伏期），这些病毒成分组装成一个个病毒体从宿主细胞中释放出来。

受精是有性生殖的基本形式。多细胞动物在发育过程中形成专门的生殖器官（genital organ），由生殖腺（雌性：卵巢；雄性：睾丸）产生专门的生殖细胞——卵子和精子（杨增明等，2019；Austin and Short，1982）。在进行生殖时，精子和卵子结合完成所谓的受精过程，这是新个体产生的开始。哺乳动物具有典型的有性生殖方式，雌雄异体，雄性产生的精子数量非常大（一次排精量达到数亿甚至数十亿），精子具有运动能力；雌性具有性周期，每个周期只排出一个（单胎动物：牛、马、人等）或数个卵子（多胎动物：猪、兔等）。受精在雌性个体的输卵管内进行，因此要有雌雄交配的过程。受精卵发育到一定阶段植入子宫内膜（endometrium），受精卵在子宫内着床、生长、发育直至胎儿出生（桑润滋，2006；森沢正昭·星和彦·冈部勝，2006）。单性生殖是生物界的一种比较特殊的有性生殖形式，这种情况下虽然也有雌雄配子的分化，但雄配子并不直接参与子代个体的形成，通常是雌配子接受某种刺激产生和受精同样的效果，这种刺激包括相邻细胞传递的信息或者是某种物质，有时也可能是遗传物质等。单性生物在动植物中均存在，如草履虫、变形虫、酵母、银耳、衣藻类等，特别是鱼腥草可以根据生存环境等变化交替采用有性生殖或无性生殖方式进行生殖。高等哺乳动物的卵子在受到某些刺激（化学物质、电流脉冲等）时也可以分裂，但这种胚胎发育到一定阶段即死亡退化，这种单性胚胎由于缺乏父性基因补充表达而不能发育为正常个体。1997 年，英国苏格兰罗斯林研究所（Roslin Institute）的维尔穆特（Wilmut）博士研究组利用体细胞核移植技术，成功培育出世界首例克隆绵羊多莉（Dolly）（Wilmut et al.，1997），使英国剑桥大学约翰·格登（John Gurdon）教授用青蛙作为模型的动物克隆设想在哺乳动物中变成现实（图 2-1）。2004 年《自然》杂志报道了一项生殖生物学领域的重大成果：日本东京农业大学河野友宏（Kono Tomohiro）教授领导的研究小组通过调整卵子形成时期的基因表达，成功获得了世界首例单性生殖小鼠，这也是世界首例单性生殖发育成功的哺乳动物（Kono et al.，2004）。该研究成果被认为是继 1997 年克隆绵羊 Dolly 诞生后的又一生殖生物学重大理论和实验突破（图 2-2）。另外，干细胞的个体发育全能性也得到了验证，2009 年，《自然》杂志报道中国科学院动物研究所周琪院士研究组把小鼠干细胞注射到四倍体胚胎，并移植数千枚嵌合胚胎到 100 只代孕母鼠体内，成功获得 9 只干细胞来源的单性生殖小鼠个体，在世界上首次验证了干细胞的个体发育全能性（Li et al.，2012），并于 2012 年获得了世界首例雄性单倍体胚胎干细胞来源的转基因小鼠（图 2-3）。

图 2-1　世界首例克隆绵羊 Dolly（Wilmut et al.，1997）

图 2-2　世界首例单性生殖小鼠（Kono et al.，2004）

图 2-3　世界首例雄性单倍体胚胎干细胞来源的转基因小鼠（Li et al，2012）

二、性别分化的生物学意义

　　哺乳动物是性别分化最完善的生物类群，它的历史可追溯到三叠纪早期（约 2 亿年前），而从大约 6500 万年前进入了繁盛时期。从进化角度来看，有性生殖可以无限地繁殖同种个体后代，以此在生物界占据有利地位。由于性的出现，生物具有了一种"永恒"的生殖欲望，有的学者认为生物个体的存在就是为了实现"生殖"使命、保证物种的延续（Hunter，1995，2003）。从某种角度来看人类也是如此，只不过人类生殖要受到理智、社会，甚至是法律等诸多因素的约束，这也是人类和动物的根本区别。性的分化产生了异性生物个体间的相互吸引（图 2-4），这种现象在动物中表现尤为明显，在繁殖季节里，雄性动物展示自身的美丽、强健，甚至是一些技巧等，以此来吸引雌性动物，达到繁殖后代的目的。鲜花可以吸引昆虫来访，并通过昆虫传递不同个体间的配子（花粉）达到异株受精的目的，这种方式造成后代遗传信息的不断更新，更有利于适应环境变化，从而使种群在地球上延续下去。达尔文在他的《物种起源》一书中所提出的进化论学说中把这种现象称为"性淘汰"，即自然选择了性别分化的生物，因为由性别分化产生的有性生殖方式更加适合于种群在地球环境中的生存，尤其是在陆地环境中的生存繁衍。

（a）　　　　　　　　　　　　　（b）

图 2-4　东西方人类的性萌发和想象

（a）性的诱惑——《圣经》中的亚当和夏娃（Potts and Short，1999）；（b）性的想象——东方古代的
双性人雕塑（Hunter，1995）

但是从绝对数量来看，在自然界中无性生殖的生物种类占大多数，如原核生物除少数几种以外绝大部分以无性生殖方式繁殖后代。原核生物几乎分布于地球所有环境中，到现在为止这种无性生殖方式持续了 40 亿年，因此有人认为从进化角度看无性生殖比有性生殖更加有利于生物生存繁衍后代。曾经有人这样假想，由于某种灾难性原因地球上只存在两个人，一男一女，一个在非洲大陆、一个在美洲大陆，由于远隔千山万水两人无法走到一起生育后代，人类最终将走向灭绝。但是如果人类可以进行无性生殖，那么在这种情况下是否又可重新在两地继续延续下去呢？虽然是假想，但对有性生殖提出了一个无法解决的难题，说明自然选择也有局限和时代背景，人类对于自然界的生物选择性别分化和有性生殖的本质认识尚不深刻、不全面，这些问题会随着科学技术的发展、人类对自然生物认识的提升逐步获得答案（Austin and Short，1982）。

三、生殖进化

（一）有性生殖的起源

1. 无性生殖和有性生殖的利弊

因为人类的繁殖方式是有性生殖，所以我们也许很难意识到，这仅仅是自然界物种繁殖方式的一种。实际上，许多物种采用无性生殖，如某些微生物、等足目和轮虫纲物种，它们都只有一种性别，它们的后代都是自身复制，除了极少数变异外一般与自身完全相同。无性生殖有许多优点。首先，无性生殖的物种可以完全免去寻找和选择配偶的难题；其次，所有基因都可以毫无损失地保留下来。无性生殖的这些优点恰好是有性生殖的缺陷。有性生殖的物种面临着择偶和求偶的难题，这些需要耗费大量时间和资源。而且，有性生殖的物种只有一半的基因遗传给后代，较无性生殖的物种损失了 50%。既然有性生殖要花费这么大的代价，为什么还会进化而来呢？这是进化生物学最大的谜团之一，目前已有多种理论对此做出了解释。简单说来，要解开这个谜团，我们就必须回答，有性生殖有哪些足以抵消其损失的繁殖收益。众所周知，有性生殖最重要的就是产生了基因多样化的后代，无性生殖的后代与父母完全相同（除了突变），有性生殖的后代与父母的基因有所不同，后代之间亦是如此，平均而言，同胞个体之间也只存在 50% 的基因关联。

2. 有性生殖起源的假说

大多数有关有性生殖起源的理论都是围绕基因多样化的后代所带来的潜在优势而展开的。一种理论解释说，基因多样性的后代可以增加其同时拥有的生态位数量。这里理解的关键在于，基因相同的个体往往对食物、居所等有相同的需求，而基因多样化的个体则有不同的生存需求，因而有更广阔的生存环境，这也意味着，基因多样化的同胞之间很少为了生存而彼此直接竞争。占主导地位的有性生殖起源理论是寄生虫理论（parasite theory），并不如上述理论那样通俗易懂（Tooby，1982），该理论认为寄生虫是性产生的原因，寄生虫的存在给寿命较长的生物提出了一个适应性的难题，在这些生物的一生中，寄生虫能繁殖成百上千甚至百万代后代，只要有相同的生存环境，它们就能从一个寄主（host）传播到其他寄主身上去。因为无性生殖的物种群内成员都十分相像，所以寄生虫能够轻易地传播，得以旺盛地繁殖。然而，这对寄主来说并无益处，因为进化到一定阶段，寄生虫就有可能突破寄主的防护机制，威胁到寄主的生存。寄生虫理论解释说，这就是有性生殖的来源。有性生殖能产生基因多样化的后代，对寄生虫来说这是相对于原寄主完全不同的生存环境，因此，寄生虫的生长就得以抑制。它们必须适应一个新环境，而寄主的下一代又产生基因变化，寄生虫的适应过程又重新开始。在这场持久的进化之战中，寄生虫和寄主间展开了一场"军备竞赛"——适应与反适应的相互作用过程。也许有性生殖是寄主一个关键的适应器，能够帮助寄主及其后代对抗寄生虫，单从这一点，有性生殖那些代价都显得微不足道了。每一个新的适应器都会带来新挑战，有性生殖带来的最大挑战就是寻找配偶。新西兰奥克兰大学(University of Auckland)的马修·戈达德(Matthew Goddard)及其同事对一些酵母进行了遗传改造，让一些酵母只能进行有性生殖，而另一些只能进行无性生殖(酵母既可以无性生殖也可以有性生殖)。当 Goddard 用近乎绝食的方式喂养这些突变体的时候，有性生殖的酵母有更快的适应能力，随着它们的进化，其生长率增加了94%，而无性生殖的酵母只增加了80%。这种生长的差异可以让有性生殖的酵母迅速占据一个种群，因此在相同恶劣环境下有性生殖更具优势(Goddard et al.，2005)。

英国剑桥大学的亚当·威尔金斯(Adam Wilkins)和澳大利亚科学院的罗宾·霍利迪(Robin Holliday)博士提出，减数分裂的一些关键步骤——二倍体细胞变成单倍体细胞，远在成熟的有性生殖存在之前就出现了。Wilkins 和 Holliday 的假说始于早期无性生殖的真核生物基因组扩大。尽管大多数类似于变形虫的古代单细胞生物很可能是单倍体，就像现代的细菌，今天真核生物的基因组可能是细菌基因组大小的数千倍，而且许多研究提示，在几十亿年前，真核生物因为入侵的类似于病毒的 DNA 片段(称为移动元件)而膨胀。最初，这些早期真核生物仅仅通过复制它们的巨大单倍体基因组并进行分裂从而生殖，但是 Wilkins 和 Holliday 提出，在某一时刻，二倍体细胞出现了。例如，两个单倍体细胞可能融合起来，或者一个细胞可能在复制其 DNA 之后没能分裂。如今，一些真菌也经历这种二倍体阶段，这表明当精子遇到卵子，在受精作用进化出来之前，许多生物学事件就已经出现。

一个大的基因组和一个新的二倍体阶段的组合增加了真核生物在复制它们 DNA 的时候出现致命错误的风险，一个染色体有可能与任何其他有类似序列的染色体联合起来。在同源染色体之间发生这种情况是安全的，因为它们将在重组过程中交换同一基因的各种版本。但是当一个染色体和一个非同源染色体重组的时候，"那就导致了可怕的问题"，Wilkins 说。每个染色体拿出它的一些基因，但是没有拿回同样的基因，一个继承了这样一种有缺陷的染色体的细胞可能死亡。Wilkins 和 Holliday 提出，这种风险驱使着一种新的防御机制的进化。在早期真核生物的一个或更多的世系中，同源染色体在细胞分裂之前开始相互紧密排列起来，如果一个染色体与另一个染色体交换了它的一些基因，它就会拿回某些版本的同样基因，于是，减数分裂就作为一种减少重组配对失误造成的损害的方式而进化出来了(Wilkins and Holliday，2009)。

(二)有性生殖的研究热点

1. 人类是否有可能发生单性生殖

自然条件下的无性生殖在低等原生动物、无脊椎动物和低等脊椎动物中是十分常见的生理现象。哺乳动物自发的无性生殖主要是指孤雌生殖,孤雌生殖在哺乳动物中有少数成功的报道,但都没有被重复出来。所以,一般认为,哺乳动物不能进行孤雌生殖。自发的孤雌胚在子宫内可以着床,而且至少也能发育到肢芽期,但最终发育失败。人工诱导的孤雌胚在母体的子宫内均可以着床,但只能发育到一定阶段,而不能正常出生。最新研究成果预示着人类单性生殖可能实现,然而至少在目前阶段,人类的无性生殖是不可行的,主要原因有两个:第一,目前克隆技术在医学上存在安全性问题;第二,人类的无性生殖涉及重要的伦理道德问题。但从进化角度讲,在持续环境变化和竞争的条件下,与有性生殖相比,无性生殖总体上处于劣势。

2. 科学家研究揭示动物为何有性行为

据英国《每日邮报》报道,经过长达几个世纪的激烈争论,科学家最终找到了"动物为什么会有性行为"的答案。研究人员称,它们通过这种方式繁殖的后代对寄生虫的抵抗力更强。

3. 人类进化最快的是 Y 染色体

与被广泛认同的有关哺乳动物 Y 染色体正在缓慢衰退或停滞不前理论相反,新的证据表明,Y 染色体实际上正在通过不断地大规模更新而快速进化。经过首次物种间 Y 染色体综合对比,美国怀特黑德生物医学研究所的研究人员发现,人类和黑猩猩的 Y 染色体基因序列与其他染色体有很大不同,说明自从 600 万年前人类和黑猩猩从一个共同祖先分离出来后,Y 染色体要比其他染色体进化得更快,该研究结果发表在《自然》杂志上。

4. 部分哺乳动物可调节后代性别

英国科学家表示,有些哺乳动物生雌性或生雄性并不是靠运气,有力的证据表明斑马、野牛等哺乳动物能主动调节后代性别。美国生物学家罗伯特·特里夫斯(Robert Tliffs)首先认为雌性红鹿在怀孕时能根据身体条件改变后代的性别,这一观点被争论了30 年之久。牛津大学的威廉·汉密尔顿(William Hamilton)在《新科学家》杂志上表示,身体条件好的亲代生下来的雄性幼仔多,身体条件差的亲代生下来的雌性幼仔多。在有蹄类哺乳动物中,少数雄性控制着多数雌性,只有小部分的雄性能够找到配偶,而绝大多数雌性都能找到配偶。因此,条件好的雌性能满足雄性的更高要求,这样生下的雄性有更多的机会找到配偶,而雌性找到配偶更加容易。

5. 脐带结构决定妊娠期长短

科学家通过对哺乳动物的生殖进化研究发现,脐带结构决定了妊娠期的长短,人类10 个月的妊娠期是受脐带结构的影响。英国达勒姆大学和雷丁大学的研究证明,幼仔在一些哺乳动物子宫中的生长速度是其他动物的两倍,这种生长速度的不同是由脐带的结构和母子的连接方式决定的,研究发现,母体与胚胎的连接越密切,幼仔的生长速度越快,妊娠期越短。这一发现可以帮助我们解释:为什么没有像犬和豹子这些哺乳动物那样复杂的网状脐带的人类会有相对较长的妊娠期。尽管所有哺乳动物的脐带都发挥着同样的功能,但它们的脐带结构却有着惊人的不同。科学家称,产生这种差异的原因一直是近一百多年来的一个谜。英国研究人员分析了 109 种哺乳动物的数据后首次发现，一些哺乳动物的脐带高度"折叠"，形成了较大的表面积，增加了从母体到幼仔的营养供给，该研究成果发表在《美国博物学家》杂志上。

第二节　哺乳动物的个体诞生

家畜（牛、马、猪、羊等）、实验动物（小鼠、大鼠等）、野生动物（虎、豹、狐、狼等）是我们熟悉的动物，这类动物雌雄异体，胚胎在母体内度过早期的发育阶段，出生后还要依靠母体哺乳生长一段时间，因此称为哺乳动物（mammals）。哺乳动物为典型的有性生殖，本节主要介绍哺乳动物的生殖细胞——精子和卵子的形成及受精等基本概念，有关人类生殖及与生殖相关的一些社会热点问题将单独进行介绍和讨论。

一、生殖器官

生殖器官是动物繁殖后代所构造的器官总称，主要包括产生生殖配子（精子或卵子）的生殖腺、生殖配子的输送管道和进行交配的结构。对于雌性动物来说还有包容受精卵（胚胎）在体内发育的子宫（uterus）。图 2-5 为哺乳动物生殖器官模式图（Hunter，1995，2003）。

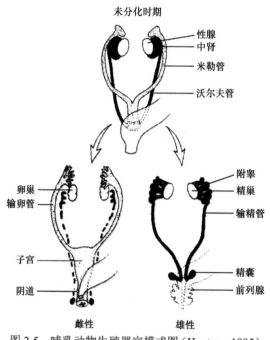

图 2-5　哺乳动物生殖器官模式图（Hunter，1995）

雄性的生殖器官主要包括睾丸（testis）、附睾（epididymis）、输精管（vas deferens）、副性腺及外生殖器。动物的繁殖模式各不相同，家畜中有的品种雄性表现出季节性特征，但大多数在性成熟后全年可以产生精子。在精巢中产生的精子进入附睾和输精管中被赋予运动能力，射精时进一步从副性腺分泌物中获得受精功能成为成熟精子。雌性动物的生殖器官由卵巢（ovary）、输卵管（fallopian tube）、子宫、阴道（vagina）和外生殖器组成。和雄性动物相比，雌性动物的生殖模式相当复杂，性成熟后雌性动物的卵巢开始排卵，这种排卵为周期性的生殖生理过程，因此称为性周期（sexual cycle）。有相当一部分家畜的排卵具有季节性，如羊、马等，野生动物大部分为季节性繁殖模式。

　　生物生殖的目的是繁衍与自己相同的后代，因此作为生物生存的一部分，生殖机能也同样受到环境的影响，同时生物在这种适应过程中也发生了生殖方式的进化，以便更能适应生存环境。哺乳动物的生殖特点是胎生、哺乳，可以说是最完善，也是最复杂的生殖方式。一般来说雄性动物在生殖上的功能主要是产生精子并通过交配与雌性体内产生的卵子结合受精，而雌性动物则主要在产生卵子的同时负责胚胎在体内发育直至分娩并为出生后的幼体哺乳。雌性个体这一系列的功能均受所谓的生殖机能系统控制。生殖调节系统由"下丘脑–脑下垂体–性腺"组成。主要功能物质是激素类蛋白质，这个系统在体内隔绝于其他机能系统的活动，但其作用受体内外环境的影响。

二、雄性配子——精子

　　大自然中动物种类有 100 万种以上，大部分以有性方式繁殖后代，其精子形态也是各种各样的，还没有发现精子形态完全相同的两种动物。历史上首次确认精子的存在是1665 年罗伯特·虎克（Robert Hooke）用显微镜观察细胞之后，一般认为是 1677 年由安东尼·班·列文虎克（Antony van Leeuwenhoek）及其弟子约翰·汉姆（Johan Ham）通过对自身的精液进行观察，发现了游走的"精子"（图 2-6）。

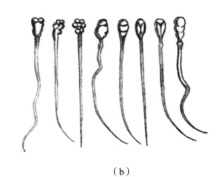

（a）　　　　　　　　　　　　　　　　（b）

图 2-6　显微镜发明者 Antony van Leeuwenhoek
（a）和游走的"精子"（b）（Morisawa and Hoshi，1992）

　　古希腊时期，人们就开始从神学和科学两种角度来探索生命诞生的过程。这个时期的人们在解释生命诞生时分成两个派系，即"精子–前成学说"和"自然发生学说"。"精子–前成学说"认为精子内部存在"动物缩影"模型（图 2-7），生命是由这些精子内的"小动物"发育而来的。"自然发生学说"则认为新的生命是从男子的分泌物（种子）和女子的月经血（种子）会合开始的。在"自然发生学说"中，研究者认为男女的"种子"存在于身体的任何部位，精巢的存在只是起一种导管的作用。1677 年 Antony van Leeuwenhoek 通过对多种动物精子的观察，绘制了各种动物精子的模式图并送到英国皇家学会，引起了当时社会舆论和学术界的强烈反响，不仅是生物学者，包括哲学研究人员也加入对生命诞生的大讨论中，这种情形就像动物克隆的冲击一样，成为当时家喻户晓的话题，"自然发生学说"由此在学术界产生了"卵源学说"（ovism theory）和"精子学说"（sperm theory），Antony van Leeuwenhoek 属于"精子学说"的自然发生论者。由于当时哺乳动物的卵子尚未被发现，因此总体来说"精子-前成学说"在学术界占主导地位（Hunter，1995，2003）。

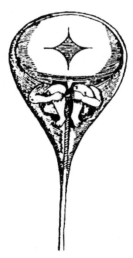

图 2-7 "精子-前成学说"提出精子内具有"动物缩影"模型（Morisawa and Hoshi，1992）

意大利博物学家、生理学家拉扎罗·斯帕兰扎尼（Lazzaro Spallanzani）（1729～1799年）对包括人类在内的多种动物精子进行了详细观察，认为具有细长尾部的精子是一种不分裂的"小动物"，并且它的活动和温度有关。1784年他用滤纸过滤了青蛙的精液，发现滤下的液体部分不能和卵子生成新生命，只有滞留在滤纸上面的部分（实际为精子）可以和卵子生成新生命。他的这个实验首次证明了精子在受精和生命诞生中的作用，并且经过追加实验在某种角度上澄清了对精子在生命诞生过程中作用的某些模糊认识，对以后的生殖生物学研究具有重要意义。但由于当时对生物生殖的认识有限，斯帕兰扎尼仍然认为引起受精的原因是从精子中释放的"精子气"刺激了卵子，而卵子内仍有"小动物"存在，其立场仍倾向于"卵子-前成学说"（图2-8）。

（a）   （b）

图 2-8 拉扎罗·斯帕兰扎尼（Lazzaro Spallanzani）（a）和"卵子-前成学说"模式图（b）

　　进入 19 世纪，1827 年德国动物学家卡尔·恩斯特·冯贝尔（Karl Ernst Von Baer，1792～1876 年）在对犬的生殖研究中发现了卵子，使"卵子－前成学说"兴盛一时。1840 年英国组织胚胎学家马丁·巴里通过兔子实验发现了精子－卵子结合和分裂后的 2 细胞胚，1873 年纽波特（Newport）首次确认了青蛙受精过程中精子穿入卵腔的事实，使受精这一概念开始萌发。进入 19 世纪末期，由于光学显微镜性能的改进，科学家们对精子和卵子的细微结构有了进一步的认识，争论了几百年的生命诞生问题终于有了正确答案。真正科学的受精研究开始于 20 世纪，1951 年美国尤斯特实验生物研究所（Institute of Euster Experimental Biology）的美籍华人张明觉（M. C. Chang）博士（图 2-9）和澳大利亚悉尼大学的奥斯丁（Austin）博士几乎同时发现了精子在受精过程中的获能（capacitation）现象，为哺乳动物体外受精的研究开辟了新纪元。中国学者旭日干 1984 年在日本农林水产省畜产试验场进修期间，系统研究了山羊体外受精存在的问题，找到了影响山羊精子获能的关键因子——钙离子载体 A23187，成功培育出世界首例试管山羊，开创了家畜及哺乳动物体外受精技术的先河。旭日干先生被日本畜产兽医大学（现更名为日本兽医生命科学大学）破格授予博士学位，并且被誉为"世界试管山羊之父"（图 2-10）。

图 2-9　美籍华人生物学者张明觉（M. C. Chang）博士（1908～1991 年）

（a）　　　　　　　　　　　　　　　　　（b）

图 2-10　世界首例试管山羊（a）及"世界试管山羊之父"旭日干先生（b）（李喜和，2019）

　　精子是在精巢内的曲细精管中产生和分化而成的雄性配子，精子最明显的特征是"有头有尾"，并且可以游动。曲细精管内的上皮由两类细胞组成：一类为支持细胞（sertoli cell），为精子发生提供营养；另一类为各种发生阶段的雄性生殖细胞。根据雄性生殖细胞的形态特征和染色体组成可将其分为精原细胞（spermatogonium）、精母细胞（spermatocyte）、精子细胞（spermatid）和已经分化成形的精子（spermatozoon）（图 2-11）。从精原细胞到成熟的精子，精母细胞进行两次分裂，但染色体只复制一次，这种结果造成精子染色体组成只有正常染色体的一半，称为单倍体（haploid），这种分裂方式称为减数分裂（meiosis）。在哺乳动物中，由于性染色体 X、Y 在减数分裂过程中进入两个不同的成熟精子中，因此精子的性染色体只有一条 X 或 Y，X 和 Y 精子（染色体）的数量基本相同，这一点在出生动物性别比例和实验研究中均得到了证实。减数分裂是生殖细胞形成过程中特有的细胞分裂方式，经过减数分裂，一个精母细胞最终生成 4 个精子。

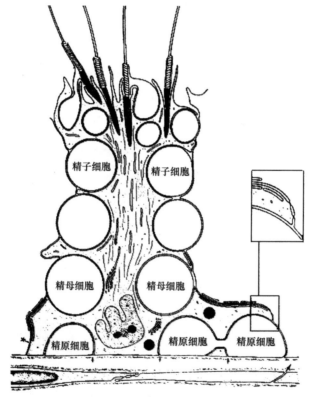

图 2-11　哺乳动物精子发生模型图（Dym and Fawcett，1970）

　　典型的哺乳动物精子是一个具有"头部"和细长"尾部"的可游动细胞，头部主要是浓缩的细胞核（遗传物质），尾部是由微管组成的"运动器官"，由一个圆形的精细胞分化成一个具有头尾和运动能力精子的过程称为精子形成（spermiogenesis）。精子形成主要包括以下三方面的含义。

（一）精子顶体形成

　　顶体（acrosome）是由精细胞内高尔基体中的小囊泡汇聚而成的，内含多种功能蛋白质和酶类，在受精过程中具有重要作用。

（二）细胞核凝缩和形态变化

精细胞核为圆形，染色质密度中等。随着精子分化的进行，核内染色体逐渐变得粗大，电子密度增高，发生 DNA 凝缩现象，核小体也同时消失。在这个过程中核由圆变长，细胞质向曲细精管内侧移动，核和细胞膜接近，同时细胞质形成微小管，平行排列于精细胞的长轴方向，这就是将来的尾鞘。

（三）尾部形成

精子尾部是一个"9+2"的微管结构，可以划分为结合部、中部和主干部。精子尾部的长度为头部的数十倍（数十微米到上百微米），主要功能是驱使精子运动去寻找卵子完成受精使命。当精子受精后（穿入卵细胞内），尾部即在卵细胞质内被消化分解。典型的哺乳动物精子结构如图 2-12 所示。

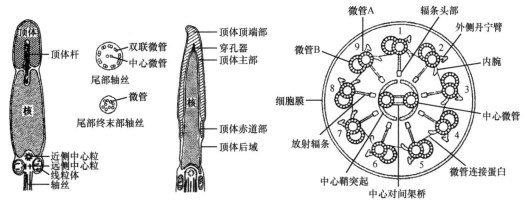

图 2-12　哺乳动物精子结构模式图（Morisawa and Hoshi，1992）

三、雌性配子——卵子

卵巢是雌性动物的生殖腺，卵子在卵巢发育并排放到输卵管中。此外，卵巢也分泌调节卵子发育成熟和性周期相关的激素，即雌激素和孕酮等。图 2-13 为几种家畜卵巢结

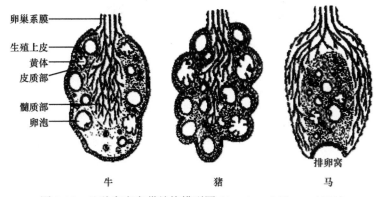

图 2-13　几种家畜卵巢结构模型图（Austin and Short，1982）

构的模型图，除马之外大部分哺乳动物的卵巢表层为卵巢皮质，中心部为卵巢髓质，但两者的界限并不十分明了。

　　雌性动物的原始生殖细胞不断进行增殖分化，从而产生卵原细胞。从卵原细胞发育为成熟卵子的过程为卵子发生。卵原细胞在卵巢内首先以有丝分裂方式进行细胞增殖，然后停止增殖进入生长时期，这时的生殖细胞称为卵母细胞。卵母细胞经过两次有丝分裂分别产生初级卵母细胞和次级卵母细胞。初级卵母细胞进入生长期后不久便开始进行减数分裂，但是直到排卵前仍停止在第一次减数分裂的染色体粗线期阶段，可见这个时期相当长。那么在这个时期停止的意义是什么？这个时期即初级卵母细胞时期，卵细胞核体积增大，出现特有的灯刷染色体，mRNA 的合成旺盛，另外大而多的核小体形成，rRNA 前体的合成也变得活跃，从而合成了多种功能蛋白质、脂肪等能量物质，为将来受精后的早期胚胎发育做好准备。另外，卵细胞周围形成了卵子所特有的透明带结构（图2-14）。可见这是一个基因表达活跃、卵子功能和形态成熟的重要阶段，在此阶段卵泡上皮对于卵子生长和成熟起着重要作用。

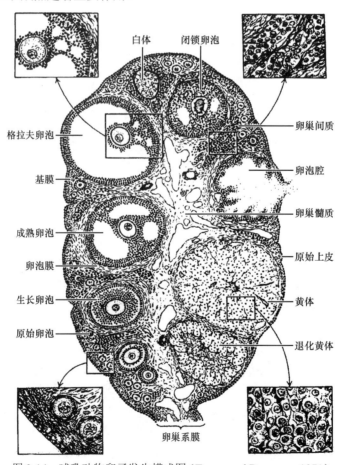

图 2-14　哺乳动物卵子发生模式图（Turner and Bagnara，1971）

随着卵子的生长和体积增大，其外围组织出现了明显的卵泡腔，其中充满了卵泡液，卵子被称为卵丘的数层颗粒细胞所包围，最终通过性激素的复杂调控从卵巢中释放出来。与精子减数分裂不同的是，卵子为不均等分裂，初级卵母细胞的细胞质大部分只留在一个次级卵母细胞中，而另外一个只带有相同的细胞核和极少的细胞质并被释放在卵膜和透明带之间的腔内，称为极体。第二次减数分裂也以不均等分裂方式进行，即排放另一个极体，但这个极体的排放往往要待精子穿入卵子时才发生，所以成熟的卵子应当是停止在第二次减数分裂中期，未受精的卵子在生殖道内停留一定时间（数十小时或数天）后退化死亡。一个精母细胞经过减数分裂可形成 4 个精子，而一个卵母细胞最终只形成 1 个正常卵子。哺乳动物成熟卵子的结构模式见图 2-15。

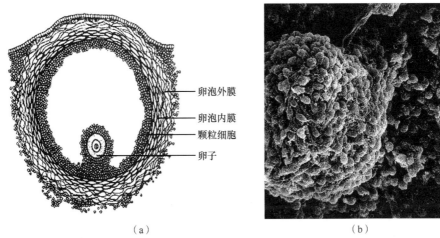

（a） （b）

图 2-15 哺乳动物的成熟卵泡结构模式与电镜图片（Fléchon et al.，1986）

（a）成熟卵泡模式图；（b）成熟卵泡电镜图

传统观念认为，哺乳动物的卵原细胞在个体出生后即停止数量的增加，因此从数量上看只限于一定范围，即几万或十几万个。2009 年上海交通大学吴际教授的研究团队发现，成年雌鼠卵巢中存在可以发育为卵母细胞的干细胞。2012 年 2 月 26 日美国科学家乔纳森·蒂里（Jonathan Tilly）博士在权威杂志《自然》的子刊《医学》（Medicine）上撰文证实人类卵巢中也存在干细胞。这一发现对传统观念形成挑战，因为这些干细胞来自成体，说明卵原细胞的数量不是限定的。当个体成熟以后，雌性动物出现了由体内激素调控的卵子成熟及排放的周期性生殖生理过程，每个生理周期只排放一个或几个卵子，这与动物的品种有关，表 2-1 为部分哺乳动物的生殖特点相关资料。

表 2-1 部分哺乳动物的生殖特点统计比较

哺乳动物种类	性成熟时间	性周期（d）	妊娠期（d）	产子 / 产仔数	染色体数（条）
人	11～16 年	28	280	单胎或多胎	46
猴	♂3～4 年 ♀2～3 年	28	165	单胎	42
大猩猩	♂11～13 年 ♀10～12 年	28	258	单胎	48

续表

哺乳动物种类	性成熟时间	性周期（d）	妊娠期（d）	产子 / 产仔数	染色体数（条）
黑猩猩	♂8～10年 ♀6～8年	28	228	单胎	48
家马	18～24个月	21	340	单胎	64
普氏野马	2～3年	25	328	单胎	66
斑马	3～4年	—	360	单胎	44
家驴	18～30个月	25	360	单胎	62
蒙古野驴	2～3年	—	330	单胎	56
骡	4～6年	22	—	—	63
黄牛	10～18个月	21	282	单胎	60
水牛	18～30个月	21	307	单胎	50
牦牛	3～4年	21	255	单胎	60
绵羊	5～8个月	17	150	1～4仔	54
山羊	5～8个月	21	152	1～5仔	60
鹅喉羚	1～2年	—	165	单胎	♂31，♀30
中华斑羚	2年	—	210	单胎	54
北山羊	1～2年	—	175	单胎	60
黄羊	17～18个月	—	186	1～2仔	60
岩羊	2年	—	160	1仔	54
盘羊	1～2年	—	155	1仔	56
家猪	3～6个月	21	114	6～15仔	38
野猪	♂3～4年 ♀18个月	—	120	4～5仔	36～38
单峰驼	4～5年	16	405	单胎	74
双峰驼	2～3年	—	390	单胎	74
羊驼	12个月	—	344	单胎	74
驼鹿	♂4年 ♀3年	30	240	1～2仔	70
马鹿	2～3年	7～12	250	1～2仔	68
驯鹿	♂3年 ♀2年	13～22	233	1～2仔	70
东北梅花鹿	2～3年	12～16	235	单胎	66
小鼠	40～50天	4～6	22	5～9仔	40
大鼠	♂60天 ♀80天	4～6	22	8～13仔	42

续表

哺乳动物种类	性成熟时间	性周期（d）	妊娠期（d）	产子 / 产仔数	染色体数（条）
地鼠	30 天	4～5	16	5～10 仔	22
豚鼠	♂70 天♀30～45 天	16～17	60	1～8 仔	64
犬	＞6 个月	季节性单次发情	62	1～22 仔	78
猫	6～15 个月	15～21	68	4 仔	38
家兔	3～4 个月	8～15	30	1～13 仔	44
野兔	3～4 个月	7～15	51	3～5 仔	48
狼	2 年	—	62	3～9 仔	78
狮	♂5～6 年♀2～3 年	—	110	1～6 仔	38
虎	3 年	—	154	1～5 仔	38
大象	9～12 年	42	660	1 仔	56
狐狸	2 年	季节性单次发情	52	3～6 仔	36

四、受精

精子和卵子相结合形成合子的过程称为受精。受精是雌雄遗传物质的组合和传代，也是新个体产生的开始，主要包括以下几个阶段，受精模式图详见图 2-16。受精具有种特异性（少数例外），也就是说大部分哺乳动物不同品种之间存在生殖隔离（reproductive isolation）现象，主要包括 4 方面：不同品种生殖器官结构性交配阻碍、精子从子宫进入输卵管的同品种识别、精子 - 卵子的受精识别及受精后早期胚胎的基因水平品种识别。李喜和团队目前正在集中精力研究精子从子宫进入输卵管的同品种识别现象和机制，且获得了一些非常有趣的结果。

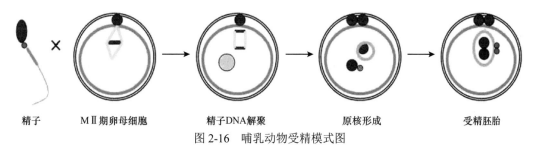

精子	MⅡ期卵母细胞	精子DNA解聚	原核形成	受精胚胎

图 2-16 哺乳动物受精模式图

（一）精子向卵子移动

以自然交配或人工授精（artificial insemination）方式进入阴道的精子，经过子宫颈、子宫体、子宫角向输卵管移动，最终与卵子在输卵管膨大部进行受精。刚射出的精子头部外覆阻碍受精的抗原物质（去能因子），这些物质在精子输送过程中被清除，使精子获得受精能力，此过程称为精子获能。只有获能的精子才能与卵子相结合完成受精过程。同时精子头部细胞膜和顶体外膜部分融合而形成裂孔，释放出顶体内容物（酶类），精子的这一变化称为顶体反应。从卵巢释放的卵子由数层颗粒细胞包围，经输卵管终端的喇叭口进入输卵管，通过输卵管上皮纤毛的摆动移至膨大部。卵子在生殖管道内的生存时间是有限的，因此排卵和交配必须同步在一定的时间范围之内，否则受精不能完成。

（二）精子穿入透明带

精子首先通过自身运动和分泌透明质酸酶使颗粒细胞结构松散而到达透明带表面。这时从精子顶体中释放顶体素（acrosin）溶解透明带基质，形成一个细小通路，精子在尾部的推动下由此通路穿过透明带进入围卵腔。这个过程一般需要 1 ～ 3h。

（三）精子、卵子细胞膜融合

进入围卵腔的精子运动减弱，最终停止在卵膜的某一位置。根据目前的研究结果，哺乳动物精子和卵子的结合是随机性的，没有固定位置。膜融合首先从精子头部的中、后段开始，并且类似"吞噬"方式，整个头部和尾部逐渐进入卵细胞质。由英国剑桥大学古尔登研究所（the Gurdon Institute）的发育生物学家玛格达莲娜·泽妮可 - 戈茨（Magdalena Zernicka-Goetz）博士领导的研究小组对精卵结合位点问题进行了许多有趣的研究，感兴趣的读者可查阅相关资料。

（四）雌雄原核形成

哺乳动物的成熟卵子大多处于第二次减数分裂中期。当精子进入卵子后，启动了卵细胞的核分裂机制，释放出第二极体。随着受精的进行，卵子染色体周围出现了许多光面内质网小泡，汇聚成核膜，与此同时染色体松散形成了雌原核。在卵细胞核变化的同时，进入卵细胞质内部的精子头部 DNA 也在蛋白质分解酶等的作用下失去凝缩状态，染色质由凝缩状态变为松散状态，同样由光面内质网汇聚成核膜形成了雄原核。雌雄原核在时间上基本同步形成，如果相差时间太长，同样不能完成受精过程而发育为正常胚胎。

（五）雌雄原核融合

形成的雌雄原核向卵细胞质中心移动并相互结合的过程为雌雄原核融合，形成胚胎合子。动物种类不同，雌雄原核的融合方式也有所不同。例如，兔子的雌雄核膜不进行融合，而核小体、核膜直接消失，遗传物质合并为一，完成受精过程。而鼠类、家畜等多数哺乳类首先是核膜融合，然后是雌雄遗传物质组合完成受精，并开始第一次有丝分裂。从精子和卵子接触开始到受精完成一般需要 8 ～ 15h，第一次有丝分裂（2 细胞胚）为 12 ～ 24h。图 2-17 为小鼠早期胚胎发育图。

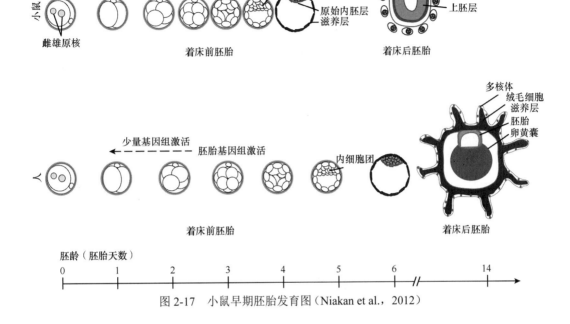

图 2-17　小鼠早期胚胎发育图（Niakan et al.，2012）

第三节　哺乳动物的性别决定

动物有雌雄，人分男女，这就是我们常见的性别之分。那么一个受精卵最终发育为雄性还是雌性，其决定因素在哪里？这一节我们就性别决定的机制及目前的一些分子水平的研究结果作简略介绍。

一、性别决定机制

（一）哺乳动物的性别决定

首先可以明确地告诉大家，哺乳动物的性别是由遗传因素决定的，雌雄个体的性特征是在不同的性激素刺激下的具体表现。性别在受精的一瞬间已决定，或者具体地说是由受精时的精子来决定的。前面我们介绍的二倍体的动物染色体组成中，有一对专门决定个体性别的染色体称为性染色体，雌性动物为 XX，雄性动物为 XY，其中 Y 染色体是决定动物性别的关键所在。生殖细胞为单倍体，只含一条性染色体，卵子均为 X 染色体，精子有 X 染色体和 Y 染色体两种，且数量相同。如果卵子和一个 X 精子结合，即形成的胚胎染色体组成为 XX，将来发育为雌性个体；如果和 Y 精子结合形成胚胎的性染色体组合为 XY，将来发育为雄性个体。例如，人的染色体数为 46 条，那么男性的染色体组成为 44 条常染色体 +XY，女性的染色体组成为 44 条常染色体 +XX。性染色体组成异常往往导致个体生殖功能障碍或其他相关疾病的发生。图 2-18 为人类 X/Y 染色体的电镜照片。

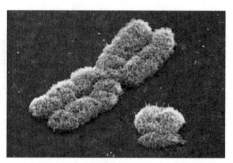

图 2-18　人类 X/Y 染色体的电镜照片（李喜和，2019）

（二）鸟类的性别决定

鸟类的性别决定与哺乳动物相反。例如，鸡的染色体数为 78 条，其中也有两条性染色体（Z 和 W），即 ZZ 为雄性，而 ZW 为雌性。另外，某些爬行动物的性别受温度的影响，也就是说温度变化导致生物的性别转变，这是一种很有趣的性别决定现象。

二、性别决定的分子基础

从进化角度来看，X 和 Y 染色体来自同一对常染色体。但是对不同动物的染色体分析结果显示，X 染色体在种间具有很多的相同性，而 Y 染色体即使像黑猩猩和大猩猩这样来源接近的种类之间也存在很大差别，从而显示了在物种进化过程中 Y 染色体的多变现象。

（一）*SRY* 基因的发现

人类 Y 染色体的遗传组成虽然只占总体遗传组成的 2% 左右，但它决定了后代的性别分化及与性别相关的许多遗传特征。X 和 Y 染色体的相关性如图 2-19 所示。Y 染色体的结构可以分为 4 个主要部分，以染色体的着丝粒（centromere）为界，短臂的远端附近区域是假常染色体区（pseudoautosomal region，PAR）、短臂的 PAR 以外的部分、长臂着丝粒近位的 Q［喹吖因（quinacrine）荧光染色］阴性区域和远位的 Q 阳性区域。短臂所有部分均显示 Q 阴性。作为遗传学上又一个新的突破，1990 年，辛克利尔（Sinclair）和哥本（Gubbeg）等分别发表了 Y 染色体上睾丸决定因子（testis determination factor，TDF）的碱基序列，揭开了哺乳动物性别分化研究新的一页，该研究从当时染色体水平的探讨开始整整用了 30 年的时间，许多科学工作者参与并做了大量的基础性和关键性工作，可见揭示一个生命现象的艰难程度，他们把人类的这个基因命名为 *SRY*（sex-determining region of Y）。通过进一步分析，*SRY* 基因在我们熟悉的家畜和其他哺乳动物中基本上得到保留，并显示了含有该基因的 Y 染色体的特异性（图 2-20）。目前，以 *SRY* 基因为模板设计出各种 DNA 探针，广泛地应用于性别分化和性别异常发生的研究、疾病诊断，以及动物生产的性别鉴定和控制领域。Y 染色体上有许多基因，除 *SRY* 以外也发现了与精子形成时不可缺少的无精症因子（azoospermia factor，AZF）等与性别分化有关的几个重要基因。

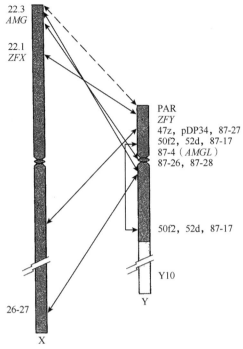

图 2-19　X 和 Y 染色体的相关性模式图（李喜和，2019）

AMG：釉原蛋白基因，别名有 AMELX，AI1E，AIH1，ALGN，AMGL，AMGX，等；ZFX：X 染色体上的锌指蛋白基因；
PAR：假常染色体区；ZFY：Y 染色体上的锌指蛋白基因；图中数字表示基因位点

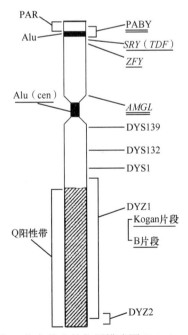

图 2-20　SRY 基因在 Y 染色体上的位置模式图（Morisawa and Hoshi，1992）

PAR：假常染色体区；Alu：是一段原本具有黄节杆菌限制性内切酶作用的 DNA 短链，是拷贝丰富的转座子；PABY：Y
色体上的假常染色体边界区；SRY（TDF）：Y 染色体上的性别决定区，又称睾丸决定因子（TDF）基因，负责性别决定的起始；
ZFY：锌指蛋白编码基因；AMGL：釉原蛋白基因；DYS：是 Y 染色体长臂上的短串联重复序列（STR）的位点；DYZ：一种
存在于 Y 染色体长臂上的串联重复序列

（二）SRY基因的结构

2009 年 5 月 2 日，澳大利亚基因研究专家珍妮弗·格雷夫斯（Jennifer Graef）在爱尔兰皇家外科医学院的讲座中指出，3 亿年前每个 Y 染色体上约有 1438 个基因，而现在只剩下 45 个基因。按照这种衰减速度，500 万年后 Y 染色体上的基因将全部消失。因此，男性可能最终会灭亡，这种"Y 染色体消亡说"轰动一时。2012 年 2 月 22 日，美国霍华德·休斯医学研究所研究人员珍妮弗·休斯（Jennifer Hughes）等比较了人和恒河猴 Y 染色体上的基因后发现，人类 Y 染色体上基因衰减的速度正逐渐降低，几乎进入停滞状态。休斯说，与恒河猴 Y 染色体相比，人类 Y 染色体 2500 万年来只流失了一个基因，而在过去 600 万年中，人类 Y 染色体上的基因流失数为零，其基因衰减的速度越来越慢，所以，我相信即使再过 5000 万年，人类 Y 染色体依然会存在，'Y 染色体消亡说'可以就此打住了。这项研究结果发表在国际知名学术杂志《自然》上。对于 X 染色体来说，以古老的伴性遗传现象为认识问题的开端，考虑到与 X 染色体相关的遗传特征，目前主要是从遗传病的角度研究较多，已经明确的如杜氏肌肉营养不良症（Duchenne muscular dystrophy, DMD）、慢性肉芽肿病等遗传性疾病的致病基因均与 X 染色体相关。

三、性别决定分子调控研究进展

随着人们对哺乳动物性别决定这一令人感兴趣问题的深入研究，发现这个过程不是一个简单地将尚未分化的性腺发育为睾丸或卵巢，而是以性控基因 SRY 为主导，多基因参与、多层次调控的一个有序的精细过程。如果这些分子调控网络受到内源性或外源性因子的破坏，会引起两性发育紊乱，甚至导致雄性向雌性或雌性向雄性的性别逆转。对于性别决定调控机制的研究表明，首先 SRY 基因是通过 Gadd45G-p38MAPK-GATA4-SRY 的信号级联来调控启动，SRY 基因表达后要通过激活下游靶基因 Sox9，以诱导支持细胞分化，进而促进睾丸形成。动物机体缺少 SRY 或携带的 SRY 性别决定基因处于沉默，维持卵巢命运的抗睾丸基因 FOXL2 启动转录程序，促进卵巢等雌性器官的出现，进而向雌性动物个体发育。以下分别对雄性和雌性性别决定的信号级联中的关键基因调控网络进行介绍。

（一）雄性命运决定的分子调控

雄性生殖细胞的分化是由 SRY 基因启动的，SRY 的诱导表达受多种因素控制，包括 Gadd45G、p38MAPK（mitogen-activated protein kinase）、GATA4（GATA-binding protein 4）通路等。SRY 表达所需的转录因子 GATA4 在体内以 MAPK 依赖的方式与 SRY 启动子结合。研究结果提示 SRY 表达的信号级联：MAP3K4 和 Gadd45G 会转化 p38MAPK 通路使其磷酸化，从而激活 GATA4。GATA4 被激活后结合并激活 SRY 启动子以诱导其表达。在 MAPK 信号转导中，MAP3K4 包含一个 N 端的自抑制区，Gadd45G 与 MAP3K4 结合，解除这种自抑制作用并激活 MAP3K4，促进 p38MAPK 和 c-jun N 端激酶的磷酸化和激活（Hossain and Saunders，2001；Warr et al.，2012；Lamey et al.，2014）。研究发现，MAP3K4 发生突变与 Gadd45G 突变导致的性别逆转表型非常相似，且 SRY 表达减少并延迟；当 p38MAPK 途径被抑制时 *SRY* 表达受阻，导致性逆转（Johnen et al.，2017；Gierl et al.，2012）。GATA4 是 MAPK 信号与 *SRY* 调节之间联系的媒介。转基因小鼠的 *GATA4* 突变，与 *Gadd45G* 突变体功能类似，表现为 XY 性反转且 *SRY* 表达降低。

  SRY 的主要下游靶基因是 *Sox9*（SRY-related HMG box gene 9），通过 SRY-Sox9 信号通路开启诱导支持细胞分化，进而推动睾丸形成（Sekido and Lovell-Badge，2008；Barrionuevo et al.，2006）。小鼠胚胎性腺 *SRY* 的染色体免疫共沉淀结果显示，*SRY* 和类固醇生成因子（SF1）可与 *Sox9* 的特定位点结合诱导 *Sox9* 的表达（Barrionuevo et al.，2009）。通过转基因小鼠实验发现，将 *Sox9* 基因直接转入 XX 小鼠，雌性性腺向睾丸方向发育，同时在 E11.5 前敲除 *Sox9* 基因的 XY 小鼠中，睾丸发生性逆转，出现卵巢样结构。所以 *Sox9* 是促进睾丸形成和抑制卵巢发育的关键因子（Jeske et al.，1995；Moniot et al.，2009；Behringer et al.，1994）。*Sox9* 基因与作为睾丸决定因子的 *SRY* 基因作用一致，睾丸发育中起关键作用的基因（如 *Amh* 和 *PGD2*）已被确定为 *Sox9* 基因的直接目标（Rotgers et al.，2018；Barrionuevo et al.，2006）。另外 SOX 家族的其他成员，如 SOX3、SOX8 和 SOX10，也参与了睾丸的发育过程（Bergstrom et al.，2000；Polanco et al.，2010；Barrionuevo et al.，2009）。

  随着研究的进一步推进，即 *SRY* 基因和 *Sox9* 基因之后又发现一个重要的性别决定基因 *Dmrt1*（double-sex and map-3 related transcription factor 1），它是哺乳动物、爬行动物、鸟类、鱼类和果蝇体内广泛存在的一类基因，是已知的最保守的性别决定及睾丸分化相关的转录因子。有研究表明，在小鼠体内敲除 *Dmrt1* 之后，会导致小鼠性分化的异常（Raymond et al.，2000；Matson et al.，2011）。在小鼠卵巢过量表达 *Dmrt1* 后，颗粒细胞转化成雄性睾丸支持样细胞，发生雌性向雄性的性别逆转（Zhao et al.，2015）。因此，在小鼠体内 *Dmrt1* 不参与小鼠性别决定过程，而是参与后期精子发生和支持细胞谱系维持过程（图 2-21）。

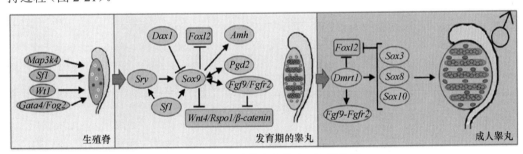

图 2-21 小鼠精巢发育的分子调控网络

  Map3k4、*Wt1*、*Sf1* 和 *Gata4/Fog2* 是性别决定的基因，它们是性腺早期存活和扩增必需的；一旦性别决定启动，精巢支持细胞的 SRY-SOX9 信号通路被激活，SOX9 调控 AMH 表达及形成 FGF9 和 PGD2 正向反馈通路来抑制雌性 WNT4/RSPO/β-catenin 信号通路的激活；当性别决定发生后，*Wt1*、*Dmrt1*、*Sox3*、*Sox8* 和 *Sox10* 基因一起参与维持雄性生殖细胞及支持细胞的发育。

  （二）雌性命运决定的分子调控

  早期研究认为，由于支持类体细胞的祖细胞缺失 *SRY*，祖细胞分化为颗粒细胞。此后，研究人员又提出卵巢决定基因和 Z 因子假说（Eicher and Washburn，1983；McElreavey et al.，1993），并开始寻找卵巢体细胞中唯一表达的基因。到目前为止，通过功能基因分析已经确定了 *Foxl2*（forkhead box L2）、*WnT4*、*β-catenin*、*BmP2*（bone morphogenetic protein 2）等在卵巢发育过程中发挥关键作用（图 2-22）。其中 *Foxl2* 属于叉头盒转录因子家族成员，是一种高度保守的调控因子，也是在脊椎动物中最早发现具有卵巢分化的性别二态性标记基因（Pisarska et al.，2011）。大量研究表明，*Foxl2* 基因在哺乳动物、鸟类和鱼类等多个物种中都与卵巢的分化和发育密切相关。在小鼠的研究中，*Foxl2* 的持续表达可以抑制出生后小鼠的卵巢细胞向睾丸细胞的异常分化。相反，在发育过程中 *Foxl2* 的缺失会导致卵巢发育异常及性腺性逆转（Nicol et al.，2020；Boulangerl et al.，2014）。研究人员发现 *Foxl2* 对雌性个体的性别决定主要是通过其下游基因 *Cyp19a1* 来实现的。CYP19A1 是合成雌激素的关键酶，合成的雌激素可以通过激活雌激素受体 ERα/β（estrogen receptor α/β）启动一系列的雌性信号通路。将携带 TESCO-CFP 荧光报告系统的雌性小鼠卵巢中的 *Foxl2* 诱导缺失后，荧光报告系统被异常激活，表明 *Foxl2* 可能通过与 TESCO 相互作用抑制 *Sox9* 的转录（Pailhoux et al.，2001）。同时研究显示，在缺失 ERα 和 ERβ 或者雌激素合成酶的 XX 小鼠中都表现出与 *Foxl2* 敲除相似的表型，并且都发生雌性向雄性的性别逆转（Govoroun et al.，2004）。这些结果表明 *Foxl2/ER* 是一种维持卵巢命运的抗睾丸基因，*Foxl2* 与 ERα/β 协同作用，共同抑制睾丸支持细胞谱系分化，维持颗粒细胞谱系发育。

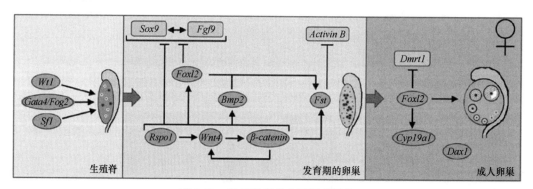

图 2-22　卵巢发育的分子调控网络

在性别决定发生之前，*Wt1*、*Sf1* 和 *Gata4/Fog2* 基因表达对生殖嵴发生是必需的；在性别决定过程，卵巢颗粒细胞 *Rspo1*、*Wnt4* 和 *Foxl2* 上调，促进 *Bmp2* 和 *Fst* 表达，同时抑制精巢发生的 SOX9/Fgf9 通路；另外，*Fst* 通过抑制 *Activin B* 的表达来促进颗粒细胞的发生和抑制精巢支持细胞的发生与分化；性别决定之后，卵巢及其颗粒细胞的发育需要 *Foxl2* 和 *Cyp19a1* 等基因来维持和调控。

参 考 文 献

陈宜峰，郭建民.1986.哺乳动物染色体.北京:科学出版社,1-232.
李喜和.2019.家畜性别控制技术.北京:科学出版社.
桑润滋.2006.动物繁殖生物技术.第二版.北京:中国农业出版社.

徐营, 杨利国, 郭爱珍, 等. 2002. 性别决定基因 SRY 的研究进展. 生物技术通报, (1): 30-32, 37.

旭日干, 杨贵生, 刑连连. 2009. 内蒙古动物志. 内蒙古: 内蒙古大学出版社, 1-300.

杨增明, 孙青原, 夏国良. 2019. 生殖生物学. 第二版. 北京: 科学出版社.

张忠诚, 朱氏恩, 周虚. 2009. 家畜繁殖学. 北京: 中国农业出版社, 1-299.

森沢正昭・星和彦・岡部勝. 2006. 新編精子学. 東京: 東京大学出版会.

Austin C R, Short R V. 1982. Reproduction in Mammals (2nd edition). Cambridge: Cambridge University Press.

Barrionuevo F, Bagheri-Fam S, Klattig J, et al. 2006. Homozygous inactivation of Sox9 causes complete XY sex reversal in mice. Biol Reprod, 74(1): 195-201.

Barrionuevo F, Georg I, Scherthan H, et al. 2009. Testis cord differentiation after the sex determination stage is independent of Sox9 but fails in the combined absence of Sox9 and Sox8. Dev Biol, 327(2): 301-312.

Behringer R R, Finegold M J, Cate R L. 1994. Mullerian-inhibiting substance function during mammalian sexual development. Cell, 79(3): 415-425.

Bergstrom D E, Young M, Albrecht K H, et al. 2000. Related function of mouse SOX3, SOX9, and SRY HMG domains assayed by male sex determination. Genesis, 28(3-4): 111-124.

Boulanger L, Pannetier M, Gall L. 2014. FOXL2 is a female sex-determining gene in the goat. Current Biology, 24(4): 404-408.

Dym M, Fawcett D W. 1970. The blood-testis barrier in the rat and the physiological compartmentation of the seminiferous epithelium. Biology of Reproduction, 3(3): 308.

Eicher E M, Washburn L L. 1983. Inherited sex reversal in mice identification of a new primary sex-determining gene. J Exp Zool, 228(2): 297-304.

Fléchon J E, Guillomot M, Charlier M, et al. 1986. Experimental studies on the elongation of the ewe blastocyst. Reprod Nutr Dev, 26(4): 1017-1024.

Gierl M S, Gruhn W H, Vonsegger O N, et al. 2012. GADD45G functions in male sex determination by promoting p38 signaling and Sry expression. Dev Cell, 23(5): 1032 -1042.

Goddard M R, Godfray H C J, Burt A. 2005. Sex increases the efficacy of natural selection in experimental yeast populations. Nature, 434(7033): 636-640.

Govoroun M S, Pannetier M, Pailhoux E. 2004. Isolation of chicken homolog of the FOXL2 gene and comparison of its expression patterns with those of aroma-tase during ovarian development. Developmental dynamics, 231(4): 859-870.

Hossain A, Saunders G F. 2001. The human sex-determining gene SRY is a direct target of WT1. Biol Chem, 276(20): 16817-16823.

Hughes J F, Skaletsky H, Pyntikova T, et al. 2010. Chimpanzee and human Y chromosomes are remarkably divergent in structure and gene content. Nature, 463(7280): 536-539.

Hunter R H F. 1995. Sex Determination, Differentiation and Intersexuality in Placental Mammals. Cambridge: Cambridge University Press.

Hunter R H F. 2003. Physiology of the Graafian Follicle and Ovulation. Cambridge: Cambridge University Press.

Jeske Y W, Bowles J, Greenfield A, et al. 1995. Expression of a linear Sry transcript in the mouse genital ridge. Nat Genet, 10(4): 480-482.

Johnen H, Laura G S, Laur A C. 2017. Gadd45g is essential for primary sex determination male fertility and testis development. PLoS ONE, 8(3): e58751.

Kono T, Obata Y, Wu Q, et al. 2004. Birth of parthenogenetic mice that can develop to adulthood. Nature, 428(6985): 860-864.

Lamey C, Bailey T L, Koopman P. 2014. Switching on sex: transcriptional regulation of the testis-determining gene Sry. Development, 141(11): 2195-2205.

Li W , Shuai L, Wan H, et al. 2012. Androgenetic haploid embryonic stem cells produce live transgenic mice. Nature, 490(7420): 407-411.

Matson C K, Murphy M W, Sarver A L, et al. 2011. DMRT1 prevents female reprogramming in the postnatal mammalian testis. Nature, 476: 101-104.

McElreavey K, Vilain E, Abbas N, et al. 1993. A regulatory cascade hypothesis for mammalian sex determination: SRY represses a negative regulator of male development. Proc Natl Acad Sci U S A, 90(8): 3368-3372.

Moniot B, Declosmenil F, Barrionuevo F, et al. 2009. The PGD2 pathway, independently of FGF9, amplifies SOX9 activity in Sertoli cells during male sexual differentiation. Development, 136(11): 1813-1821.

Morisawa M, Hoshi M. 1992. Spermatology. Tokyo: University of Tokyo Press.

Nicol B, Rodriguez K, Yao H H.2020. Aberrant and constitutive expression of FOXL2 impairs ovarian development and functions in mice. Biology of Reproduction, 103(5): 966-977.

O'Donnell L, Pratis K, Stanton P G, et al. 1999. Testosterone-dependent restoration of spermatogenesis in adult rats impaired by 5 α reductase inhibitor. J Andrology, 20(1): 109.

Pailhoux E, Vigier B, Chaffaux S.2001. A 11.7-kb deletion triggers intersexuality and polledness in goats. Nature Genetics, 29(4): 453-458.

Pisarska M D, Barlow G, Kuo F T. 2011. Minireview: roles of the forkhead transcription factor FOXL2 in granulosa cell biology and pathology. Endocrinology, 152(4): 1199-1208.

Polanco J C, Wilhelm D, Davidson T L, et al. 2010. Sox10 gain-of-function causes XX sex reversal in mice: implications for human 22q-linked disorders of sex development. Hum Mol Genet, 19(3): 506-516.

Potts M, Short R. 1999. Ever since Adam and Eve-The Evolution of Human Sexuality. Cambridge: Cambridge University Press.

Raymond C S, Murphy M W, O' Sullivan M G, et al. 2000. *Dmrt1*, a gene related to worm and fly sexual regulators, is required for mammalian testis differentiation. Genes Dev, 14(20): 2587-2595.

Rotgers E, Jorgensen A, Yao H H.2018. At the crossroads of fate-somatic cell lineage specification in the fetal gonad. Endocr Rev, 39(5): 739-759.

Sekido R, Lovell-Badge R. 2008. Sex determination involves synergistic action of SRY and SF1 on a specific Sox9 enhancer. Nature, 453(7197): 930-934.

Tooby J. 1982. Pathogens, polymorphism, and the evolution of sex. Journal of Theoretical Biology, 97(4): 557-576.

Turner C D, Bagnara J T. 1971. General Endocrinology. Philadelphia: W. B. Saunders.

Warr N, Carre G A, Siggers P, et al. 2012. Gadd45 γ and Map3k4 interactions regulate mouse testis determination via p38 MAPK-mediated control of Sry expression. Dev Cell, 23(5): 1020-1031.

Wei L L, Shuai H F, Zhou Q, et al. 2021. Androgenetic haploid embryonic stem cells produce live transgenic mice. Nature, 490(7420): 407-411.

White Y A R, Woods D C, Takai Y, et al. 2012. Oocyte formation by mitotically active germ cells purified from ovaries of reproductive-age women. Nature Medicine, 18(3): 413-421.

Wilkins A S, Holliday R. 2009. The evolution of meiosis from mitosis. Genetics, 181(1): 3-12.

Wilmut I, Schnieke A E, McWhir J, et al. 1997. Viable offspring derived from fetal and adult mammalian cells. Nature, 385(6619): 810-813.

Yamauchi Y, Riel J M, Ruthig V A, et al. 2016. Two genes substitute for the mouse Y chromosome for spermatogenesis and reproduction. Science, 351(6272): 514-516.

Zhao L, Svingen T, Ng E T, et al. 2015. Female-to-male sex reversal in mice caused by transgenic overexpression of Dmrt1. Development, 142(6): 1083-1088.

英汉对照词汇

acrosin	顶体素	ovism theory	卵源学说
acrosome	顶体	pseudoautosomal region，PAR	假常染色体区
artificial insemination	人工授精	parasite theory	寄生虫理论
asexual reproduction	无性生殖	polar body	极体
azoospermia factor，AZP	无精症因子	primary oocyte	初级卵母细胞
capacitation	获能	primordial germ cell	原始生殖细胞
centromere	着丝点	progestogen	孕激素
condensation	凝缩	propagation	繁殖
cumulus cell	卵丘细胞	reproduction	生殖
cumulus oophorus	卵丘	reproduction regulating system	生殖调节系统
decondensation	脱凝缩	reproductive isolation	生殖隔离
ductus deferens	输精管	secondary oocyte	次级卵母细胞
endometrium	子宫内膜	sertoli cell	支持细胞
epididymis	附睾	sex-determining region of Y, SRY	Y 染色体性别决定区
estrogen	雌激素	sex chromosome	性染色体
female pronucleus	雌原核	sexual characteristics	性特征
fertilization	受精	sexual cycle	性周期
genital organ	生殖器官	sexual reproduction/ gamogenesis	有性生殖
haploid	单倍体		
hormone protein	激素类蛋白质	sperm theory	精子学说
host	寄主	spermatid	精细胞
hyaluronidase	透明质酸酶	spermatocyte	精母细胞
lampbrush chromosome	灯刷染色体	spermatogonium	精原细胞
livestock sex control technology	家畜性别控制技术	spermiogenesis	精子形成
male pronucleus	雄原核	spermatozoon	精子
mammals	哺乳动物	testis	睾丸
meiosis	减数分裂	testis-determining gene, TDF	睾丸决定基因
ovarian cortex	卵巢皮质		
ovarian medulla	卵巢髓质	uterus	子宫
oocyte	卵母细胞	vagina	阴道
oogenesis / ovogenesis	卵子发生	zona pellucida	透明带
oogonium	卵原细胞		
ovary	卵巢		
oviduct	输卵管		

第三章　自然界的动物杂交

动物与人类社会经济、生活有密切关系，是人类重要的生活和生产资料。家养动物（domestic animal）在人类驯养条件下能够顺利繁殖后代，具有相当大的群体数量，具备一定的表型特征和遗传稳定性。家养动物包括被长期人工养殖的家畜、禽类、昆虫类、水生类等多种动物。其中部分家养动物也通称为家畜（livestock）或农业动物（farm animal）。狭义的家畜主要指驯化的哺乳纲（Mammalia）动物，现在最常见的家畜包括猪、马、牛、驴、绵羊、山羊、牦牛、骆驼、鹿、家兔等。家养的鸟纲（Aves）动物统称为家禽（poultry），较常见的家禽有鸡、鸭、鹅、鸽、火鸡、珍珠鸡、鹌鹑等。骡是马与驴的种间杂交后代，一般不能生育后代，但仍归家畜的范畴（张劳，2003）。

根据比较解剖学、考古学及分子遗传学等多学科的考证，家畜是从远古的野生动物驯化而来的。我国早在新石器时代就已将猪、狗、鸡、牛、羊、马这6种动物驯化成为家畜，称为"六畜"。目前所知我国最早的家猪出自广西桂林甑皮岩遗址，距今8000多年；最早的家犬和家鸡出自河北武安磁山遗址，距今7000多年；最早的家牛出自陕西临潼白家遗址，距今7000多年；最早的家羊出自内蒙古赤峰红山文化遗址，距今至少5000年；马则开始饲养于龙山文化时期，距今4800～3900年（张劳，2003）。

物种的进化是由细胞内遗传物质的变异决定的。染色体是遗传物质的载体，是基因的携带者，染色体变异会导致生物体发生遗传变异。任何物种都有一组特定的染色体，同一物种的染色体数目相同、形态特征相同，都具有种的特异性。动物进行有性生殖形成雌雄配子的过程中，父本和母本的染色体均会遗传给下一代，新个体仍保持与亲本相同的染色体数，继而使物种达到世代延续的目的（李梅等，2004）。

动物物种的进化是一个漫长的历史过程，随着人类社会的发展，家养动物的出现改变了部分动物进化的进程，通过人为干预培育了许多新品种，以满足人类生活各方面的需要。本章将以几种常见家畜为例，讨论动物杂交及其生殖特性相关问题，探讨人为干预对部分动物品种培育和进化的影响。

第一节　马、驴杂交和骡子的生殖特性

一、马的生殖特性

马在动物分类学上属于马科（Equidae）马属（*Equus*）。历史上马在战争、农业生产和各种社会活动中扮演着重要角色，但近现代以来，马的社会功能、参与农业生产状况、养殖模式等均发生了巨大变化，其战争和役用功能逐渐退出历史舞台，而文化娱乐、药用和科学研究的功能日益突出。新型马业的发展带动了马科学研究，人们在马的胚胎学、生殖生物学、细胞遗传学及基因组学等方面进行了诸多探索。例如，2002年，

李喜和博士采用单精子注入法（single sperm injection）和体外培养系统，在体外将一个精子注入马卵子使其受精，再经过几天的发育植入受体的子宫内，解决了马受精卵的体外培养技术问题，成功培育出显微授精试管马（Li et al.，2002）。1995 年，在美国列克星敦召开了首次世界马基因定位研讨会（The International Equine Gene Mapping Workshop，IEGMW），该会议启动了马基因组研究计划的国际合作，目前，此项国际合作不仅得到了马染色体的高分辨率基因图谱，而且对纯血母马的完整基因组测序和注释工作都已完成，获得的全基因组序列使马遗传学研究提升到一个新的水平，研究方向也开始转向破译马匹一系列复杂疾病的遗传密码。

（一）马的品种和遗传多样性

1. 马的祖先和现有品种概况

马的祖先是古代野马。马的进化大致经过了以下过程：始马（eohippus，5800 万年前）→ 中马（miohippus，3900 万年前）→ 原马（protohippus，2800 万年前）→ 上新马（pliohippus，1200 万年前）→ 真马（equus，100 万年前）→ 野马（broncho，2.5 万年前）（张劳，2003）。近代野马有两种，即蒙古野马（又称普氏野马，*Equus ferus przewalskii*）和野马（*Equus ferus*）。后者已于 20 世纪初灭绝，蒙古野马（亚洲野马）是地球上唯一存在的野生马种，仅产于中国新疆准噶尔盆地东部卡拉麦里山、将军戈壁和蒙古国西部，百年前被国外学者发现时曾轰动欧洲。新疆维吾尔自治区野马繁殖研究中心 2013 年底记录在册的蒙古野马有 548 匹。蒙古野马体重约 300kg，体长 2.5m，肩高 1.4m，体型及大小似家马，但颈背棕褐鬃毛短而直立，体毛仅棕色一色。在有水的荒漠草原生活，以禾本科及蒿属牧草为食，多为"一夫多妻制"，年产 1 胎 1 仔（图 3-1）。母马的发情周期为 22 ～ 28 天（平均 21 天），每次持续 5 ～ 7 天；母马的孕期为 307 ～ 348 天（平均 340 天），一般在 5 ～ 6 月产驹。野马驹刚出生时为浅土黄色，2h 后即可吃奶。野马 3 岁左右性成熟，寿命为 30 岁左右（文榕生，2009）。

图 3-1　普氏野马（新疆卡拉麦里自然保护区提供）

现存的马属动物由家马（*Equus caballus*）、普氏野马（*Equus ferus przewalskii*）、家驴（*Equus asinus*）、非洲野驴（*Equus africanus*）、蒙古野驴（*Equus hemionus*）、藏野驴（*Equus kiang*）、斑马（*Equus grevyi*）、哈特曼山斑马（*Equus hartmannae*）组成（Nowak，2018）。家马是哺乳纲奇蹄目（Perissodactyla）马科（Equidae）马属（*Equus*）动物，2011 年末，全

世界马的存栏数约为 5847 万匹，分布在各大洲共 150 个国家，各国马种资源共 570 个。2011 年末，中国马的存栏数为 670.87 万匹（辛国昌等，2017），位居世界第二。中国马有地方品种 29 个（包括蒙古马、河曲马、大通马、岔口驿马、哈萨克马、藏马、晋江马、宁强马等）、培育品种 13 个（包括伊犁马、三河马、吉林马、关中马），已经形成育种群的引入品种有 10 个以上（包括阿拉伯马、纯血马、阿尔登马等），形成了丰富多彩、分布广阔的马种资源，但其中 66.7% 以上已经处于数量下降、濒危或濒临灭绝状态。中国马种资源正处于保种和向非役用转型的关键时期，其中地方品种即我国原有马种，如蒙古马、三河马、河曲马、伊犁马、山丹马、藏马等，都具有上千年的历史（韩国才，2014；杨章平等，2014），图 3-2 为我国几种代表性马种。

（a）　　　　　　　　　　　　　（b）

（c）　　　　　　　　　　　　　（d）

图 3-2　中国代表性地方马品种（旭日干，2016）

（a）蒙古马；（b）三河马；（c）河曲马；（d）伊犁马

2. 马属动物染色体核型研究概况

马科动物的染色体数变化很大，从普氏野马的 66 条染色体（Benirschke et al.，1965）到山斑马的 32 条染色体。细纹斑马有 46 条染色体，平原斑马有 44 条染色体（Musilova et al.，2007）。家马的染色体数为 64 条（王水琴，1981；Benirschke et al.，1965），家驴的染色体数为 62 条（王水琴，1981；Gosálvez et al.，2010）。非常有趣的是这些马科品种之间多数可杂交产生不可育的后代，但也发现极少数可育的雌性骡子，雄性骡子均不育，这在哺乳动物中是一个非常特殊的生殖现象。我国学者也研究和报道了蒙古马、普氏野马、大通马等的染色体核型和形态结构，这些研究为我国在马的研究和品种鉴定方面提供了基础资料。20 世纪 70 年代，染色体 G- 带、Q- 带、C- 带、R- 带及核仁组织区（nucleolus organizer region，NOR）等分析技术被用于马属动物染色体的研究上，马的 G- 带核型排列方式也各式各样。1976 年，在美国召开的家畜染色体带型标准化的国际会议上，首次将马的染色体 G 带核型统一为 8 组，这一标准一直延续到 1989 年重新制定的巴黎标准，该标准将马的染色体划分为非近端着丝粒染色体和近端着丝粒染色体。1995 年，在美国召开的第 1 次国际性的关于马属动物基因图谱工作的会议上，修订了巴黎标准中制定的马的 G- 带和 R- 带准确核型模式图。G- 带、Q- 带、C- 带、R- 带及核仁组织区（NOR）等技术在驴染色体上的应用也有助于正确地进行驴染色体同源配对。2000 年，人们获得了驴的 G- 带核型模式图，建立了核型排列标准，解决了染色体编号不一致问题。

　　了解不同物种之间的核型关系是理解核型系统发育和重建共同祖先核型的先决条件。荧光原位杂交（fluorescence *in situ* hybridization，FISH）方法的应用使得即使是系统遗传距离较远的物种也可以通过高度重组的核型进行比较（Scherthan et al.，1994）。为进行基因的精确定位，人们将荧光原位杂交（FISH）方法用于马属动物的基因定位，并将大量的微卫星用于标记马属动物的一些特异的染色体区。1996 年，通过染色体比较涂染（Zoo-FISH）证实了人和马的染色体存在同源性，探明了人与马之间同源的 43 个染色体片段，从而首次提出了二者之间核型具有相似性的观点。比较基因组学的出现，证实了马、驴与人之间存在多处染色体同源片段。随着研究的深入，人们还发现了马属动物存在三价染色体和染色体易位。现阶段随着马属动物细胞遗传学、基因图谱研究的深入及哺乳动物染色体分析技术的发展，精确鉴定染色体和提供杂交信息的染色体的特殊标记与探针已不是难题（Deriusheva et al.，1997；Lindgren et al.，2001）。

　　2003 年，乔丹瑞（Chowdhary）等利用 92 个马与仓鼠的杂交细胞系和 730 个马基因序列标记位点，构建了马基因组第一代辐射杂交（RH）图谱，提供了详细的全基因组信息，共有 253 个细胞遗传学定位位点将 RH 图谱锚定在不同的染色体片段上。将 447 个马基因 [256 个线性排序 RH，另外 191 个荧光原位杂交（FISH）] 与人类和小鼠标记序列的位置进行比较，提供了广泛的马 - 人和马 - 鼠比较图谱，从而为马的控制性状的基因克隆和定位研究奠定了基础（Chowdhary et al.，2003）。

　　2007 年，姆斯罗娃（Musilova）等利用激光显微解剖技术制备了 1 套马染色体臂特异性探针，其中大部分是由家马的染色体产生的，也有一部分是由哈特曼山斑马产生的。这组探针被杂交到格氏斑马染色体上，用于探讨斑马和家马之间的全基因组的染色体对应关系。这种方法为我们提供了更多关于基因组相互排列的信息，通过对比还建立了细纹斑马（*E. grevyi*）和斑马（*E. burchelli*）之间的染色体对应关系，为这两个斑马物种之间非常密切的核型关系提供了证据（Musilova et al.，2007）。

（二）马的生殖系统及生殖特性

1. 公马的生殖系统

　　哺乳动物的繁殖方式是有性生殖，雌雄个体均有不同的生殖系统。动物种类不同，生殖系统的结构和生殖特性也有较大差别。深入了解这方面的理论知识对动物杂交与育种有十分重要的指导意义。

马的雄性生殖系统由睾丸、输精管、精囊腺、前列腺、尿道球腺、阴茎等器官组成（图 3-3）。睾丸是公马产生精子的重要场所，睾丸是否正常发育决定公马是否具有生殖能力。

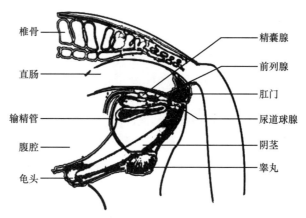

图 3-3 公马的生殖系统及生殖器官的分布（杨利国，2003）

公马睾丸下降进入阴囊的时间是在出生前后。成年公马如果一侧或两侧睾丸并未下降进入阴囊，称为隐睾。隐睾睾丸的内分泌机能虽然未受破坏，但由于睾丸所处环境的温度较高，影响精子产生，从而影响生殖能力。如果是双侧隐睾，虽然可能有性欲，但无生殖能力。正常马和隐睾马的睾丸重量有较大差别，单侧隐睾的阴囊睾丸往往比正常马的睾丸大，腹部隐睾睾丸不会随年龄增长而增大，但如果一侧腹部隐睾的马切除了阴囊睾丸，腹部保留的睾丸会明显增大（Cox，1982）。在腹部、腹股沟和阴囊睾丸的曲细精管中，生精细胞的层数和输精管的平均直径均有明显差异，隐睾的精子发生明显被抑制，早期精母细胞是生精细胞能够发育的最成熟的阶段。在这些隐睾睾丸中可见广泛的精原细胞空泡化，这种变化可能是由于腹部环境的高温与雄激素生产的改变共同作用的结果（Arighi et al.，1987）。

利用末端脱氧核苷酸转移酶介导的缺口末端标记（terminal-deoxynucleoitidyl transferase mediated nick end labeling，TUNEL）法对种马精子发生过程中的细胞凋亡（apoptosis）进行研究，睾丸大小和精液质量正常的种马的曲细精管中，凋亡最常见的生殖细胞类型为精原细胞和精母细胞。TUNEL 法标记的圆形精子细胞和细长精子细胞凋亡比例较低（Heninger et al.，2004）。

阴茎为雄性的交配器官，主要由勃起组织及尿生殖道阴茎部组成，自坐骨弓起沿中线先向下再向前延伸。阴茎自后向前分为阴茎根、阴茎体和阴茎头 3 部分。阴茎的后端称阴茎根，依靠左右阴茎海绵体的起始部附着于坐骨弓的后部；阴茎体由背侧的两个阴茎海绵体及腹侧的尿道海绵体构成；阴茎前端称阴茎头（龟头），主要由龟头海绵体构成。家畜的阴茎粗细不等、形状各异。马属动物的阴茎粗大，海绵体发达，龟头钝而圆，外周形成龟头冠，前端有凹陷的龟头窝，窝内有尿道突（图 3-4）。

2. 母马的生殖系统

母马的生殖系统由卵巢、输卵管、子宫、子宫颈、阴道等器官组成。子宫大部分在

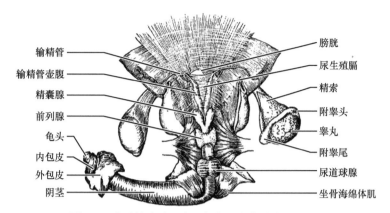

图 3-4 公马的生殖器官（李良玉和徐景和，1978）

腹腔内，小部分在骨盆腔，前接输卵管，后接阴道，背面为直肠，腹面为膀胱，借子宫
阔韧带附着于腰下和骨盆腔内（图 3-5）。马的子宫为双角子宫，由子宫角、子宫体和子
宫颈 3 部分组成，无纵膈，形似"Y"字。子宫角为扁圆形，前端钝，中部稍向下垂，大
弯在下、小弯在上。子宫体呈扁圆形，特别发达，其前端与子宫角交界处称为子宫底。
马的子宫颈比牛的细，宫颈壁薄而软，内膜上有纵行皱襞（图 3-6）。

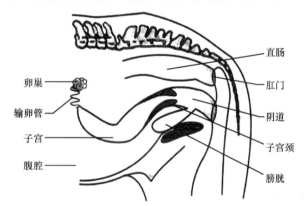

图 3-5 母马的生殖系统及生殖器官的分布（杨利国，2003）

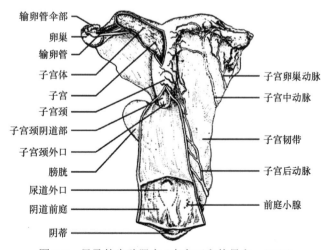

图 3-6 母马的生殖器官（李良玉和徐景和，1978）

卵巢是母马产生成熟卵子的场所，卵子的形成受内分泌激素的调控。马卵巢呈蚕豆形，较长，附着缘宽大，游离缘上有凹陷的排卵窝，卵泡均在此凹陷内破裂排出卵子，这是马属动物区别于其他动物的专属特征。卵巢由卵巢系膜吊在腹腔腰区，左侧卵巢位于第 4、5 腰椎左侧横突末端下方，而右侧卵巢位于第 3、4 腰椎横突之下，比左侧卵巢稍向前，位置较高（徐相亭和秦豪荣，2007）。

马的卵泡发育是在内分泌系统的调控下进行的，性成熟与马的发情、接受交配、受孕等一系列性行为密切相关。卵泡发育情况可通过活体直肠触诊进行，发育程度是确定配种时间和受孕时间的重要依据，一般分为以下几个时期：①卵泡出现期，在发情季节，母马一侧卵巢有一个或数个卵泡开始发育，最早出现的卵泡体积小而质地硬，表面比较光滑，突出于卵巢表面，此期一般持续 1～3d；②卵泡发育期，在这一阶段，获得发育优势的新生卵泡体积增大，充满卵泡液，表面光滑，直径达 3～4cm，个别的有 5～7cm，卵泡发育期可持续 1～3d，此时母马一般都已发情；③卵泡成熟期，此阶段卵泡体积变化不明显，主要是性状的变化，所谓性状的变化，一般有两种，一种是母马卵泡成熟时，卵泡壁变薄，泡内液体波动明显，弹力减弱，最后完全变软，这是即将排卵的表现，另一种是母马卵泡成熟时，皮薄而紧，弹力很强，有一触即破的感觉，触摸时母马敏感（有疼痛反应），此期持续时间较短，一般为一昼夜，早春天寒时为 2～3d；④排卵期，此时卵泡形状不规则，有显著的流动性，卵泡壁变薄变软，卵泡液逐渐流失，需 2～3h 才能完全排空，由于卵泡正在排出，触摸时卵泡不成形，非常柔软，手指很容易塞入卵泡腔内，触摸时母马有疼痛反应，手指按压时，母马有回顾、不安、弓腰或两后脚交替离地等表现，此期持续 6～12h；⑤黄体形成期，卵泡液排空后，卵泡壁微血管排出的血液重新充满卵泡腔而形成红体，使卵巢逐渐发育成圆形的肉状突起，形状和大小很像第二、第三期的卵泡，但没有波动和弹性，触摸时母马一般没有明显的疼痛反应（籍安民，2002）。

3. 马的发情与受孕

哺乳动物的性成熟时间与体成熟时间有一定差别，性成熟均早于体成熟。性成熟只表明生殖机能达到了正常水平，此时还未达到正式用作配种的年龄。在畜牧业生产实践中，考虑到公畜自身发育和提高繁殖效率的要求，一般根据品种、个体发育情况和使用目的把公马的适配年龄在性成熟年龄的基础上推迟数月甚至 1 年，不宜过早用于配种。种公马性成熟在出生后 18～24 个月，体成熟在 2～3 年。母马的性成熟是出生后 15～18 个月，体成熟是 2.5～3 年，妊娠期为 329～345 天，性成熟和体成熟时间随品种和环境条件不同有较大差别。

性成熟之后的发情季节，母马的卵泡迅速发育、成熟，雌激素（estrogen）、促卵泡素（follitropin, follicle stimulating hormone, FSH）、黄体生成素（lutropin, luteinizing hormone，LH）分泌量增多，强烈地刺激生殖道，使血流量增加，外阴部出现充血、肿胀、松软，阴蒂充血且有勃起，阴道潮红，子宫和输卵管平滑肌的蠕动加强，子宫颈松弛，宫颈管内腺体增大，分泌机能增强，有黏液分泌增加等。雌性动物常表现兴奋不安、食欲减退，对外界的变化刺激十分敏感，常表现鸣叫、举尾弓背、频频排尿等（徐相亭和秦豪荣，2007）。

母马与其他雌性动物一样，在初情期以后，卵巢上出现周期性的卵泡发育和排卵，并伴随着生殖器官及整个机体发生一系列周期性生理变化。从一次发情开始到下一次发情开始所间隔的时间为一个发情周期。马的发情周期平均为21天，与牛、猪、山羊基本相同。马的发情持续期是4~7天，较其他动物持续的时间长，由于季节、饲养管理状况、年龄及个体条件的不同，发情持续期的长短也有所差异。马的排卵时间是在发情终止前24~36h，通常每个发情周期排出一枚卵子。母马往往在产驹后6~12天便发情，一般发情表现不太明显，但是母马产后第一次发情时有卵泡发育，并可排卵，因此可以配种，俗称"配血驹"（徐相亭和秦豪荣，2007）。

季节变化是影响雌性动物生殖的重要因素，季节变化的信息通过神经系统发生作用，光照、温度等信息转化带来的神经冲动传递到下丘脑，引起下丘脑 - 垂体 - 性腺轴的调节，从而导致动物的季节性发情。马是季节性发情动物之一，一年中只在一定时期才表现出发情，如果没有配种或配种后未受孕，可在发情季节出现多次发情。马属于长日照发情动物，发情季节多为3~7月，而在短日照的冬、秋季节卵巢处于静止状态，不表现发情。

母马发情后接受交配，精子穿过子宫颈（cervix of uterus）、子宫角（horn of uterus）和输卵管（oviduct），在靠近伞部的输卵管中受精。受精卵发育的同时向子宫内移动，第5天进入子宫，输卵管中运行时间较长。受精卵第6天发育到囊胚（blastula），随后着床受孕。马的胚胎发育到第24天开始附植，第4周时胚胎周围出现特异的绒毛膜环带（chromosome inversion），妊娠第36天时，绒毛膜环带的双核细胞开始从绒毛膜中迁移出来进入上皮基质中，形成子宫内膜杯（endometrial cup），并一直存在到妊娠第130天。子宫内膜杯产生孕马血清促性腺激素（pregnant mare serum gonadotrophin，PMSG），促进卵巢上黄体的形成，维持孕酮的分泌，有利于胚胎的正常发育，同时保护胚胎免受母体的免疫排斥（朱士恩，2006）。

孕马血清促性腺激素（PMSG）又称马绒毛膜促性腺激素（equine chorionic gonadotropin，eCG），主要由母马胎盘的子宫内膜杯细胞分泌，分泌后进入母体血液。PMSG在母马妊娠49天左右开始出现，以后逐渐增加，在60~80天含量达到高峰，此后逐渐下降，至170天时几乎完全消失。血清中PMSG含量因品种不同而异，轻型马最高（每毫升血液中约含100IU）、重型马最低（每毫升血液中约含20IU）。此类激素的分泌是马属动物的共有特点，胚胎的基因型对其分泌量影响较大，马与驴杂交时，PMSG的分泌量依次为驴 - 骡>马 - 马>马 - 骡>驴 - 驴。

PMSG是一种糖蛋白激素，相对分子质量为53 000。PMSG含糖量很高，达41%~45%，分子结构不稳定，高温、酸、碱等都能引起失活，分离提纯也比较困难（徐相亭和秦豪荣，2007）。PMSG具有FSH和LH双重活性，是动物繁殖领域常见的促进超数排卵和治疗生殖系统疾病的药物。

二、驴的生殖特性

驴是奇蹄目（Perissodactyla）马科（Equidae）马属（*Equus*）动物之一，广泛分布于世界各地，是较早驯养的大型家畜。驴是中国大部分地区特别是偏远山区农业生产中的多用途家畜，具有重要的役用、食用和药用价值。驴性温驯，易调教管理，肢体健壮，肌肉结实，发育匀称，耐严寒，耐热，抗病力强，发病率低，耐粗饲，耐苦劳，持久力强，运步灵活，善走山路，具有繁殖能力好、遗传性稳定等特点（李沐森等，2019）。

（一）驴的品种和遗传多样性

1. 驴的祖先和现有品种概况

一般认为非洲野驴是家驴的祖先之一。驴最早在 6000 年前的埃塞俄比亚和索马里被驯养。现代的家驴（*Equus asinus*）和非洲野驴是同一个物种。这是非洲目前唯一的一种仍然有野生种生存的家畜。2007 年国际自然及自然资源保护联盟（IUCN）统计了全球野生马属动物的种类，其中野驴的种类为 3 种 11 亚种。3 个野驴种类分别是非洲野驴（*Equus africanus*）、亚洲野驴（又称蒙古野驴）（*Equus hemionus*）和藏野驴（*Equus kiang*），分布在我国境内的野驴为藏野驴和蒙古野驴，均为国家一级重点保护野生动物，已被列入《濒危野生动植物种国际贸易公约》附录（陈静波等，2013）。

蒙古野驴体型比蒙古野马稍瘦小，形似骡子。毛色浅沙红棕，褐色背脊线明显，腹毛黄色。体重约 200kg，肩高约 1.3m。仅分布于准噶尔盆地的荒漠和半荒漠地带，卡拉麦里自然保护区数量最多。以各种荒漠草原植物为食，5 ～ 15 只结群活动，但在秋季能结成数百只的大群活动。年产 1 胎 1 仔（图 3-7）。

藏野驴（*Equus kiang*）体型与蒙古野驴近似，但稍大，色略深，体重约 280kg，背毛深棕色，具有黑褐色脊纹，腹毛白色。分布于阿尔金山、昆仑山海拔 3000m 以上的高原、山谷及高寒草原和荒漠中，以薹草、针茅、棘豆等多种草类植物为食。常单只或成群活动，有喜与汽车赛跑的习性。在秋冬交配繁殖季节可结成数百甚至上千只的大群，年产 1 胎 1 仔，为青藏高原特有种（图 3-8）。

图 3-7 蒙古野驴（毕俊怀，2015）

图 3-8 藏野驴（路飞英等，2015）

2012 年统计资料显示，中国家驴的存栏数是 647.79 万头（辛国昌等，2017），是世界首屈一指的养驴大国，尤其是在我国北方，由于独特的地理环境，加之自然条件、生态环境、经济条件的差异，经过长期的自然选择和人工选择，形成各具特色的地方品种，如新疆驴、泌阳驴、河西驴、凉州驴、库伦驴、关中驴、晋南驴、广灵驴、德州驴、庆阳驴等。这些宝贵的品种资源不仅丰富了世界物种资源库，而且是进行科学研究和育种改良很好的资源。

根据我国学者提出的按体高区分品种类型的原则，我国的驴可分为以下三个类型：①大型驴，该类型驴体高一般在130cm以上，主要分布在黄河中下游的陕西、山西及山东平原地区，这些产区的自然地理和社会经济条件较好，为我国著名的粮棉产区，农民养驴管理精细、常年补料，重视选种配种工作，大型驴以体格高大、结构匀称、毛色纯正而著称，关中驴、德州驴、晋南驴和广灵驴属于此种类型；②中型驴，该类型驴体高120cm左右，主要分布在陕西、甘肃、山西、河北高原和河南中部平原，是多种大型驴与当地的中小型驴交配经长期选育形成的品种，结构匀称，毛色比较单纯，多为黑色，庆阳驴和泌阳驴等属此类型（图3-9）；③小型驴，该类型驴分布最广、数量最多、体格最小，各种品种驴的体高均在110cm以下，广泛分布于新疆、甘肃、青海、宁夏、内蒙古、陕北等地和江淮地区，云南、四川及东北三省的部分地区也有分布（《中国家畜家禽品种志》编委会，1987）。

图3-9 关中驴（赵高平，2009）

2. 驴的染色体核型研究概况

1914年，人们基于对马和驴种间杂种不育问题的兴趣，开始了对驴染色体的研究。Ryder和Chemnick（1990）首次报道了藏野驴的染色体研究结果，将藏野驴的染色体数确定为2n=51和2n=52，与蒙古野驴的染色体数（2n=54/56）有差别（Piras et al.，2009）。

1962年，Benirschke等（1962）第一次报道了家驴的染色体正确数目为62条。从此以后，国内外许多学者关于驴染色体核型的报道验证了这一数目的准确性。我国主要报道了青海家驴、内蒙古家驴、广灵驴、关中驴、晋南驴、庆阳驴的染色体核型和形态结构，它们的染色体数目均为2n=62，但形态结构略有差别（赖双英等，2006；李军祥，2000；门正明等，1986；王水琴，1981）。21世纪以前，驴的染色体核型有多种不同的排列方式，这是由于各研究组对中着丝粒、亚中着丝粒、近端着丝粒染色体的编号不一致所造成的。

把中国家驴线粒体DNA（mtDNA）方面的研究结果与GenBank数据库有关中国家

驴的相关资料结合在一起，分析中国家驴的起源进化与遗传多样性，结果表明，我国家驴的母系起源为非洲野驴中的索马里驴和努比亚驴，亚洲野驴（蒙古野驴、藏野驴）不是中国家驴的母系祖先（卢长吉等，2008）。

（二）驴的生殖系统及生殖特性

1. 公驴的生殖系统

马属动物的生殖系统十分相似。公驴的生殖系统由睾丸、附睾、输精管、精囊腺、前列腺、尿道球腺、阴茎等器官构成，睾丸与阴茎所占体重的比例比马略大。

公驴的睾丸呈卵圆形。两个睾丸的重量为240～300g。两个睾丸分居于阴囊的两个腔内。阴囊起保护睾丸和调节睾丸温度的作用。睾丸的主要机能是产生精子和分泌生殖激素。睾丸的曲细精管（seminiferous tubule）是形成精子的场所，由支持细胞（sertoli cell）和一系列生精细胞（spermatogenic cell）构成生殖上皮。曲细精管之间的间质细胞可以分泌雄激素，能激发公驴的性欲及性兴奋，刺激第二性征、阴茎及副性腺的发育，维持精子发生和附睾中精子的存活。

公驴的附睾附着于睾丸之上，由附睾头、附睾体、附睾尾三部分构成，附睾头朝前，附睾尾朝后，附睾是储存精子和精子最后成熟的场所。输精管是附睾管在腹沟尾端延续的管道，输精管开口位于尿道前列腺部。输精管的盆腔部分，由于黏膜层腺体发达，膨大成纺锤形，称为输精管壶腹（ampulla of deferent duct）。精囊腺、前列腺及尿道球腺总称为副性腺，射精时它们的分泌物与输精管壶腹的分泌物混合在一起形成精清，与精子共同组成精液。精清中含有果糖、蛋白质、磷脂化合物、各种盐类及各种酶等，这些物质既是精子活动需要的条件，也增加了精液的体积，并保证精子正常的受精能力。阴茎为公驴的交配器官，主要由阴茎根、阴茎体、阴茎头三部分组成。阴茎的后端为阴茎根，前端称为阴茎头，阴茎头末端膨大成为龟头，龟头尖部有开口，以排出尿液和精液（王永军，2002）（图3-10）。

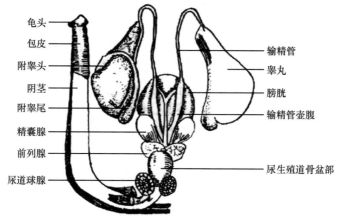

图3-10　公驴的生殖器官（王永军，2002）

2. 母驴的生殖系统

母驴的生殖系统由卵巢、输卵管、子宫、子宫颈、阴道等器官构成。母驴的卵巢多呈圆形或椭圆形，由卵巢系膜吊在腰区后部。卵巢组织由髓质部和皮质部组成，周围皮质部含有不同发育阶段的卵泡。卵巢的功能是产生卵细胞、排出成熟卵子、分泌雌性激素及孕酮。输卵管是子宫和卵巢连接的通道，包在输卵管系膜内，有许多弯曲。靠近卵巢的一端较粗，是卵子受精的地方。其余部分较细，称为峡部。靠近卵巢的游离端呈漏斗状，称为漏斗，漏斗边缘上有许多皱褶，包在卵巢外面，可保证卵巢排出的卵子进入输卵管。输卵管可运送精子和卵子，提供精子和卵子结合场所。子宫是胚胎发育的地方，由子宫角、子宫体和子宫颈组成，位于骨盆入口的前方和直肠的下方。子宫角分左右两个，分别与左右输卵管相接。子宫体是两个子宫角汇合的一段结构，与子宫颈相连。子宫颈是阴道通向子宫的门户，子宫颈外口突出于阴道中，成为子宫颈阴道部。母驴发情时子宫颈口张开，保证精液通过。受孕后子宫颈口肌肉收缩，同时子宫颈黏膜分泌黏液，将子宫颈口封闭，以保证胚胎正常发育。阴道是母驴的交配器官和产道，阴道的背侧为直肠，腹侧为膀胱和尿道。母驴的外生殖器包括尿生殖前庭、阴唇和阴蒂（图 3-11）（王永军，2002）。

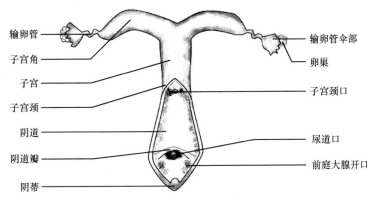

图 3-11　母驴的生殖器官（王永军，2002）

3. 驴的发情与受孕

中国驴品种繁多，驴的体型差别较大。关中母驴平均高 137.45cm，公驴平均高 144.16cm，其中有的驴高达 150cm。一般关中驴 1.5 岁的时候达到性成熟，2.5 岁的时候开始配种。公驴到 18 岁仍可配种，4 ~ 12 岁配种能力最强。母驴 15 岁仍可繁殖，3 ~ 10 岁繁殖率最高。驴发情平均周期为 24.3 天，18 ~ 21 天者占 70.8%。发情持续期平均为 6.1 天（3 ~ 15 天），其中 80% 为 4 ~ 7 天。产后发情排卵期为 7 ~ 27 天，其中 74.9% 为 12 ~ 14 天。母驴妊娠期为 350 ~ 365 天，如果怀上骡妊娠期为 365 ~ 375 天。公驴一次射精量平均为 64.5ml。精子密度平均为 1.59 亿个 /ml，平均精子活力 0.75 左右。母驴的受孕率一般为 80% 以上，公驴配母马的受孕率一般为 70% 左右。

德州驴 2.5 岁的时候可以开始配种，年平均受胎率 84.1%，发情周期平均为 22.9 天，周期长短与气温高低呈负相关，驴产后首次发情一般为产后第 7 ~ 11 天。发情持续期平均为 5.85 天，与年龄呈负相关。种公驴性欲旺盛、精液品质优良，平均每次采精量为 59.2ml，有的高达 150ml、精子浓度平均为 2 亿个 /ml，平均精子活力 0.8 左右，受精能力持续时间较长。

佳米驴性成熟一般在 2 岁左右，母驴大都在 3 岁时开始配种繁殖，终止年龄为 20 岁（16～25 岁），4～12 岁繁殖能力最强，多为三年两胎。一头母驴终生可产驹 10 仔左右，繁殖成活率在 90% 以上。驴的性周期较规律，发情周期平均为 22.69 天，发情持续期 4.2～6 天。妊娠期一般为 360 天左右（339～371 天）。公驴一般在 3 岁的时候开始配种，采用人工授精配种的受胎率为 70%，配种从 3 月上旬开始至 9 月上旬结束，5～7 月为配种旺季。公驴配种性能良好，射精量平均为 78.75ml，精子密度平均为 3.92 亿个 /ml，活力为 0.8～0.9，精子畸形率 5% 左右。

华北驴分布在黄河中下游、淮河和海河流域的广大地区，体高在 110cm 以下，属于小型平原驴，体重 130～170kg。华北公驴性成熟略晚于母驴，公驴 18～24 个月达到性成熟，母驴 12～18 个月达到性成熟，母驴 2.5 岁开始繁殖，公驴 3.3 岁开始配种。发情季节都集中在春、秋两季，发情周期 21～28 天，发情持续期 4～6 天。公、母驴繁殖年限均为 13～15 年，个别可达到 18 年（《中国家畜家禽品种志》编委会，1987）。

1998 年，驴卵母细胞单精子注射技术得到突破性发展。2008 年，何良军等报道了驴发情期卵泡的变化，其结果显示不同个体发情期卵泡大小变化不同（何良军等，2008）。Zhao 等（2011）报道了驴卵母细胞体外成熟和人工激活方法，其结果显示体外培养和激活马卵母细胞的方法同样适用于驴。近几十年来，人们对马、驴杂种骡子不育问题一直有浓厚的兴趣，马和驴细胞学及分子学研究为杂种不育原因的研究提供了基础性参考资料。

三、骡子的生殖特性

在人类社会的历史和现实生活中，马属动物杂交育种的应用非常普遍。长期的生产实践中，通过种内杂交的方法培育了许多优良品种。在大型家养动物中，马与驴的种间杂交是一个十分特殊的情况，通过杂交产生的骡子具有十分明显的杂种优势，在畜牧业生产中占有十分重要的地位。1981 年我国骡子的存栏数为 432.5 万匹（于文翰，1986）。随着农牧业机械化程度的提高，骡子的存栏数逐年下降，到 2011 年全国存栏数降为 259.78 万匹，出栏数为 52.34 万匹（辛国昌等，2017）。

公驴配母马所生的种间杂种为骡，又称䯄，俗称马骡（mule），公马与母驴所生的种间杂种为駃騠，俗称驴骡（hinny），也有人将马骡和驴骡统称为骡子（于文翰，1986）。马骡的外貌介于马和驴之间，体型随亲本体型结构和体格大小而有所不同，体格多大于双亲。一般马骡的头型近似于马，直且较长，驴骡的体格大于驴而接近公马，头型倾向于驴。骡子的习性大体与马一致，骡子是马和驴远缘杂交的后代，具有很强的杂种优势。

骡子的主要特点是适应性强。骡子分布于世界各地，说明它能够很好地适应不同的自然环境和地理条件。骡子与马相比耐寒性较差，抗热能力强于马，在高温条件下，骡子的体温、呼吸频率和脉搏均低于马，说明骡子更耐热。在海拔 4500m 高原上测定马和骡子的生理指标发现，骡子的呼吸频率、脉搏、体温、红细胞数均低于马，而血红蛋白量比马稍高，说明骡子对高海拔、低氧环境适应性强。骡子的体质较好，很少有传染病。骡子的食量小于马，对饲料的消化能力比马强，生长发育快、成熟早，寿命远高于驴和马（王永军，2002）。

作为种间杂种的骡子（包括母骡和母驮骡）一般情况下是没有生殖能力的。但古今中外却不乏偶然见到能够生出驹的母骡和母驮骡，也可以偶尔见到它们所生的回交一代。我国古书中称公马与母骡所生的后代为駏，称公驴与母骡所生的后代为驉，可见骡子生育的现象很早就被发现和关注。

（一）骡子的生殖系统及生殖特点

骡子的生殖系统与马和驴相似，具有马属动物的共同特征，这是马属动物之间能够杂交和产生后代的基本条件。但马与驴种间杂交所生的 F1 代，绝大多数无繁殖力，其原因一般认为是异源染色体减数分裂不能联会所致，但是，个别雌性 F1 代与公马或公驴回交可以产生子代，这种情况古今中外屡有发生。安德森（Andersen）于 1939 年曾就此现象做出过解释，他认为母骡之所以能生殖，是因其所含两套染色体，在减数分裂期各自分别向两极移动，含母系染色体的杂种动物的卵母细胞可发育为成熟卵。母骡与公马交配实为两组马染色体的组合，这样所生的子代应该是马而不是杂种了，同理，母驮骡与公驴交配生的是驴，母骡与公驴生的是骡，这就是种间杂交的回归（Chandley，1981）。但这种理论在后人的研究中并未得到进一步证实，研究显示种间杂交种回交后有可能出现回归，但不是必然结果（宗恩泽和范赓佺，1988）。

1. 公骡的生殖系统

公骡生殖系统的解剖结构与马和驴的区别不大，均由睾丸、附睾、输精管、副性腺、阴茎、阴囊等器官组成。公骡睾丸的发育状况明显存在个体差异，一般公骡睾丸较小，手感轻而缺乏弹性（赵振民等，2002）。

公骡的杂种不育现象在个体之间的具体表现和表现程度并不一致，呈现生育能力的多样性，把这种多样性现象依次排列起来，有从绝对不育到逐渐恢复的趋势。例如，在处于繁殖季节 2.5 岁的公骡睾丸的组织切片中看到，大多数睾丸曲细精管里的精原细胞数量不多。由它产生的初级精母细胞很少，只有少数能形成少量初级精母细胞。也有个别个体的曲细精管里有极少数的分裂中的精细胞，未见变态的精细胞和完整的精子（图 3-12）。著者在 2005 年从内蒙古赤峰买到一头 7 ～ 8 岁的公骡，尝试采精 3 次，每次收集 120 ～ 200ml 的骡子精液，并在精液中检测到形态不全的精子。

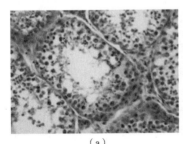 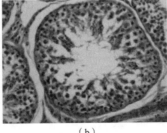 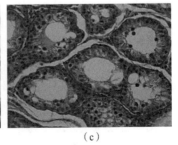

(a)　　　　　　　　　　(b)　　　　　　　　　　(c)

图 3-12　马、驴和骡子睾丸的曲细精管组织切片（苏木精 - 伊红染色 200×）（李喜和等，2013）

(a) 马睾丸的曲细精管；(b) 驴睾丸的曲细精管；(c) 骡子睾丸的曲细精管

　　一般 32 月龄的马和驴已能繁育后代。在它们的睾丸曲细精管里，精原细胞大都处于分裂状态，有初级精母细胞、次级精母细胞、精细胞、变态中的精细胞和精子，规则而有秩序地分布。各个曲细精管里各类细胞的数量比例不同，表现出精子发生的周期变化。但一般公骡和公駃騠 32 月龄时的曲细精管中，精原细胞大多处于非活动状态，初级精母细胞很少，见不到次级精母细胞及精细胞。母駃騠和公驴回交产生的雄性杂种，睾丸曲细精管里可以看到大量的初级精母细胞，有时能看到次级精母细胞、精细胞及变态中的精细胞。这种回交的公畜用外源 PMSG 注射后生精过程再度好转，生精能力优于杂交 F1 代，据此结果推论，生殖激素水平也是公骡生殖不育的重要原因（宗恩泽和范赓余，1988）。综上所述，公骡虽然有马属动物类似的生殖系统和生殖器官，但睾丸生殖上皮的发育及生精能力与马和驴有较大差别，这是造成公骡不育的主要原因。

2. 母骡的生殖系统

　　母骡生殖系统的解剖结构与其他马属动物相同，均由卵巢、输卵管、子宫、子宫颈、阴道等器官组成，但大多数母骡没有生育能力。卵巢的组织学研究显示，母骡在非繁殖季节肉眼可见的卵泡很少。在显微镜下的组织切片当中未见卵母细胞，一、二级卵泡很少（宗恩泽和范赓余，1988；Benirschke and Sullivan，1966）。这种情况与骡的亲本（生殖能力正常的马和驴）有很大区别，这是母骡不育现象的重要成因。与公骡不同的是极个别的母骡有生殖能力，这在国内外历史上多有记载，说明母骡的生殖能力受多种因素的调控，具有复杂性和多样性。国内关于母骡能生驹的系统研究，中国农业科学院兰州畜牧与兽药研究所宗恩泽等人进行了多年的探索，提供了宝贵的基础研究资料（宗恩泽和范赓余，1988；宗恩泽等，1985）。

3. 骡子的发情与受孕

　　统计资料显示，有过发情征兆的成年母骡约占母骡群体的一半。这一半中有只发情一次两次的，有发情次数较多的，其中也有一切正常的能够完成怀孕的母骡。有报道称，母骡和公驴交配产生的雌、雄后代都是能育的。我国母骡可以繁殖成活后代的报道出现在 20 世纪 80 年代（河南省郾城县科委，1984）。21 世纪初，Camillo 等（2003）报道了通过胚胎移植技术获得母骡产驹的结果。将 5 个马的胚胎非手术移植到 2 个有性周期和 1 个没有性周期受体骡子体内，得到了正常发育的马驹。移植到无性周期骡子体内的 3 个胚胎没有妊娠，而移植到有性周期的骡子体内的 2 个胚胎都正常妊娠，小马驹在妊娠第 348 天自然分娩，并正常发育至断奶。结果证实，在非手术胚胎移植后，母骡可以接受马的胚胎受孕，产下正常的马驹（Camillo et al.，2003）。

　　2015 年，中国农业大学韩国才教授、曾申明教授和阿根廷马繁殖专家洛辛（Losino）教授等通过激素促进母马超数排卵、人工授精、非手术采胚等技术程序，将 4 枚胚胎移植到受体骡子体内，其中 1 枚胚胎成功妊娠（韩国才等，2015），研究人员得到了正常发育并顺利产驹的后代（图 3-13）。

（a）　　　　　　　　　　　　　　　　（b）

图3-13　母骡胚胎移植生育的马驹（a）和母骡与驴杂交生育的骡驹（b）（刘东青，2015）

　　母骡不育和个别母骡能够生育的事实，激发了人们对其生殖机理探索的欲望，围绕这一问题做了大量研究工作，如染色体核型和分带分析、生殖细胞的组化分析、内分泌比对分析、人工辅助生殖、全基因组测序等，取得了丰富的基础资料。

（二）骡子的生殖调控研究进展

1. 不育骡子生殖调控机理的研究进展

　　骡子大部分无生育能力，其发生机制早在1916年就有报道，认为在减数第一次分裂前期（细线期）来自马和驴的染色体不能同源联会，导致精子的形成过程不能正常进行（Wodsedalek，1916）。Taylor曾报道马属动物F1代杂种，在精子发生过程中大量生殖细胞发生退化，由此他认为马骡和驴骡均无生育能力。Taylor和Short（1973）确认了由于亲本提供染色体数不均等，造成母性骡子在出生时卵巢内缺乏应有的原始卵母细胞，因此在其性成熟后无法产生正常卵子。通过对马、驴、骡子染色体的核型分析，人们发现骡子的染色体数目介于马和驴的染色体数目之间，为奇数。由此推测杂种不育可能是杂种生殖过程中生殖细胞减数分裂时染色体不能联会所造成的。然而，通过制备公骡睾丸组织切片，观察精母细胞的减数分裂，发现有类似于马染色体联会复合体的线状物，电镜下可辨其某些片段呈双线性结构。以上证据违背了在第Ⅰ次减数分裂前期（细线期）来自马和驴的染色体不出现同源染色体联会的观点。宗恩泽等对马、驴种间杂交回交一代杂种的精子和卵子发生进行了研究，提出骡子不育因精子和卵子发生阻断的时期不同而存在差异。有人在骡子和马骡的大部分性细胞中观察到减数分裂前期的粗线期有染色体的异常配对现象，几乎大部分精子发生过程被阻断，但有少量的成熟精子出现。但是极少数的骡子可以产生后代，为什么这些极个别骡子具有生殖能力，其内部机制如何调控？这个问题作为生殖生物学界的一个悬题，多年来受到众多研究人员的关注，尤其是20世纪60～80年代研究人员做了大量的探讨，但是到目前为止还没有找到与骡子生殖调控有关的直接证据。

　　Michie在1953年提出了动物杂种可育的"亲缘假说"（kinship hypothesis），主张杂交体在进行减数分裂时来自母本的染色体优先保留在卵子内，形成只含有母本染色体组成的正常卵子，导致杂交体可育（Chandley，1981；Michie et al.，1953）。这种骡子可以经过与马或驴的回交，生出纯粹的马或驴。非常巧合的是在几例可育骡子的回交结果中，确实发现如以马回交可得到外形几乎和马一样且染色体为 2n=64 的"马"，以驴回交则产生似驴的 2n=63 "驴"，这些结果似乎间接支持了 Michie 的"亲缘假说"（Henry et al.，1995）。但是，Chandley（1981）对在中国发现的可育骡子后代进行分析时发现，即使外形似马或驴，但它们的染色体仍来自马、驴双方，间接地推测可育骡子产生的卵子染色体组成可能是随机分配组成。国内学者宗恩泽等对 4 头马和驴的杂种二代进行核型分析，提出骡子也可以产生异源单倍体性细胞。根据孟德尔的遗传学定律，细胞分裂时染色体以随机的形式进入子细胞，相互之间并不关联。

2. 可育骡子与不育骡子的染色体核型

马骡和驴骡的染色体数都是马（2n=64）和驴（2n=62）的中间数（2n=63），两亲本各提供一半的染色体。骡子兼具马和驴的性状特点，马、驴杂交能够产生后代说明它们有很近的亲缘关系，然而其后代通常没有生育能力。例如，Rong 报道了一只可育马骡与一只雄性驴交配产下雌性后代的案例。同样，Ryder 也报道了一只雌性马骡与一只雄性驴交配产下雄性后代的案例，以及一只雌性驴骡与一只雄性驴交配产下后代的案例。在这三篇报道中，核型分析显示这些母骡有 63 条染色体，呈二倍体核型，与其他正常骡子的核型一致。Henry 等（1995）描述了一个连续繁育 6 次的可育骡子的案例，他们分析了这只母骡和它的子代及其中两个雄性子代所产的 6 只小驹的核型，这只母骡的核型为 63 条染色体，呈二倍体核型，包括两条性染色体，其中一条 X 染色体似乎源于马，另一条 X 染色体似乎源于驴。母骡与公马生的小驹，有 64 条染色体，呈二倍体核型，个别染色体看起来像是典型的马染色体；母骡与公驴生的小驹，显示出和马骡一样的核型。结合现代分子生物学技术，通过微卫星 DNA 技术、线粒体序列分析和核型分析，结果显示，极少数可育母骡染色体为 63 条，而母骡产的驹的染色体为 62 条。以上科学研究都支持了一个观点：有些骡子有生育能力。这些核型证据说明杂种动物生殖细胞减数分裂时染色体发生了分离，而且染色体的分离是不对等的。

为了探究马驴杂交后代骡子或驮騾的雌性可育、雄性不育的染色体差异，李喜和教授领导的科研团队，首次比较了可育骡子与不育骡子的染色体核型及 G- 带，同时也比较了它们与正常马、驴的染色体核型及 G- 带的关系（张静南，2011）。其中母马核型为 64（XX），公马核型为 64（XY）；母驴的核型为 62（XX），公驴核型为 62（XY）；不育母骡核型为 63（XX），不育公骡核型为 63（XY）；可育母骡核型为 63（XX）。图 3-14 是蒙古马和家驴染色体核型和 G- 带核型图。

不育骡成纤维细胞染色体数目为 63 条，61 条常染色体，1 对性染色体，母骡核型为 63（XX），公骡核型为 63（XY）。在骡的同一体细胞内任何一条染色体都不存在与其形态结构相同的染色体。李喜和等在研究中，将骡的染色体分为 2 组（H 组、D 组），H 组代表来源于马的染色体，D 组代表来源于驴的染色体。H 组 H1 ～ H13 号染色体中，H3、H5、H10、H11、H12 号染色体为中着丝粒染色体（M），其余染色体为亚中着丝粒染色体（SM）。H14 ～ H31 号染色体为端着丝粒染色体（T）。HX 为大于 H2 号，小于

H1 号的亚中着丝粒染色体；HY 为最小端着丝粒染色体。D 组 D1 ～ D19 号染色体中，D5、D7、D8、D12、D14、D16、D18、D19 号染色体为中着丝粒染色体，D11 号染色体为近端着丝粒染色体（ST），其余染色体为亚中着丝粒染色体。D20 ～ D30 号染色体为端着丝粒染色体。DX 为大于 D4 号，小于 D3 号的亚中着丝粒染色体；DY 为最小端着丝粒染色体（张静楠，2011）。

　　可育母骡成纤维细胞染色体数目为 63 条，并且同一体细胞内存在几条染色体形态结构两两一致的现象。可育母骡有 61 条常染色体，1 对性染色体，可育母骡核型为 63（XX）。由于可育母骡的特殊性，大部分染色体难以分辨出哪条源于马，哪条源于驴，因此对于这些难以区分的染色体，按相对长度、着丝粒位置，对染色体进行了排列，发现存在 48 条染色体形态结构两两一致的现象。为方便比较研究，本书仍将可育母骡的染色体也分为 2 组（H、D）（图 3-15）。

图 3-14　蒙古马、家驴染色体核型图（左）及 G- 带核型图（右）

图 3-15　不育公骡、可育母骡染色体核型图（左）及 G- 带核型图（右）

从表 3-1 可以发现，从可育母骡染色体形态特征角度分析，H 组 H1 ～ H3、H17、H18 号及 HX 染色体属于典型的马染色体，D 组第 D1 ～ D3、D17、D18 及 DX 染色体属于典型的驴染色体但却与驴的染色体不同，其他染色体在形态结构上能配对。在 H1 ～ H16 号染色体中，H3、H5、H8、H10、H12、H14、H15 号染色体为中着丝粒染色体（M），H7 号染色体为近端着丝粒染色体（ST），其余染色体均为亚中着丝粒染色体（SM）；H17 ～ H31 号染色体为端着丝粒染色体（T）。HX 为大于 H2，小于 H1 号的亚中着丝粒染色体。在 D1 ～ D17 号染色体中，D5、D8、D12、D14、D15 号染色体为中着丝粒染色体（M），D7 染色体为近端着丝粒染色体（ST），其余染色体为亚中着丝粒染色体（SM）；D17 ～ D30 号染色体为端着丝粒染色体（T）。DX 为大于第 4 对、小于第 3 对的亚中着丝粒染色体（SM）。

不育骡子常染色体形态为 18 条亚中着丝粒染色体（SM），1 条近端着丝粒染色体（ST），13 条中着丝粒染色体（M），29 条端着丝粒染色体（T），一对性染色体 1 条来源于马 1 条来源于驴，HX、DX 为亚中着丝粒染色体（SM），DY 为最小端着丝粒染色体（T）。可育骡子常染色体形态为 12 条亚中着丝粒染色体（SM），2 条近端着丝粒染色体（ST），18 条中着丝粒染色体（M），29 条端着丝粒染色体（T），一对性染色体 1 条来源于驴 1 条来源于马，均为亚中着丝粒染色体（SM）。

上述研究首次以 G- 带研究结果总结了骡的染色体形态结构特征。虽然骡的染色体组成分别来自马和驴，但是不育母骡的染色体可以比较清楚地区分马的来源和驴的来源特征，而可育母骡除个别染色体可以区分源于马、驴外，其余已不能分辨出马、驴的染色体结构，而且部分染色体还能配对，这是与不育母骡的不同之处。这些研究结果在某种程度上预示着马、驴染色体结构，可能在杂交胚胎和胚胎发育过程中，伴随着细胞分裂和增殖染色体之间发生了片段交换或基因水平的某种变化，导致骡的生殖机能发生了变化，造成极少数骡具有生殖机能。

3. 可育母骡与不育母骡的染色体 G- 带核型

通过比较不育骡的 H 组染色体与 D 组染色体 G- 带（表 3-1），发现两组之间 3～5、8～17、20、22～31 号染色体及 X 染色体 G- 带相同，而 1、2、6、7、18、19、21 号染色体的 G- 带有所差异。其中不育母骡的 H1 号染色体短臂和 H21 号染色体长臂分别比 D 组的 1 号染色体短臂和 D21 号染色体长臂少 1 条浅带；H2 号染色体短臂比母马的 2 号染色体短臂多 1 条浅带，H2、H7 号染色体长臂分别在母马的 2 号、3 号染色体长臂所对应的位置上呈现 1 条深带；H6、H19 号染色体长臂分别比母马的 6 号、19 号染色体长臂多 1 条深带；H18 号染色体短臂比母马的 18 号染色体短臂少 1 条深带。而不育骡的 D 组染色体与驴染色体 G- 带相比，两组之间 1、5～10、12～13、15、17、18、20～22、24～26、28～30 号染色体及 X 染色体 G- 带相同，但 2～4、11、14、16、19、23、27 号染色体略有不同。不育骡的染色体 D2、D14 号染色体长臂分别在公驴的 2、14 号染色体长臂深带所对应的位置上呈现 1 条浅带；D3、D11、D23 号染色体长臂分别比公驴的 3、11、23 号染色体长臂少一条深带；D16 号染色体长臂和 D19 号染色体短臂都没有条带，分别比公驴的 16、19 号染色体相应的位置少 2 和 1 条；D4、D27 号染色体长臂比公驴的 4、27 号染色体长臂少 2 条带（表 3-1）。

表 3-1　不育骡的染色体相对长度、臂比值及形态类型

染色体编号	来源于马的染色体（H）			来源于驴的染色体（D）		
	相对长度	臂比值	形态类型	相对长度	臂比值	形态类型
1	7.28	1.91	SM	7.34	2.99	SM
2	5.14	1.96	SM	6.77	1.89	SM
3	4.96	1.34	M	6.21	2.03	SM
4	4.13	1.97	SM	4.37	2.95	SM
5	4.02	1.52	M	4.16	1.07	M
6	3.78	2.08	SM	3.89	1.74	SM
7	3.71	1.75	SM	3.74	1.15	M

染色体编号	来源于马的染色体（H）			来源于驴的染色体（D）		
	相对长度	臂比值	形态类型	相对长度	臂比值	形态类型
8	3.65	1.80	SM	3.58	1.21	M
9	3.55	1.86	SM	3.45	2.13	SM
10	3.53	1.25	M	3.08	1.74	SM
11	2.84	1.40	M	3.06	3.14	ST
12	2.69	1.43	M	2.95	1.27	M
13	2.66	1.71	SM	2.11	2.34	SM
14	4.24	∞	T	1.91	1.16	M
15	4.13	∞	T	1.89	2.2	SM
16	3.98	∞	T	1.87	1.13	M
17	3.73	∞	T	1.84	2.84	SM
18	3.65	∞	T	1.83	1.08	M
19	3.22	∞	T	1.56	1.19	M
20	3.18	∞	T	4.35	∞	T
21	2.84	∞	T	3.55	∞	T
22	2.43	∞	T	2.93	∞	T
23	2.41	∞	T	2.75	∞	T
24	2.19	∞	T	2.59	∞	T
25	2.15	∞	T	2.44	∞	T
26	1.95	∞	T	2.29	∞	T
27	1.86	∞	T	2	∞	T
28	1.79	∞	T	1.96	∞	T
29	1.74	∞	T	1.74	∞	T
30	1.61	∞	T	1.49	∞	T
31	1.45	∞	T			
X	5.84	1.82	SM	4.97	2.97	SM
Y	1.21	∞	T	1.3		

不育公骡与马、驴的染色体 G- 带比较研究显示，除不育公骡的 H2、H4、H10、H17、H21、H30、HX 及 D1、D3、D4、D5、D9、D11、D12、D16、D27 号染色体分别与马、驴所对应的染色体 G- 带不同外，其他染色体均与其对应的马、驴染色体 G- 带一致（图 3-16）。不育母骡和不育公骡的 G- 带有多处不同之处：二者之间的 X 染色体、H2、H4、H6、H7、H10、H17、H18、H19、H30 号染色体及 D1、D2、D3、D5、D9、D12、D14、D16、D19、D23、D27 号染色体的 G- 带都不同。其中二者之间的 X 染色体、H4、H17、H18、H19、H30、D3、D9、D12、D23、D27 号染色体 G- 带条数不同，H2、H6、H7、H10、D1、D2、D5、D14、D16、D19 号染色体 G- 带染色的程度不同。可育母骡（图 3-16，表 3-2）染色体中 HX、DX、H1 ～ H3、D1 ～ D3 号染色体能明显辨别出是源于马还是驴的染色体，H4 ~ H31、D4 ～ D30 号染色体难以区分哪条源于马或源

于驴，其中大部分染色体 G- 带不同于马、不育母骡及不育公骡的 G- 带特征。在可育母
骡 H5 ～ H30 与 D5 ～ D30 号染色体中，除 H10、H17、H18、H20、H26 与 D10、D17、
D18、D20、D26 号染色体外，其余染色体从带型角度能够两两配对。

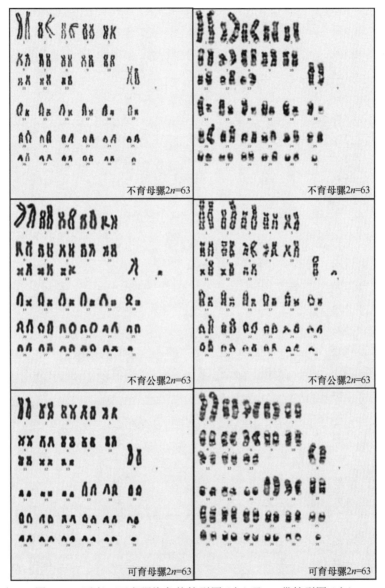

图 3-16　不育、可育骡染色体核型图（左）及 G- 带核型图（右）

表 3-2　可育母骡的染色体相对长度、臂比值及形态类型

染色体编号	来源于马的染色体（H）			来源于驴的染色体（D）		
	相对长度	臂比值	形态类型	相对长度	臂比值	形态类型
1	7.25	1.98	SM	7.18	2.92	SM
2	5.39	1.92	SM	5.8	1.75	SM
3	4.52	1.23	M	5.11	1.72	SM

续表

染色体编号	来源于马的染色体（H）			来源于驴的染色体（D）		
	相对长度	臂比值	形态类型	相对长度	臂比值	形态类型
4	4.36	2.14	SM	4.52	2.12	SM
5	3.91	1.28	M	3.79	1.24	M
6	3.77	1.7	SM	3.66	1.71	SM
7	3.74	3.16	ST	3.64	3.28	ST
8	3.71	1.19	M	3.61	1.23	M
9	3.64	1.87	SM	3.54	1.89	SM
10	3.26	1.31	M	3.17	2.02	SM
11	2.97	1.93	SM	2.88	1.93	SM
12	2.19	1.16	M	2.13	1.11	M
13	2.13	1.72	SM	2.07	1.7	SM
14	2.09	1.69	M	2.03	1.65	M
15	1.73	1.17	M	1.69	1.2	M
16	1.66	1.73	SM	1.61	1.77	SM
17	4.49	∞	T	5.04	∞	T
18	3.59	∞	T	4.99	∞	T
19	3.46	∞	T	3.36	∞	T
20	3.12	∞	T	3.03	∞	T
21	2.9	∞	T	2.82	∞	T
22	2.84	∞	T	2.76	∞	T
23	2.57	∞	T	2.5	∞	T
24	2.42	∞	T	2.36	∞	T
25	2.2	∞	T	2.14	∞	T
26	2.06	∞	T	2.01	∞	T
27	1.91	∞	T	1.86	∞	T
28	1.83	∞	T	1.78	∞	T
29	1.64	∞	T	1.6	∞	T
30	1.63	∞	T	1.59	∞	T
31	1.27	∞	T			
X	5.59	1.86	SM	4.34	2.99	SM

研究结果显示，不育母骡、不育公骡与母马、公驴大多染色体 G- 带相同，只有部分染色体 G- 带有所不同。但是，对于可育母骡来说，只有染色体中 HX、DX、H1 ～ H3、D1 ～ D3 号染色体能明显辨别出是源于马还是驴的染色体，其中大部分染色体 G- 带不同于马、不育母骡及不育公骡的 G- 带特征，并且某些染色体从带型角度能够两两配对，推测染色体可能发生重排、缺失、易位等现象。不育母骡、不育公骡 G- 带差别不大，但

与可育母骡的 G- 带有很大不同，说明不育母骡、不育公骡染色体结构成分相似，而可育母骡的染色体发生了结构性变化。

从亚里士多德时代起，人们就已提出骡子不育的观点。Wodsedalek（1916）提出关于骡子不育的第一个解释，他研究了大量马骡的睾丸，推断父源（驴）染色体和母源（马）染色体的不同，认为减数分裂阻滞导致骡子不育。马和驴是由一个共同的祖先经历了染色体互相融合和重排的演化而来，人们已检测到了马和驴的染色体存在许多同源片段。因此，骡子的不育似乎不能简单地归咎于其父本和母本染色体的不配对现象，其不育现象是否和基因有关已成为新的研究目标。

（三）马属动物的种间杂种的核型研究

1. 家马与斑马、蒙古野马的染色体核型关系

正常的马核染色体组由 64 条染色体组成，31 对常染色体和 1 对性染色体。其中 13 对常染色体为中着丝粒或亚中着丝粒，其余的为端着丝粒。X 染色体是第 2 大染色体，为中着丝粒，而 Y 染色体是最小的染色体，为端着丝粒。斑马染色体数 $2n=44$，核型由 17 对中着丝粒染色体、4 对端着丝粒染色体、1 条亚中着丝粒染色体及 1 条小的端着丝粒的 Y 染色体组成（雄）。家马与斑马的基因组比较结果表明，二者之间的差异主要来源于多数罗伯逊易位、染色体融合和个别的染色体倒位（chromosome inversion）。蒙古野马的染色体数 $2n=66$，核型是由 12 对中、亚中着丝粒染色体，20 对端着丝粒染色体、1 条大的亚中着丝粒的 X 染色体和一条小的端着丝粒 Y 染色体组成（雄），雌性个体两条性染色体均为 X 染色体。同家马（$2n=64$）的核型比较，蒙古野马少 1 对中着丝粒染色体，而多 2 对端着丝粒染色体，但二者常染色体的臂数，都是 92，而且染色体带型研究表明它们的核型相似。现已证实，家马的 2 个中着丝粒染色体是由蒙古野马的 4 个近端着丝粒染色体经罗伯逊易位转变而来的。用 FISH 方法分析家马和普氏野马比较基因组结果显示，所有家马和普氏野马染色体正如 G- 带分析的那样为同源，而且提供了普氏野马近端着丝粒染色体 EPR23 和 EPR24 与家马 ECA5 染色体同源的新信息。进一步研究发现二者的杂交种（$2n=65$）能产生正常的精子并具生殖能力，其机理是在其生殖细胞进行减数分裂时要形成一个三价体，而这并不影响其受精卵产生正常的后代。

斑马（*E. burchellii*）比家马少 20 条染色体，但有人发现其雄性杂种可产生畸形精子，有时雌性杂种也可育。斑马比家驴少 18 条染色体，其雄性杂种的精母细胞在细线 / 偶线期即停止发育，偶尔可形成极少的精母细胞和精子细胞。斑马与马科动物杂交可产下杂交斑马（图 3-17），但由于这种混血马数量很少，极为罕见，未见是否可育的研究报道。骞驴亚属的库兰驴（*E. kula*）与家马杂交的杂种不育性比骡子更严重，雄性杂种的精原细胞完全退化，不可能形成精子（常洪，1980）。蒙古野马比家马多了 4 条端着丝粒的染色体，而少了 2 条非端着丝粒的染色体，而且它们杂交的 F1 代杂种的染色体数（$2n=65$）也和骡子的情况相似，是双亲的平均数，但雌、雄两性杂种均不存在生殖障碍（单祥年等，1980）。类似的情况在其他种属的动物杂交中也有所见。例如，牛属的普通牛、瘤牛、牦牛及野牛亚属的欧洲野牛、美洲野牛、爪哇野牛等，其二倍体染色体数均为 60，核型及各种带型的特征也都很一致。但上述各牛种间的杂种无一例外地都存在雄性不育的障

碍（常洪，1980）。牛属中另一系统的大额牛、野黄牛、印度野牛等，其二倍体染色体数均为 58，带型特征也证明它们之间具有很高的同源性，但它们之间的杂种仍然是雄性不育（李积友和韩建林，1992）。相反，水牛属中不同种的水牛之间，染色体虽有差异，但种间杂种却是可育的。另外，猪科的家猪与野猪（单祥年等，1980；宗恩泽等，1985）、鹿科的马鹿与梅花鹿（邴国良等，1988），虽然染色体组型都有明显差异，但杂交后代也不存在生殖障碍。在禽类、鱼类、昆虫类等动物中还有不少种间杂交可育的例子。

图 3-17　马属动物杂交产生的后代（Allen，1995）

2. 家驴和亚洲野驴的染色体核型关系

家驴的染色体数为 2n=62，核型由 19 对中着丝粒染色体、11 对端着丝粒染色体和一条大的亚中着丝粒 X 染色体及一条小型端着丝粒 Y 染色体组成（雄）。亚洲野驴染色体数为 2n=56，核型由 18 对中着丝粒染色体、4 对亚中着丝粒染色体、5 对端着丝粒染色体和 1 条大的亚中着丝粒 X 染色体及小的端着丝粒 Y 染色体组成。还有其他一些驴的亚种由于存在多态现象，染色体数不尽相同。但由于构成核型的染色体的臂数都是 102，所以种群出现了分化（Kaczensky et al.，2011；Musilova et al.，2009）。

3. 马、驴、骡染色体的核型关系

虽然马与驴之间仅有一对染色体的区别（马为 2n=64，驴 2n=62），核型也具有许多同源区，但它们已经从一个共同的祖先经历了染色体互相融合和重排的演化，面临着杂种不育和骡子偶尔具有生育力的现象。王水琴（1981）制备了马、驴、骡的常规染色体标本，比较了马、驴、骡的染色体形态结构，指出骡子的 63 条染色体中 32 条源于马，31 条源于驴。Raudsepp 和 Chowdhary（1999）用马的染色体通过显微解剖法制造了特异染色体探针，在驴的中期细胞的染色体上检测到了整条保守的同源染色体和不同程度重排的染色体区。Yang 等（2014）利用核型分析和染色体彩涂相结合的方法建立了人、马和驴的比较基因图谱，证明了马与驴的染色体存在许多同源片段。这些核型分析的证据，为探究马、驴与骡的亲缘关系及骡子体细胞父、母本染色体的同源性奠定了基础，为骡子的不育和偶然的可育现象提供了细胞遗传学资料。

核型分析及 FISH 和 Zoo-FISH 方法在马属动物上的应用，阐明了马属动物各种群染色体的核型及它们之间的核型和染色体带型关系，为马属动物各种群之间的演化关系及其种间杂种的生殖调控研究提供了大量的细胞遗传学数据。马属动物染色体的核型模式图及染色体带的研究不仅有助于精确找出马属动物各种间染色体同源区段，准确进行基因的定位，而且能够检测出染色体存在的重排和易位现象（Janečka et al.，2018）。

1916 年沃德斯德克（Wodsedalek）首次从细胞学的角度论述了雄性骡子不育的原因（Wodsedalek，1916）。他指出亲本染色体数的不均等造成了减数分裂阻滞，导致雄性骡子无精子产生及失去繁殖能力。

对于公骡不育现象，Zong 和 Fan（1989）在对三岁公骡精液的观察中发现，其中有不能运动的精子，其形状不规则，如头部为菱形或颈部细长。赵振民等（2002）对性成熟公骡睾丸制备切片并对减数分裂联会复合体进行观察，发现个别性腺发育较好的个体虽然减数分裂存在大量异常，但确有少数精母细胞完成了减数分裂并产生精子。

由于可育骡发生比例较低，而且只有母骡的繁殖可以直接从后代获知，而公骡即使产生精子，如果没有可配母体也更难被人发现，因此研究人员到目前为止还没有确认可育公骡。关于骡可育机制的研究，由于可育骡数量稀少，很难获取到骡卵子或精子用于染色体组研究的直接证据，借助现代生物技术手段建立减数分裂体外模型可能是一个可行的研究切入点。

动物远缘杂交雄性不育比较普遍，是生殖隔离的具体表现，这种不育主要表现为生精障碍。解决雄性不育问题并非没有可能，随着分子生物学和生物信息学技术的不断发展，可以利用高通量测序技术筛选与减数分裂和精子发生过程相关的差异表达基因及蛋白质，进一步深入研究影响杂种不育的关键基因和蛋白质，从分子水平上探讨雄性不育的遗传机制，以期在不远的将来解决雄性不育问题（杨童奥等，2016）。

四、骡子全基因组分析及其特点

（一）自然界动物的杂交后代

1. 杂交后代的遗传优势与劣势

种间杂交为同属不同种间杂交产生后代，属于远缘杂交。自然界种间杂交比较普遍，如牛属动物的牦牛（$2n=60$）与黄牛（$2n=60$）杂交产生犏牛（$2n=60$），狮子和虎杂交产生狮虎兽，马属动物中马（$2n=64$）和驴（$2n=62$）的种间杂交后代——骡（$2n=63$），种间杂交也存在于鹿科、猪科、禽类、鱼类和昆虫类。远缘杂交后代具有优于亲本的杂种优势。犏牛不仅能在高海拔寒冷地区生活，也能适应低海拔地区气温高的生活，其肉质、产奶量和役用能力接近牦牛。骡子具有适应性强、耐粗饲、抗病力强、寿命长等杂种优势，近几百年来广泛用于农耕和运输等生产活动。

2. 杂交后代生殖障碍的解释

马×驴杂交后代基因组结构特征研究显示，杂交后代既有优于亲本的遗传优势，也有遗传缺陷（不育及生长不好等）。例如，斑马（*E. burchellii*）与家驴生出不育杂交后代，不同牛种交配产生雌性可育、雄性不育的杂交后代，狮虎兽（liger）寿命短，生长不好。有些种或亚种间不存在生殖隔离，如蒙古野马（*E. ferus przewalskii*）与家马许多杂交后代的染色体数也和骡的情况相似，是双亲染色体的平均数（2*n*=65），但雌、雄两性杂种均不存在生殖障碍。水牛属中不同的水牛之间，染色体虽有差异，但种间杂种却是可育的。另外，猪科的家猪与野猪，鹿科的马鹿与梅花鹿虽然染色体组型都有明显差异，但杂交后代也不存在生殖障碍。

生殖隔离包括受精前隔离和受精后隔离，杂种不育属于受精后隔离。在物种形成过程中生殖隔离起着重要的作用。杂种不育是怎么通过自然选择产生的？多布然斯基-穆勒模型（Dobzhansky-Muller Model）假说认为：地理位置不同的种群在不同基因位点进化产生等位基因变化，这样，只有在不同进化的种群相遇后才会出现不育性，这种现象在同一种群中不会发生。也就是不同等位基因之间的有害的不相容性导致了杂种不相容性，这种基因间的相互作用——多布然斯基-穆勒不相容性（Dobzhansky-Muller incompatibilities，DMI）现已广泛被认为是受精后合子生殖隔离的起源。俄裔美国进化遗传学家多布然斯基（Dobzhansky）将他的假设通过果蝇杂交进行了验证。实验用果蝇杂交后代雄性不育，雌性可育。对雌性后代进行纯种回交，产生了多种回交雄性果蝇，对这些雄性果蝇进行睾丸大小检测并作为衡量生育能力的指标。尽管这个指标不完善（有些杂交雄性睾丸大小正常，但没有精子），也缺乏统计分析，但 Dobzhansky 的结果证实杂交雄性不育至少涉及 4 条主染色体上的 7 个基因，以及一个亲本的 X 染色体和另一个亲本的常染色体之间的相互作用。这直接证实了 DMI 在杂种不育中的作用。*Prdm9* 基因有双重作用，在小鼠杂交不育后代中，它通过决定交叉热点的微点控制减数分裂重组，是主要的杂交不育基因，此外 *Prdm9* 与 X 染色体上的杂交不育 X2（Hstx2）位点相互作用，这个机制尚不清楚。

3. 杂种优势的解释

杂种优势的遗传理论和概念在 1908 年由沙尔（Shull）提出，相关物种或品系之间的杂种后代常常表现出优于亲本的性状，在生长势、生活力、繁殖力、抗逆性、产量和品质等一种或多种性状上优于两个亲本的现象称为杂种优势。杂种优势广泛存在于真核生物界，以及动、植物与真菌。如今杂种优势在农作物中研究较多，生产上常常用杂交方法培育优良品种，就是要在杂交后代众多类型中选留符合育种目标的个体进一步培育，直至获得优良性状稳定的新品种，品种一旦育成，其优良性状即可相对稳定地遗传下去。家畜杂种选育应用广泛，通过对不同品种亲本的杂种的筛选，选择需要的品种。关于杂种优势的遗传机制有三种互不排斥的解释，显性、超显性、异位显性。显性假说将杂种优势归因于来自一个亲本的显性等位基因抑制来自另一个亲本的隐性等位基因。超显性假说认为，某个基因座处的等位基因的杂合组合在表型上优于该基因座的任一纯合组合，从而产生优良的杂种。杂合等位基因的单基因座超显性杂种优势已在拟南芥、番茄和玉米中体现。显性和超显性假说均基于单基因座理论，并且它们可能不足以解决杂种优势的分子机制。上位效应（epistatic effect）指来自两个亲本的不同基因座处的优势等位基因的相互作用，并且效果可以显示叠加性，优势或过度优势，即某一个基因对性状的影响会受到其他一个或多个基因的影响。有报道称杂种优势是基因型与环境相互作用的结果。

（二）骡基因组遗传变异特征

到目前为止，关于杂交后代基因组的研究甚少。骡子为马和驴的杂交后代，属于远缘杂种。其外表和生理特征除了与亲本有相同点外，还具有很多不同于亲本的特征，并且正反交后代——驴骡和马骡具有很多遗传特征差异。李喜和课题组通过对驴骡和马骡基因组进行二代测序，分别以马和驴为参考基因组检测单核苷酸多态性（single nucleotide polymorphism，SNP）、插入与缺失（insertion-deletion，INDEL）和拷贝数变异（copy number variation，CNVR），构建了遗传变异在染色体上的变异分布图，从变异细化到驴骡特有、马骡特有和驴骡 - 马骡共有变异基因及对这些基因做功能富集分析，解释了变异基因与驴骡和马骡生理特征差异和骡子杂种优势可能的关联性，为远缘杂交后代的基因组研究及正反交模型提供了理论基础和实验依据。

1. 骡子基因组与马、驴对比

驴骡 -1（Hinny-1）、驴骡 -2（Hinny-2）、马骡 -1（Mule-1）和马骡 -2（Mule-2）基因组比对到马参考基因组的百分比分别为 48.26%、49.20%、49.58% 和 49.26%，平均49.08%，比对到驴参考基因组的百分比分别为 51.74%、50.80%、50.42% 和 50.74%，平均 50.93%（图 3-18）。驴骡 -1、驴骡 -2、马骡 -1 和马骡 -2，4 个个体中驴基因组含量比马基因组含量分别高 3.48%、1.60%、0.84% 和 1.48%，平均 1.85%。

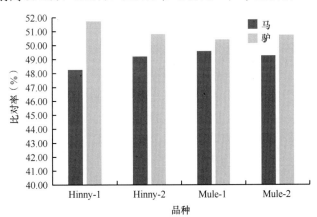

图 3-18　骡基因组与马和驴参考基因组的比对率

2. 马和驴跨物种染色体之间异位的分布

结构变异在染色体上不是以随机方式分布的。而是存在一些热点区域，因此对 *CTX* 基因在染色体上的分布进行统计有助于了解其分布特性。对 4 个个体骡的 *CTX* 在马常染色体和 X 染色体上的分布数量进行统计，驴骡 -2 和马骡 -1 中 *CTX* 分布于所有染色体，但在驴骡 -1 的 Chr15 和 Chr19 染色体及马骡 -2 的 Chr15、Chr21、Chr22 与 Chr30 染色体上未检测到 *CTX*（表 3-3）。驴骡 -1、驴骡 -2 和马骡 -2 中 Chr3 染色体上的 *CTX* 富集率最高，分别为 0.0506%、0.0841% 和 0.0708%。马骡 -1 中 Chr12 染色体上的 *CTX* 富集率最高，为 0.0999%，其 3 号染色体上的富集率为 0.0965%。4 个个体 Chr10 和 Chr29 马

×驴杂交后代基因组结构特征的 *CTX* 富集率也较高。因此 *CTX* 富集率与染色体长度无关。从 Ensembl 数据库中得到各染色体的长度,利用计算公式:富集率 = 变异长度 / 染色体长,统计每个马染色体上的 *CTX* 数量和 *CTX* 重叠的基因数量,发现驴骡 -1、驴骡 -2、马骡 -1 和马骡 -2 中分别有 222、271、324 和 258 个 *CTX* 位于基因区,238、356、503 和 300 个 *CTX* 位于基因间区。

表 3-3　马 - 驴跨染色体异位在马染色体上的分布

染色体编号	驴骡 -1 跨染色体易位长度(bp)及占比(%)	驴骡 -2 跨染色体易位长度(bp)及占比(%)	马骡 -1 跨染色体易位长度(bp)及占比(%)	马骡 -2 跨染色体易位长度(bp)及占比(%)	马的染色体长度(bp)
1	24 168(0.012 8)	43 742(0.023 2)	34 732(0.018 4)	22 028(0.011 7)	188 260 577
2	2 708(0.002 2)	24 46(0.002 0)	5 697(0.004 7)	3 049(0.002 5)	121 350 024
3	61 363(0.050 6)	102 080(0.084 1)	117 069(0.096 5)	85 862(0.070 8)	121 351 753
4	162(0.000 1)	1 101(0.001 0)	124(0.000 1)	4 896(0.004 5)	109 462 549
5	10 614(0.011 0)	9 282(0.009 6)	14 884(0.015 4)	7 697(0.008 0)	96 759 418
6	846(0.001 0)	1 137(0.001 3)	2 915(0.003 3)	665(0.000 8)	87 230 776
7	2 374(0.002 4)	4 451(0.004 4)	16 566(0.016 4)	6 142(0.006 1)	100 787 686
8	4 922(0.005 0)	6 416(0.006 6)	8 929(0.009 2)	6 342(0.006 5)	97 563 019
9	1 466(0.001 7)	2 888(0.003 4)	2 932(0.003 4)	1 197(0.001 4)	85 793 548
10	34 836(0.040 9)	53395(0.0627)	50 390(0.059 2)	25 125(0.029 5)	85 155 674
11	1 955(0.003 2)	2 149(0.003 5)	5 242(0.008 5)	898(0.001 5)	61 676 917
12	6 002(0.016 2)	11 122(0.030 0)	36 969(0.099 9)	20 757(0.056 1)	36 992 759
13	7 249(0.016 6)	5 184(0.011 8)	10 464(0.023 9)	2 814(0.006 4)	43 784 481
14	3 090(0.003 3)	3 279(0.003 5)	4 306(0.004 6)	4 027(0.004 3)	94 600 235
15	0	1 609(0.001 7)	4 037(0.004 3)	0	92 851 403
16	82(0.000 1)	1 341(0.001 5)	2 493(0.002 8)	85(0.000 1)	88 962 352
17	15 902(0.019 7)	16 344(0.020 2)	22 065(0.027 3)	14 768(0.018 3)	80722430
18	734(0.000 9)	2 618(0.003 2)	12 689(0.015 4)	1 566(0.001 9)	82 641 348
19	0	224(0.000 4)	1 343(0.002 1)	131(0.000 2)	62 681 739
20	14 021(0.021 5)	24 758(0.037 9)	31 381(0.048 0)	15 758(0.024 1)	65 343 332
21	144(0.000 2)	3 508(0.005 9)	4 718(0.008 0)	0	58 984 458
22	198(0.0004)	2 124(0.004 2)	842(0.001 7)	0	50 928 189
23	164(0.000 3)	166(0.000 3)	2 455(0.004 4)	172(0.000 3)	55 556 184
24	113(0.000 2)	2 878(0.006 0)	9 555(0.019 8)	4 533(0.009 4)	48 288 683
25	1 086(0.002 7)	927(0.002 3)	5 534(0.013 7)	1 307(0.003 2)	40 282 968
26	15 180(0.035 2)	8 131(0.018 8)	20 534(0.047 6)	16 044(0.037 2)	43 147 642
27	493(0.001 2)	632(0.001 6)	702(0.001 7)	508(0.001 3)	40 254 690
28	608(0.001 3)	80(0.000 2)	3 514(0.007 4)	88(0.000 2)	47 348 498
29	11 015(0.031 7)	27 474(0.079 0)	30 012(0.086 3)	23 485(0.067 5)	34 776 120

续表

染色体编号	驴骡-1跨染色体易位长度（bp）及占比（%）	驴骡-2跨染色体易位长度（bp）及占比（%）	马骡-1跨染色体易位长度（bp）及占比（%）	马骡-2跨染色体易位长度（bp）及占比（%）	马的染色体长度（bp）
30	564（0.001 8）	901（0.002 9）	864（0.002 8）	0	31 395 959
31	1 399（0.005 4）	1 437（0.005 5）	3 265（0.012 6）	6 278（0.024 1）	26 001 039
X	6 535（0.005 1）	28 276（0.022 1）	21 784（0.017 0）	17 404（0.013 6）	128 206 784
合计	229 993（0.009 6）	372 100（0.015 5）	489 006（0.020 3）	293 626（0.012 2）	2 409 143 234

驴骡-1、驴骡-2、马骡-1和马骡-2中分别有26、34、59和22个马基因和48、53、76和35个驴基因与 CTX 具有重叠，本研究将其称为 CTX 相关基因（*CTXR*）。马 *CTX* 相关基因主要位于 Chr1、Chr3、Chr10（表3-3）。4个个体中 *PLAC9*、*TMEM254*、*PDE5A*、*ANXA11*、*SLC9B2*、*ENSECAG00000024558*、*DUSP8*、*PRSS33*、*BDH2*、*CNTN6*、*ENSECAG00000019650* 和 *ENSECAG00000007487* 等12个马 *CTX* 相关基因和 *LOC106847257*、*LOC106827334*、*LOC106830935*、*BDH2*、*LOC106845824*、*ANXA11*、*SLC9B1*、*CENPE*、*PLAC9*、*TMEM254*、*LOC106827339*、*USP25*、*LOC106830960*、*LOC106828617* 和 *GNG2* 等15个 *CTX* 相关基因是共有的（图3-19）。

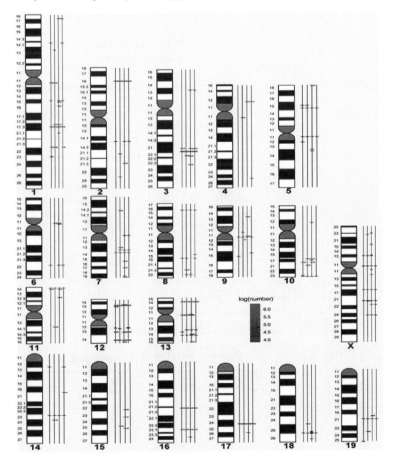

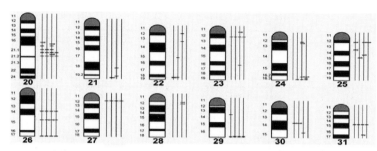

图 3-19　1kb 为滑动窗口时 *CTXR* 在马染色体上的分布
染色体右侧四条线从左到右依次为驴骡 -1、驴骡 -2、马骡 -1 和马骡 -2 的 *CTXR*

3. 马属动物系统发生树

根据线粒体基因组序列构建了马属动物系统发生树。研究表明，家驴的祖先是非洲野驴而非亚洲野驴（图 3-20）。作者在 1986 ～ 2013 年，通过人工授精的方法检测了马、驴正反交受胎率的差异，研究发现，马骡的受胎率与马或驴种内受胎率无明显差异，但是驴骡的受胎率显著低于马骡，表明存在某种种间遗传隔离差异，但目前还不了解其机制（表 3-4）。

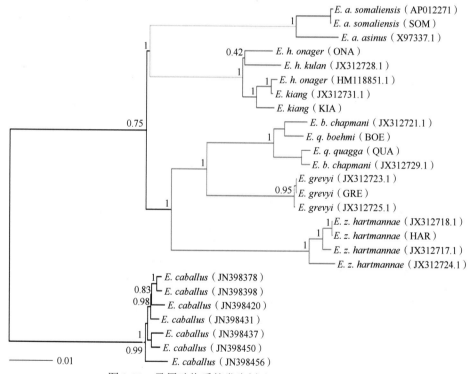

图 3-20　马属动物系统发生树（Jónsson et al.，2014）

表 3-4　马、驴不同杂交方式下人工授精受胎率结果

	母 × 公	人工授精成功次数	孕期时长达 30d 次数	受胎率（%）
马	马 × 马	789	501	63.50
驴	驴 × 驴	86	36	41.9
马骡	马 × 驴	139	75	54
驴骡	驴 × 马	129	11	8.5

4. 马、驴之间亚染色体涂染比较基因组模式图

以马染色体为探针，整条对整条的染色体 DNA 匹配有 18 条，分别是 1=2、7=20、9=12、11=13、12=17、13=14、14=9、15=6、16=21、17=11、22=15、23=23、26=18、27=27、29=29、30=30、X=X、Y=Y；整条对部分的染色体 DNA 匹配有 7 条（分别是：18-21、24、25、28；具体对应关系：18+28=4、19+2p=5、20+8p=8、21+25=10、24+8q=7）；一条对二条染色体 DNA 匹配有 6 条（具有对应关系 2=3p+5q、3=3q+28、5=25+16、6=19+22、8=8q+7p、10=26+24）；两条对一条的染色体 DNA 匹配：马的 4 号和 31 号染色体探针，在驴的 1 号染色体上分别有两段杂交信号（图 3-21）。

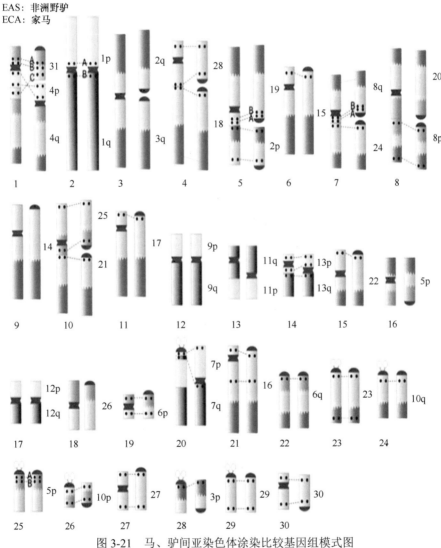

图 3-21　马、驴间亚染色体涂染比较基因组模式图

每组中左侧为驴的染色体，右侧为其在马中的直系同源染色体

马驴基因组之间有较强的共线性,这也在一定程度上解释了马驴之间遗传物质的兼容性。马驴杂交可以产生骡,但是马驴之间有大量的染色体重排,一定程度上解释了骡的杂种不育(图3-22)。

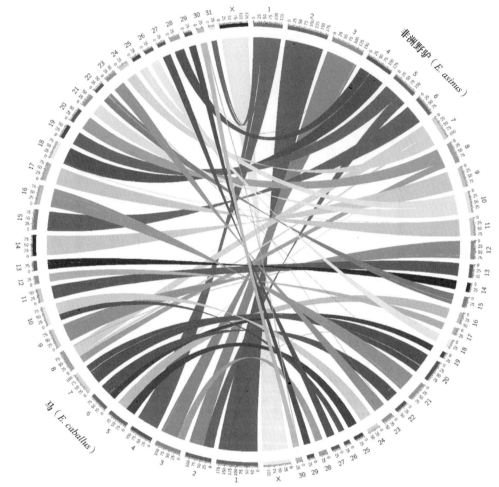

图3-22 马、驴DNA序列水平共线性分析结果

第二节 黄牛、牦牛杂交和犏牛的生殖特性

一、黄牛的生殖特性

牛是常见的大家畜之一,种类繁多、分布广泛,在农牧业生产中占有十分重要的地位。世界牛品种资源是非常宝贵的基因库,也是人类千百年来辛勤劳动和改造自然的成果。由于产区生态环境、选育条件的不同,各品种具有不同的生物学特性、生产性能和遗传特点。随着畜牧科学技术和养牛业的不断发展,国际相互引进牛种活体或遗传物质胚胎、精液产品的工作越来越频繁,牛的杂交育种在畜牧业生产中的作用也越来越重要。随着杂交品种研究资料的不断积累,对杂交牛的生产性能、遗传特性和生殖机理的探讨也在

不断深入，杂交育种成为现代生物学技术在畜牧生产实践中应用的重要技术手段。

牛在现代动物分类学上属于哺乳纲（Mammalia）偶蹄目（Artiodactyla）反刍亚目（Ruminantia）牛科（Bovidae）牛亚科（Bovinae），又分为牛属（*Bos*）和水牛属（*Bubalus*）。牛属中的牛种包括：①黄牛，如欧洲各种奶牛和肉牛品种、日本和牛、我国大多数黄牛品种；②瘤牛，如印度瘤牛、非洲瘤牛、美国的婆罗门牛等；③牦牛，如生活于我国青藏高原的牦牛；④野牛（*Bison*），如美洲野牛和欧洲野牛；⑤大额牛；⑥爪哇牛；⑦黄野牛等。在这些牛的野生祖先中，除欧洲野牛（*Bison bonasus*）与美洲野牛（*Bison bison*）现在有野生种之外，其他都有了自己的已被驯化的后代。水牛属中的水牛种包括亚洲野水牛和非洲野水牛，两者间不能杂交生育，但被认为来源于同一野生祖先（郑丕留和邱怀，1988）。

（一）牛的品种和遗传多样性

1. 牛的祖先和现有品种概况

黄牛的祖先是原牛（*Bos primigenius*），是新近灭绝的大型长角欧洲野牛，被认为是家牛的祖先之一。印度牛的祖先是黄野牛（*Bos gaurus*），是产于南亚和东南亚热带林地的一种大型深褐色野牛，又称大额牛或印度野牛（*Bos frontalis*），是现存个体最大的牛，自1986年以来，它一直被列入《世界自然保护联盟濒危物种红色名录》（IUCN Red List of Threatened Species）。牦牛（*Bos grunniens*）的祖先是野牦牛（*Bos mutus*），是一种体型很大的反刍动物（ruminant），能在海拔4000m以上的地方很好地生存。水牛（*Bubalus bubalis*）的祖先是野水牛（*Bubalus arnee*），是一种原产于印度次大陆和东南亚的大型牛（张劳，2003）。

世界上拥有的牛品种数量报道不一，其中分布较广的品种有250个。根据饲养用途可将家养牛分为肉牛、乳用牛、兼用牛、斗牛等几个类别（张容昶，1985）。肉牛常见的品种有海福特牛、安格斯牛、利木赞牛、日本和牛等。乳用牛常见的品种，如各国的黑白花奶牛、娟珊牛、草原红牛等。《中国牛品种志》一书中介绍了中国牛的产地与分布、形成历史、体型外貌、生长发育、生产性能、繁殖性能及生物学特性或适应性等，记录了45个品种，其中地方品种34个（黄牛品种28个、牦牛品种5个、水牛品种1个），培育品种4个，引入品种7个。

中国黄牛分为三大类别，分别为中原黄牛、北方黄牛和南方黄牛。中原黄牛包括分布于中原广大地区的秦川牛、南阳牛、鲁西牛、晋南牛、渤海黑牛等。北方黄牛包括分布于内蒙古、东北、华北和西北的蒙古牛，吉林、辽宁、黑龙江三省的延边牛，辽宁的复州牛和新疆的哈萨克牛。南方黄牛包括产于东南、西南、华南、华中及陕西南部的舟山牛、温岭高峰牛、台湾牛、皖南牛、广丰牛、闽南牛、大别山牛、枣北牛、巴山牛、巫陵牛、雷琼牛、盘江牛、三江牛、云南高峰牛等品种（《中国牛品种志》编写组，1988）。

我国三大类黄牛自古以来就互有影响，但由于生态条件的不同，南方黄牛较多保留了瘤牛的体貌特征，北方黄牛无瘤牛的体貌特征，中原黄牛由南向北瘤牛体貌特征呈现递减趋势。这种情况说明黄牛品种形成过程中种间杂交与基因漂移现象的存在，同时也说明牛品种的形成与当地的自然条件、农耕方式等有一定关系。

大额牛（*Bos frontalis*）是中国唯一的半野生半家养的珍稀牛种，仅分布于云南的独龙江和怒江流域，以及印度的阿萨姆邦、孟加拉国东部与缅甸北部。大额牛躯体比黄牛大而壮实，体型体貌也有很大不同。成年公牛平均体高 134cm、体长 151cm、胸围 184cm、体重 400～500kg，最高体重可达 700～800kg。母牛平均体高为 128cm、体长 133cm、胸围 181cm、体重 350～400kg。大额牛性成熟较晚，一般 4 岁时性成熟，繁殖年限比黄牛长，可达 20 岁左右。

牦牛是我国高山草原上的稀有品种，主要品种有西藏高山牦牛、青海高原牦牛、九龙牦牛、天祝白牦牛、麦洼牦牛等。据调查，西藏高山牦牛成年公牦牛的平均体高为 130.0cm、体长 154.2cm、胸围 197.4cm、体重 420.6kg，成年母牦牛的平均体高为 107.0cm、体长 132.8cm、胸围 161.6cm、体重 242.8kg。

水牛大致分为两大类型，即河流型和沼泽型。河流型水牛主要产于南亚次大陆，如印度的摩拉水牛，我国饲养的水牛多为沼泽型。水牛在中国和印度分布最广、数量最多。在中国凡有水田的亚热带地区都养有水牛，分布于北纬 36° 以南，东经 97° 以东的广大地区，四川、广东、广西、湖南、湖北等大约 17 个省份均有分布。水牛是役用和肉用的重要品种，体格高大、骨骼粗壮、肌肉结实紧凑、性情温驯，是我国农民的重要生产资料。中国水牛成熟较晚，大型公、母牛体重在 600kg 以上，体高在 135cm 以上（《中国牛品种志》编写组，1988）。图 3-23 为我国代表性黄牛、水牛、牦牛品种。

图 3-23　我国代表性黄牛（左：蒙古牛）、水牛（中：广西水牛）、牦牛（右：西藏牦牛）品种

2. 牛属动物的染色体核型研究概况

普通牛的种内杂交后代多数可育，但远源杂交后代往往存在不同程度的不育性。如黄牛（染色体数为 2n=60）与牦牛（染色体数为 2n=60）的杂交一代——犏牛，雌性可育、雄性不育。研究不同品种牛的染色体核型具有非常重要的生物学意义，在牛的育种过程中发挥着重要的作用。

普通牛的染色体是由大小不同的 58 条端着丝粒常染色体、大的中着丝粒 X 染色体以及亚中着丝粒 Y 染色体组成。正常的个体可以观察到自然产生变异的细胞，即染色体数量和结构上具有畸变的非整倍细胞。另外，在牛的体细胞当中也可以看到多倍体细胞，多倍体细胞主要是 4n，另外，也看到有 6n、10n 的细胞。牛的体细胞当中也有三倍体的出现，29 对常染色体当中，某一对染色体成为三条，染色体数变为 61。研究报告初步显示，三倍体与某些疾病的发生有关，如关节弯曲、脑水肿、隐睾、心脏异常等先天性疾病。在牛的染色体研究当中也可以看到易位现象。罗伯逊易位是一种常见的现象，关于这种易位的最初记载是 Gustavsson 和 Rockborn（1964）报道的 1 号和 29 号染色体之间的易位，一般通称为 1/29 易位。这种易位是着丝粒相互融合的现象，形成一种比 X 染色体还大的亚中着丝粒染色体，表示为 58、XX、t（1q，29q）或 58、XY、t（1q，29q）。此种类型的易位在 20 多个品种中做过大量调查，发生频率约为 6%。在对公牛的调查中，易位会造成精子发生时形成异常的三价体（trivalent），从而造成生育能力的下降（村松晋等，1988）。另外，对牛的染色体分带研究还发现了衔接易位、臂间倒位等现象。

大额牛染色体的数目、形态、结构均与黄牛和黄野牛（*Bos gaurus*）不同，三者染色体数目分别为 2n=58、2n=60 和 2n=56，在常染色体中黄牛没有近中着丝粒染色体，黄野牛有两对，而大额牛有一对，三种牛的染色体的臂比数相等（毛华明等，2005）。因此，大额牛与黄牛进行种间杂交，虽能产生后代并具有一定的杂种优势，但据称杂种后代雌性正常，雄性不育。

牦牛体细胞染色体数为 2n=60，其 29 对常染色体均为近端着丝粒染色体，性染色体 XX/XY 是近中着丝粒染色体。

水牛的染色体与上述品种差别较大，中国沼泽型水牛染色体数为 2n=48（黄右军，1987；黄右军和刘业基，1988），而河流型水牛是 2n=50。两个亚种之间的杂交后代是可育的，杂交后代染色体数目为 49。这些后代之间再杂交会产生 48、49 和 50 三种不同染色体数的后代（黄右军和刘业基，1989）。

（二）牛的生殖系统与生殖特性

1. 公牛的生殖系统

牛属动物生殖系统的解剖结构与其他大家畜有较大区别，这是生殖隔离的根本原因之一。但牛属动物不同品种之间的生殖系统有很大相似性，公牛的生殖系统同样由睾丸、附睾、输精管、精囊腺、前列腺、尿道球腺、阴茎等组成，但各器官的形状、大小、位置与其他家畜比有较大差别（图 3-24，图 3-25）。

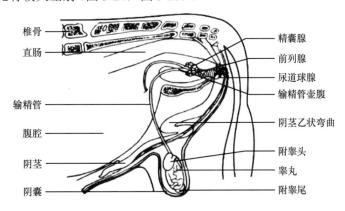

图 3-24 公牛的生殖系统及生殖器官的分布（潘庆杰，2013）

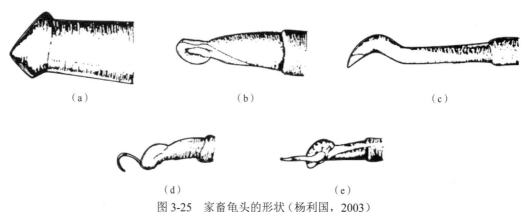

（a）　　　　　　　　　　　　　（b）　　　　　　　　　　　　　（c）

（d）　　　　　　　　　　　　（e）

图 3-25　家畜龟头的形状（杨利国，2003）

（a）马的龟头；（b）牛的龟头；（c）猪的龟头；（d）绵羊的龟头；（e）山羊的龟头

公牛的性成熟时期为 10～18 月龄，体成熟时期为 2～3 年。体成熟之后，可根据个体发育、营养水平等状况用于配种。配种过早会影响产子存活率和雄性动物今后的发育。不同动物睾丸重量有较大差别，猪、绵羊和山羊的睾丸相对其体重较大，牛的睾丸相对其体重较小，如猪的睾丸重量为 900～1000g，占体重的 0.34%～0.38%，绵羊睾丸重 400～500g，占体重的 0.57%～0.70%，而牛的睾丸重量为 550～650g，占体重的 0.08%～0.09%。公牛睾丸在发育过程中由腹腔沿腹股沟管下降进入阴囊内，睾丸下降在胎儿发育的中期完成，未能完成下降的睾丸称为隐睾，虽然其结构和内分泌功能基本正常，但会影响公牛的生育能力（徐相亭和秦豪荣，2007）。

初情期前公牛分泌的雄激素主要是雄烯二酮（androstenedione），其生物活性很低，与睾酮（testosterone）相比约为 12 : 100。初情期的启动有赖于下丘脑 - 垂体 - 睾丸轴的成熟，表现为丘脑下部对睾丸类固醇反馈的敏感性降低，促性腺激素释放素（gonadotropin releasing hormone，GnRH）分泌的频率和数量明显增加，垂体对 GnRH 的敏感性及睾丸对 LH 和 FSH 的敏感性增加。青春期后，睾丸间质细胞和支持细胞进一步成熟，间质细胞产生的雄激素中雄烯二酮的比例下降，睾酮成为主要成分。5α- 还原酶的出现使睾酮转化为活力更强的二氢睾酮，同时，在支持细胞内合成雄激素结合蛋白（androgen binding protein，ABP），进一步提高了曲细精管内的雄激素水平，刺激精原细胞出现活跃的增殖和分化，出现精子生成的完整过程。

公牛的精子发生在曲细精管中进行。曲细精管的上皮又称生精上皮（spermatogenic epithelium），含有支持睾丸的细胞和处于各个发育阶段的生精细胞。这些持续分裂和变化的生精细胞逐渐从曲细精管腔的外围向管腔中央迁移，其中一类称为精原细胞，经数次有丝分裂形成初级精母细胞。初级精母细胞经生殖细胞所特有的减数分裂，也称为成熟分裂，变为单倍体的精子细胞。精子细胞变形形成精子，这一过程叫精子形成。上述生殖细胞在发育过程中与足细胞保持紧密联系，镶嵌于足细胞的凹陷之中。足细胞的特殊结构对精子的发生具有重要的生理作用，如对生精细胞的营养和支持作用、内分泌作用、细胞通讯作用、吞噬作用和构成血睾屏障等。

2. 母牛的生殖系统

母牛的生殖器官包括卵巢、输卵管、子宫、阴道、尿生殖前庭和外阴等。母牛的子宫是双角子宫，与马和驴的不同之处是两侧子宫角基部内有纵隔将两子宫角分开，因此又称为对分子宫或双间子宫。青年及胎次少的母牛，子宫角弯曲似绵羊角，位于骨盆腔内。经产胎次多的母牛子宫有不同程度地展开，垂入腹腔。母牛子宫角发达、子宫体较短，子宫内膜上有70～120个突出于表面的半圆形子宫阜，子宫颈管发达，壁厚而硬，直肠检查时容易摸到，颈口突出于阴道（图3-26，图3-27）。

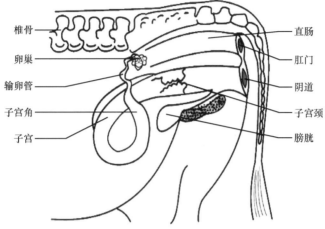

图3-26 母牛的生殖系统及生殖器官的分布（杨利国，2003）

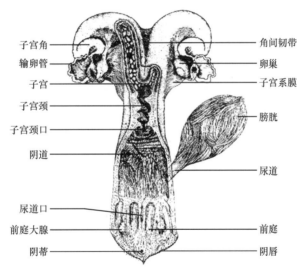

图3-27 母牛的生殖器官（李良玉和徐景和，1978）

卵巢是产生卵子的器官，同时也是内分泌腺，能分泌雌激素、孕酮和松弛素等。卵巢的形状及大小因发情周期的不同阶段而有变化。一般成年母牛休情期卵巢呈稍扁椭圆形，长2～4cm、宽1～2.5cm、厚约1.5cm，左右卵巢分别位于左右子宫角的末端，由卵巢系膜固定。牛的卵巢结构与马和驴有所不同，牛、羊的卵泡分布于卵巢的皮质部，中央的髓质部由血管和结缔组织构成，马的卵巢较大，平均长、宽、厚分别为7.5cm、2.5cm和3.5cm，特别是在卵巢的腹缘有一凹陷，称为排卵窝，成熟卵泡由此排出卵子，这是马属动物的特征（程会昌和黄立，2012）。母牛在胚胎时期，卵巢表面的生殖上皮细胞内陷生长，在卵巢皮质内形成许多卵原细胞，卵原细胞外面由较小的扁平生殖上皮细胞所包围，卵原细胞形成的这种构造就是初级卵泡。据估计初生犊牛有75 000个初级卵泡，到成年时只有2500个，但在繁殖年龄内，一年只有约250个初级卵泡发育，大量初级卵泡在生长中不能达到成熟，发生闭锁，最后被吸收（黄祖干等，1980）。

初级卵泡在垂体分泌的促卵泡生成素的作用下，卵泡细胞（follicle cell）不断分裂增殖，由一层变为数层，细胞由扁平变为立方形（颗粒细胞）。卵泡细胞间出现小的不规则腔隙，称卵泡腔。腔内有卵泡细胞分泌的卵泡液及雌激素。此时卵原细胞发育为初级卵母细胞，同时初级卵母细胞外围出现透明带（zona pellucida）。初级卵母细胞及围绕它周围的一部分卵泡细胞被推移到卵泡腔的一侧，形成一丘状隆突，称卵丘（cumulus oophorus）。其余的卵泡细胞密集排列成数层，衬在卵泡膜的内面，称为颗粒层。其外周的结缔组织也进一步分化形成卵泡膜。生长卵泡发育至最后阶段，称成熟卵泡。成熟卵泡体积很大，直径达1cm以上，凸出于卵巢表面，卵泡膜很薄。这时初级卵母细胞体积增大，透明带增厚，其周围的颗粒细胞排列疏松。成熟卵泡内的初级卵母细胞在排卵前进行第一次减数分裂，形成次级卵母细胞和第一极体，染色体减半。排卵后当精子进入透明带时，次级卵母细胞才完成第二次减数分裂，形成卵子及第二极体（黄祖干等，1980）。

母牛发情开始之前，卵巢卵泡已开始生长，至发情前2～3d卵泡发育迅速，卵泡内膜增厚，至发情时卵泡已发育成熟，卵泡液分泌增多，此时卵泡壁变薄且突出于卵巢表面，在激素的作用下，促使卵泡壁破裂，致使卵子被挤压而排出，而后在排卵的凹陷处形成黄体。母牛在发情周期中，当卵巢上成熟的卵泡破裂排卵后，由卵泡膜血管中流出的血液充溢于排空的卵泡腔内形成凝血块，称为红体。此后，红体逐渐被吸收缩小，而卵泡腔内颗粒细胞则增生变大，并吸收大量的类脂质等变成黄色细胞，同时卵泡内膜血管增生分布于黄色细胞团中，卵泡膜的部分细胞也进入黄色细胞团，共同构成了黄体（corpus luteum）。如果母牛排卵后未受精，卵巢上所形成的黄体称为周期性黄体，周期性黄体通常可存在14～16d，随后开始萎缩退化而形成白色结缔组织，称为白体，如果母牛排卵后受精和妊娠，卵巢上所形成的黄体称为妊娠黄体。妊娠黄体比周期性黄体略大，存在时间也较长，一直维持到妊娠结束才退化为白体。而马、驴的妊娠黄体在妊娠180d左右时退化为白体，之后由胎盘分泌孕激素维持妊娠（徐相亭和秦豪荣，2007）。

3. 牛的发情与受孕

大多数品种的牛是全年多次发情的，即一年四季都可以出现发情并可配种。但在高纬度和高寒地区，牛的发情在5～8月较多，其他季节则较少。牛的发情与饲养管理及环境条件有密切关系。牛的发情持续期是指母牛从发情开始到发情结束所持续的时间，即发情周期中的发情期，牛的发情持续期为1～2d，由于季节、饲养管理状况、年龄及个体条件不同，牛的发情持续期的长短也有所差异。奶牛通常可在产后25～30d发情，多数表现为安静发情。母牛产后发情时由于子宫尚未复原，个别牛的恶露还没有流净，此时即使发情表现明显也不能配种,一般在产后35～50d发情配种较适宜。上述特性与马有较大区别。

母牛发情时有哞叫、爬跨其他母牛、游走好动、食欲下降、泌乳量减少等表现,可作为判断发情和确定配种时间的指标。直肠触诊是准确、简单判断滤泡发育和排卵的方法,在牛的品种杂交特别是人工授精和胚胎移植中得到广泛应用。牛的发情与排卵受下丘脑-垂体-卵巢轴的调控,以及卵巢滤泡的发育和性激素分泌的直接相关。外界环境因素通过不同的途径影响中枢神经系统,刺激下丘脑的神经内分泌细胞分泌促性腺激素释放素,通过垂体门脉系统运输到垂体前叶,刺激垂体前叶细胞分泌促性腺激素并被运送到卵巢,使卵泡发育,进而促进卵巢分泌类固醇激素。类固醇激素和垂体前叶分泌的促性腺激素互相协调,使发情正常进行。

牛的早期胚胎发育在输卵管和子宫中进行。胚胎在发育到8～16细胞(交配后72～96h)时进入子宫,6～8d发育到囊胚期,排卵后30～35d(有的资料认为是40～45d)紧密附植于子宫内膜,随后形成胎盘,牛的妊娠期为275～285d。附着之前有一个妊娠识别过程,随后在雌激素和孕激素作用下,子宫内膜充血、增厚、上皮增生,子宫腺分泌能力增强,子宫肌的收缩和紧张度减弱,为胚泡附着提供有利的环境条件。孕体(conceptus)是指早期个体发生阶段的胚胎或附着后胚胎和胚胎附属膜的总称,奶牛的孕体在妊娠第13天产生,直径约3mm,在第17天,长度可达到250mm,呈现丝线状,奶牛的孕体附着时的形态与猪和羊相同,均呈丝线状,而马的孕体此时仍保持球形。牛的胎盘为子叶型胎盘,其结构与马、猪、骆驼等动物的弥散型胎盘有较大差别(图3-28)。牛的胎儿子叶绒毛集中在绒毛膜表面某些部位,形成许多绒毛丛,呈盘状或杯状凸起,即胎儿子叶。胎儿子叶与母体子宫内膜的特殊突出结构——子宫阜(母体子叶)融合在一起形成胎盘的功能单位。牛的子宫阜是凸出的饼状,胎盘为"子包母"型胎盘,产后胎衣排出较慢且易出现胎衣不下(杨国忠,2007)。

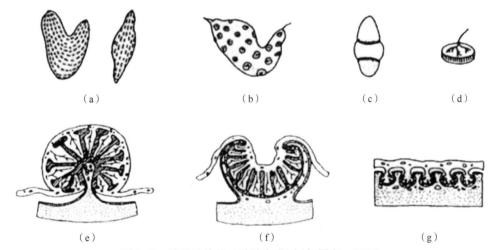

图3-28 哺乳动物的4种胎盘类型(杨国忠,2007)

(a)弥散型胎盘(马和猪);(b)子叶型胎盘(牛、绵羊和山羊);(c)带状胎盘(犬和猫);(d)盘状胎盘(人和猴);(e)子包母型子叶(牛);(f)母包子型子叶(绵羊和山羊);(g)弥散型胎盘的组织结构

二、牦牛的生殖特性

（一）牦牛的品种和遗传多样性

1. 牦牛的祖先和现有品种概况

牦牛（*Bos grunniens*）的祖先是野牦牛（*Bos mutus*）。我国牦牛起源于青藏高原，1959 年我国考古工作者在青海省柴达木地区的诺木洪文化遗址发现的新、旧石器时期的人类社会文化遗址中有牦牛毛、皮等产品，距今 5000 ～ 10 000 年。我国的古羌人驯养牦牛有悠久历史（《中国牦牛学》编写委员会，1989）。野牦牛在中国的甘肃、青海、新疆、四川、西藏等都有记载。祁连山野牦牛同家牦牛有显著的区别，祁连山野牦牛体长 160 ～ 220cm，肩高 160 ～ 180cm，雄性个体平均肩高可达 200cm，体重达 500 ～ 600kg。昆仑山野牦牛的体格更加硕大，成年公牛平均肩高可达 205cm，体重达 1200kg，肩峰隆起突出，头粗重、额宽、四肢粗壮，成年公牛角基周径可达 50cm 以上，藏南及唐古拉地区牧民将公野牦牛的角掏空当作挤奶桶，别具特色（杨博辉，2006）。

据国家基础资源工作专项计划"中国牦牛遗传资源调查及种质库建设"2001 ～ 2006 年调查统计，羌塘国家自然保护区有野牦牛 9050 头 ±1840 头，可可西里自然保护区与三江源国家自然保护区有 8400 头 ±1406 头，阿尔金山国家自然保护区有 1850 头 ±410 头，甘肃盐池湾国家级自然保护区与祁连山国家自然保护区有 350 头 ±91 头，四川省贡嘎山国家自然保护区有 90 头 ±25 头，野牦牛数量总计 19 740 头 ±3952 头。在调查的所有地区野牦牛种群的数量总体上呈下降趋势，而在自然保护区的有限区域内其种群密度因保护措施得力而表现为稳步回升的态势。牦牛多数分布在海拔 3000m 以上的高原地带，对高寒草地生态环境具有很强的适应性，能在空气稀薄、牧草生长期短、气候寒冷的恶劣环境条件下生活和繁衍后代，是当地畜牧业经济中不可缺少的畜种。全世界现有牦牛 1470 多万头，其中中国有 1400 多万头，是世界上拥有牦牛数量和品种最多的国家（钟金城等，2006），中国牦牛的主要品种有西藏高山牦牛、青海高原牦牛、九龙牦牛、天祝白牦牛、麦洼牦牛、大通牦牛、中甸牦牛和野牦牛等。

2. 牦牛的染色体核型研究概况

牦牛的地理分布、体格体貌、生长发育等与黄牛有明显区别，但两种牛的染色体数目是相等的（2*n*=60），两种牛杂交可产生杂交后代，即犏牛。经杂交得到的公犏牛没有生殖能力，母犏牛可以繁殖后代，这种情况与骡子有点相似，但母犏牛的生育能力远高于母骡。因此，可充分利用母犏牛在繁殖性能方面的杂种优势使杂交连续进行，这种连续杂交在牦牛生产中的应用取得了理想的效果，是一种简单经济的育种方法。

对牛科野生和家养代表种的染色体分带研究证明，染色体数目最多的种类（2*n*=60）常染色体仅由近端着丝粒染色体组成。用 G- 带的分带技术很容易在 2*n*=60 的核型中找到与 2*n* 低于 60 的核型的双臂染色体各个臂相当的近端着丝粒染色体，说明染色体数目少的种类在核型上是从牛科始祖种类分化而来的，染色体数目多的种类是现代种（王朝芳，1982）。通过对中甸牦牛、麦洼牦牛、九龙牦牛、青海高原型牦牛和西藏高山牦牛等的染色体核型研究表明，在各牦牛品种间，常染色体和 X 染色体的大小、形态极其相似，而 Y 染色体的相对长度和臂比指数均有较大的差异，表现出多态现象（钟金城，1997b）。研究发现，在青海高原型牦牛、中甸牦牛等品种中，Y 染色体为亚中着丝粒染色体，但西藏牦牛则是中着丝粒染色体（欧江涛等，2002）。利用微卫星 DNA 遗传标记技术对麦洼牦牛、九龙牦牛、大通牦牛和天祝白牦牛的遗传多样性及其品种分类进行系统分析，各牦牛群体的平均等位基因数、平均基因杂合度、平均多态信息含量均比较高，相互之间具有很好的一致性。说明所分析的微卫星位点在各牦牛品种中的遗传变异程度较高，具有较丰富的遗传多样性（钟金城，1997b）。

（二）牦牛的生殖系统与生殖特性

1. 公牦牛的生殖系统

公牦牛的生殖系统也是由睾丸、附睾、输精管、精囊腺、前列腺、尿道球腺、阴茎等器官组成，各器官的形状、位置与黄牛相似。公牦牛的睾丸呈长卵圆形，双侧睾丸的平均重量为 360.16g±122.50g，显著低于黄牛睾丸的重量。睾丸实质呈红黄色，用手指按压睾丸表面有弹性，质地较坚实，白膜上有多而密的血管，睾丸头的附睾缘有多而密的静脉丛（谭春富和赖明荣，1990）。牦牛的阴茎与黄牛相同，是一个具有 S 状弯曲的纤维弹性体，其平均长度为 70.4cm±5.08cm，阴茎头长平均为 7.92cm±0.29cm。公牦牛在 2 岁以后性成熟，一般首次利用公牦牛配种的年龄为 3 岁，7 岁以后性欲下降（刘辉，1992）。九龙牦牛一次射精量平均为 2.41ml±1.08ml，精液的精子含量平均为 26.8 亿±5.94 亿个 /ml（杜复生，1987）。牦牛每克睾丸实质的精子日产量平均为 $12.94×10^6$ 个，与普通牛（夏洛来牛为 $13.0×10^6$ 个，黑白花牛为 $12.00×10^6$ 个）和瘤牛（$12.2×10^6$ 个）相近。而不同品种个体精子日产量却差异很大，牦牛介于普通牛和瘤牛之间。夏洛来牛的精子日产量为 $8.9×10^9$ 个，黑白花牛为 $7.5×10^9$ 个，尼罗瘤牛为 $2.6×10^{10}$ 个。个体精子日产量差异很大的原因是睾丸大小的不同，夏洛来牛、黑白花牛和尼罗瘤牛的睾丸重分别为牦牛的 2.15 倍、2.01 倍和 2.65 倍（刘辉，1992）。

家牦牛、野牦牛精子和其他哺乳动物一样，是典型的鞭毛精子，其头部扁平，顶部圆而宽大，基部逐渐狭窄，在电镜下可清晰地分出其头部、中段、主段和末段。家牦牛、野牦牛及半血野牦牛精子头部的长度分别为 8.1μm、8.0μm 和 8.8μm；中段长度分别为 14.47μm、13.7μm 和 14.7μm；主段长度分别为 49.67μm、54.0μm 和 52.38μm。经差异显著性检验，家牦牛、野牦牛及半血野牦相互之间精子的头长，中段长和末段长度差异不显著，但三者与黄牛和水牛精子总长度均存在显著差异（夏洛浚等，1990；朱新书等，1988）。

2. 母牦牛的生殖系统

母牦牛生殖器官的组织学结构与其他牛种基本一致。但母牦牛生殖器官的解剖结构与奶牛相比有较大差异。母牦牛卵巢形如黄豆，卵巢门无凹陷，卵巢系膜紧缩，游离度小，直肠触摸时较易触及和固定。未孕牦牛两侧卵巢的大小、重量差异不显著，一经妊娠，孕角与卵巢极显著增重，两侧卵巢体积的显著差异是早期直肠妊娠检查的判断依据。牦牛子宫角很发达，子宫体短小，子宫颈宫口几乎临近角间沟纵隔。妊娠 0.5 ～ 1.5 月的孕牦牛，两子宫角同时发育、增大。妊娠两个月以后，孕角显著大于空角并开始堕入腹腔。若以两子宫角的体积差异作为早期直肠妊检的判断依据，差误较大。对 38 头母牦牛进行测量，牦牛子宫颈平均长 5.04cm±0.89cm，外壁直径平均 3.21cm±0.74cm，内有明显的三个具有许多细小而紧缩的皱襞的子宫颈环，直肠把握输精时比奶牛困难，但因牦牛子宫颈距阴门近（22.45cm±0.65cm），子宫在骨盆腔内的游动幅度小，故直肠把握输精反比奶牛省力（蔡立，1980）。

3. 牦牛的发情与受孕

野牦牛的发情期为 9 ～ 12 月，此期母牦牛常发出哞叫，雄性牦牛争雌现象十分激烈。怀孕期为 8 ～ 9 个月，每胎 1 犊，第二年夏季断奶，3 岁左右性成熟（郑生武，1994）。西藏高山牦牛生育能力成熟较晚，绝大部分母牦牛在 3.5 岁初次配种，4.5 岁初产，早于 3.5 岁配种所产犊牛很难成活。公牦牛 3.5 岁初配，以 4.5 ～ 6.5 岁的配种效率最高。母牦牛季节性发情明显，7 ～ 10 月为发情季节，7 月底至 9 月初为旺季。发情周期平均为 17.8（7 ～ 29.5）d，发情持续时间为 16 ～ 56h，平均为 32.2h。母牦牛发情交配时间以早、晚为多，牦牛本交群配的平均受胎率可达 96.3%，产犊率为 92.6%，犊牦牛平均成活率为 95.1%；母牦牛两年一产，平均繁殖成活率 48.2%。

三、犏牛的生殖特性

研究结果证明，牦牛品种间、家牦牛野牦牛间、牦牛同普通牛之间杂交均可获得后代，且有较大的杂种优势，可显著提高乳、肉等生产性能，尤其是牦牛与普通牛杂交，其杂种的产乳量、产肉量可比牦牛提高 1 倍以上（郭淑珍等，2019；钟金城，1997c）。娟姗牛与母牦牛的杂交后代称为娟犏牛，具有耐粗饲、生长发育快、适应性强、性成熟早等特点。娟姗雌牛产乳性能优良，与牦牛相比，具有明显的产量优势，是甘南牦牛乳产业的主体。牦牛与普通牛、大额牛、美洲野牛均能杂交产生后代。牦牛和普通牛种（黄牛）种间杂交方式有两种：正杂交是黄牛为父本，牦牛为母本；反杂交是牦牛为父本，黄牛为母本，其后代统称犏牛，前者称真犏牛，后者称假犏牛。通常用杂交父本品种名的第一个字来命名犏牛，如以海福特牛为父本的犏牛称为海犏牛，以黑白花牛为父本的犏牛称为黑犏牛，以西门塔尔牛为父本的犏牛称为西犏牛等。若用第一个字无法区分时，还可用前两个字或品种全名来命名犏牛。

犏牛体格大、体质结实、蹄近似牦牛，被毛长但缺乏绒毛层，腹部粗毛稀长，尾的大小介于牦牛和普通牛之间，即呈明显的中间状态。例如，海犏牛头方，脖颈比牦牛粗，背腰宽平，肋开张，四肢结实而较短，身躯结构匀称，肌肉丰满，被毛较厚，毛色以头白身黑居多（80%），其他毛色（栗色、黑白花等）占 20%。黑白花公牛与母牦牛杂交生产的杂种后代，体型增大，成熟期较早，产奶量比牦牛高 3 ～ 4 倍；肉牛品种与牦牛杂交生产的杂种后代，一岁半体重可达 250kg 左右，相当于 4 岁牦牛的体重，净肉产量比相同饲养条件下的同龄犊牛提高 1 倍多（《中国牦牛学》编写委员会，1989）。用娟姗牛冻精杂交甘南牦牛所产的杂交一代娟犏牛，娟犏公牛生长到 1.5 岁可以短期育肥出栏，娟㺊母牛发情配种年龄为 1.5 岁，2.5 岁产犊产奶，比雌牦牛提前两年产奶（包永清等，2018）。0 ~ 18 月龄娟㺊牛犊公母平均日增重分别比同期当地牦牛犊增加 124.59g 和 110.70g，差异极显著（$P < 0.01$），杂交效果明显（郭淑珍等，2019）。

　　不同父本或种间杂交㺊牛的产肉性能均高于牦牛，表现出显著的杂种优势。三元杂交的孕利巴牛，由于集三个品种的特点，生长发育或增重甚至比同龄的㺊牛还要快，但在冷季因被毛稀短，对青藏高原寒冷环境的生态适应性不如㺊牛，这也是牧民不欢迎进一步杂交的主要原因。在高山草原放牧条件下，杂种牛的产奶潜力虽未得到充分发挥，但远高于牦牛，奶的营养成分介于两亲本之间。㺊牛对高山草原生态环境的适应性、抵抗力方面接近牦牛，从产奶量、乳脂率方面看有很大的乳用价值，是高山草原牧区很有发展前途的乳用牛种，值得推广（罗晓林等，2015）。在相同的生态及饲养管理条件下，反杂交（公牦牛 × 普通牛种母牛）的产奶性能、活重不及正杂交㺊牛，产奶性能和活重也远不及母本（张容昶和胡江，2002）。

（一）㺊牛的生殖系统及生殖特性

1. 公㺊牛的生殖系统

　　㺊牛与牦牛在生殖器官的组成上无差异，均由睾丸、附睾、输精管、精囊腺、前列腺、尿道球腺、阴茎、阴囊等组成。但杂交一代㺊牛与牦牛比较，在睾丸的重量、直径大小、血管的分布密度等方面均存在较大差异。杂交一代㺊牛的睾丸呈长椭圆形，双侧睾丸的平均重量为 188.2g±54.84g，显著低于牦牛睾丸的重量。㺊牛的睾丸实质呈黄色，用手按压睾丸表面弹性小，质地松软，白膜上血管稀少，血管间距离较大，特别是在睾丸上的血管更稀少，睾丸头的附睾缘静脉丛稀少（谭春富和赖明荣，1990）。

　　根据组织学观察，㺊牛曲细精管的直径明显比其亲本要小，而且粗细不均，有的管壁呈皱缩状，平均直径约为牦牛的 50% ~ 66.7%。生精上皮明显比其亲本要薄，㺊牛睾丸内曲细精管及其生精上皮均发育不良。㺊牛生精上皮内细胞数量明显减少，且主要为支持细胞、精原细胞和精母细胞，偶见精子细胞，但无精子，说明㺊牛睾丸内从精原细胞至精子细胞的发育均有一定程度的障碍。公㺊牛曲细精管内的支持细胞紧贴基膜，胞体呈锥形。曲细精管间质内血管少，但可见间质细胞（贾荣莉，2001），间质细胞能分泌雄性激素引起性欲，因而公㺊牛具有交配行为。组织学切片和睾丸、附睾分泌液涂片观察，都没有发现成熟精子，这与杂种公㺊牛能交配而不能使母牛受孕这一事实相符。精子不能正常生发的原因，可能与血液供应和垂体前叶生殖激素调控的缺失有关（王士平等，1990；许康租等，1981）。

2. 母㺊牛的生殖系统

　　母㺊牛的生殖系统很少有报道，但从其回交后能够正常生育的现象推测，母㺊牛的生殖器官应当与普通牛和牦牛基本一致。正交和反交得到的真㺊牛或假㺊牛均有生殖能力，且㺊牛经回交得到的雌性后代均有生殖能力，这与母骡的生殖能力有很大不同。

3. 㺊牛的发情与受孕

　　通过远缘杂交得到的㺊牛，性成熟比牦牛早，母㺊牛的性成熟年龄比牦牛早一年左右，如娟犏母牛初次发情配种年龄为 1.5 岁，而牦牛初次发情配种的年龄为 3 ～ 4 岁（郭淑珍等，2019）。无论自然本交或冻精人工授精，繁殖成活率均可达 60% ～ 70%，比牦牛繁殖成活率高 20% ～ 50%（罗光荣和杨平贵，2008；杨启林等 2015）。

（二）犏牛的生殖调控研究进展

犏牛具有良好的高山环境适应能力，具有生长速度快、体型大、体格健硕、产肉产奶性能高等一系列优点，在畜牧业生产中很受牧民欢迎，但由于公犏牛的生殖障碍，不能产生正常的精子，因此不能形成遗传稳定的品种。母犏牛通过回交或级进杂交虽然可以得到后代，且雄性后代的生育力随级进代数的增加逐步得到恢复，但是杂种优势逐渐下降，以至于恢复到普通牛或牦牛的水平，因此，犏牛在生产中的利用主要以 F1 代为主。关于公犏牛的不育性，国内外学者做了大量的研究，研究领域涉及生殖内分泌学、生物化学、细胞遗传学、组织形态学等，这些研究都揭示了公犏牛与其双亲的差异，为我们今天的研究积累了丰富资料。

1. 犏牛的生殖内分泌

牦牛及犏牛生殖内分泌的研究显示，公犏牛脑垂体中几乎没有嗜碱性细胞，而嗜酸性细胞比双亲多。垂体前叶嗜碱性细胞生成 FSH，嗜酸性细胞生成 LH。公犏牛因缺乏嗜碱性细胞，不能生成足够的 FSH，不能引起支持细胞的生化及形态学变化，不能分泌与睾酮相结合的雄激素结合蛋白（ABP），因而不能提供精子发生所需的适宜的微环境，造成了生精细胞的生长发育受阻，只停留在次级精母细胞或早期精子细胞阶段，使生精细胞发育到早期精子细胞时就脱落到管腔之中，而不能进一步发育为成熟精子，造成了 F1 代犏牛的雄性不育（刘辉等，1990）。成年公犏牛具有正常的性行为，其生理基础很可能是垂体前叶嗜酸性细胞分泌的 LH 正常及睾丸间质细胞发育良好。雄性动物的睾丸间质细胞受垂体前叶分泌的 LH 的控制，间质细胞上有 LH 的受体，LH 刺激睾丸间质细胞产生雄性激素。雄激素作用于整个机体，使之产生第二性征，并协同 FSH 促使精原细胞有丝分裂的正常进行。公犏牛 LH 细胞在电镜下与双亲的 LH 细胞无显著差异，同时，其曲细精管间质细胞正常，因此公犏牛在繁殖季节的性反射及性行为基本类似于牦牛和普通牛（罗晓林，1993）。牦牛和黄牛的种间杂交后代，无论在间质细胞的大小上，还是在单位面积间质细胞的数量上，较其双亲均较高。因此认为犏牛体内有足量的间质细胞产生雄激素，从而刺激雄犏牛第二性征的生成，产生正常的性欲和性行为。

2. 犏牛睾丸细胞遗传与组织形态

组织学研究显示，犏牛曲细精管的膜增厚、胶原纤维增生、成纤维细胞核固缩，这一现象与许多研究者观察到男性不育症患者睾丸膜增厚的结果一致。曲细精管膜增厚致使血液中的营养成分不易进入曲细精管内，另外，膜增厚会影响雄激素的渗透，故不能与支持细胞产生的雄激素结合蛋白相结合，不能形成精子发生所必需的微环境（秦传芳和成正邦，1993）。犏牛雄性不育的最终表现是不能产生正常的精子，即精子发生过程受阻，为此几十年来国内外学者对杂种公牛的精子生成进行了许多研究。采用硝酸银染色技术，可显示公犏牛的精母细胞联会复合体（synaptonemal complex，SC），此类研究证实，在减数分裂过程中仅有少数精母细胞的常染色体能形成 SC 结构，X、Y 染色体轴周围虽积聚有许多微小的深色颗粒状物质，但未见 X、Y 染色体的明显联会；在常染色体的联会中，有较多的三价体等联会异常现象；精母细胞常染色体 SC 相对长度与体细胞常染色体的相对长度间有显著相关性（R=0.9649），亲本的 SC，与牦牛的第 1 号、第 2 号、第 27 号及普通牛的第 1 号、第 2 号、第 27 号、第 29 号 SC 的相对长度均有显著差异。根据以上研究结果，认为牦牛与普通牛在部分常染色体和性染色体上的差异，使犏牛的同源染色体不能很好地配对形成 SC，是导致不育的主要原因之一。

郭爱朴等研究认为，由于犏牛的 X、Y 染色体在对应部位上的一种特殊的不等值现象及两亲本 Y 染色体上的基因差异，使公犏牛 X 和 Y 染色体之间的平衡被扰乱，从而导致不育（陈文元等，1990；郭爱朴，1983）。李孔亮等研究犏牛及亲本体细胞染色体发现，在相对长度上犏牛与牦牛之间的第 1 对、第 3 对、第 7 ～ 17 对染色体差异显著或极显著，犏牛与普通牛之间的第 1 ～ 11 对、第 19 ～ 23 对染色体差异显著或极显著，认为这可能与雄性不育有关（李孔亮等，1984）。钟金城等比较研究了牦牛与普通牛的 G- 带后认为，犏牛雄性不育可能是由于牦牛与普通牛在部分常染色体和 Y 染色体结构上的差异所致，并在此基础上提出了犏牛雄性不育的多基因遗传不平衡假说（钟金城，1997a）。据张容昶等研究报道，公犏牛与生殖有关的腺体和器官的发育水平，从 F1 到 F3 代具有连续变异性，F1 代杂种同牦牛和普通牛差异较大，F3 代杂种较接于牦牛或黄牛。另据研究表明，在 F1 代杂种间也存在着广泛的变异性。从上述研究结果可以看出，犏牛雄性不育受一个多基因系统的控制，而这个多基因系统是远缘牛种间具有遗传差异的基因位点的总和（钟金城，1997a）。

第三节　羊的杂交和杂交羊的生殖特性

一、羊的生殖特性

绵羊和山羊品种多样、分布广泛、数量庞大，在农牧业生产中占有十分重要的地位。绵羊品种有相似的外表，但在大小和重量上却因品种的不同而有所不同。山羊品种也有类似的体貌体型。绵羊和山羊的羊毛及羊绒是世界上广泛使用的纺织和保暖材料，羊肉和羊奶是人类广泛食用的重要食品。在我国，绵羊和山羊的饲养有悠久历史，新中国成立后，羊的品种改良倍受党和政府的重视，育种和繁殖技术得到迅速发展，通过引种和杂交获得了许多新品种，繁育的新品种在现代牧场的生产实践中发挥着重要作用。

（一）羊的品种和遗传多样性

1. 羊的祖先和现有品种概况

分类学将绵羊（*Ovis aries*）和山羊（*Capra hircus*）归类为牛科（洞角科）羊亚科（Caprinae）的盘羊属（*Ovis*）和山羊属（*Capra*）。家养绵羊和山羊都是由野生种经过长期驯化而来的，与绵羊血缘关系较近的野生羊有摩弗伦羊（*Ovis musimon*），阿卡尔羊（*Ovis orientalis*）和盘羊（*Ovis ammon*）。与我国现有绵羊品种亲缘关系最近的野生种绵羊当属阿卡尔野绵羊（称赤盘羊）和羱羊（或称盘羊）及其若干亚种。与山羊血缘关系较近的野生种有捻角山羊（*Capra falconeri*）（又称螺角山羊，图 3-29）和野山羊（*Capra aegagrus*）（中国农业科学院畜牧研究所，1989）。

图 3-29　捻角山羊（英国 DK 公司，2019）

世界上有近 1300 种不同的羊，其中约 200 种是家养羊。我国绵羊、山羊品种资源非常丰富，据《中国畜禽遗传资源志（羊志）》记载，我国羊的品种有 140 个，其中地方绵羊品种 42 个，包括培育品种 21 个、引入品种 8 个；地方山羊品种 58 个，包括培育品种 8 个，引入品种 3 个（国家畜禽遗传资源委员会，2011）。我国地域辽阔，南北气候条件差异极大，导致了不同地域和不同品种间，羊的繁殖性能和生产性能差异较大，为羊的杂交育种提供了丰富的遗传资源。

2. 羊属动物的染色体核型研究概况

绵羊体细胞染色体数为 $2n=54$，其中 26 对为常染色体，1 对为 XY（雄性）或 XX（雌性）性染色体。常染色体中有 3 对为中部或亚中部着丝粒染色体，23 对为端部着丝粒染色体。我国的许多学者对国内不同品种的绵羊染色体做过研究，如蒙古羊（柴局等，2009；梁海青等，2006）、凉山半细毛羊、山谷型藏绵羊（李小勤等，2006）、兰州大尾羊（门正明等，2002）、小尾寒羊（庞有志等，1998，1995；张武学等，1992）、青海细毛羊（李军祥，1996；李军祥等，1995）、内蒙古细毛羊（晁玉庆和巴勇舸，1991）、东北细毛羊（陈虹和姜云垒，1991）、滩羊（沈长江，1987；沈长江和郭爱朴，1980；门正明等，1984）、同羊（贾敬肖和张莉，1986）、乌珠穆沁羊（晁玉庆等，1986）、湖羊（沈元新和郑军，1983）等。这些研究表明，我国家养绵羊的染色体核型均为 $2n=54$，着丝粒位点和染色体臂长也都相似，但有一定差别。

比较小尾寒羊与我国湖羊、滩羊、蒙古羊和藏系绵羊的染色体参数，就 1 ～ 3 号染色体而言，藏系绵羊的染色体着丝点指数和臂比值依次减少，1 号染色体的相对长度明显大于 2、3 号染色体，2、3 号染色体相对长度差异则很小；而湖羊、滩羊、蒙古羊和小尾寒羊则不具有这种特征。另外，藏系绵羊 X 染色体的相对长度也明显大于这几种羊（庞有志等，1998）。滩羊与蒙古羊染色体 C- 带分析也未发现有明显区别（沈长江和郭爱朴，1980），蒙古羊和东北细毛羊的 C- 带也基本一致（陈虹和姜云垒，1991）。

山羊体细胞染色体数为 2n=60，其中 29 对为常染色体，1 对为 XY（雄性）或 XX（雌性）性染色体。青山羊染色体数目 2n=60，60 条染色体中，58 条是同源染色体配对的常染色体，全部为端着丝粒染色体，性染色体 X、Y 为两条大小悬殊的染色体，X 染色体是第三长的端部着丝粒染色体，Y 染色体最小，是中部着丝粒染色体（刘友清等，1992，1993）。海门白山羊的染色体数为 2n=60，58 条常染色体均为端部着丝粒染色体，性染色体大小悬殊；X 染色体较大，介于 1 号和 2 号染色体之间，且为端部着丝粒染色体；Y 染色体为最小的染色体，这与有些山羊品种如青山羊、内蒙古白绒山羊一致，但也与藏山羊、贵州沿河山羊染色体组型不同，其中有的 X 染色体较小，介于 2 号和 3 号染色体之间，而在贵州沿河山羊染色体组型的研究报告中，X 染色体则为最大的一条，由此看来，X 染色体的大小在不同地方品种或培育品种之间可能存在一定的差异（房兴堂等，2005）。成都麻羊是我国家养山羊品种之一，其染色体数为 2n=60，公羊有 29 对常染色体和 1 对 XY 性染色体；母羊有 29 对常染色体和 1 对 XX 性染色体。按照 Levan（1964）标准划分，成都麻羊所有常染色体均属近端着丝粒染色体，Y 染色体为最小且是唯一具中部着丝点的染色体；X 染色体为第三长的近端着丝粒染色体（杨明耀等，1985）。

岩羊（*Pseudois nayaur*）属牛科（Bovidae）羊亚科（Caprinae）岩羊属（*Pseudois*）动物，为喜马拉雅高原动物，具有较高的资源价值和观赏性，已列为国家二级重点保护野生动物，主要分布于青海、甘肃、西藏及四川等地。岩羊的染色体数目为 2n=54，常染色体中 1、2 号为近端着丝粒染色体，共有 4 条；第 3～26 号为端着丝粒染色体，共 52 条常染色体；性染色体为 X 和 Y 染色体，其中 X 为较大的中着丝粒染色体，Y 为最小的中着丝粒染色体（李军祥，1999）。

岩羊、山羊、绵羊之间有很近的血缘关系。从细胞遗传学特征来分析，山羊染色体数目为 2n=60，而绵羊和岩羊为 2n=54，总染色体数目较山羊少 6 条；从染色体形态来比较，山羊常染色体 29 对共 58 条为端着丝粒，而绵羊出现了 3 对共 6 条中着丝粒，端着丝粒仅有 46 条，岩羊具有 2 对共 4 条近端着丝粒，端着丝粒却为 48 条；性染色体上，三类羊 Y 染色体一致，均为最小的中着丝粒染色体，X 染色体山羊和绵羊基本一致，为近端着丝粒，但岩羊却为中着丝粒；从染色体总臂数（NF）来比较，山羊、绵羊均为 NF=62，而岩羊 NF=60。归纳起来，从山羊到绵羊、岩羊，总染色体数目在减少，原因可能是由端着丝粒染色体发生罗伯逊易位形成了近中着丝粒染色体，所以绵羊、岩羊有近中、近端着丝粒染色体，而山羊却没有。国内外学者由此推测，绵羊、岩羊属动物是由山羊进化而来的（李军祥，1999）。

盘羊（*Ovis ammon*）又称大角羊、大头羊，为山地动物（图 3-30），属偶蹄目牛科（Bovidae）羊亚科（Caprinae）盘羊属（*Ovis*），国家二级重点保护野生动物。盘羊具有角大而粗的外形特征，体型粗壮有力，为亚洲中部高山代表动物，在我国主要分布于新疆、西藏、青海、内蒙古、甘肃等地。盘羊染色体数 2n=56，27 对常染色体，X 性染色体为近端着丝粒，Y 染色体为小的近中着丝粒染色体。1 号、2 号染色体为近中着丝粒染色体，1 号臂比值为 1.1，2 号臂比值为 1.0，G-带对比分析表明分别相当于黑白绵羊的 1 号和 3 号染色体。盘羊的 3～27 号染色体均为近端着丝粒染色体，与同属的黑白绵羊染色体（2n=54）相比较，盘羊少了一对近中着丝粒染色体，而多了两对近端着丝粒染色体

（刘爱华等，1997）。

图 3-30　欧洲盘羊（邢涛和纪江红，2003）

（二）羊的生殖系统与生殖特性

1. 公羊的生殖系统

公羊的生殖系统由不同的生殖器官构成，包括性腺（成对的睾丸）、输精管道（附睾、输精管、尿生殖道）、副性腺（精囊腺、前列腺和尿道球腺）、交配器官（阴茎与包皮）和阴囊，其主要功能就是产生、储存、运输精子及排出精液和交配，此外睾丸还具有分泌雄激素的作用。生殖器官的分布如图 3-31 所示。

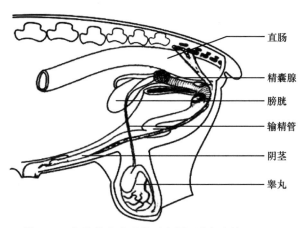

图 3-31　公羊的生殖系统示意图（潘庆杰等，2012）

睾丸（testis）是公羊的生精器官（性腺），呈卵圆形和长卵圆形，一般在胚胎期经过腹腔迁移至内侧腹股沟环，再通过腹股沟管降至阴囊内，左右各一，成对悬垂于腹下。绵羊的睾丸重 400 ～ 500g，山羊的睾丸重 120 ～ 150g。睾丸的重量除了与动物种类相关外还与季节相关。绵羊在非繁殖季节的睾丸重量仅为繁殖季节重量的 60% ～ 80%。睾丸实质为许多锥形睾丸小叶（testicular lobule），小叶内容纳 2 ～ 3 条弯曲的曲细精管。曲细精管每条长 50 ～ 80cm，直径为 150 ～ 250μm。生精上皮构成曲细精管，生精上皮细胞分为两类：支持细胞和生精细胞。性成熟的睾丸曲细精管的管壁中，可见许多不同发育阶段的生精细胞和精子。支持细胞呈不规则的高柱状或锥状，细胞底部附着在基膜上，顶部伸入腔内，在相邻的支持细胞的侧面，镶嵌有许多的精原细胞和各级精母细胞。在支持细胞游离端，多个变态中的精子细胞的头部嵌附其上。曲细精管间的疏松结缔组织称为睾丸间质（interstitial tissue of testis），睾丸间质中还有一种特殊的内分泌细胞，即睾丸间质细胞。曲细精管末端变为短而粗的直细精管，直细精管通入睾丸纵膈内，相互交叉形成睾丸网。公羊在胚胎时期，睾丸位于胚胎腹腔内，而出生前后睾丸和附睾一起经过腹股沟管下降至阴囊内，其中如果有一侧或两侧睾丸未下降到阴囊，分别称为单睾或隐睾，这种公羊的生殖能力较弱或没有生殖能力，因此不能作为配种用。

睾丸的主要功能是产生精子、分泌雄性激素和产生睾丸液。精子由精细管生殖上皮的生殖细胞生成。性成熟公羊的生精细胞可依次分裂为精原细胞、初级精母细胞、次级精母细胞和精子细胞几个发育阶段，经过形态学变化最终形成精子，存在于附睾内。位于曲细精管之间的间质细胞分泌雄激素，雄激素能激发公畜的性欲和性行为，刺激第二性征，促进生殖器官和副性腺的发育，维持精子发生和附睾中精子的存活。公羊在性成熟前阉割会使生殖道的发育受到抑制，成年后阉割会发生生殖器官结构和性行为的退行性变化。另外睾丸在出生前进入阴囊也需要雄激素。生精小管产生的精子经直细精管、睾丸网进入附睾。睾丸生产的精子进入附睾后缺乏运动能力，因此在附睾内停留，并经历一系列的成熟变化才能获得运动能力，达到功能上的成熟。同时借助附睾管内纤毛上皮的活动及附睾管壁平滑肌的收缩作用，将精子由附睾头运送到附睾尾，最后进入输精管内。附睾可分泌附睾液，其中含有睾丸液中所不含的有机物，对精子的发育、成熟及保护等方面具有重要的作用。

2. 母羊的生殖系统

母羊的生殖器官包括卵巢、输卵管、子宫、阴道、生殖道前庭等，这些器官分别完成卵子发生、排出和接受交配等机能。各器官在腹腔中的相对位置和联系如图3-32所示。

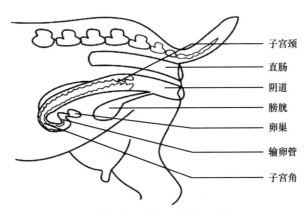

图 3-32 母羊的生殖系统示意图（杨利国，2003）

母羊卵巢的形状为椭圆形，附着在卵巢系膜上，其附着缘上有卵巢门，血管、神经由此出入，卵巢长 1～1.5cm，宽厚各 0.8～1cm（图3-33）。卵巢的皮质中含有大量贮备状态和处于不同生长阶段的卵泡，以及处于不同生理时期的白体和黄体。髓质部由弹性结缔组织组成，含有大量血管、淋巴管和神经。卵巢皮质部的原始卵泡，随性周期的变化依次经历初级卵泡、次级卵泡、生长卵泡和成熟卵泡等发育阶段，最终排出卵子，排卵后，增生的颗粒细胞在原卵泡处形成黄体。卵巢具有分泌雌激素和孕酮的功能。在卵泡发育过程中，包围在卵泡细胞外的内膜和卵泡颗粒细胞分泌雌激素，雌激素是导致母畜发情的直接因素。黄体能分泌孕酮，它是维持怀孕所必需的激素之一。

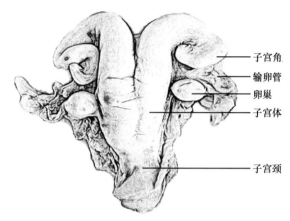

子宫角
输卵管
卵巢
子宫体

子宫颈

图 3-33　母羊子宫与卵巢的形态示意图

输卵管是卵子进入子宫必经的通道，包在输卵管系膜内，长 15 ～ 30cm，有许多弯曲。输卵管的前 1/3 段较粗，称为壶腹，是卵子受精的地方。输卵管的前端（卵巢端）靠近卵巢，扩大呈漏斗状，称作漏斗，漏斗的中心有输卵管腹腔口，与腹腔相通，输卵管的后端（子宫端）有输卵管子宫口，与子宫角相通。因为羊的子宫角尖端细，所以输卵管与子宫角之间无明显分界，括约肌也不发达。从卵巢排出的卵子先到输卵管伞部，借纤毛的活动将其运输到漏斗和壶腹。通过输卵管分节蠕动、黏膜及输卵管系膜的收缩，以及纤毛活动引起的液流活动，卵子通过壶腹的黏膜壁被运送到壶峡连接部与精子接触。精子获能、受精、卵裂都在输卵管内进行。输卵管分泌的液体在不同的生理阶段分泌量有很大的变化，发情时，分泌物增多，分泌物主要为黏蛋白及黏多糖，它是精子、卵子的运载工具，也是精子、卵子及早期胚胎的培养液。输卵管及其分泌物的生理生化状况是精子、卵子正常运行，合子正常发育及运行的必要条件。

羊的子宫分为子宫角、子宫体及子宫颈三部分。羊的子宫角基部中间有一纵膈，将子宫角分开，称为对分子宫。子宫角长 10 ～ 20cm，子宫角的基部粗 0.5 ～ 1cm。子宫体长 3 ～ 4cm。青年及经产胎次少的母羊子宫角弯曲如羊角，位于骨盆腔内。经产胎次多的母羊子宫并不完全恢复到原来的形状和大小，所以经产羊的子宫都不同程度地展开，垂入腹腔。二角基部之间的纵膈处有一纵沟，称角间沟。子宫黏膜有突出于表面的半圆形子宫阜，绵羊为 80 ～ 100 个，山羊为 160 ～ 180 个，子宫阜的中央有一凹陷，子宫阜上没有子宫腺，其深部含有丰富的血管。怀孕时子宫阜即发育为母体胎盘，其胎盘类型为子叶型胎盘（图 3-27）。

羊的子宫颈长 3 ～ 6cm、粗 1 ～ 2cm，壁厚而硬，不发情时管腔封闭很紧，发情时也只能稍微开放。子宫颈肌的环状层很厚，构成 2～5 个新月形皱襞，皱襞彼此嵌合，使子宫颈管成为螺旋状。子宫颈黏膜由两类柱状上皮细胞组成，其中的分泌细胞发情时分泌活动增强，产生宫颈黏液，以利于精子的通过。宫颈可以滤过缺损和不活动的精子，所以它是防止过多精子进入受精部位的第一道屏障。

阴道为母羊的交配器官，同时也是胎儿分娩的通道。阴道背侧为直肠，腹侧为膀胱和尿道（图 3-32）。阴道腔为扁平的缝隙。前端有子宫颈阴道部突入其中。子宫颈阴道部周围的阴道腔称为阴道穹窿，后端和尿生殖前庭之间以尿道外口为界，羊的阴道长 8～14cm。

3. 羊的发情与受孕

羊属季节性多次发情动物，每年发情的开始时间及次数因品种及地区气温不同而异。例如，我国北方的绵羊发情多集中在 8 月、9 月，而我国温暖地区饲养的湖羊及小尾寒羊发情季节不明显，但多集中在秋季。绵羊的发情周期平均为 17d（14～20d），山羊的发情周期平均为 20d（18～23d）。绵羊的发情持续期为 24～36h，山羊为 26～42h。初次发情的母羊发情期较短，年老母羊较长。绵羊的发情症状不明显，仅稍有不安、摆尾、阴唇稍肿胀、充血，黏膜湿润等。山羊发情较绵羊明显，症状有阴唇肿胀、充血，且常摇尾，大声哞叫，爬跨其他母羊等。

绵羊排卵时间一般都在发情开始后 20～30h，山羊排卵时间一般在发情开始后的 35～40h。排卵数目有种属与品种间的差异，绵羊和山羊一般排 1 个卵子，但有时排 2 个，有些品种排 2～3 个。卵子从卵巢排出后，在输卵管内可存活 12～24h；精子排出后，在母羊的生殖道内 48h 具有受精能力；卵子通过输卵管的壶腹部约 6～12h（壶腹部是精子和卵子受精结合部位）具有受精能力，所以要求精子必须在卵子排出后的 6h 前到达输卵管的壶腹部才能确保受精。羊的妊娠期为 150d 左右，一般山羊妊娠期略长于绵羊，绵羊妊娠期正常范围为 146～157d，平均为 150d，山羊妊娠期正常范围为 146～161d，平均为 152d（范颖和宋连喜，2008）。妊娠期的长短与品种、年龄、胎数、性别及环境因素等有关，早熟肉羊品种在良好的饲养管理条件下，妊娠期较短，平均为 145d。

二、杂交羊的生殖特性

（一）绵羊和山羊品系间的杂交及生殖特性

绵羊和山羊不同品系间的杂交在畜牧业生产中的应用非常普遍，我国从 20 世纪 50 年代开始（沙恒君等，1954），在羊的杂交育种方面进行了长期的研究工作，发表了大量的研究文献，为推进养羊业的发展发挥了重要作用。家养绵羊的杂交和家养山羊的杂交在生产性能上都具有明显的杂交优势，这种优势不同程度地体现在肉质、皮毛、饲料转换率、生长速度、繁殖性能等诸多方面。例如，用夏洛莱羊和小尾寒羊杂交，F1 代成年公羊体重为 100～120kg，成年母羊体重为 70～100kg，屠宰率为 44%，产毛量为 2.1～3.2kg/ 只。F1 代羊比夏洛莱羊和小尾寒羊的抗逆性都好，早期增重快（李延春，2003）。萨幅克羊与青海半细毛羊杂交，同母本相比，萨杂 F1 代初生重提高了 10.95%；

平均断奶体重 24.11kg，提高了 22.20%；6 月龄平均体重 31.4kg，提高了 35.75%；平均胴体重（周岁）15.02kg，提高了 29.48%（达文政，2004）。萨福克羊与美利奴羊、小尾寒羊、湖羊等杂交，生产性能的各项指标也有明显优势（成文栋等，2017；达文政，2004；谭向荣等，2019）。不同品种的山羊杂交后也会体现明显的杂交优势。例如，金堂黑山羊与理县山羊杂交，F1 代羊初生重比当地羊初生重平均提高 42.85%，2 月龄体重平均提高 86.40%、6 月龄体重平均提高 93.65%，周岁羊比当地羊的体重平均提高 103.26%，胴体重（周岁）比当地羊平均提高 90.75%（达九阿角，2016）。

在家养绵羊和山羊品系间的杂交中，杂交后代均有良好的繁殖性能，这与羊的品系间细胞遗传特性的一致性有密切关系。

（二）羊属动物的远缘杂交及生殖特性

绵羊和山羊之间的杂交也曾有过报道，但成功繁殖后代的报道很少。在新西兰，曾用一只母山羊与一只公绵羊自然交配，生下一只雌性绵山羊，它有 57 条染色体，包括 3 条具中间着丝粒的常染色体（符子华，1991）。英国《每日邮报》在 2008 年曾报道德国一家农场的一只母绵羊和一只公山羊在偶然情况下互相交配，并产下一只名叫"丽莎"的杂交山绵羊。

1981 年，Moore 等报道，用雄性巴贝里绵羊（Barbary ram，*Ammotragus lervia*）与雌山羊（nanny goat，*Capra hircus*）杂交，经胚胎移植后 155d 产下健康的雄羊。亲本雌山羊染色体核型为 2*n*=60，亲本雄性巴贝里绵羊染色体核型为 2*n*=58，杂交后代的染色体核型为 2*n*=59（图 3-34），杂交后代染色体核型的特征是有一个大的近中着丝粒常染色体和一个小的近中着丝粒 Y 染色体（Moore et al.，1981）。虽然绵羊和山羊都是牛科羊亚科动物，但分别为绵羊属和山羊属动物，二者体细胞的染色体数目不同。公绵羊和母山羊杂交确实有非常低的概率产生杂交后代（绵山羊），其后代也具备父母双方的特征，但每一只都不一样，有的头像绵羊，腿像山羊，有的头像山羊，身体像绵羊。雄性绵山羊不具备生育能力，雌性有生育能力（类似于犏牛），但由于远端杂交成功率极低、繁殖能力弱、成活率低，并不具备形成新物种的可能。所以通过这种直接杂交方式无法兼具绵羊和山羊的优点。

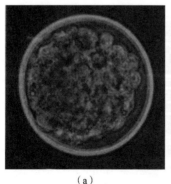　　　　

　　　　　（a）　　　　　　　　　　　　　　　　（b）

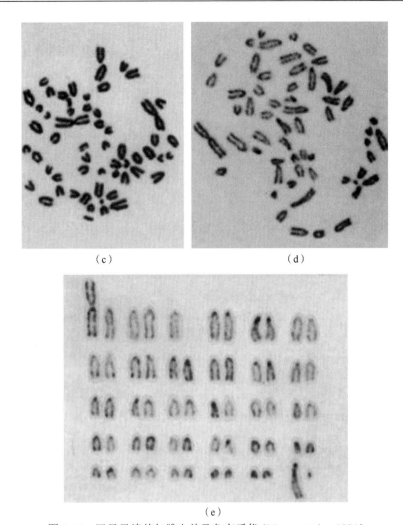

（c）　　　　　　　　　　　　　　（d）

（e）

图3-34　巴贝里绵羊与雌山羊及杂交后代（Moore et al., 1981）

（a）巴贝里绵羊与山羊杂交 5d 后回收的胚胎；（b）出生后 10 个月的巴贝里绵山羊（左）和代孕山羊妈妈；
（c）雄性巴贝里绵羊的中期染色体；（d）杂交绵山羊的中期染色体；（e）杂交绵山羊的染色体核型，2n = 59XY

在与绵羊比较接近的近缘种中，体型、体貌、被毛等形体特征都很近似，但体细胞的染色体数却有一定差别，如东方盘羊（*Ovis vignei*）2n=58，盘羊（*Ovis ammon*）2n=56，摩弗伦羊（*Ovis musimon*）2n=54，阿卡尔羊（*Ovis orientalis*）2n=54，巴贝里绵羊（*Ammotragus lervia*）2n=58，西伯利亚雪羊（*Ovis nivicola*）2n=52。过去的数十年间，科学家对羊属动物的染色体核型和 G- 带分析做了大量研究工作，发现这些动物的体细胞虽然染色体数不同，但染色体总臂数（NF）都是相同的，包括山羊和岩羊在内。染色体数较少的品种就会有较多的近中着丝粒染色体，因此推断，羊属动物在进化过程中有大量染色体发生罗伯逊易位。因此，这些近缘种之间进行杂交，尽管染色体数不同往往也可以产生全程发育的后代。例如，盘羊（2n=56）×摩弗伦羊（2n=54）、东方盘羊（2n=58）×阿卡尔羊（2n=54）、东方盘羊（2n=58）×绵羊（2n=54）等，均获得了杂交后代，F1代的染色体数分别为 2n=55、2n=56、2n=56，介于亲本之间（村松晋，1988）。

上述羊种杂交后代的生殖特性与骡子和犏牛有所不同。天山野生公盘羊与家绵羊（乌兰等，2015）或巴什拜羊（决肯·阿尼瓦什等，2007）杂交，均可获得健康的 F1 代，野生盘羊和巴什拜羊的杂交后代雌、雄个体都是可育的（海拉提·库尔曼等，2012；决肯·阿尼瓦什等，2010；马云等，2019）。改良后的羔羊明显继承了野生盘羊野性强、个体大的遗传特征，又具有早期生长发育快等特点，脂肪明显减少，体现了较好的生产性能。

第四节　猪的杂交和杂交猪的生殖特性

一、猪的生殖特性

猪在世界各地区的分布极其广泛，且数量庞大、品种繁多，是人类广泛食用的重要食品。国家统计局发布数据显示，2018 年我国生猪存栏量 42 817 万头，生猪出栏量 69 382 万头，是大家畜中数量最大的物种。猪的驯化有悠久的历史，随着生态环境、选育条件的变化，形成了不同品种的生物学特性、生产性能和遗传特点。但不同品种的猪也有类似的体貌体型、类似的解剖结构和类似的遗传特性，是品种间进行杂交的基础条件。深入探讨不同品种猪的生物学特性特别是生殖特性，对指导品种改良和提高生产效率具有重要意义。

（一）猪的品种和遗传多样性

1. 猪的祖先和现有品种概况

猪科（Suidae）有 5 属 16 种，分为 3 个亚科：鹿豚亚科（Babyrousinae）、疣猪亚科（Phacochoerinae）和猪亚科（Suinae）（汪松，2001）。猪科动物分布极其广泛，遍布全球，是猪形亚目中现存种类最多、分布最广的一科。野猪（*Sus scrofa*）（图 3-35）分布遍及欧亚大陆、非洲北部、新西兰、北美洲、所罗门群岛，全世界有 27 个亚种。家猪（*Sus scrofa domestica*）由野猪驯化而来，是人类最重要的肉类来源，品种约 300 多个。我国地方猪的品种非常复杂，据调查，全国约有 120 个品种（包括同种异名），其中较为著名的有 38 个，包括地方优良品种 22 个，地方改良品种 16 个（胡公尧，2005）。根据地方品种猪的体质、外形和生产性能的差异，大致划分为华北黑猪、华中猪、华南猪、高原猪和半高原猪。

图 3-35　野猪

世界上最早的家猪发现于安纳托利亚东南部（土耳其之亚洲部分），其年代距今约9000年。我国迄今发现的最早的家猪在河北省武安市磁山遗址，距今约8000年。目前全世界广泛饲养的家猪有3种：杜洛克猪、约克夏猪和长白猪。约克夏猪原产于英国北部的约克郡及邻近地区，现在我国各地均有饲养。大约克夏猪又称大白猪，体大、毛色全白，成年公猪体重350～380kg，成年母猪体重300～350kg，平均窝产仔数12.6头。杜洛克猪原产于美国东部地区，主要亲本用纽约州的杜洛克和新泽西州的泽西红杂交育成，现在我国普遍饲养。杜洛克猪全身棕红毛、没有花斑，成熟体重比其他品种大，背宽而拱，肌肉丰满，母猪窝产仔数平均9.66头。长白猪原产于丹麦，1887年开始用英国大约克夏猪杂交育成，长白猪成年公猪平均体重228kg，成年母猪平均体重167kg。香猪是一类矮小猪种的统称，因其体小早熟、肉嫩味香、无膻无腥而得名。其中巴马香猪最为著名，起源于我国广西巴马瑶族自治县，体重14～30kg、体长65～70cm、体高33～47cm。目前，养猪业品种的单一化对地方品种遗传资源的保存形成了巨大压力，此类问题已经引起大家的高度重视。

2. 猪的染色体核型研究概况

我国内江猪、荣昌猪、藏猪、太湖猪、姜曲海猪、民猪、滇南小耳猪、大花白猪染色体核型分析表明，8种家猪的核型均为2n=38，按Levan（1964）的标准和英国里丁会议原则，将家猪染色体分为A、B、C、D四组。A组由1～4对亚中着丝粒染色体（sm）组成；B组由5～6对亚端着丝粒染色体（st）组成；C组由7～12对染色体和XY染色体组成，全为中着丝粒染色体（m），X染色体与7号或8号染色体大小相近，第10号染色体短臂近着丝粒处均具有明显的次缢痕；D组由13～18对染色体组成，全部为近端着丝粒染色体（t），有时可见微小短臂，第16号染色体长臂远端有一明显的次缢痕。依据染色体臂比指数，其核型可用简式表示为2n=38，8sm+4st+14m+12t，NF=64。其中X、Y性染色体为中着丝粒染色体（陈文元，1993；王子淑等，1988；朱淑文等，2005）。其结果与Hansen-Melander和Melander（1974）的研究一致（图3-36）。

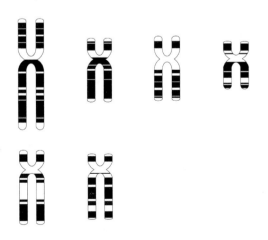

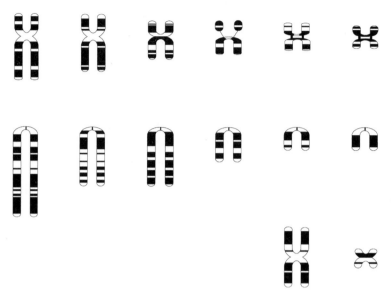

图 3-36　家猪染色体核型分带及分组模式图（赵丽华，2022）

　　有关家猪染色体的研究，也有一些报道其染色体核型 G- 带与上述情况不同，在染色体分组上稍有差别。在后期文献报道中，家猪的染色体核型多数为 $2n=38$，10sm+4st+10m+12t，X（m），Y（m），NF=64。其中包括湖南家猪（夏金星等，1993）、白香猪（朱淑文等，2005）、贵州香猪（张依裕等，2004）、环江香猪（宾石玉和石常友，2006）、湖北白猪（熊统安等，1987）、淮南猪（王勇强等，1992）、三江白猪（侯万文和李慕，1993）、北京黑猪（宁国杰，1981）、巴马小型猪（郭亚芬和王爱德，1994）、长白猪、大约克夏猪和杜洛克猪（李菊芬和彭新杜，1992）。1988 年家猪标准化核型委员会（Committee for the Standardized Karyotype of the Domestic Pig）根据全球家猪染色体核型研究进展对其进行了规范，将其排列和分组定位于 $2n=38$，10sm+4st+10m+12t，X（m），Y（m），NF=64（图 3-37）（Gustavsson，1988）。

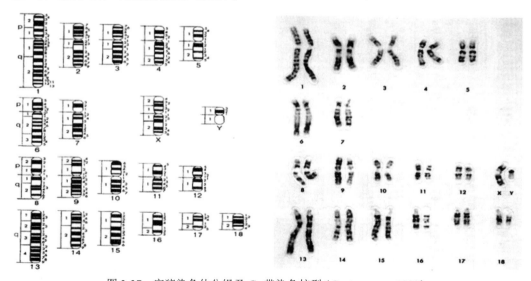

图 3-37　家猪染色体分组及 G- 带染色核型（Gustavsson，1988）

野猪的染色体比较复杂，欧洲、亚洲野猪的染色体数目在 36 ～ 38；美国野猪的染色体数目为 2n=36 或 2n=37；德国野猪的染色体数目为 2n=36；澳大利亚野猪的染色体数目为 2n=36 或 2n=37；日本野猪的染色体数目为 2n=38（村松晋，1988）；印度野猪的染色体数目也是 2n=38（图 3-38），染色体核型中，第 1 对染色体最长，第 13 对为第二长，Y 染色体最短（Gardner et al.，2015）。

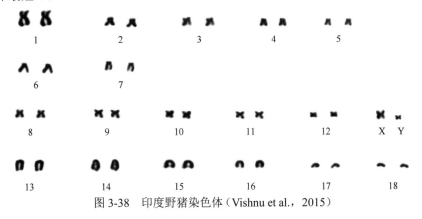

图 3-38　印度野猪染色体（Vishnu et al.，2015）

利用常规染色、高分辨 G- 显带技术对泰国野猪和家猪的染色体进行比较分析，结果表明泰国野猪和家猪的染色体数目均为 2n=38，其中染色体 1、5、7、8、10、11、12、13、14、16、17、18 及 X 和 Y 染色体与家猪染色体具有相同的 G- 带模式，染色体 2、3、4、6、9、15 与家猪染色体 G- 带稍有差别（图 3-39）。说明泰国野猪和家猪之间存在较近的进化关系（Tanomtong et al.，2007）。

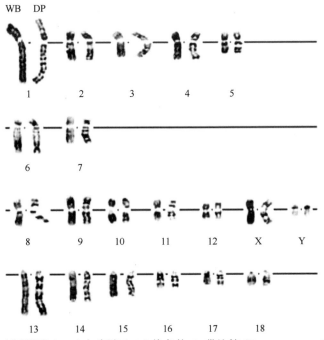

图 3-39　泰国野猪（WB）与家猪（DP）染色体 G- 带比较（Tanomtong et al.，2007）

研究人员观察到，巴西野猪在繁殖时常面临困难，对巴西野猪进行细胞遗传学鉴定发现，来自巴西南部和东南部地区的三个遗传类群的 10 308 头野猪，染色体数目分别为 36 条（46.71%）、37 条（39.68%）、38 条（13.61%）（Howard-Peebles，2015）。染色体核型的差别可能是造成其繁殖困难的主要原因。

Nombela 等（1990）曾对分布于西班牙东南部的内华达山脉和巴札山脉的 12 头野猪的核型进行分析，结果表明这些野猪中存在染色体核型的多态性。其中有一头雄性野猪的染色体数为 2n=38，2 头雄性和 1 头雌性野猪的染色体数为 2n=37，1 头雄性和 7 头雌性野猪的染色体数为 2n=36。通过 G- 带、T- 带、C- 带分析表明，这种多态性是由于中着丝粒染色体（15/17）罗伯逊易位造成的（图 3-40）。

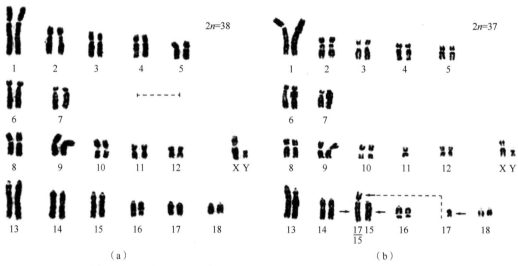

图 3-40　西班牙野猪染色体核型及其多态性（Nombela et al.，1990）
（a）2n=38 的雄性野猪染色体核型；（b）2n=37 的雄性野猪染色体核型，有（15/17）罗伯逊易位

赖双英（2007）用外周血培养方法制备染色体标本，对宁波特种野猪的染色体核型进行了分析。结果表明，特种野猪染色体数目为 38，其中，A 组由 1～5 号 5 对染色体组成，属于近中着丝粒染色体（sm）；B 组由 6 号和 7 号 2 对染色体组成，属于近端着丝粒染色体（st）；C 组由 8～13 号 6 对染色体组成，属于中着丝粒染色体（m）；D 组由 14～18 号 5 对染色体组成，属于端着丝粒染色体（t）；X 染色体为近中着丝粒染色体；Y 染色体为中着丝粒染色体。特种野猪染色体数目与家猪相同，但核型有些差异。特种野猪的中着丝粒染色体有 6 对，端着丝粒染色体有 5 对，与家猪的正好相反。特种野猪的核型可能是一些罗伯逊易位个体与正常核型个体间反复杂交，染色体重新组合的结果（顾志刚，2002；赖双英，2007）。关于家猪染色体 C- 带的多态性许多研究人员做过报道（陈文元和王子淑，1979；Hansen，1982；Hansen-Melander and Melander，1974）。在 C- 带多态性中，尤以 13～18 号近端着丝粒染色体的 C- 带多态性最为普遍，在欧洲猪种和亚洲猪种中均有发现。兰德瑞斯猪 15 号、16 号染色体在同源染色体间 C- 带大小有明显的差别。陈文元和王子淑（1979）发现内江猪、荣昌猪、柳嘉猪、成华猪 13～18 号染色体 C- 带在品种间有明显大小、形态差异。对内江猪、荣昌猪、太湖猪、姜曲海猪、民猪、滇南小耳猪、

藏猪、大花白猪等 8 个品种的观察发现,这种差异在品种间也是明显的(陈文元,1993)。

在生物进化过程中,核型进化过程是端着丝粒染色体数由多到少的过程,主要是发生罗伯逊易位的结果。猪属(Sus)动物的染色体进化趋势也是由近端着丝粒染色体进化成中和亚中着丝粒染色体。关于家猪近端着丝粒染色体之间发生的罗伯逊易位现象已有不少报道。已发现 13/17(Alonso and Cantu,1982)、16/17(Long 和于汝梁,1991;Schwerin et al.,1986)等近端着丝粒染色体的着丝粒融合现象。陈文元等(陈文元和王子淑,1979)亦发现内江猪 13/14、13/17,荣昌猪 13/15、14/18,柳系猪 13/16、13/17的着丝粒融合现象。家猪近端着丝粒染色体的 C- 带多态性,也反映了近端着丝粒区结构性异染色质的不稳定性,易于发生趋异变化(陈文元,1993)。不同地区野猪群的染色体数目有所不同,欧洲野猪和亚洲野猪的染色体数目变动范围在 36 ～ 38。染色体数目随地理位置的不同而发生漂移,由东(2n=38)向西(2n=36)逐渐渐少。Melander 和 Hansen-Melander(1980)报道,非洲野猪的三个亚种比上述野猪的染色体数要少,是 32或 34。曾养志等研究发现,分布于华南大陆和海南岛的华南野猪染色体数目是 2n=38(图 3-41),不仅数目与家猪的一致,而且每对染色体的形态、G- 带带型等也相似(曾养志和何芬奇,1988)。李顺成等对豫西山区野猪所做的染色体分析表明,其核型与家猪相同,染色体数也是 2n=38(李顺成等,1987)。

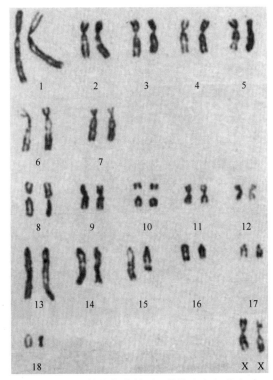

图 3-41　华南野猪的染色体核型(曾养志和何芬奇,1988)

研究证明,具有 36 条染色体的野猪比家猪少两对端着丝粒染色体,而多了一对亚中着丝粒染色体。进一步的染色体显带研究发现,欧洲野猪的 36、37 条染色体是由于15/17 近端染色体融合所致,而亚洲野猪则是 16/17 融合,这两种不同形式的罗伯逊易位可能是导致欧洲野猪和亚洲野猪之间差异的根本原因（柳万生，1990）。

哺乳动物核仁组织区（nucleolus organizer region，NOR）的银染称为银染核仁组织区（Ag-NOR），用原位分子杂交得到的结果证明 Ag-NOR 也就是 18S+28S rRNA 基因（rDNA）的分布区。进一步实验分析表明，被银染色的是有转录活性的 NOR，故可用于研究 rRNA 基因的动态变化。一般 NOR 位于染色体次缢痕的位置。不同物种 Ag-NOR 的位置和数目均不同。家畜、家禽等同一种动物不同品种的 Ag-NOR 出现的频率亦存在多态性。因此，常用这种方法研究物种进化、亲缘关系。例如，皖南花猪、皖南黑猪、定远猪、圩猪、安庆六白猪等 5 个地方猪种 Ag-NOR 多态性分析结果显示，Ag-NOR 均数分别为 3.69、3.67、3.17、3.73 和 3.50，众数为 4；引进品种大约克夏猪和长白猪的 Ag-NOR 均数分别为 2.14 和 2.11，众数为 2，Ag-NOR 均定位于 10 号和 8 号染色体次缢痕区。Ag-NOR 多态性为猪种的聚类分析和猪种起源提供了依据（包文斌等，2005）。东北民猪和曲江猪比较，7 号染色体的 Ag-NOR 出现频率较低，具有多态性，品种间有显著差异（王晓飞，1989）。

（二）猪的生殖系统与生殖特性

1. 公猪的生殖系统

公猪生殖器官可以分为 4 个部分：性腺，即睾丸；输送精液的管道，即附睾、输精管和尿生殖道；副性腺，即精囊腺、前列腺和尿道球腺；外生殖器，即阴茎。睾丸是公猪的主要性器官，所以又叫主性器官。其余部分则相应叫作副性器官（图 3-42）。

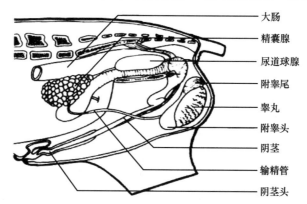

　　　　　　大肠
　　　　　　精囊腺
　　　　　　尿道球腺
　　　　　　附睾尾
　　　　　　睾丸
　　　　　　附睾头
　　　　　　阴茎
　　　　　　输精管
　　　　　　阴茎头

图 3-42　公猪的生殖器官分布示意图（杨利国，2003）

公猪睾丸是分泌激素和产生精子的场所。据研究，公猪每克睾丸组织平均每天可以产生精子 2400 万～ 3100 万个。公猪的生殖器官与其他动物相比有明显差别。例如，猪的阴茎无明显的龟头，前端较细，呈螺旋状，有一较浅的螺旋沟。猪的阴茎在阴囊之前形成 S 状弯曲，与牛、羊的阴茎颇为相似（图 3-42）。猪的阴茎也有阴茎海绵体和尿道海绵体，兴奋时海绵体充血、阴茎勃起。猪的附睾尾的管腔较宽大，用以储存精子，公猪附睾能大约贮存 2000 亿个精子，其中 70% 贮存在附睾尾，精子浓度很高。精子在附睾内大约可以贮存 60d。如果在短时间内公猪的交配次数过多，贮存的精子用完，射出的精液中会出现发育还不成熟的精子。相反，如果长期不进行交配，精子贮存过久，精子的活动能力降低甚至死亡。因此，长期不交配的公猪，第一次交配时射出的精液会出现较多衰老解体的畸形精子（胡祖禹和刘敏雄，1986）。

　　猪的精囊腺特别发达，成年公猪的精囊腺长达 15cm 以上，由许多分叶状腺体组成。猪的尿道球腺也很发达，长达 12cm，呈圆柱形，位于尿生殖道骨盆部的背外侧部（图 3-43）。

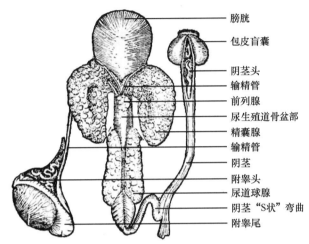

图 3-43　公猪的生殖器官（内蒙古农牧学院和安徽农学院，1978）

2. 母猪的生殖系统

　　猪的卵巢由于性周期中有许多卵泡发育，呈葡萄串状。随着胎次的增多在盆腔中逐渐移向前下方。性周期中成熟卵泡的直径 8～12mm、成熟卵泡的数目 10～25 个。猪的子宫为双角子宫，子宫角长而弯曲，形似小肠，俗称"花肠"，但输卵管壁较厚，且有较发达的纵行肌纤维。子宫体很短，子宫黏膜也有纵行皱襞，但不如马的明显。猪的子宫颈长达 10～18cm，内壁有左右两排彼此交错的半圆形突起，中部的较大，越靠近两端越小。子宫颈后端逐渐过渡为阴道，没有明显的界线，而且因为发情时子宫颈管开放，所以给猪输精时，输精枪很容易穿过子宫颈将精液送至子宫内（图 3-44）。

3. 猪的发情与受孕

　　猪不像绵羊那样有特定的繁殖季节，全年都能生育，每隔 21d 左右发情一次。母猪达到初情期后立即开始发情周期，并且延续终生，只有在妊娠和泌乳期才中断。发情周期平均持续 53h（范围 12～72h），此时阴门肿胀、潮红，并有黏液分泌物从阴门流出。发情的母猪会主动寻找公猪，接近公猪后即站立不动而接受交配，表现为"静立发情反应"，此时公猪爬跨或在其背上施加压力都站立不动。在发情周期的后半期，成熟的卵子将从卵巢中释放出来，通常是在发情开始后 38～42h 内排卵，排卵的总时间约 3.8h，排卵数 10～25 个（休斯等，1983）。

　　受精后，受精卵沿输卵管向下运行，同时开始卵裂（cleavage），大约在交配后第 4 天，

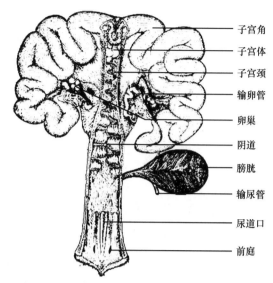

图 3-44　母猪的生殖器官示意图（杨昌辉，1978）

子宫角
子宫体
子宫颈
输卵管
卵巢
阴道
膀胱
输尿管
尿道口
前庭

受精卵即以桑葚胚（morula）的形式在子宫内出现。在以后 3 周，受精卵与子宫进行妊娠识别，由独立的受精卵变为附植于子宫壁的迅速发育的胚胎，并且逐渐增加对母体血液供应的依赖，附植过程在交配后 12 ～ 13d 开始。不同家畜妊娠识别的时间有一定差异，猪为配种后 10 ～ 12d、牛为 16 ～ 17d、绵羊为 12 ～ 13d、马为 14 ～ 16d。猪的囊胚滋养外胚层合成雌酮和雌二醇，以及在子宫内合成硫酸雌酮。这些物质具有抗溶黄体、促进妊娠建立和维持的作用。母体妊娠识别后，即进入妊娠的生理状态。猪的平均妊娠期为 114d（102 ～ 140d），与其他大家畜相比妊娠期较短。猪的一个子宫角常有几个胚胎，各有独立的胎膜存在，由于子宫容积有限，尿膜与绒毛膜常相连并列。猪的胎盘与马和骆驼类似（图 3-28），是弥散型胎盘（diffuse placenta），绒毛膜的绒毛（villus）基本上均匀分布在绒毛膜表面，各部疏密略有不同。此类胎盘构造简单，胚胎和母体间的胎盘结合不甚牢固，易发生流产，但分娩时出血较少，胎衣容易脱落。

二、杂交猪的生殖特性

（一）家猪品系间的杂交及生殖特性

通过杂交改良猪的品种是促进畜牧行业发展的重要途径。杂交后代可以集合多个品种的优良品质，体现杂种优势、提高杂交后代的各项生产性状和经济价值。常用的杂交方式有二元杂交、三元杂交和回交等多种方式。猪的杂交改良技术在我国养殖业上的应用已经十分广泛，实践证明其应用可以充分提高种猪的繁殖性能和肉猪的经济性状。

家猪品系之间的杂交，其后代均有良好的繁殖性能，是培育新品种的有效途径。其后代能够良好繁殖的基础是细胞遗传学的一致性，即它们均有相同的染色体核型（2n=38，XY）。不同品种间虽然个体大小和形态等有较大差异，但其生殖系统、生殖器官的构造、生殖内分泌、发情周期、胎盘类型和妊娠周期等基本类似。因此，家猪的杂交在生产实践中得到非常广泛的应用，并积累了大量研究成果。总体上，杂交猪的繁殖性状、生长性状、胴体性状、肉质性状等诸多方面均得到了不同程度的改善，在生产实践中发挥了重要作用。

（二）猪属动物的远缘杂交

近年来野猪和家猪之间的杂交得到了重视，积累了一定研究成果。对野猪和家猪杂交后代肉质特性的研究表明，含有野猪血统的野家杂交猪，瘦肉率高、肌肉间脂肪的沉积较少、胆固醇含量低、背膘薄、肉质鲜嫩、肌肉营养价值高，是一种很好的绿色保健食品（陈国顺等，2004；俄志宏等，2008；韩春梅等，2008；姜显琪等，2012）。

由于国内野猪与家猪的染色体数相同（2n=38），二者杂交的后代均有较好的成活率和繁殖性能。当野猪与家猪的染色体数目不同时，杂交后代的成活率和繁殖性能会受到极大影响。前已述及，不同染色体数的野猪与家猪杂交，其后代的染色体数介于两亲本之间。Tikhonov 和 Troshina（1977）报道 2n=36 的野猪与家猪杂交，15 窝平均产仔数为12.7 头，死产数 0.97 头，F1 代的染色体核型为 2n=37，F1 代中有 74% 的个体在 2 月龄以前死亡。在另一个研究中，Tikhonov 和 Troshina（1978）利用两种核型为 2n=36 的野猪（W）与两种核型为 2n=38 的家猪（D）杂交，得到大量杂交后代，其核型为 2n=36 ～ 38。后代成活率为 F1：23.63%，F1×W：32.10%，F2：10.26%，F3：50.54%，F1×D：63.31%，F2×D：43.60%，他们发现，随着二倍体染色体数的增加，成活率相应提高（柳万生，1990）。Sysa 等（1984）在核型 2n=37 的细胞遗传学研究中，发现含有 XX 染色体的 2 头母猪都有正常的性周期，交配后可以怀孕，且生下了活着的后代。这种现象较为罕见，似乎与骡子怀孕产驹有类似的特性。

总之，无论是家猪还是野猪，猪科动物的杂交非常普遍。进行杂交的基础是生殖系统、生殖内分泌、生殖周期、胎盘结构、细胞遗传特性等各种因素的相似性，其中细胞遗传特性尤其重要，是杂交后代能否传宗接代的决定性因素。

参 考 文 献

包文斌, 陈宏权, 周群兰, 等. 2005. 安徽地方猪种染色体 Ag-NORs 分析研究. 畜牧与兽医, (12), 14-16.

包永清, 郭淑珍, 马登录, 等. 2018. 娟姗牛杂交甘南牦牛生产优质娟犏雌牛研究. 发展, (11): 56-58.

毕俊怀. 2015. 中国蒙古野驴研究. 北京: 中国林业出版社.

宾石玉, 石常友. 2006. 环江香猪染色体核型的研究. 湖南畜牧兽医, (2): 7-9.

邴国良, 郑兴涛, 俞秀璋, 等. 1988. 东北马鹿与东北梅花鹿杂交 F1 遗传性状的研究. 畜牧兽医学报, 19(4): 244-250.

蔡立. 1980. 母牦牛生殖器官的研究. 中国牦牛, (3): 10-16.

柴局, 齐景伟, 刘淑英, 等. 2009. 内源性绵羊肺腺瘤病毒基因在蒙古羊染色体上的分布研究. 畜牧兽医学报, 40(11): 1615-1620.

常洪. 1980. 家畜远缘杂交不育机制的探讨. 国外畜牧科技, (4): 21-24.

晁玉庆, 巴勇舸. 1991. 内蒙古细毛羊染色体核型分析. 内蒙古畜牧科学, (2): 6-8.

晁玉庆, 李慧娟, 巴勇舸, 等. 1986. 内蒙古乌珠穆沁羊染色体组型和带型分析. 内蒙古农牧学院学报, (1): 119-125.

陈国顺, 刘孟洲, 张伟力, 等. 2004. 子午岭野猪 F1 代肉质初步研究. 中国畜牧兽医, 31(3): 21-23.

陈虹, 姜云垒. 1991. 东北细毛羊和蒙古羊染色体组型特征及其与山羊染色体组型进化的关系. 吉林农业大学学报, 13(4): 53-58.

陈静波, 霍飞, 毋状元, 等. 2013. 蒙古野驴与家驴杂交 F1 代生物学特性观察. 草食家畜, (5): 44-48.

陈文元. 1993. 中国家猪染色体. 成都: 四川大学出版社.

陈文元, 王喜忠, 王子淑, 等. 1990. 牦牛、黑白花牛及其杂交后代的染色体研究. 中国牦牛, (1): 23-29.

陈文元, 王子淑. 1979. 家猪 (Sus scrofa domestica) 体细胞染色体的研究. 遗传, (5): 6-10+49-50.

成文栋, 朱香菱, 尹启宝. 2017. 萨福克羊与本地土种羊杂交不同代次及纯种萨福克生产性能测定对比试验. 新疆畜牧业, (7): 26-28.

程会昌, 黄立. 2012. 动物解剖与组织胚胎. 郑州: 河南科学技术出版社.

村松晋. 1988. 动物染色体. 郭荣昌, 译. 哈尔滨: 黑龙江人民出版社.

达九阿角. 2016. 金堂黑山羊改良木里县山羊杂交效果试验. 中国农业信息, 19(194): 132-133.

达文政. 2004. 萨福克羊养殖与杂交利用. 北京: 金盾出版社.

董常生. 2001. 家畜解剖学. 北京: 中国农业出版社.

杜复生. 1987. 九龙公牦牛的冷冻精液研制. 中国牦牛, (1): 15-19.

俄志宏, 袁丰涛, 马伟斌, 等. 2008. 特种野猪引进及杂交选育试验效果的初报. 中国猪业, (11): 20-22.

范颖, 宋连喜. 2008. 羊生产. 北京: 中国农业大学出版社.

房兴堂, 陈宏, 游余群, 等. 2005. 海门白山羊染色体核型研究及 C- 带分析. 西北农林科技大学学报 (自然科学版), 33(5): 19-22.

顾志刚. 2002. 东北野猪及其与家猪杂种猪的染色体核型和显带研究. 哈尔滨: 东北农业大学硕士学位论文.

郭爱朴. 1983. 牦牛、黄牛及其杂交后代犏牛的染色体比较研究. 遗传学报, (2): 55-61+88.

郭淑珍, 王文飙, 王杰峰, 等. 2019. 甘南高寒牧区娟犏牛生长发育指标测定. 中国草食动物科学, 39(2): 73-75.

郭亚芬, 王爱德. 1994. 巴马小型猪染色体核型. 上海实验动物科学, 14(1): 21-23.

国家畜禽遗传资源委员会. 2011. 中国畜禽遗传资源志 (羊志). 北京: 中国农业出版社.

海拉提·库尔曼, 依明·苏来曼, 杜曼, 等. 2012. 巴什拜羊与野生盘羊后代杂种的适应性分析. 新疆农业大学学报, 35(2): 129-131.

韩春梅, 熬维平, 吕素芬, 等. 2008. 杂交新疆野猪肉质特性的研究. 黑龙江畜牧兽医, (10): 97-98.

韩国才. 2014. 马的起源驯化、种质资源与产业模式. 生物学通报, 2(49): 1-3.

何良军, 张建俊, 肖国亮. 2008. 驴发情期卵泡变化初探. 经济动物学报, 12(3): 153-155.

河南省郾城县科委. 1984. 母骡生育骡驹 1 例. 中国畜牧杂志, (1): 27.

侯万文, 李慕. 1993. 三江白猪的染色体组型及分带研究. 现代化农业, (2): 19-21.

胡公尧. 2005. 养猪及猪的遗传与育种. 北京: 中国农业大学出版社.

胡祖禹, 刘敏雄. 1986. 猪的生殖生理和消化生理. 北京: 中国农业出版社.

黄右军, 刘业基. 1988. 广西本地水牛与么拉水牛染色体组型的差异. 畜牧兽医学报, 19(4): 231-236.

黄右军, 刘业基. 1989. 三品种杂交水牛及其亲、子代染色体的研究. 畜牧兽医学报, (2): 123.

黄右军. 1987. 水牛染色体 G,C 带核型的观察. 遗传, 9(2): 15-18+51-52.

黄祖干, 霍澍田, 巴达仁贵, 等. 1980. 母牛生殖生理及疾病. 呼和浩特: 内蒙古人民出版社.

籍安民. 2002. 母马卵泡阶段发育演变特征的探讨. 当代畜牧, (8): 29-30.

贾敬肖, 张莉. 1986. 同羊染色体组型研究初报. 畜牧兽医杂志, (4): 4-6.

贾荣莉. 2001. 牦牛及牦牛与黄牛杂种 1 ~ 3 代牛睾丸的比较组织学研究. 黑龙江畜牧兽医, (7): 10-11.

姜显琪, 刘宏晓, 简基伦, 等. 2012. 家猪与野猪杂交试验研究. 中国畜牧兽医文摘, 28(2): 61-62.

决肯·阿尼瓦什, 克木尼斯汗, 杜曼, 等. 2010. 野生盘羊与巴什拜羊杂交效果分析. 畜牧与兽医, 42(8): 40-43.

决肯·阿尼瓦什, 克木尼斯汗·加汗, 海拉提, 等. 2010. 导入野生盘羊瘦肉基因培育巴什拜羊新品系. 新疆农业大学学报, 33(5): 427-430.

决肯·阿尼瓦什, 依明·苏来曼, 席述宇, 等. 2007. 野生盘羊与巴什拜羊的杂交研究. 新疆农业科学, 44(5): 702-705.

赖双英. 2007. 特种野猪染色体核型研究. 安徽农业科学, (33): 10709-10710.

赖双英, 晁玉庆, 祝琳敬, 等. 2006. 内蒙古自治区家驴染色体核型研究. 黑龙江畜牧兽医, (6): 38-40.

李积友, 韩建林. 1992. 牛属动物染色体的研究现状及其在提高牛繁殖品质上的作用. 中国牦牛, (4): 6-9.

李菊芬, 彭新杜. 1992. 三个外来品种猪染色体的比较研究. 湖南农学院学报, 18(1): 92-98.

李军祥. 1996. 青海细毛羊染色体研究. 中国养羊, (1): 8-13.

李军祥. 1999. 岩羊染色体核型研究. 甘肃畜牧兽医, 29(4): 13-14.

李军祥. 2000. 青海省家驴染色体核型研究. 华北农学报, 15(4): 137-140.

李军祥, 张武学, 张才骏, 等. 1995. 青海细毛羊染色体的显带研究. 青海畜牧兽医学院学报, 12(1): 1-5.

李孔亮, 芦鸣计, 刘汉英, 等. 1984. 犏牛及其亲本 (牦牛, 黄牛) 体细胞染色体研究. 中国牦牛, (1): 42-46.

李良玉, 徐景和. 1978. 比较解剖学. 北京: 中国书局出版社.

李梅, 李学峰, 张嘉保, 等. 2004. 延边黄牛及利延杂交牛的染色体研究. 延边大学农学学报, 26(2): 87-92.

李沐森, 郭文场, 刘佳贺, 等. 2019. 中国驴的起源、类别、特征特性及品种简介. 特种经济动植物, 22(1): 2-7.

李顺成, 庞有志, 陶书长. 1987. 野猪及杂交后代染色体研究. 豫西农专学报, (2): 30-31.

李小勤, 吴登俊, 陈圣偶, 等. 2006. 凉山半细毛羊与山谷型藏绵羊染色体核型的比较. 西北农林科技大学学报 (自然科学版), 34(12): 19-23.

李延春. 2003. 夏洛莱羊养殖与杂交利用. 北京: 金盾出版社.

梁海青, 关伟军, 岳文斌. 2006. 蒙古羊成纤维细胞系的染色体核型分析. 青海畜牧兽医杂志, 36(6): 9-10.

刘爱华, 林世英, 张亚平, 等. 1997. 盘羊的染色体研究. 遗传, 19(0z1): 91.

刘东青. 2015. 国内首例骡子做妈妈 蓬莱母骡产下小马驹. http://sd.ifeng.com/yantai/xin wen [2015-07-11].

刘辉. 1992. 雄性牦牛的生殖生理. 中国牦牛, (4): 22-27.

刘辉, 田惠萍, 崔定中, 等. 1990. 牦牛、黄牛、犏牛的垂体、间质细胞和支持细胞的比较. 中国牦牛, (3): 25-29.

刘友清, 傅佩胜, 任宝辛, 等. 1992. 青山羊染色体 G- 带型研究. 山东农业科学, (5): 14-16.

刘友清, 刘晓晴, 傅佩胜. 1993. 青山羊染色体研究. 内蒙古农牧学院学报, 14(4): 116-120.

柳万生. 1990. 野猪染色体的研究 (综述). 畜牧兽医杂志, (3): 32-35.

卢长吉, 谢文美, 苏锐, 等. 2008. 中国家驴的非洲起源研究. 遗传, 30(3): 324-328.

路飞英, 高峰, 翁晋, 等. 2015. 阿尔金山自然保护区藏羚羊, 藏野驴和野牦牛的数量与分布. 北京师范大学学报 (自然科学版), (4): 374-381.

罗光荣, 杨平贵. 2008. 生态牦牛养殖实用技术. 成都: 四川出版集团.

罗晓林. 1993. 从垂体的超微结构探讨公犏牛的不育性. 西南民族大学学报 (自然科学版), (1): 4-13.

罗晓林, 谢荣清, 吴伟生, 等. 2015. 优质犏牛生产杂交组合试验研究. 畜牧与兽医, 47(6): 12-20.

马云, 马海玉, 吕士鹏, 等. 2019. 野生盘羊杂交二代群体体型结构分化特征及回归分析. 家畜生态学报, 40(8): 33-36.

门正明, 陈彩安, 张瑞明, 等. 1984. 滩羊染色体组型的研究. 甘肃农业大学学报, (3): 26-31.

门正明, 韩建林, 王正成, 等. 1986. 岔口驿马, 凉州驴的染色体组型及其比较分析. 甘肃畜牧兽医, (1): 6-9.

门正明, 刘霞, 马海明, 等. 2002. 兰州大尾羊染色体组型分析. 甘肃农业大学学报, 37(2): 158-160+189.

内蒙古农牧学院, 安徽农学院主编. 1978. 家畜解剖学. 上海: 上海科学技术出版社.

宁国杰. 1981. 北京黑猪染色体组型. 北京农业大学学报, 14(1): 91-99.

欧江涛, 钟金城, 白文林, 等. 2002. 中国牦牛的遗传多样性. 中国牛业科学, 28(4): 42-46.

潘庆杰. 2013. 动物繁殖学. 青岛: 中国海洋大学出版社.

潘庆杰, 沈伟, 常仲乐. 2012. 动物繁殖学. 青岛: 中国海洋大学出版社.

庞有志, 邹继业, 徐廷生, 等. 1995. 河南小尾寒羊的染色体组型分析. 洛阳农专学报, (4): 10-13.

庞有志, 邹继业, 徐廷生, 等. 1998. 河南小尾寒羊的染色体组型分析. 中国畜牧杂志, (2): 2.

秦传芳, 成正邦. 1993. 牦牛与犏牛睾丸的电镜观察和体视学研究. 中国牦牛, (4): 9-11.

沙恒君, 赵拓邦, 黄树德, 等. 1954. 新疆羊在宁夏纯种繁殖及其与滩羊杂交一代羊的观察. 中国兽医杂志, (2): 46-49.

单祥年, 陈宜峰, 罗丽华, 等. 1980. 我国黄牛属 (*Bos*) 五个种的染色体比较研究. 动物学研究, (1): 75-81.

沈元新, 郑军. 1983. 湖羊染色体组型分析. 遗传, 5(5): 37-38.

沈长江, 郭爱朴. 1980. 关于滩羊与蒙古羊的染色体. 畜牧兽医学报, 11(2): 83-92.

沈长江. 1987. 滩羊染色体与血红蛋白及其地区差异性. 自然资源学报, (2): 106-115.

谭春富, 赖明荣. 1990. 牦牛, 杂交一代犏牛雄性生殖器官的比较解剖. 中国牦牛, (3): 39-45.

谭向荣, 张立岗, 朱冠虹, 等. 2019. 杜泊、萨福克与小尾寒羊杂交效果对比试验. 畜牧兽医杂志, 38(1): 15-17+20.

汪松. 2001. 世界哺乳动物名典. 长沙: 湖南教育出版社.

王朝芳. 1982. 几种农畜染色体组型的进化特点. 国外畜牧学 (草食家畜), (3): 5-8.

王士平, 秦传芳, 汤传新, 等. 1990. 牦牛、黄牛和犏牛睾丸的组织学和组织化学观察. 中国牦牛, (3): 34-39+65.

王水琴. 1981. 马, 驴, 骡外周血淋巴细胞染色体标本的制备及组型分析. 中国兽医学报, (4): 15-19.

王晓飞. 1989. 家猪品种间染色体显带核型的比较研究. 遗传, (2): 16-19.

王永军. 2002. 肉驴高效饲养指南. 郑州: 中原农民出版社.

王勇强, 李新正, 兰尊海, 等. 1992. 淮南猪染色体的研究. 郑州牧业工程高等专科学校学报, (1): 1-4.

王子淑, 王喜忠, 陈文元. 1988. 藏猪显带染色体的研究. 畜牧兽医学报, 19(3): 165-170.

文榕生. 2009. 中国珍稀野生动物分布变迁. 济南: 山东科学技术出版社.

乌兰, 郑文新, 高维明, 等. 2015. 野生盘羊·家羊及其杂交 F1 代的血液生化指标比较. 安徽农业科学, (12): 154-156+181.

夏金星, 施启顺, 柳小春. 1993. 家猪高分辨 G 带染色体研究. 湖南农学院学报, (2): 71-76.

夏洛浚, 贾正坤, 刘辉, 等. 1990. 牦牛精子的超微结构. 中国牦牛, (3): 4-7+24+60-62.

辛国昌, 张利宇, 周荣柱. 2017. 中国畜牧业年鉴 - 统计资料 2017. 北京: 中国农业出版社.

邢涛, 纪江红. 2003. 动物世界百科全书. 北京: 北京出版社.

熊统安, 李奎, 刘作清, 等. 1987. 湖北白猪体细胞染色体核型分析. 华中农业大学学报, (2): 97-100.

徐相亭, 秦豪荣. 2007. 动物繁殖. 北京: 中国农业大学出版社.

许康租, 李孔亮, 王宝理, 等. 1981. 牦牛及其杂种生殖器官组织解剖学及生殖机能的研究. 中国牦牛, (3): 18-21.

旭日干. 2016. 内蒙古动物志. 呼和浩特: 内蒙古大学出版社.

杨博辉. 2006. 中国野生偶奇蹄目动物遗传资源. 兰州: 甘肃科学技术出版社.

杨昌辉. 1978. 图解家畜比较解剖学. 台北: 台北徐氏基金会.

杨国忠. 2007. 动物繁殖学. 北京: 中国农业出版社.

杨利国. 2003. 动物繁殖学. 北京: 中国农业出版社.

杨明耀, 刘相模, 程济栋. 1985. 成都麻羊 (*Capra hircus*) 染色体组型和显带研究. 四川农业大学学报, (2): 140-148.

杨启林, 徐尚荣, 彭巍, 等. 2015. 安格斯肉牛与牦牛杂交试验. 青海畜牧兽医杂志, 45(1): 18-19.

杨童奥, 杨雅涵, 杨福合, 等. 2016. 从染色体数目和配对联会角度分析动物远缘杂交雄性不育的研究进展. 特产研究, 38(1): 58-62.

英国 DK 公司. 2019. 张劲硕等译. DK 博物大百科. 北京: 科学普及出版社.

于文翰. 1986. 骡和駃騠的生物学特性及其生产, 分布. 家畜生态, (2): 36-42.

曾养志, 何芬奇. 1988. 华南野猪的核型及其与家猪的进化关系. 云南农业大学学报 (自然科学), (2): 58-64.

张静南. 2011. 马、驴和骡成纤维细胞培养、核型及其 G 带分析研究. 内蒙古大学硕士学位论文.

张劳. 2003. 动物遗传育种学. 北京: 中央广播电视大学出版社.

张容昶, 胡江. 2002. 牦牛生产技术. 北京: 金盾出版社.

张容昶. 1985. 世界的牛品种. 兰州: 甘肃人民出版社.

张武学, 李军祥, 谢黎民, 等. 1992. 引入我省小尾寒羊的染色体分析. 青海畜牧兽医杂志, (5): 8-9.

张依裕, 刘培琼, 徐如宏. 2004. 贵州香猪染色体核型研究. 养猪, (6): 38-41.

赵振民, 支德娟, 王敏强, 等. 2002. 公骡精母细胞的减数分裂. 动物学报, 48(1): 69-74.

郑丕留, 邱怀. 1988. 中国牛品种志. 上海: 上海科学技术出版社.

郑生武. 1994. 中国西北地区珍稀濒危动物志. 北京: 中国林业出版社.

钟金城, 赵素君, 陈智华, 等. 2006. 牦牛品种的遗传多样性及其分类研究. 中国农业科学, 39(2): 389-397.

钟金城. 1997a. 犏牛雄性不育的多基因遗传不平衡假说. 西南民族大学学报 (自然科学版), (1): 90-92.

钟金城. 1997b. 中国牦牛的遗传多样性及其意义. 草与畜杂志, (2): 1-3.

钟金城. 1997c. 中国牦牛遗传资源及其开发利用. 西南民族大学学报 (自然科学版), (4): 80-83.

朱士恩. 2006. 动物生殖生理学. 北京: 中国农业出版社.

朱新书, 李孔亮, 王宇一, 等. 1988. 野牦牛, 半血野牦牛, 家牦牛, 精子超微结构的电镜观察〈初报〉. 中国牦牛, (1): 14-19+54.

宗恩泽, 范赓伶. 1988. 马、驴种间杂交回交一代杂种 (B_1) 精 (卵) 子发生的研究. 动物学报, 34(2): 135-138+204.

宗恩泽, 范赓栓, 殷海复, 等. 1985. 马和驴种间杂交二代杂种染色体的研究. 中国农业科学, (1): 83-86.

《中国耗牛学》编写委员会. 1989. 中国牦牛学. 成都: 四川科学技术出版社.

《中国家畜家禽品种志》编委会. 1987. 中国马驴品种志. 上海: 上海科学技术出版社.

《中国牛品种志》编写组. 1988. 中国牛品种志. 上海: 上海科学技术出版社.

《中国农畜家禽品种志》编委会, 《中国羊品种志》编写组. 1989. 中国羊品种志. 上海: 上海科学技术出版社.

Alonso R A, Cantu J M. 1982. A Robertsonian translocation in the domestic pig (*Sus scrofa*)37,XX,-13,-17,t rob(13;17). Annales De Genetique, 25(1): 50-52.

Arighi M, Singh A, Bosu W T, et al. 1987. Histology of the normal and retained equine testis. Acta Anatomica, 129(2): 127-130.

Benirschke K, Brownhill L E, Beath M M. 1962. Somatic chromosomes of the horse, the donkey and their hybrids, the mule and the hinny. Journal of Reproduction and Fertility, 4: 319-326.

Benirschke K, Sullivan M M. 1966. Corpora lutea in proven mules. Fertility and Sterility, 17(1): 24-33.

BenirschkeK, Malouf N, Low R J, et al. 1965. Chromosome complement: differences between *Equus caballlus* and *Equus przewalskii*, poliakoff. Science, 148(3668): 382-383.

Camillo F, Vannozzi I, Rota A, et al. 2003. Successful non-surgical transfer of horse embryos to mule recipients. Reproduction in Domestic Animals = Zuchthygiene, 38(5): 380-385.

Chandley A C. 1981. The origin of chromosomal aberrations in man and their potential for survival and reproduction in the adult human population. Annales de Genetique, 24(1): 5-11.

Chowdhary B P, Raudsepp T, Kata S R, et al. 2003. The first-generation whole-genome radiation hybrid map in the horse identifies conserved segments in human and mouse genomes. Genome Research, 13(4): 742-751.

Cox J E. 1982. Factors affecting testis weight in normal and cryptorchid horses. Journal of Reproduction and Fertility (Supplement), 32: 129-134.

Deriusheva S E, Loginova I A, Chiriaeva O G, et al. 1997. Analysis of the distribution of ribosomal RNA genes on chromosomes of the domestic horse (*Equus caballus*)using fluorescent in situ hybridization. Genetika, 33(9): 1281-1286.

Gardner D K, Meseguer M, Rubio C, et al. 2015. Diagnosis of human preimplantation embryo viability. Human Reproduction Update, 21(6): 727-747.

Gosálvez J, Crespo F, Vega-Pla J L, et al. 2010. Shared Y chromosome repetitive DNA sequences in stallion and donkey as visualized using whole-genomic comparative hybridization. European Journal of Histochemistry : EJH, 54(1): e2.

Gustavsson I. 1988. Standard karyotype of the domestic pig. Hereditas, 109(2): 151-157.

Gustavsson I, Rockborn G. 1964. Chromosome abnormality in three cases of lymphatic Leukemia in cattle. Nature, 203: 990-5938.

Hansen K M. 1982. Sequential Q- and C-band staining of pig chromosomes, and some comments on C-band polymorphism and C-band technique. Hereditas, 96(2): 183-189.

Hansen-Melander E, MelanderY. 1974. The karyotype of the pig. Hereditas, 77(1): 149-158.

Heninger N L, Staub C, Blanchard T L, et al. 2004. Germ cell apoptosis in the testes of normal stallions. Theriogenology, 62(1-2): 283-297.

Henry M, Gastal E L, Pinheiro L E L, et al. 1995. Mating pattern and chromosome analysis of a mule and her offspring. Biology of Reproduction, (monograph_series1): 273-279.

Howard-Peebles P N. 2015. Peripatetic southern cytogenetics. Genetics in Medicine, 17(5): 425-426.

Janečka J E, Davis B W, Ghosh S, et al. 2018. Horse Y chromosome assembly displays unique evolutionary features and putative stallion fertility genes. Nature Communications, 9(1): 2945.

Jónsson H, Schubert M, Seguin-Orlando A, et al. 2014. Speciation with gene flow in equids despite extensive chromosomal plasticity. Proceedings of the National Academy of Sciences of the United States of America, 111(52): 18655-18660.

Kaczensky P, Kuehn R, Lhagvasuren B, et al. 2011. Connectivity of the Asiatic wild ass population in the Mongolian Gobi. Biological conservation, 144(2): 920-929.

Leven A. 1964. Nomenclature for centromeric position on chromosomes. Hereditas, 52(2): 201-220.

Li X, Morris L H A, Allen W R. 2002. *In vitro* development of horse oocytes reconstructed with the nuclei of fetal and adult cells. Biology of Reproduction, 66(5): 1288-1292.

Lindgren G, Breen M, Godard S, et al. 2001. Mapping of 13 horse genes by fluorescence *in-situ* hybridization (FISH)and somatic cell hybrid analysis. Chromosome Research, 9(1): 53-59.

Long S E, 于汝梁. 1991. 猪的染色体相互易位. 中国畜牧兽医, (5): 52-53.

Melander Y, Hansen-Melander E. 1980. Chromosome studies in African wild pigs (Suidae, Mammalia). Hereditas, 92(2): 283-289.

Michie A J, Koop C E, Blakemore W S, et al. 1953. Effect of modified fluid gelatin on renal function. Journal of Applied Physiology, 5(10): 621-624.

Moore N W, Halnan C R, McKee J J, et al. 1981. Studies on hybridization between a Barbary ram (*Ammotragus lervia*)and domestic ewes (*Ovis aries*)and nanny goats (*Capra hircus*). Journal of Reproduction and Fertility, 61(1): 79-82.

Musilova P, Kubickova S, Horin P, et al. 2009. Karyotypic relationships in Asiatic asses (kulan and kiang)as defined using horse chromosome arm-specific and region-specific probes. Chromosome Research, 17(6): 783-790.

Musilova P, Kubickova S, Zrnova E, et al. 2007. Karyotypic relationships among *Equus grevyi*, *Equus burchelli* and domestic horse defined using horse chromosome arm-specific probes. Chromosome Research, 15(6): 807-813.

Nombela J A, Murcia C R, Abaigar T, et al. 1990. Cytogenetic analysis (GTG, CBG and NOR bands)of a wild boar population (*Sus scrofa scrofa*)with chromosomal polymorphism in the south-east of Spain. Génétique Sélection Volution, 22(1): 1-9.

Nowak R. 2018. Walker's Mammals of the World. USA: The Johns Hopkins University Press.

Piras F M, Nergadze S G, Poletto V, et al. 2009. Phylogeny of horse chromosome 5q in the genus *Equus* and centromere repositioning. Cytogenetic and Genome Research, 126(1-2): 165-172.

Raudsepp T, Chowdhary B P. 1999. Construction of chromosome-specific paints for meta- and submetacentric autosomes and the sex chromosomes in the horse and their use to detect homologous chromosomal segments in the donkey. Chromosome Research, 7(2): 103-114.

Rong R, Chandley A C, Song J, et al. 1988. A fertile mule and hinny in China. Cytogenetic & Genome Research, 47（3）, 134-139.

Ryder O A, Chemnick L G. 1990. Chromosomal and molecular evolution in Asiatic wild asses. Genetica, 83(1): 67-72.

Scherthan H, Cremer T, Arnason U, et al. 1994. Comparative chromosome painting discloses homologous segments in distantly related mammals. Nature genetics, 6(4): 342-347.

Schwerin M, Golisch D, Ritter E. 1986. A Robertsonian translocation in swine. Genetique Selection Evolution, 18(4): 367-374.

Sysa P S, Sławomirski J, Gromadzka J. 1984. Cytogenetic studies of crossing of the wild boar (*Sus scrofa ferus*)and the domestic pig (*Sus scrofa dom.*). Polskie Archiwum Weterynaryjne, 24(1): 89-95.

Tanomtong A, Supanuam P, Siripiyasing P, et al. 2007. A comparative chromosome analysis of Thai wild boar (*Sus scrofa jubatus*)and relationship to domestic pig (*S. s. domestica*)by conventional staining, G-banding and high-resolution technique. Songklanakarin Journal of Science and Technology, 29(1): 77-96.

Taylor M J, Short R V. 1973. Development of the germ cells in the ovary of the mule and hinny. Journal of Reproduction and Fertility, 32(3): 441-445.

Tikhonov V N, Troshina A I. 1977. Fertility and viability in hybrids between domestic and wild pigs with various chromosome numbers. Genetika. (13): 627-636.

Tikhonov V N, Troshina A I. 1978. Introduction of two chromosomal translocations of *Sus scrofa nigripes* and *Sus scrofa scrofa* into the genome of *Sus scrofa domestica*. TAG. Theoretical and applied genetics. Theoretische und angewandte genetik, 53(6): 261-264.

Vishnu P G, Punyakumari B, Ekambaram B, et al. 2015. Chromosomal profile of indigenous pig (Sus scrofa). Vet World, 8(2): 183-186.

Wodsedalek J. 1916. Causes of sterility in the mule. Marine Biological Laboratory, 30(1): 1-56.

Yang F, Fu B, O'Brien P C M, et al. 2004. Refined genome-wide comparative map of the domestic horse, donkey and human based on cross-species chromosome painting: insight into the occasional fertility of mules. Chromosome Research, 12(1): 65-76.

Zhao G, Wu K, Cui L, et al. 2011. *In vitro* maturation and artificial activation of donkey oocytes. Theriogenology, 76(4): 700-704.

Zong E, Fan G. 1989. The variety of sterility and gradual progression to fertility in hybrids of the horse and donkey. Heredity, 62 (Pt 3): 393-406.

英汉对照词汇

ampulla of deferent duct	输精管壶腹	conceptus	孕体
androgen binding protein, ABP	雄激素结合蛋白	corpus luteum	黄体
		cumulus oophorus	卵丘
androstenedione	雄烯二酮	diffuse placenta	弥散型胎盘
apoptosis	细胞凋亡	domestic animal	家养动物
aves	鸟纲	endometrial cup	子宫内膜杯
blastula	囊胚	estrogen	雌激素
cervix of uterus	子宫颈	farm animal	农业动物
chorionic girdle	绒毛膜环带	fluorescence *in situ* hybridization, FISH	荧光原位杂交
chromosome inversion	染色体倒位		
cleavage	卵裂	follicle cell	卵泡细胞

follitropin, follicle stimulating hormone, FSH	促卵泡素	oviduct	输卵管
glycoprotein hormone	糖蛋白激素	poultry	家禽
gonadotropin releasing hormone, GnRH	促性腺激素释放素	pregnant mare serum gonadotrophin, PMSG	孕马血清促性腺激素
hinny	驴骡	ruminant	反刍动物
horn of uterus	子宫角	seminiferous tubule	曲细精管
interstitial tissue of testis	睾丸间质	sertoli cell	支持细胞
Kinship hypothesis	亲缘假说	single sperm injection	单精子注入法
livestock	家畜	spermatogenic cell	生精细胞
testicular lobule	睾丸小叶	spermatogenic epithelium	生精上皮
lutropin, luteinizing hormone, LH	促黄体素，黄体生成素	synaptonemal complex, SC	联会复合体
mammalia	哺乳纲	testis	睾丸
morula	桑葚胚	testosterone	睾酮
mule	马骡	trivalent	三价体
nucleolus organizer region, NOR	核仁组织区	villus	绒毛
		zona pellucida, ZP	透明带

第四章　动物的人工杂交

在人类社会发展的历史进程中，动物始终伴随着人类生活，成为人类生活不可缺少的重要组成部分。在人类社会发展的早期，野生动物主要作为狩猎对象，为人类提供了高质量的食物和各种各样的生活用品。随着社会的发展，部分野生动物逐渐被驯化，成为人类狩猎和从事生产劳动的同伴。其中少数动物经过长期的选择和培育成为家养动物，这类动物有马、牛、羊、猪、犬、猫、鸡、鸭和鹅等。野生动物的驯化是一个漫长的过程，远远长于人类有文字记载的历史。

野生动物要转变为家养动物必须经过许多重要的遗传变异，这类变异首先是行为遗传上的变异，必须将野生动物在自然界中的行为改变为能在人的管理下生活的行为。例如，首先可接受人类的管理，接受人类提供的食物，可以在人类管理的环境中生活，在一定程度上改变其食性等。其次是动物本身具有的经济价值方面的遗传变异，使驯养的动物在皮、毛、肉、蛋等诸多方面具有良好的生产性能，人工选择和动物杂交在这些遗传变异中发挥着重要的作用。

近代社会，人类对动物产品的需求日益多样化，而野生动物资源则日益减少，导致野生动物中的一些新的物种又成为人工饲养的对象，对这些动物的育种称为野生动物育种，以区别于现代的家畜育种。但也不同于远古的野生动物育种，因为现代的野生动物育种已有现代遗传学和现代育种理论为指导（郑冬和刘学东，2004）。生殖生物学理论的完善和技术的发展给动物杂交育种（hybrid breeding）提供了有力的支撑，完成了许多野生动物的远缘杂交，丰富了动物杂交育种的基础理论，为动物遗传基因的开发和利用奠定了基础。

第一节　狮、虎杂交和狮虎兽的生殖特性

一、狮的生殖特性

（一）狮的品种和遗传多样性

1. 狮的品种

狮是人们比较熟悉的食肉目（Carnivora）猫科（Felidae）豹亚科（Pantherinae）豹属（*Panthera*）大型食肉动物（古禅等，1985）。狮体格健壮、肌肉发达、吼声震人，因此有"百兽之王"的美称。雄狮和雌狮长得不太一样，雄狮的头部有金黄色的鬃毛，一直延伸到肩部，胸部和前腿底下也生有长毛，而雌狮则没有，雄狮的体貌更加威武雄壮。

野生非洲狮（*Panthera leo*）体长 1.4 ~ 2.5m，尾长 0.6 ~ 1.0m，平均肩高 1.2m，体重 110 ~ 272kg。非洲狮的毛发较短，体色有浅灰、黄色或茶色，雄狮的鬃毛很长，有

淡棕色、深棕色、黑色等，鬃毛一直延伸到肩部和胸部。目前非洲狮主要分布于非洲撒哈拉沙漠以南的草原上，是非洲的特产。非洲狮喜欢群居，经常20只左右聚集在一起生活，协同捕猎、共同进食，就像一个大家庭，草原上常见的草食动物，如角马、羚羊、斑马、水牛和鹿等，都是它们喜欢捕食的猎物。狮的寿命一般为25年左右，雌狮通常比雄狮寿命长。雄性在5～9岁达到鼎盛时期，野生条件下很少有雄性能活过10岁，少数雄性在野外存活到16岁，雌性通常活到15岁或16岁（Grinnell et al.，1995）。

位于印度的亚洲狮（*Panthera leo persica*），体重110～190kg，体型比非洲狮略小，鬃毛也比较短，尾巴上的流苏更长，由于亚洲狮头顶的鬃毛不那么突出，它们的耳朵总是可见。亚洲雄狮肘部的毛簇也比非洲雄狮明显，然而，最引人注目的特征是亚洲狮独特的腹部皮肤，这个特点在非洲狮中很少见。来自吉尔森林国家公园的大约50%的亚洲狮头骨有眶下孔分岔（允许血管和神经进入眼睛的小孔），这在非洲狮中没有记录。过去亚洲狮曾一度分布在地中海至印度的广泛区域，占据了大部分的西南亚，故其名为"波斯亚种"。亚洲狮在20世纪初几乎被猎杀殆尽，现今只生活在印度古吉拉特邦的吉尔森林国家公园。2017年进行的一次狮群普查显示，该保护区内生活着大约600头狮，种群数量基本稳定。该保护区的总面积只有1400km²，属于严重超载状态（袁越和江月，2019）。其猎物主要是水鹿、花鹿、蓝牛羚、印度瞪羚、野猪及家畜。亚洲雌狮的平均寿命为16～18年，最长可达21年，雄性亚洲狮通常能活16年。在吉尔森林国家公园里，33%的幼崽在出生后的第一年死亡。

美洲狮（*Puma concolor*）又称美洲金猫，分布于美洲。美洲狮在分类学上属于食肉目（Carnivora）猫科（Felidae）猫亚科（Felinae）美洲金猫属（Puma）大型食肉动物，其大小和花豹相仿，但外观上没有花纹且头骨较小。美洲狮可以通过棕褐色或微黄色的皮毛、圆脸、长尾巴和直立的耳朵来识别，成年体长1.0～1.5m，尾长0.6～0.9m。雄性体重50～82kg，雌性体重36～59kg。美洲狮的尾巴较长，为猫亚科中体型最大者，雄性比雌性大将近二分之一。美洲狮栖息于除热带雨林外的各种环境，善于攀爬和跳跃，全天均可活动，喜独居，常以伏击方式捕杀各种脊椎动物为食，主要以野生动物兔、羊、鹿为食，在饥饿时也会盗食家畜家禽。美洲狮虽然称其为狮，体貌与非洲狮和亚洲狮有较大差别，分类学上也不是同一属动物。

2. 狮的遗传多样性

现有研究资料中曾经有11个狮亚种被描述，随着栖息地的减少，许多亚种已经消失。后来，狮被分为两个亚种：非洲狮（*Panthera leo*）和亚洲狮（*Panthera leo persica*）。最近的研究表明，亚洲狮和非洲中部、西部狮之间的关系比非洲东部与南部的狮更为密切，目前的猫科分类修订提出，亚洲群体与非洲北部地区的狮关系密切，非洲南部和东部狮是一个独特的亚种。

狮有19对38条染色体（图4-1、图4-2），其中15对染色体在所有猫科动物中都很常见。亚洲狮2号、6号、7号、10号、11号、12号、14号、16号和18号染色体是中着丝粒染色体；1号、3号、4号、5号、8号、9号和13号是亚中着丝粒染色体；15号和17号是近端着丝粒染色体。与Y染色体相比，X染色体相对较大，但携带较少的基因（Cremer and Cremer，2001）。

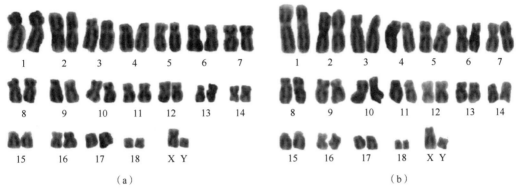

（a）　　　　　　　　　　　　　　　（b）

图 4-1　非洲狮（a）和亚洲狮（b）染色体 G- 带核型（Cremer and Cremer，2001）

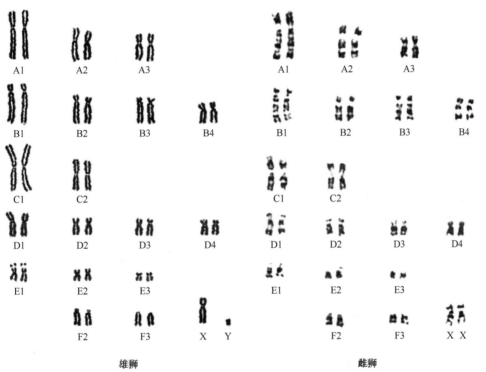

雄狮　　　　　　　　　　　　　　　　雌狮

图 4-2　非洲狮的染色体核型（O'Brien et al.，1968）

　　美洲狮和美洲豹一样有 2n=38 条染色体，而南美的小型猫科动物（除了家猫）只有 2n=36 条染色体，它们的祖先很有可能是跟着美洲狮的祖先，通过白令海峡从欧亚大陆上一路迁徙过来的，或许它们就是原始美洲狮在现代残存的一支。对食肉目几个科的物种的 G- 带研究显示，大多数食肉动物的核型高度保守。在食肉动物家族中，猫科动物的染色体具有典型的核型保守性，核型进化率较低，几乎所有猫科动物的染色体核型都是 2n=38（Ferguson-Smith and Trifonov，2007；Nie et al.，2002；Tian et al.，2004）。

（二）狮的生殖系统及生殖特性

1. 雄狮的生殖系统

国内外对狮的生殖系统结构的报道很少，王恩福等 1986 年曾报道，雄性狮的生殖系统（reproductive system）包括睾丸（testis）、附睾（epididymis）、精索（spermatic cord）、输精管（vas deferens）、阴茎（penis）、尿生殖道、阴囊（scrotum）、副性腺等。阴囊位于肛门的腹侧两股之间，对着坐骨连合的中线，正中缝明显，有一中隔，使阴囊形成两个互不相通的腔室，其中各有一枚睾丸。左侧睾丸的平均重量为 12.5g、长度为 3.2cm、宽为 2.5cm，右侧睾丸平均重量为 11.5g、长度为 2.8cm、宽为 2.0cm，形态似枣形，睾丸的长轴近水平位，睾丸头向前。

附睾可分为附睾头、附睾体和附睾尾。附睾头宽平均为 1.9cm、长为 2.2cm，位于睾丸头的游离缘内侧，并从内侧绕过游离缘到外侧，再从外侧的前下方斜向后上方达睾丸附着缘的 1/2 处，形成一个明显的窄带，在系带的外侧向后达到睾丸尾，在睾丸尾处又扩大形成附睾尾，同时折转向前变细与输精管相连。

输精管从附睾尾直接延续而成，并沿睾丸系膜褶的内侧进入精索。输精管经腹股沟（inguinal）管斜入腹腔，进入腹腔后离开精索，绕过输尿管折向后方，在膀胱的背侧尿生殖褶内继续向后伸延，直到耻骨前缘，从前列腺间穿过，开口位于尿生殖道起始部的背侧壁的精阜（seminal colliculus）。雄性尿道由耻骨前缘的膀胱颈延伸至阴茎的顶端，由尿道和输精管联合组成，沿盆腔底壁向后延伸，绕过坐骨弓，再沿阴茎腹侧的尿道沟向前延至阴茎头末端，以尿道外口与外界相通。

阴茎呈圆柱状，全长平均 12.2cm，直径为 1.6cm，背部由阴茎悬韧带连于耻骨联合腹侧的中线上，腹侧有 2 条阴茎退缩肌，止于阴茎头的基部。阴茎头呈圆锥状，顶部较尖，阴茎头长平均 2.2cm，不形成龟头冠和包皮系带，在阴茎头内有一三角形的阴茎骨，其厚度平均为 0.6cm、底宽 1.1cm、高 1.9cm。尿道球腺（bulbourethral gland）左右各一个，左侧平均重 6g，直径为 2.1cm，右侧平均重 4.5g，直径为 1.5cm。位于阴茎基部的尿生殖道的两侧，有许多小管开口于阴茎根部的尿生殖道内。与其他动物不同的是，公狮体内未发现有精囊腺（seminal vesicle）（王恩福等，1986）。

2. 雌狮的生殖系统

雌非洲狮在 43 ～ 66 个月达到性成熟（平均 48 个月），所有 5.5 岁以上的雌狮都会排卵（ovulation）（Smuts et al.，1978）。Hartman 等（2013）对 3 只 3 岁雌非洲狮进行解剖研究，详细描述了雌狮的生殖系统结构。雌狮和其他哺乳动物的生殖系统相似，由卵巢、输卵管、子宫、子宫颈、阴道等器官组成。雌狮左侧卵巢重 1.4 ～ 2.5g，长 2.7 ～ 3.2cm，宽 1.1 ～ 1.4cm。右侧卵巢重 1.1 ～ 2.2g，长 2.7 ～ 3.0cm，宽 0.9 ～ 1.2cm（图 4-3）。卵巢重量与体重比值在 0.000 01 ～ 0.000 017（Hartman et al.，2013）。卵巢囊有一个较短的输卵管系膜，厚而硬，内含回旋的输卵管。阴道前庭长度为 6.4 ～ 6.8cm，阴道长度为 8.2 ～ 10.4cm，阴道前庭纵向折叠较阴道少，但更明显。

3. 狮的发情与受孕

雌狮在 3 ～ 4 岁的时候就可以繁殖后代了。它们的怀孕期是 3 个多月，狮比虎的繁

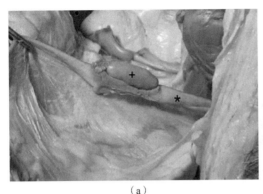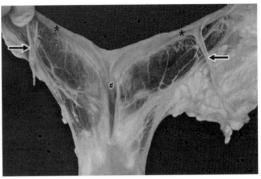

（a）　　　　　　　　　　　　　　　　　　（b）

图 4-3　雌狮的卵巢和子宫（Hartman et al.，2013）

（a）雌狮的卵巢（+）和子宫角（＊）；（b）雌狮的子宫角（＊）、子宫体（#）和韧带（箭头所指）

殖力强，每次可以生 3 ～ 5 只。刚生下来的小狮子很轻，体重只有 1.5kg 左右，身上还长有斑点，从半岁到 1 岁逐渐退落，有可能狮最初是有斑点的动物，后来，由于长期适应平原地区的生活而逐渐改变了。

　　雌性非洲狮发情时行为变化比较明显，如食欲下降、兴奋、蹭头、仰卧、打滚、翘尾、趴树干、求偶声频，外阴变化为松弛、红肿、潮湿。进入发情期的第二天早上，将雌、雄狮合笼，进行自由交配，在 4 ～ 5d 的发情期（estrus）里，狮每小时大约交配 2.2 次。40d 后雌狮食欲增加，与雄狮争抢食物，活动量减少，同时观察到乳房增大（冯爱国等，2011；陆东林等，2018）。

　　狮的卵巢包含在卵巢囊中，所有猫科动物的卵巢本质上是相似的，雌性在交配时排卵。雄狮的精子形成开始于出生后 30 个月，虽然性成熟，但很少有雄狮能在 5 岁前就拥有领地，从而成功繁殖。16 岁以下的雄狮仍能产生可存活的精子，但 11 岁以上的雄狮很少能维持领地，往往在成为"孤独者"后死去。雌狮可以在出生后 24 个月时开始交配，但成功的繁殖通常发生在雌狮超过 3 岁的时候。通常发情持续 4 ～ 5d，发情之间的间隔可能短至 16d，妊娠期为 100 ～ 114d。幼崽的死亡率在经历了长时间猎物匮乏的种群中相当高，但在猎物密度达到适中及以上的种群中相当低（宋照林和王腾占，1989；王晓宇等，2018）。

　　关于家猫胎盘（placenta）的研究很多，但狮胎盘很少。然而，狮胎盘的许多特征也可以在虎的胎盘中看到。此外，家猫的胎盘特征也与狮有许多相似之处。狮胎盘的分叶非常明显，是一个典型的带状胎盘（图 4-4），与犬和猫等食肉动物相似（图 3-27）。胎盘类型的相似性可能也是动物种间杂交繁育的基础。

图 4-4　狮的胎盘

　　雄狮不像雄虎那样，交配后或幼仔出生前后，就遗弃配偶，狮的配偶关系比较稳定，尽管雄狮对幼仔的兴趣较小，但它帮助雌狮保护幼崽（cub），并设法为幼崽找到充足的食物。刚一出生的幼狮不睁眼睛，也无独立生活能力，哺育和训练幼狮的任务全由母狮承担，直到幼仔崽到 5 个半月左右。断奶之前，母狮会从猎物上啃下一些肉屑带回来，以便引导幼狮开始吃肉，接着训练幼狮狩猎、巡视和守卫自己领地的本领。幼狮爱玩弄双亲的尾巴，这也可以提高它们捕猎的基本能力。当幼狮掌握了一定的捕猎技巧，身体也长到足够强壮时，就会被双亲带出去参加家庭狩猎，在这一过程中，进一步提高了幼狮的狩猎技术和实战经验，这对于幼狮将来的生存至关重要（姜福泉，1994）。

二、虎的生殖特性

（一）虎的品种和遗传多样性

1. 虎的品种

　　虎（*Panthera tigris*）为食肉目（Carnivora）猫科（Felidae）豹亚科（Pantherinae）豹属（*Panthera*）大型食肉动物，是现存猫科动物中体型最大者。虎的体长 140～280cm、尾长 60～110cm、肩高 95～110cm。饲养条件下雄虎体重约 175kg、雌虎约 125kg，苏门答腊虎体重最轻，雄虎约 110kg、雌虎约 95kg，品种不同，体重、体长也有较大差别，东北虎体型最大，体重可达 320kg（马建章和金崑，2003）。虎在地理分布、个体大小和毛被颜色上的变异并不很大，因而，生物学界将世界上曾经出现的虎分为 8 个亚种或虎种：里海虎（*P. t. virgata*）、爪哇虎、巴厘虎、孟加拉虎（*P. t. tigris*）、华南虎（*P. t. amoyensis*）、印支虎、东北虎（*P. t. altaica*）、苏门答腊，其中，里海虎、爪哇虎和巴厘虎已经灭绝，孟加拉虎、华南虎、印支虎、东北虎、苏门答腊虎也处在灭绝的边缘（孙占礼，2006）。

　　21 世纪初的统计资料显示：孟加拉虎（印度虎）有 3880 只（印度 3130 只、孟加拉 380 只、尼泊尔 200 只、不丹 140 只、中国滇藏少于 30 只）；印支虎（东南亚虎）有 1480 只（马来西亚 630 只，泰国 420 只，越南 250 只，柬埔寨、缅甸及老挝 150 只，中国滇南少于 30 只）；东北虎有 470 只（俄罗斯 440 只，中国黑龙江、吉林少于 20 只，朝鲜半岛少于 10 只）；苏门答腊虎有 450 只（印度尼西亚的苏门答腊岛）；华南虎（中国虎）少于 25 只，残存于湖南、广东、江西、福建四省交界的零星地区。目前，虎只生活在 13 个国家，根据 2011 年第一届亚洲虎保护部长级会议发布的《全球虎恢复计划》（Global Tiger Recovery Program）中的官方数据估计，全球虎的总数为 4240 只。

　　中国在历史上曾有 5 个虎的地理亚种：①指名亚种孟加拉虎，分布于中国西藏自治区的亚东、吉隆、错那、林芝、墨脱及云南省西部德宏等地；②南亚亚种印支虎（*P. t. corbetti*），分布于中国云南省的西双版纳、普洱市思茅区及广西壮族自治区西南部；③华南亚种华南虎，分布于中国南方地区，为中国特有亚种，过去曾广泛分布在秦岭以南许多地区；④西北亚种里海虎，分布于中国新疆维吾尔自治区的塔里木河沿岸、罗布泊，估计在 20 世纪 20 年代绝迹，本亚种在伊朗、俄罗斯境内 70 年代亦先后绝迹；⑤东北亚种东北虎，曾广泛分布于中国东北地区，但 30 年代至 80 年代，分布区大大缩小，至 80 年代末，长白山区的东北虎几乎已经绝迹，只有少数个体残存在吉林省珲春、春化林区（孙占礼，2006）。

2. 虎的遗传多样性

由于虎的数量较少，并呈现逐年下降的趋势，遗传多样性研究显得格外重要。这方面的研究主要包括染色体核型分析、同工酶（isozyme）分析、主要组织相容性抗原复合体分析、核酸片段多态性（nucleic acid fragment polymorphism）分析、线粒体（mitochondrion）DNA序列分析等（陈珉等，2007；吴云良等，2011）。

东北虎染色体特征同华南虎基本一致（图4-5）。常染色体分为5组，即a组1-6sm、b组7-12m、c组13-15st、d组16-17t、e组18m有随体，性染色体为X和Y（张锡然等，1991，1992，1993）。东北虎和华南虎这两个亚种，无论从无带核型，还是分带核型（G-带、C-带和Ag-NOR），均未见有明显差异。然而从这两种虎的外形看，则存在许多不同，如体型大小、毛色深浅、条纹疏密等。这提示有待从生物化学和分子水平上去进一步探讨（张锡然等，1993）。

郑维平等（2008）报道东北虎染色体核型公式为$2n=38$，12m+16sm+4st+4t，X(m)，Y(m)与张锡然等报道的结果$2n=38$，14m+12sm+6st+4t，X(m)，Y(m)有一定差异。据分析，这种差异的原因可能有以下几个方面：①同种异体之间染色体核型有多态现象；②着丝粒融合或断裂可造成染色体数目及形态的变化，从而形成多态现象；③不同地区的东北虎可能存在地域上的差异。这种差异为研究濒危野生动物提供了一些有益的参考信息（郑维平等，2008）。

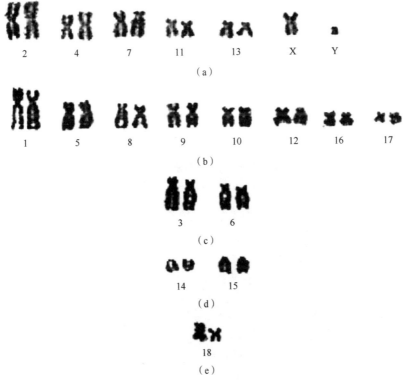

图4-5　东北虎染色体核型（郑维平等，2008）

（a）中着丝粒染色体；（b）亚中着丝粒染色体；（c）亚端着丝粒染色体；（d）端着丝粒染色体；（e）带随体的中着丝粒染色体

　　微卫星 DNA 位点分析法（microsatellite DNA site analysis）在研究动物遗传多样性中是一种更有效更精细的方法。刘丹等（2013）借例行体检之机采集虎的静脉血，通过微卫星 DNA 位点在群体中测定每个位点的群体遗传学特征，在 15 个一雌多雄制家庭中，有 5 胎（33.3%）为单一父权，其余 10 胎（66.7%）出现多重父权，同胎幼虎有 2～3 个生物学父亲。这种共同占有雌虎，轮替交配的繁殖方式有 2 种结果：①把遗传物质传递给后代的机会扩大到所有的雄虎，有利于遗传多样性的保存；②一雌多雄制可能降低对雄虎遗传质量的选择，带来后代遗传质量的衰退。但只要虎自己能够克服这一缺点，社群生活和一雌多雄制的繁殖体制就有可能成为一种比较好的遗传管理策略。一雌多雄制并不意味着雌虎对雄虎失去了选择性，相反，绝大多数交配都发生在血缘关系较远的个体之间。据动物园管理人员的不完全统计，只有 5.8%～16.5% 的交配发生在亲兄妹之间。这种配偶选择也见于野外的家猫和猎豹，雌性总是倾向于与血缘关系较远的个体交配。与野外的家猫不同的是，该研究观察的雄虎也有自动避免近亲交配的倾向（刘丹等，2013）。另一项研究中，60 个东北虎个体的基因组经 20 多个多态性微卫星 DNA 位点的扩增，共检测到 89 个等位基因，分析结果表明该圈养种群有相当高的遗传多样性，然而，也有近亲繁殖现象（吴建会，2008）。

（二）虎的生殖系统及生殖特性

1. 雄虎的生殖系统

　　雄性东北虎阴囊和阴茎的位置与猫相似，位于肛门腹侧，距离肛门约 10cm（张冠相等，1991）。阴茎背侧方位与一般动物相反，尿道海绵体在背侧，阴茎海绵体朝向腹侧，即尿道面朝上，海绵体面朝下。阴茎全长约 14.5cm，直径约 1.5cm，呈圆柱状，不形成弯曲。阴茎骨明显，从阴茎表面感觉呈扁长圆锥形，其骨由阴茎体朝向阴茎头的方向逐渐变细，贯穿于整个阴茎游离端的前半部，其尖端可达阴茎头，全长约 2.5cm。包皮外口的皮肤上有稍长而密集的浅黄色毛（图 4-6）。阴囊位于肛门的腹侧，在阴茎根后方与坐骨弓的后下方之间，外观阴囊呈横椭圆形，中间有明显的向前后伸延的纵沟，阴囊缝际明显，阴囊皮肤薄，表面具有较短而稍密的浅黄色被毛（刘润铮等，1993）。

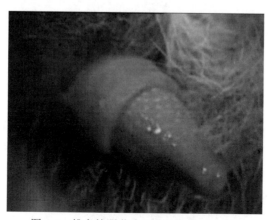

图 4-6　雄虎的阴茎头（刘润铮等，1993）

虎的睾丸呈稍扁的长椭圆形，长约6cm、宽约4cm、厚约3cm，中部外围长约9.5cm，富有弹性，表面光滑。附睾较发达，附着于睾丸的前背侧缘。附睾长约5cm、附睾的头宽约1.2cm、体宽约1cm、尾宽约0.8cm。虎的副性腺（图4-7）包括精囊腺、前列腺（prostatic gland）和尿道球腺。精囊腺特别发达，近似于不规则的四边形，位于膀胱颈背部两侧，长约3.5cm、宽约3cm、厚约1.1cm。前列腺不发达，未见前列腺部。尿道球腺成对较为发达，位于尿生殖道骨盆后部背侧的两侧，呈长椭圆形，长约3.5cm、宽约2cm、厚约2cm（刘润铮等，1993）。

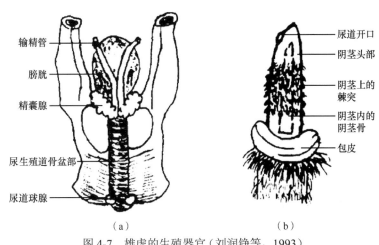

图4-7　雄虎的生殖器官（刘润铮等，1993）

（a）雄虎的副性腺；（b）雄虎的阴茎

2. 雌虎的生殖系统

雌虎的生殖系统是由卵巢、输卵管、子宫、子宫颈、阴道等器官组成。东北虎的卵巢结构与猫的差别较大，而更接近于牛。雌虎卵巢的皮质与髓质无明显界限，卵巢表面均未见生殖上皮，仅见致密结缔组织构成的白膜露于表面。皮质部由扭曲交错的胶原纤维及许多梭形结缔组织细胞构成的致密结缔组织分隔成大或小的区，其中含有不同发育阶段的卵泡（ovarian follicle）、闭锁卵泡、基质和少量间质腺，间质腺组织主要来源于闭锁有腔卵泡上皮样细胞的增殖。东北虎卵巢在结构上有一个十分明显的特征，即基质中仅有极少量的间质腺细胞，取自一月的东北虎卵巢未见囊状卵泡及黄体（刘玉堂等，2000）。

东北虎输卵管黏膜形成若干初级皱褶及次级皱褶，在漏斗部最多，且反复分支，在峡部皱褶变低、变少，漏斗部到峡部输卵管黏膜上皮从柱状上皮逐渐转化为立方上皮，黏膜上皮的密度在漏斗部、壶腹部较大，在峡部较稀。东北虎输卵管包在输卵管系膜中，其长度相对较短，小于10cm。输卵管壶腹部长而弯曲，峡部短而直，长度约相当于壶腹部的一半（刘玉堂等，2000）。东北虎子宫为双角子宫，依靠子宫阔韧带悬挂于体壁。东北虎子宫内膜上皮为单层立方上皮，子宫腺上皮为单层柱状上皮，多位于固有层深部。2岁个体子宫腺上皮在子宫角端为单层柱状上皮，在子宫体（body of uterus）端为单层立方上皮，子宫腺散布在整个固有层，但在浅层更多一些。东北虎阴道黏膜上皮大多为2～3层复层扁平上皮，黏膜层无上皮腺（刘玉堂等，2000）。

3. 虎的发情与受孕

虎在 4 岁体成熟。体成熟后的虎进行交配、繁殖，不仅可提高虎的生殖力，而且可提高幼虎的成活率。虎的生殖不受季节制约，成功受孕的虎不再发情，没有受孕的雌虎多数会在 20d 后再次发情。虎在发情时特别的吼声和气味是互相接近、沟通和求偶的信号。虎的交配时间很短，每次交配只需几秒钟至十几秒钟，但每天的交配很频繁，一天可进行 20 ～ 30 次，在一个发情期内交配次数可达上百次（孙占礼，2006）。

虎的妊娠期为 105d 左右。雌虎的生殖年龄一般为 3 ～ 14 岁，5 ～ 8 岁为雌虎的生殖旺盛时期，在其生殖旺盛时期的产后及时合笼交配，可以提高虎的生殖力（黄恭清，1992）。雌虎每胎可产 1 ～ 6 个虎仔，虎仔出生时体重大约 1000g，体长 35cm，虎仔出生后 12 ～ 15d 睁眼（祝正高，2012）。

三、狮虎兽的生殖特性

（一）狮与虎的杂交繁育

狮和虎同属于猫科豹属动物，如上文所述，这两种动物在体型体貌、生殖系统结构、发情、受孕、胎盘类型、孕期、产仔等诸多方面虽然存在一定差异，但也有很大相似性。野生状态下，由于地域隔离及动物本能的约束不能进行杂交，但这种生殖隔离在人工饲养条件下可以被打破，从而产生杂种后代。狮和虎交配的后代有两种：①狮虎兽（liger），是雄狮与雌虎杂交后的产物，因此与狮和虎一样，同是豹属的一员，其样貌与狮相似，但身上长有虎纹；②虎狮兽（tigon），是雄虎与雌狮杂交后的产物，其头像狮，身体像虎。广义上，将上述两种杂交后代统称为狮虎兽。

狮虎兽是人类影响或主使之下的产物，狮虎兽的体型比狮和虎都要大，又同时具备两者之间的外貌特征。虎的体重平均可达 320kg，狮的体重平均可达 270kg，而狮虎兽的体重可达 400kg 以上。狮与虎交配后怀孕的概率极低，即使在人工饲养的环境下，虎、狮受孕的机会也仅为 1% 至 2%，幼兽由于先天不足等原因，成活率很低。据资料显示，目前世界上存活的狮虎兽只有 20 只左右。1995 年，淄博市奎山公园进行的母狮与雄虎杂交实验，结果成功交配并使母狮怀孕，但最后流产（杜海侨，1995）。2000 年 4 月 9 日下午，深圳市野生动物园一只雄性东北虎与雌性非洲狮突然发生了交配活动，虎狮之间自然交配现象比较少见（尹本顺和黄显达，2000）。海南野生动植物园从 2004 年开始进行人工饲养环境下的狮虎杂交繁殖，让雄狮“小二黑”和雌虎“欢欢”共处一地“培养感情”，迄今为止已经繁殖成功 5 胎，共 10 只狮虎兽，2007 年产下的 4 只小狮虎兽，1 只夭折 3 只成活（自然与科技，2008）（图 4-8）。

（二）狮与虎杂交的生殖调控和遗传特性

虎、狮之间交配是种间交配，它们的遗传基因在染色体上有不匹配性，造成了严重的个体遗传基因的缺陷，致使器官发育与免疫能力都容易出现问题。马和驴的交配是例外，骡子吸收了两者的优点，即“杂交优势”，这与人对它们的长期驯化和饲养相关，使它们很早就在相同的环境生活。狮虎兽通常被认为是不能生育的，但个别雌性狮虎兽是

图4-8 狮和虎(左)与狮虎兽三胞胎(右)(姜恩宇,2007)

可以生育的。传闻在印度一家动物园中,一只雄狮和一只雌狮虎兽就有过后代,而雄性狮虎兽就不能生育了。2012年9月19日,俄罗斯一家动物园诞生了世界首只"狮狮虎",狮狮虎琪拉雅的妈妈琪塔是一只狮虎兽(雄狮和雌虎所生的后代),她成功和一只雄非洲狮交配生下了狮狮虎,虽然目前只有一例,但是证明狮虎兽,具有繁殖能力。

经过抽血鉴定,发现狮虎兽的染色体数是19对、38条。通常染色体呈二倍体(diploid)存在的动物,其染色体稳定性会更好,这也是传宗接代的基础。狮和虎都是二倍体,狮生殖细胞染色体数 $n=19$ 条,虎的也是 $n=19$ 条,但受精后发育形成的狮虎兽,由于受精卵中的染色体来源于不同物种,属于异源二倍体生物,狮的染色体基因和虎的不同,无法正常配对联会,因而狮虎兽高度不育。

第二节 骆驼、羊驼杂交与驼羊的生殖特性

一、骆驼的生殖特性

(一)骆驼的品种和遗传多样性

1. 骆驼的品种

骆驼是骆驼科(Camelidae)骆驼属(*Camelus*)动物,只有两种,即双峰驼(*Camelus bactrianus*)和单峰驼(*Camelus dromedarius*)(图4-9)。除双峰驼和单峰驼外,还有4种

图4-9 双峰驼和单峰驼

生活在南美洲的骆驼科动物，即羊驼属（*Llama*）的大羊驼（*Llama glama*）、阿尔帕卡羊驼（*Llama pacos*）、原驼（*Llama guanicoe*）和骆马属（*Vicugna*）的小羊驼——骆马（*Vicugna*）。南美骆驼近年来被引进中国作为产毛经济动物（陈明华和董常生，2007；汪松，2001）。

　　双峰驼主要生活在中亚、中国西北和蒙古国，大约只有 120 万峰。20 世纪在塔克拉玛干沙漠发现的野骆驼，可能是双峰骆驼的祖先，大约有 1000 峰，中国政府已将这一带划为野骆驼自然保护区。骆驼的寿命可长达 30～50 年。双峰驼有两层皮毛：一层温暖的内层绒毛和一层粗糙的外层长毛，两层皮毛会混合成团状脱落，可以收集并分离加工。双峰驼每年可产约 7kg 毛纤维，其结构类似于羊绒，双峰驼的绒毛通常 2～8cm 长，可用于纺纱或生产针织品。因为骆驼作为役用畜的作用随着机械化的进程而减弱，所以数量越来越少，已经成为需要受保护的动物。在过去的 30 年里，双峰驼的地理范围一直在稳步缩小。

　　双峰驼是大型动物，驼峰顶部高约 2.1m，头体长 2.25～3.45m，尾长 0.35～0.55m。成年雄性双峰驼通常比成年雌性大得多，成年雄骆驼体高、体长、胸围分别约为 177.2cm、151.1cm、210.7cm，雌骆驼体高、体长、胸围分别约为 179.5cm、151.7cm、209.9cm（师维洲和 Джумагулов，1984；苏学轼，1988；孙旭光和王志刚，2008），成年骆驼体重 300～690kg。中国是双峰驼的主要生产国，但从 20 世纪 80 年代后双峰驼的数量呈急剧下降趋势。据统计，青海省 1983 年底有骆驼 28 100 峰，1992 年下降为 18 500 峰，比 1983 下降了 34.16%。2005 年调查数据为 5366 峰，比 1983 年下降了 80.90%（侯洪梅，2011；许显庆，2008）。甘肃省骆驼养殖区主要分布在酒泉、金昌、武威、张掖、嘉峪关、临夏等 6 个地区，养殖品种主要是河西双峰驼，目前，全省骆驼存栏量约 25 841 峰（酒泉 17 207 峰、金昌 3958 峰、武威 1279 峰、张掖 3220 峰、嘉峪关 77 峰、临夏 100 峰），其中能繁殖母骆驼约 11 932 峰，占总存栏数的 46.17%（甘肃省畜牧业产业管理局，2017）。据 1981 的统计资料，全国有 63 万峰双峰驼，内蒙古自治区有 38 万峰，占全国总数的 60.3%，新疆维吾尔自治区 15.8 万峰，占全国总量的 25.1%（苏学轼，1988）。截至 2010 年，我国骆驼的数量降为 25 万峰，其中，新疆维吾尔自治区骆驼存栏总数约为 16 万峰，占全国骆驼总数的 64%（哈尔阿力·沙布尔和阿扎提·祖力皮卡尔，2010），全国双峰驼的总体数量在快速下降。

　　单峰骆驼主要生活在非洲北部、亚洲西部和印度等热带地域，目前全世界约有 1400 万峰，全部是家畜。19 世纪末澳大利亚曾从非洲引进部分单峰骆驼，后来由于不再使用役畜，大约有 3200 头散落到澳大利亚沙漠重新野化。成年单峰驼体重为 300～560kg、背高 1.8～2.0m，被毛呈典型的酱褐色，颜色深浅范围从黑色到几乎白色。咽部、肩部和驼峰被毛较长，足有垫，双排睫毛，鼻孔关闭自如，以抵御风沙（陈明华和董常生，2007）。

　　野双峰驼俗称野骆驼（*camelus ferus*），为新疆体型最大的荒漠动物。野骆驼是世界上唯一存在的野生双峰驼种，平均体长 3m，肩高 1.8m，重 800～1000kg，颈长而弯曲，背有双峰，腿细长，两瓣足大如盘，毛色为单一的淡灰黄褐色。世界上仅分布于塔克拉玛干沙漠、罗布泊地区、阿尔金山北麓和中蒙边境荒漠地带的无人区，共残存 800 峰左右。以梭梭、胡杨、沙拐枣等各种荒漠植物为食。雄骆驼多单独活动，繁殖期争雌殴斗激烈，通常一雄多雌成群活动，可形成 30～40 峰的大群。雌驼 2 年 1 胎 1 仔，孕期 13 个月（李维红等，2007；陆东林等，2018；马鸣和李都，2015；萨根古丽等，2010）。

2. 骆驼的遗传多样性

双峰驼的染色体数为 $2n=74$（陈彩安和门正明，1983，1984）。经观察，伊盟双峰驼染色体数目为 $2n=74$，其中 36 对常染色体中有 4 对（1～4 对）为亚端着丝粒染色体，第 5 对为亚中着丝粒染色体，3 对（6～8 对）为中着丝粒染色体，28 对（9～36 对）为端着丝粒染色体。X 染色体为中着丝粒染色体，Y 染色体为端着丝粒染色体。性染色体构型为 XX/XY 型（晁玉庆等，1990）。

骆驼科动物基因组方面的研究起步晚、进度慢，直到 2012 年才完成了世界首例双峰驼全基因组序列图谱的绘制和解析工作（Jirimutu et al.，2012），此项工作由内蒙古农业大学、上海交通大学、中国科学院上海生命科学研究院、南开大学、上海生物信息技术研究中心等研究机构的科研人员合作完成，并在《自然·通讯》杂志发表了其研究成果。之后 2014 年，由内蒙古农业大学、深圳华大基因研究院，以及沙特阿拉伯阿卜杜拉国王科技城国家生物技术中心等多家单位的科研人员共同成功破译了骆驼科动物的基因组序列（Wu et al.，2014），此次研究对一峰双峰驼、一峰单峰驼和一峰羊驼进行了高深度全基因组从头（*de novo*）测序，并同时结合双峰驼的转录组数据，研究了骆驼的沙漠适应性及骆驼科物种的进化历程，该研究成果已于《自然·通讯》杂志发表（明亮等，2015）。

（二）骆驼的生殖系统及生殖特性

1. 雄性驼的生殖系统

雄性双峰驼生殖器官的解剖构造和牛的基本相同。睾丸为四季豆形，按体格比例，雄性驼的睾丸比其他公畜小，长 12～14cm、宽 4.5～5.5cm、厚约 4cm。一头成年雄性驼的左侧睾丸约为 8cm×5cm×4cm，右侧睾丸约为 7cm×5cm×4cm，精索的血管束则较发达，睾丸位于两股之间偏后，一般左侧睾丸较低。在成年以前，即使从后方观察，阴囊也不明显（陈北亨等，1980）。雄性驼的输精管全长均很细，直径仅约 2mm。壶腹与输精管本身无明确界线，最粗处直径约 4mm，比马、牛的细。副性腺有前列腺、尿道球腺，其特点是没有精囊腺。阴茎和公牛的基本相同，但阴茎的 S 弯在阴囊之前。阴茎最前端为一向右向下再向左弯曲，内含软骨组织（陈北亨等，1980）。

单峰驼睾丸在出生时就进入阴囊，雄性骆驼在 3 岁前睾丸非常小，但在初情期开始时，睾丸体积急剧增大，10～14 岁时睾丸重量最大，品种不同，睾丸的大小也不同。在繁殖季节中，睾丸重量明显增加，这是间质组织增生和输精管直径变大的缘故。在繁殖季节和非繁殖季节中，摩洛哥和沙特阿拉伯雄性骆驼左、右睾丸的平均重量分别为 164.3g、180g 和 140g、165g。用组织学检查法对睾丸进行一年的检测发现精子生成具有明显的季节性。雄性骆驼精子生成的最好月份为：以色列驼 2～4 月；埃及驼 3～5 月；沙特阿拉伯驼 12 月至次年 2 月。年龄、品种和管理均可影响精子的生成，通过对睾丸匀浆进行研究发现，3.5～4 岁公驼，性成熟雄性个体每克睾丸组织精子产量为 $4.1×10^7$ 个；6.5～7 岁雄性骆驼每克睾丸组织精子产量为 $1.2×10^8$ 个。

单峰驼输精管的一个显著特点是具有高度弯曲和折叠。输精管外径为 2mm，黏膜有皱褶，内衬假复层上皮。肌层较厚，具有环形的内平滑肌层和纵行的外平滑肌层。壶腹部长约 14cm、直径约 4mm。成熟埃及雄性骆驼壶腹平均重为 3.85g±0.04g，季节变化对其重量有极显著影响。单峰驼的副性腺包括前列腺和尿道球腺，无精囊腺，前列腺的重量为 10～16g，随季节有所波动，5 岁埃及骆驼单侧尿道球腺的重量约为 5.2g，其重量的季节性变化也较明显。雄性驼的阴茎是一个具有 S 状弯曲的纤维弹性体。阴茎由三部分组成，即根部、体部和游离端，勃起组织被非弹性纤维分隔为众多大小不一的静脉腔，阴茎的前部由纯纤维结构逐渐转变为圆形软骨组织，在阴茎弯曲前有一个镰状阴茎头，长约 17～26mm（Elwi 和王雨田，1990）。

2. 雌性驼的生殖系统

雌性驼生殖器官的特点是左子宫角比右子宫角发达，左侧子宫阔韧带比右侧宽得多（图 4-10）。左侧卵巢因为不固定，直肠检查时有时不容易找到。没有子宫中动脉，子宫后动脉为生殖道的主要动脉。卵巢位于子宫角尖端外侧，耻骨前缘附近，形状为扁椭圆形。卵巢表面上常有许多直径 2～3mm 的小卵泡。在没有较大的卵泡及黄体时，左卵巢长 3.2～3.5cm、宽 2.1～2.5cm、厚 0.8～1.4cm，右卵巢长 2.8～3.5cm、宽 2.2～3cm、厚 0.6～1.2cm。卵巢质地柔软，组织构造和牛相同，皮质在外，髓质在内。卵巢有一长 1.5～2cm 的卵巢蒂与卵巢系膜相连，直肠检查时可用手指将卵巢蒂夹住，固定（陈北亨等，1980）。

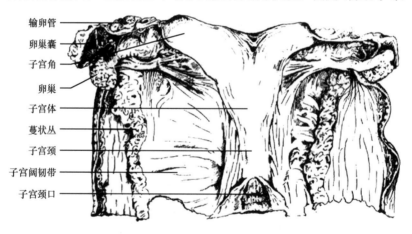

输卵管
卵巢囊
子宫角
卵巢
子宫体
蔓状丛
子宫颈
子宫阔韧带
子宫颈口

图 4-10　雌性双峰驼的生殖系统（陈北亨等，1980）

雌性驼的输卵管和马、牛的基本相同。其特点是：卵巢很大，输卵管游离端开口于卵巢的外囊内。输卵管子宫端与子宫角前端之间有明确的界线，其开口位于子宫角前端内一个黏膜乳头上。乳头比马的大得多，呈圆锥状，突入子宫腔内约 0.5cm。雌性驼的子宫角由二角分岔处至子宫角前端，左角长 8～12cm、右角长 6～8cm，角的长度明显不同，初生驼羔也是左角比右角长。子宫角前端与宫管接合处界线十分明显，和马相似。由子宫底至子宫颈前端，长 8.5～9.5cm，背面没有角间沟。从内部看，二角基部粘连处内有一长约 6cm 的纵隔，从子宫底向后将其一分为二，这一点和牛近似。子宫黏膜和马的相似，没有子宫阜，黏膜上盖有柱状上皮，其固有层内有简单分支的管状腺，腺的上皮也为柱状细胞（columnar cell）。子宫颈长 5～6.5cm，直径约 4cm，质地不像牛的那么硬，从内口到外口，子宫颈管内有 2～5 个环状皱襞，镜下观察，这些皱襞上又有许多小皱襞。

子宫颈上皮为柱状细胞，其中夹杂少数圆的细胞核比较大的分泌细胞。雌性驼的阴道长25～30cm，前端比后端宽阔，阴道前端的黏膜皱襞因纵横交错而呈格状，阴道底上的纵皱襞比较明显。前庭长6～7cm，比马的小。尿道外口位于前庭底的前端，其两旁各有一凹陷，其中有前庭大腺管的开口。阴蒂头很小，直径约0.6cm（陈北亨等，1980）。

3. 骆驼的发情与受孕

骆驼是诱导排卵动物，只有在交配的刺激下才会排卵。如果雌骆驼没有交配的机会，其卵泡就会退化。它们的发情周期约为13～40d，接受交配的时间通常持续3～4d。骆驼每两年可以生育1次，单峰驼妊娠期350～404d，通常单生后代体重26～45kg，罕见双胞胎发生，通常会流产。

双峰雌骆驼3岁性成熟。雄、雌骆驼混群放牧时，4岁的雌骆驼才能产羔。适宜的配种年龄为4～5岁，繁殖终止年龄为18～20岁。雌骆驼发情期集中在冬、春两季。双峰驼妊娠期为360～440d，通常为390d左右，平均出生体重35～40kg。骆驼在天然牧场条件下的繁殖效率很低，其原因包括繁殖季节相对较短，进入青春期比较晚和13个月的长妊娠期。骆驼的繁殖寿命比其他物种长，并且其生育能力会随着年龄的增长和因为发病而下降（哈斯高娃等，2019）。小骆驼一般在头两年内断奶，但在圈养的情况下，可能在一年内断奶。小骆驼在5岁时达到完全成熟，幼崽与它们的母亲生活在一起3～5年，一旦性成熟就完全分开。双峰驼的平均寿命为30岁。

二、羊驼的生殖特性

（一）羊驼的品种和遗传多样性

美洲的骆驼科动物包括2属4种，羊驼属有3种：美洲驼、阿尔帕卡羊驼、原驼；小羊驼属有1种，即骆马。羊驼在南美洲从秘鲁北部向南分布，范围包括秘鲁、玻利维亚西部、阿根廷、智利、火地岛和纳瓦里诺岛。羊驼喜欢开阔、干燥的栖息地，避开陡峭的斜坡、悬崖和岩石，主要分布在南美洲10个主要栖息地中的4个，即沙漠和干旱灌木地、山地和低地草原、稀树草原和灌木地，以及湿润的温带森林（Matthew，2011）。羊驼都有相对较小的头，上唇有裂，没有角，没有驼峰，它们有较小的体型和细长的脚，这与骆驼完全不同（Matthew，2011）。羊驼品种如图4-11所示。

美洲羊驼（*Llama glama*，英文名称：Llama）主要分布于厄瓜多尔、智利、秘鲁、玻利维亚南部和阿根廷北部。美洲羊驼有细长的脖子和长长的腿，成年羊驼肩高90～130cm，体重在130～155kg，美洲羊驼都有由浅到深红棕色的皮毛，胸部、腹部和腿部有白色的底纹，头部有灰色或黑色皮毛（Wheeler，2010）。

阿尔帕卡羊驼（*Llama pacos*，英文名称：Alpaca）原产于秘鲁等地，后被澳大利亚、英国、美国、中国等许多国家成功引种。成年体重55～65kg，毛品质比美洲羊驼好，颜色从白色到黑色等有20多种，有一个细长的身体和脖子，头很小，耳朵又大又尖。

原驼（*Llama guanicoe*，英文名称：Guanaco）从秘鲁南部、智利、阿根廷的安第斯山脉到南美洲南部的火地岛均有分布，巴拉圭西部也有部分分布。原驼被认为是羊驼的祖先。

图 4-11　4 种羊驼

(a)美洲驼；(b)原驼；(c)阿尔帕卡羊驼；(d)骆马

成年原驼体重为 115 ～ 140kg、肩高 110 ～ 120cm，颈部与四肢修长，体态苗条，头为典型的骆驼科家族特征，有长的突出的耳和分裂的活动灵活的唇，被毛长而浓密，背部呈红褐色，腹下呈白色（陈明华和董常生，2007）。

骆马（*Vicugna Vicugna*，英文名称：Vicugna）是骆驼科小羊驼属的大型哺乳动物，为骆驼科的动物从北美洲进入南美洲的一支的后代，目前存在于秘鲁南部、玻利维亚西部、阿根廷西北部和智利北部的安第斯山脉。体型较小，无驼峰，分布于安第斯山区和南美洲南部的草原、半荒漠地区，该属仅有 1 种、2 亚种，是野生动物，和人工饲养的大羊驼及小羊驼并非一种动物，分属不同的属。骆马体长 125 ～ 190cm、肩高 70 ～ 110cm、尾长 15 ～ 25cm、重量 35 ～ 65kg。骆马的脖子和胸部像骆驼，体型像小马，性情温和。骆马的毛长而细软，颜色有纯白、黑色、黄褐色等（陈明华和董常生，2007）。据统计，骆马在玻利维亚为 200 万头，在秘鲁略少于 100 万头。

阿尔帕卡羊驼的染色体数目为 2n=74，雄性羊驼核型为 74，XY；雌性羊驼核型为 74，XX。其中，1 ～ 20 对常染色体为亚端着丝粒染色体，21 ～ 36 对常染色体为亚中着丝粒染色体和中着丝粒染色体，X 为中着丝粒染色体，Y 为端着丝粒染色体（张巧灵等，2005；董常生等，2004）。经染色体组型分析，所有骆驼科动物的染色体数目均为 2n=74（宁夏农学院和内蒙古农学院，1983；Bianchi et al.，1986）。Balmus 等首次用 FISH 探针对单峰驼、双峰驼、原驼、羊驼和单峰驼×原驼杂交骆驼进行核型鉴定，其染色体核型均为2n=74。该技术建立了高分辨率的C-带、T-带、G-带状核型，以及单峰驼的染色体命名和特征图，揭示了这些动物具有相同的核型，只是在异染色质的数量和分布模式上略有变化（Balmus et al.，2007）。

（二）羊驼的生殖系统及生殖特性

1. 雄羊驼的生殖系统

雄性羊驼的睾丸相对较小，其解剖和组织学结构与人的睾丸相似（贺俊平等，2009）。缺少精囊腺，阴囊位置靠近肛门。阴茎为纤维性类型，阴茎形成S形弯曲，交配时伸出包皮。包皮口朝后，排尿时，尿液先进入包皮腔，然后向后下方排出（乔德瑞等，2006）。羊驼的阴茎位于腹壁之下，起自坐骨弓，经左、右股部之间向前延伸至脐部，可分为阴茎根、阴茎体、阴茎头，阴茎根以左、右两个阴茎脚附着于坐骨弓两侧的坐骨结节，外面覆盖着坐骨海绵体肌，两阴茎脚向前合并，与尿道海绵体部一起构成阴茎体。阴茎体呈圆柱状，位于阴茎根和阴茎头之间，占阴茎的大部分，在起始部由两条扁平的阴茎悬韧带固着于坐骨联合的腹侧面。阴茎在阴囊的后方，形成"乙状"弯曲，勃起时伸直。阴茎头位于包皮内，较尖，呈旋转状。阴茎头末端有一长约10mm的圆形状软骨突起，尿道开口位于软骨突起的基部。勃起时阴茎长35～40cm，约18～25cm伸出包皮，阴茎头长9～12cm，逐渐变细，呈顺时针方向扭曲（郭青云等，2011）。

2. 雌羊驼的生殖系统

雌羊驼卵巢左右各一，位于盆腔内子宫角尖端外侧稍后，附着于卵巢系膜上，形似花生粒，外观呈卵圆形，形态因内部卵泡发育而有变化。静止期或卵泡未发育时成年羊驼的卵巢大小为1.6cm×1.1cm×0.5cm，重约2.5g，当卵泡发育后形成突出于卵巢表面的隆起，使卵巢形态发生变化。卵巢的内部组织构造与大多数哺乳动物相似。羊驼卵巢中原始卵泡的数量为2万个左右，卵泡直径2～16mm，大小不等（贺俊平等，2002）。

羊驼的输卵管也分为漏斗部、壶腹部和峡部。漏斗部包裹卵巢，可将排出的卵子导入壶腹部。壶腹部是漏斗部向子宫端的延续，是卵子和精子受精的场所。峡部是由壶腹部延伸而成的狭窄部分，峡部进入子宫角处形成一个小乳头状突起。子宫和输卵管连接部能控制受精后发育中的受精卵适时进入子宫。输卵管的管壁由外向内由浆膜、肌层和黏膜三层组成。黏膜上有皱褶，黏膜上皮由柱状纤毛细胞、分泌细胞和楔细胞共同构成，输卵管在繁殖的不同阶段分别完成精子的运送，卵子的接纳、运行、受精、滞留和入宫等一系列生理过程。精子在羊驼的输卵管可以存活达96h，所以羊驼受精率很高。羊驼的子宫是双角子宫，子宫体顶部有隔膜将子宫体以上部分分成两个子宫角。羊驼子宫颈相对较粗，交配时阴茎可穿过子宫颈而达子宫角（贺俊平等，2002）。

3. 羊驼的发情与受孕

雌羊驼与其他家养物种相比，具有一些不同的生理特性。羊驼是长日照季节性繁殖动物，在其原始生息地南美洲自温暖多雨的12月至次年3月为其繁殖季节，和其他骆驼科动物一样，它们也是诱导排卵的动物，全年都有连续的卵泡生长波，然而，雌性可能会拒绝雄性的交配尝试，能否受孕取决于卵泡发育的阶段。目前还没有关于雄性羊驼在交配意愿上表现出季节性的报告（Abraham et al.，2016）。

性成熟的羊驼，进入繁殖季节时卵泡开始发育。研究表明，卵泡呈波状发育而且倾向于重叠，两次波峰的间隔为11d左右。一般将卵泡发育过程分为生长期、成熟期和退化期。当卵泡发育达到可排卵大小时，如交配则会排卵，而形成黄体，若未交配则一般退化。也有人将卵泡发育分为4个阶段：小卵泡期（4～5mm）、生长期（6～7mm）、成熟期（8～12mm）、退化期（10～7mm）。当卵泡发育到6mm以上时变为主导卵泡，控制其他卵泡的发育，当卵泡发育到7mm以上时，交配可诱导排卵，7mm卵泡是羊驼排卵的最低极限，通常发育达到8～12mm大小时才能排卵（贺俊平等，2002）。

雌性羊驼一般12月龄达到初情期，但受体重影响，体重达40kg左右，开始配种。繁殖季节，雌性羊驼没有像其他家畜那样明显的性周期活动，也没有明显的发情表现。用雄性羊驼试情是判断发情的常用方法，雌性羊驼愿意接受交配的表现为：允许雄性羊驼接近、卧倒、安静，呈等待交配姿势。羊驼的交配方式与双峰驼和单峰驼相同，为卧式交配，交配持续时间为20～25min。交配时阴茎穿过子宫颈而达子宫角。故交配时可致子宫内膜水肿、发热、充血等。雌性羊驼繁殖季节，与多数有蹄类动物不同，没有与自发排卵相适应的规则的性交配接受期（贺俊平等，2002；刘一飞等，2008）。

羊驼通过交配诱导排卵，也可由人绒毛膜促性腺激素或促性腺激素释放素诱导引起。10%～42%母羊驼在繁殖盛期会出现自发排卵，10%多个卵泡同时排卵，但双生活胎极为罕见。排卵通常发生在交配后26h，常由阴茎穿过子宫颈，雄性羊驼双腿搂抱等神经刺激引起。黄体的形成可通过直肠触诊或超声波诊断，也可由血浆孕酮间接诊断。血浆孕酮于排卵后2～3d，即交配后3～4d出现。交配后21d血浆孕酮浓度仍大于1ng/ml，可诊断为怀孕。非怀孕羊驼前列腺素（prostaglandin）PGF2于交配后9～12d呈节律性释放，同时血浆孕酮浓度下降到低限（0.2ng/ml），表明黄体期为8～9d。妊娠期切除卵巢或黄体会引起流产（1～9月）、早产（10～11月），说明黄体是维持妊娠（pregnancy）所必需。妊娠早期胚泡被母体识别必须发生在黄体溶解之前。胚胎识别后能抑制子宫源前列腺素的释放，而子宫源前列腺素的释放是导致原发性黄体溶解的原因（贺俊平等，2002）。

受精卵在交配后第4天，在输卵管可收集到4～8细胞的胚胎，在交配后7～10d发育为胚泡并到达子宫角，98%胚泡在左侧子宫角，附着而妊娠。羊驼受精卵附着开始于排卵后14d，胚泡与子宫内膜紧密接触。羊驼胎盘是上皮绒膜胎盘，即弥散型胎盘，这类胎盘的绒毛膜整个表面或多或少地覆盖着绒毛，绒毛伸入到子宫内膜腺窝内，构成一个胎盘单位。50%胚胎死亡发生于妊娠早期或胚泡附着前（刘一飞等，2008）。羊驼妊娠期342～350d，产前30d乳房开始胀大，产前3d血浆孕酮浓度下降，分娩多于上午进行，整个产程2～3h（贺俊平等，2002）。

三、驼羊的生殖特性

（一）骆驼科动物的杂交繁育

骆驼科动物品种间的杂交有一定优势。不同品种的骆驼科动物虽然表型有较大差异，体型、体重有所不同，但都具有相同的染色体核型（2n=74）、类似胎盘和类似的生殖生理学。所以 20 世纪中后期就有种间杂交的报道，如双峰驼与单峰驼的杂交。双峰驼活重平均为 650kg，剪毛量 6.8 kg。与双峰驼相比，单峰驼体格较小，被毛短而稀，剪毛量很少（2.6kg）。为了使双峰驼与单峰驼的优良生产品质结合在一起，哈萨克斯坦、乌兹别克斯坦和土库曼斯坦等国的研究人员进行了这两种骆驼的杂交工作。生产实践证实，一代杂种生产性能有很大提高，在体格、体重和负重等方面都超过了亲本，而且杂交后代是可育的（师维洲和 джумагулов，1984）。现已证实双峰驼和单峰驼之间可以进行种间体细胞核移植（somatic cell nuclear transfer）。把双峰驼皮肤成纤维细胞的细胞核移到单峰驼去核的卵母细胞中构建胚胎，以同步发情的单峰驼作为胚胎移植（embryo transplantation）的受体，可以得到出生后成活 7d 的驼羔（Wani et al.，2017）（图 4-12）。亲本的生殖生理学、妊娠期、胎盘、染色体数目、体型大小的相似性是成功杂交和种间胚胎移植的重要因素。所有南美的羊驼都能互相杂交并产生可育的后代。美洲羊驼与其他羊驼杂交的产物是一种被称为 Huarizo 的杂种动物。阿尔帕卡羊驼和美洲羊驼之间已经成功地进行了种间胚胎移植。

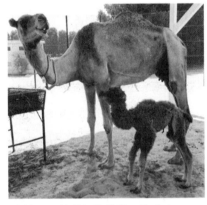

图 4-12　出生第 2 天的种间核移植双峰驼（Wani et al.，2017）

　　虽然骆驼和羊驼均有相同的染色体数，但在进化过程中已经形成生殖隔离，通常是不能交配和产生杂种后代的。但通过人工辅助生殖（artifical assisted reproduction）亦有例外，Skidmore 等将 2 ～ 4ml 新鲜的原驼精液用等量的商用骆驼精液稀释剂稀释，分别给 30 只雌性单峰骆驼授精，共授精 50 次，同样，用 4 ～ 6ml 稀释的新鲜骆驼精液对 9 只雌性原驼进行 34 次授精。结果只有两只雌性单峰骆驼怀孕，其中一只在妊娠 260d 流产了一个雌性胚胎，另一个在 365d 生下了一个死胎。雌性原驼有 6 个受孕，其中两个，经超声诊断在妊娠第 25 ～ 40d 被吸收，一个雌性胚胎在第 291 天流产，另一个雌性胚胎在第 302 天流产，一个雌性驼羔在妊娠第 365 天死产，第 6 个胚胎为雄性，早产，但在妊娠后 328d 仍然存活（Skidmore et al.，1999）。

　　（二）骆驼科动物杂交的生殖调控和遗传特性

　　单峰驼与原驼杂交产生的后代，其表型表现介于骆驼和原驼之间。Skidmore 等将这种杂交后代经 8 个微卫星 DNA 位点分析，分析结果充分证实了这是母原驼和公骆驼杂交的产物，对其余流产杂交驼的卵巢组织的检查显示，其中的卵母细胞减数分裂失败，且只有少数异常的卵母细胞被卵泡细胞包围。上述研究表明，尽管骆驼和原驼的二倍体染色体数目相同（2n=74），但已经发生了足够的遗传变化，使同源染色体不再可能配对（Skidmoreet al.，1999）。上述实验得到的杂交驼耳朵的长度介于亲本之间，有着像骆驼一样长长的尾巴和适宜沙漠行走的强壮的腿，但和原驼一样没有驼峰且有蓬松的长毛（图 4-13）。单峰驼和南美大羊驼杂交的后代，在体色上看起来很像骆驼，但是却没有典型的驼峰。迪拜骆驼繁育中心的科研人员一直以来致力于混血骆驼的繁育，他们希望这种混血骆驼能够在保留骆驼的体形、力量和忍耐力的同时，还能够拥有南美大羊驼的协作精神，首只混血骆驼出生于迪拜骆驼繁育中心，被命名为拉玛。然而，不幸的是拉玛性情暴躁，而且完全没有协作精神。

（a）　　　　　　　　　　　　　　　　　　（b）

图 4-13　单峰驼和南美大羊驼及二者杂交的后代（Skidmore and Allen，1998）

（a）单峰驼、南美大羊驼和二者杂交的后代；（b）单峰驼和南美大羊驼杂交的后代

第三节　马鹿、梅花鹿杂交和杂交鹿的生殖特性

一、马鹿的生殖特性

（一）马鹿的品种和遗传多样性

我国鹿科动物共有 9 属 19 种，常见的鹿科动物有白唇鹿（*Cervus albirostris*）、泽鹿（又名坡鹿）（*Cervus eldi*）、水鹿（*Cervus unicolor*）、马鹿（*Cervus elaphus*）、梅花鹿（*Cervus nippon*）共 5 种（张荣祖，1997）。马鹿俗名八叉鹿、黄臀赤鹿、红鹿、赤鹿，国家二级保护动物（图 4-14），体长 180cm 左右、角长 1m 左右、寿命 16 ～ 18 年、肩高 110 ～ 130cm，成年雄性体重 200 ～ 290kg，成年雌性 180 ～ 210kg（李顺才，2004）。马鹿是仅次于驼鹿的大型鹿科动物，因为体形似骏马而得名，共有 21 个亚种（苏莹，2016）。马鹿的角很大，只有雄兽才有，而且体重越大的个体角也越大，雌兽仅在相应部位有隆起的棘突。雄性的角一般分为 6 或 8 个叉，个别可达 9 ～ 10 叉。马鹿夏天的毛短，没有绒毛，通体呈赤褐色，背面较深，腹面较浅，故有"赤鹿"之称。马鹿冬天的毛厚密，有绒毛，毛色灰棕，臀斑较大，呈褐色、黄赭色或白色。

图 4-14 马鹿（李云霞，2020）

马鹿在我国有一定数量，2015 ～ 2018 年统计，分布于黑龙江省、吉林省、内蒙古自治区、新疆维吾尔自治区、甘肃省、青海省、西藏自治区、四川省等地，据文献报道，21 世纪初的种群数量仅有 13 万头（李顺才，2008）。用天山马鹿与东北马鹿（*Cervus elaphus xanthopygus*）杂交，产茸量的群体平均值（25 ～ 30kg）显著提高，茸质较母本好，杂交个体的生活力、抗病力、适应性、对饲料的利用和转化能力都有提高，生长速度明显加快（郑兴涛等，1993）。东北马鹿的染色体数为 $2n=68$，34 对染色体由 33 对常染色体和 1 对性染色体组成。常染色体中有 1 对中着丝粒染色体和 32 对近端着丝粒及端着丝粒染色体。最大的 1 对端着丝粒染色体的臂端常可看到随体。性染色体中，X 染色体是核型中最大的端着丝粒染色体，Y 则是最小的亚中着丝粒染色体。鹿科动物的进化趋向和古生物学资料都说明梅花鹿的起源早于马鹿。梅花鹿和马鹿染色体的总臂数均为 70，可以推测东北马鹿比东北梅花鹿（*Cervus nippon hortulorum*）多的 2 对端着丝粒染色体是由东北梅花鹿的 1 对中着丝粒染色体经罗伯逊断裂而来的（李军祥和王民，1997；俞秀璋，1986）。

（二）马鹿的生殖系统及生殖特性

马鹿的雄性生殖器官包括睾丸、附睾、输精管、尿生殖道、副性腺和阴茎等。睾丸表面有浆膜覆盖，浆膜下有一层较厚的致密结缔组织组成的白膜。睾丸小叶内有曲精细管，曲精细管的上皮由支持细胞和不同发育时期的生精细胞组成。其中包括精原细胞、初级精母细胞、次级精母细胞、精子细胞和精子。马鹿睾丸和副性腺的季节性变化明显。马鹿的生精上皮具有明显的生精上皮波。马鹿的睾丸组织随季节更替发生周期性变化，秋季马鹿的睾丸比春季增大 3 倍左右，睾丸中的间质组织和血管等都相应增大，A1 精原细胞的数量增多，但是秋季睾丸的 A0 精原细胞却很少（Reviers and Lincoln，1978），其他鹿种同样存在睾丸组织随季节变化的现象。不仅睾丸组织，鹿的生殖系统的其他组织，如鹿的副性腺也随季节的更替而变化。例如，日本鹿雄性副性腺的精囊腺季节性变化非常明显，活动期的重量是退缩期的 2 ～ 3 倍，配种期精囊腺上皮几乎看不到空泡，在非配种期上皮细胞中空泡多。输精管膨大部也是以配种期为中心呈季节性变化的。鹿生殖系统的组织学结构具有季节性变化的特点，这与不同时期鹿体内的各种生殖激素的变化相对应，但两者变化的具体对应关系有待于进一步研究（马泽芳等，2005）。

目前对雄鹿生殖器官的超微结构研究报道很少，Gosch 和 Fischer（1989）对黇鹿（*Dama dama*，英文名称：Fallow deer）精子用光学显微镜和扫描电镜进行研究表明，其精子全长平均 67.2μm、头部长 8.2μm、中段长 13.7μm、主段长 42.6μm、末段长 2.7μm。母鹿的卵巢在皮质部含有各级卵泡，包括原始卵泡、初级卵泡、次级卵泡、成熟卵泡和闭锁卵泡。髓质部由疏松结缔组织构成，富含血管和神经。鹿的卵泡发育和输卵管上皮变化均呈现明显的周期性变化，这与其体内生殖激素的变化密切相关。从秋季到春季，对东北马鹿雌性生殖系统进行观察和测量表明，马鹿的卵巢呈扁椭圆形，长 1.5 ～ 2.1cm、宽 0.75 ～ 1.1cm、高 1.0 ～ 1.5cm。输卵管伸直长度平均为 15.1cm。马鹿子宫角的长度为 17.0cm±3.2cm，弯曲度大于牛、羊的子宫角。子宫颈长约 5.5cm±0.7cm、粗 3 ～ 4cm，子宫颈突出于阴道。尿生殖前庭长度约为 10.5cm±2.2cm，前庭腺开口位于尿道口两侧（方肇清等，1983）。用超声波对马鹿的有腔卵泡发育进行研究，在繁殖季节黄体呈周期性变化，在黄体期超过 3mm 的卵泡总数的变化不显著，6mm 以上的单个卵泡始终存在。马鹿在卵泡发育阶段含有 26.6 个 ±3.45 个大于 2mm 的卵泡，每只母鹿至少有一个大的有腔卵泡（直径为 8.3mm±0.38mm）。卵泡的大小和颗粒细胞的数量具有很强的相关性（马泽芳等，2005）。母鹿于 15 ～ 16 月龄进入初情期，配种适龄期为 28 ～ 29 月龄，发情周期为 18d±2d，发情持续时间为 26h±10h，发情盛期 6h±2h。发情配种季节为 9 月中旬至 11 月初，翌年 5 月中旬至 6 月中旬产仔，妊娠期为 246d 左右（郑兴涛等，2003）。不同品系的马鹿，如天山马鹿和乌兰坝马鹿的妊娠期有一定差别（李顺才，2004）。

二、梅花鹿的生殖特性

（一）梅花鹿的品种和遗传多样性

我国的梅花鹿 20 世纪末有 30 万只左右（任战军，2000），目前培育品系有双阳梅花鹿、长白山梅花鹿（图 4-15）、西丰梅花鹿等 6 个品种。梅花鹿体长 105 ～ 170cm、尾长 13 ～ 18cm、肩高 85 ～ 110cm、体重 40 ～ 150kg。成体和幼体毛色为棕褐色，散有白色斑点（盛

图 4-15　梅花鹿（李云霞，2019）

和林，1999）。梅花鹿的染色体为 2*n*=66，NF=70（欧阳子焯等，1984；苏莹，2016；王宗仁和杜若甫，1983）。孙丽敏和邢秀梅（2019）对 9 只野生梅花鹿的 482 个细胞进行了分析，进一步确认梅花鹿细胞核的染色体数为 2*n*=66，在此基础上经 C- 带和 Ag-NOR 染色法分析表明，东北野生马鹿（2*n*=68）与梅花鹿是鹿科中两个不同的物种。

（二）梅花鹿的生殖系统及生殖特性

对雄性梅花鹿在长茸期与发情期的睾丸组织结构研究表明，梅花鹿生精上皮的形态和细胞组成呈周期性变化。长茸期（5 ～ 6 月）的睾丸组织中的曲细精管萎缩，管中精原细胞排列稀疏，大部分精原细胞处于休息期，只有少量的初级精母细胞，未见次级精母细胞、精子细胞和精子。在发情期，曲细精管扩张，管中的精原细胞不断分裂增殖、分化发育形成精子。在发情初期和后期，曲细精管中的生精细胞较少，但长茸期与发情期，曲细精管中的支持细胞总数无显著差异。公鹿于 16 月龄达性成熟，并且可采得品质优良的鲜精，种用年限为 5 年左右。清原品系种公鹿的射精量为 2.13ml±0.84ml，精液 pH 为 7.08±0.18，精液颜色为乳白或淡乳白色，精子活力为 0.58±0.18，精子密度为（4.52±2.34）亿 /ml，冷冻精子活力为 0.31±0.08（李和平，2002）。雌性梅花鹿 9 ～ 10 月发情，动情期 1 ～ 2d，雌鹿的妊娠期约 223d，多于 4 ～ 5 月产仔，每胎 1 仔，哺乳期约 4 个月。雌鹿 16 月龄、雄鹿 18 月龄性成熟。饲养寿命长达 25 年（盛和林，1999；郑生武，1994）。梅花鹿精子全长 61.6μm±2.70μm，其中头长 7.19μm±0.47μm、中段长 12.08μm±0.75μm，主段和末段合计长约 42μm。东北梅花鹿精子头部呈棒状，精核呈长楔形。顶体（acrosome）前部较为膨大，可以储存大量的顶体反应所需的酶，有利于受精时精子穿卵。东北梅花鹿的精子中段线粒体鞘为 55 ～ 60 转，中段较长，有利于受精时精子穿透卵子透明带（zona pellucida）。尾部轴丝的类型为"9+2"结构（马泽芳等，2005）。

三、杂交鹿的生殖特性

（一）鹿科动物的杂交繁育

我国在 20 世纪 70 年代开始对鹿科动物的种间杂交进行探索，如梅花鹿和水鹿的杂交、梅花鹿和马鹿的杂交、梅花鹿和白唇鹿的杂交、水鹿和马鹿的杂交等（米丁丹等，2014）。上述品种杂交后均可获得杂交后代（F1），且多数杂交后代的生产性能得到显著提高（方元，1994；张发慧，2004；张宇和魏海军，2010；赵列平等，1999；郑兴涛，1998）。但杂交后得到的 F1 代的生育能力却不尽相同。例如，梅花鹿和白唇鹿杂交，其 F1 代没有生育能力。又如雌性水鹿和雄性新疆马鹿或雌性水鹿与雄性梅花鹿杂交，结果都是 F1 代雄性不育（俞秀璋，1986）。通常，鹿的亚种之间杂交产生的 F1 代，以及梅花鹿与马鹿杂交产生的 F1 代，其雌、雄个体都是可育的。梅花鹿和马鹿杂交产生的 F1 代称为花 - 马鹿，F1 代雌鹿和绝大多数 F1 代雄鹿都具有繁殖能力（郑兴涛等，1994）。这种情况与马、驴杂交及牦牛和黄牛杂交的情况不同。雌性花 - 马鹿容易受胎，繁殖成活率近 81%，高于母本，很少有难产，其繁殖方面的显著特点为：初情期为 15 ～ 16 个月龄，早于双亲，妊娠期较亲本稍短，双胎率 22.7%，比母本的 2.99% 高出 5.59 倍；此外，繁殖利用年限较亲本长约 3 年,即达 13 年左右,特殊个体曾见到 16 胎产 19 只仔鹿(郑兴涛等,1994)。

(二)鹿科动物杂交的生殖调控和遗传特性

一般认为,不同物种的染色体数及组型有所不同。但同一物种的不同亚种或群体间,染色体数和组型不一致的例子也不少。例如,东北梅花鹿和日本梅花鹿染色体数就不同,前者为 $2n=66$,而后者为 $2n=68$。毛冠鹿雄性染色体数为 $2n=48$,雌性为 $2n=47$(张锡然等,1983),还有报道称,雌性毛冠鹿的染色体数为 $2n=46$(王宗仁和全国强,1984),表明在毛冠鹿中存在染色体数的多态现象。反之,也有不同物种染色体数一致且染色体组型相似的例子,如黄牛与牦牛的染色体数均为 $2n=60$,二者除 Y 染色体的形态稍有差别外(前者为中着丝粒染色体,而后者为亚中着丝粒染色体),其 C- 带、G- 带带型及 Ag-NOR 的分布大体一致,但它们杂交的后代(犏牛)雄性不育,从而既体现出种间的生殖隔离,又说明了二者的遗传物质存在着种的差异。这说明染色体数的异同,并不是物种差异的唯一根据,而遗传物质的差异才是本质差异。"种"是能够相互交配的自然种群的类群,这些类群与其他类群在生殖上相互隔离。同一物种的最主要标准是交配的能育性。凡是能相互交配并产生能育的后代的种群,均属同一物种。各物种间遗传物质存在着差异,这种差异表现为染色体数目和染色体结构的不同。由于差异的限制,杂交后产生的杂种,在减数分裂过程中同源染色体的配对联会困难,往往表现为不育或至少是异型配子不育。目前公认的是,东北马鹿和东北梅花鹿是鹿科动物中两个不同的物种。既然是不同的物种,它们互交后为什么能产生能育的杂种后代?它们的遗传物质又有何种差异?

从上文的细胞遗传学分析看出,东北马鹿与东北梅花鹿的亲缘关系极为密切,虽然二者的染色体数不同,但杂交后产生的 F1 代可以互交而繁殖正常的后代,不存在生殖隔离。俞秀璋等在 1976 年、1977 年、1980 年、1981 年,先后用杂交获得的 F1 代互交产生了 36 只(雄性 13 只,雌性 23 只)后代。东北马鹿和东北梅花鹿杂交 F1 代两性皆育,说明这二者间的生殖隔离和遗传隔离机制尚未完善。这两个群体在进化过程中,由于染色体发生了一次罗伯逊断裂和所处的小生境不同,致使体型外貌等方面发生了相应的变化,但遗传物质并无明显的增减或重组,染色体的变异还未达到减数分裂时不能配对的程度,所以二者杂交后 F1 代两性皆可育(俞秀璋,1986)。郑兴涛等经对 4 只东北梅花鹿(母)× 东北马鹿(公)F1 代杂种鹿的染色体观察发现,F1 代 189 个细胞的染色体数为 67 的细胞有 143 个,占细胞数的 75.7%。故 F1 代的染色体核型为 $2n=67$,它由 65 条常染色体和 1 对性染色体组成。65 条常染色体中有 3 条中着丝粒染色体,但它们大小不一,其中较大的 1 条是成单的,没有外形一致的同源染色体与其配对,是常染色体中最大的一条,其余 62 条为端着丝粒和近端着丝粒染色体(郑兴涛等,1994)。

东北马鹿和东北梅花鹿不但在饲养条件下可以杂交得到两性皆可育的 F1 代杂种,而且在自然界也发现二者杂交的杂种鹿。俞秀璋(1986)的组型分析资料表明,马鹿 $2n=68$,梅花鹿 $2n=66$;马鹿的 21 号和 23 号染色体均为端着丝粒染色体,其 G- 带纹和梅花鹿 1 号中着丝位染色体的两臂 G- 带纹吻合,其他对染色体的 G- 带纹也极为近似;此外,两种鹿染色体的 C- 带、Ag-NOR 的位置和数目也相一致,推测这两种鹿组型的差异只涉及一个罗伯逊易位。如果这种解释是正确的,那么预期在杂种鹿精母细胞的粗线期,应该形成 31 个常染色体二倍体、一个三价体和 XY 双价体。联会复合体(synaptonemal complex,SC)分析结果完全证实了这一点。因此,杂种鹿常染色体的 SC 的形态、结构和普通哺乳动物典型的 SC 并无区别。这说明这两种亲本鹿的染色体的确具有高度的同源性或一致性。虽然联会的区域或 SC 的长短不一,但总是向一侧突出,即形成顺式构型(*cis*-configuration),反式构型(*trans*-configuration)则很罕见。这种端着丝粒染色体/中着丝拉染色体三价体的顺式构型,即三个着丝粒呈三角形排列,并在整个粗线期保持不变,可保持到减数分裂中期Ⅰ,在后期Ⅰ三价体中两条端着丝粒染色体移向一极,中着丝粒染色体移向另一极,其结果是产生平衡的配子。杂种鹿(F1)两性皆可育,且生育率未见明显降低。这与杂种(F1)精母细胞中三价体的顺式构型,以及由此预期的结果是一致的(马昆等,1988)。

参 考 文 献

晁玉庆, 赖双英, 国向东, 等. 1990. 双峰驼染色体核型初步分析. 内蒙古农牧学院学报, (1): 69-74.

陈北亨, 康承伦, 员志贤, 等. 1980. 骆驼的繁殖生理 (第一报) 骆驼生殖器官的解剖. 畜牧兽医学报, (1): 1-8.

陈彩安, 门正明. 1983. 骆驼外周血液淋巴细胞培养及其染色体的初步观察. 甘肃农业大学学报, (2): 66-69.

陈彩安, 门正明. 1984. 双峰驼染色体组型分析. 甘肃农业大学学报, (2): 30-33.

陈珉, 张恩迪, 李冰. 2007. 虎的保护遗传学研究进展. 四川动物, (1): 216-220.

陈明华, 董常. 2007. 骆驼科动物的比较生物学特性. 家畜生态学报, 28(6): 153-157.

董常生, 张巧灵, 赫晓燕, 等. 2004. 羊驼染色体的研究. 畜牧兽医学报, (5): 594-596.

杜海侨. 1995. 狮虎杂交实验. 野生动物学报, (5): 2.

方元. 1994. 水鹿和梅花鹿杂交的研究. 动物学杂志, (4): 46-48.

方肇清, 张大鹏, 张宏伟, 等. 1983. 东北马鹿雌性生殖器官. 野生动物学报, (3): 50-52.

冯爱国, 丁文娟, 宋桂强, 等. 2011. 非洲狮的饲养管理与繁殖. 畜禽业, (10): 57.

甘肃省畜牧业产业管理局. 2017. 甘肃省骆驼产业发展调研报告. 甘肃畜牧兽医, 47(11): 44-45.

古禅, 万方, 王一心. 1985. 地球村的动物邻居. 北京: 中国建材工业出版社.

郭青云, 赵鹂, 贺俊平. 2011. 雄性羊驼尿生殖道和阴茎的形态特征. 畜禽业, (4): 50-52.

哈尔阿力·沙布尔, 阿扎提·祖力皮卡尔. 2010. 保护骆驼良种资源加快发展养驼产业. 中国动物保健, 12(1): 80-82.

哈斯高娃, 乌日罕, 伊茹汗, 等. 2019. 雌性骆驼繁殖研究进展. 草食家畜, (3): 6-12.

贺俊平, 董常生, 范瑞文. 2002. 雌性羊驼生殖器官解剖构造与繁殖生理特征. 动物医学进展, 23(1): 23-25.

贺俊平, 姜俊兵, 董常生. 2009. 羊驼睾丸细胞凋亡及凋亡相关蛋白的定位. 畜牧兽医学报, 40(12): 1799-1804.

侯洪梅. 2011. 青海骆驼资源现状与保种. 中国畜禽种业, 7(12): 51-52.

黄恭清. 1992. 华南虎 (*Panthera tigris amoyensis*) 的饲养管理和繁殖研究. 铁道师院学报, (S4): 45-50+56.

姜恩宇. 2007. 雨林精灵 海南长臂猿. 华夏地理, (6): 162-171.

姜恩宇. 2011. 海南岛热带雨林. 北京: 中华书局.

姜福泉. 1994. 生活在印度的亚洲狮. 大自然, 3: 17-18.

李和平. 2002. 中国茸鹿品种 (品系) 的遗传繁殖性能. 东北林业大学学报, 30(3): 35-37.

李军祥, 王民. 1997. 马鹿染色体核型分析. 青海畜牧兽医杂志, 27(2): 9-11.

李顺才. 2004. 中国人工选育茸用鹿品种 (品系) 的种质特性. 畜牧与饲料科学, 25(4): 42-45.

李顺才, 杜利强, 安瑞永. 2008. 中国野生马鹿资源的保护与利用. 草业科学, (4): 82-85.

李维红, 高雅琴, 王宏博, 等. 2007. 亟待保护的野骆驼. 畜牧兽医科技信息, (4): 6-7.

刘丹, 马跃, 李慧一, 等. 2013. 虎 (Panthera tigris altaica) 多雄交配与多重父权: 对猫科动物圈养种群遗传多样性保护的启示. 科学通报, 58(16): 1539-1545.

刘润铮, 李兰萍, 李绪刚, 等. 1993. 东北虎雄性生殖器官观察. 经济动物学报, (4): 24-25.

刘一飞, 谢建山, 董常生. 2008. 雌性羊驼繁殖生理研究进展. 畜禽业, (2): 36-37.

陆东林, 徐敏, 李景芳, 等. 2018. 野骆驼的生物学特性及其在家骆驼改良中的意义. 新疆畜牧业, 33(10): 12-19.

马建章, 金崑. 2003. 虎研究. 上海: 上海科技教育出版社.

马昆, 施立明, 俞秀璋, 等. 1988. 东北马鹿和东北梅花鹿 F_1 杂种精母细胞联会复合体分析. Journal of Genetics and Genomics, (3): 39-42+87-88.

马鸣, 李都. 2015. 图览新疆野生动物. 乌鲁木齐: 新疆青少年出版社.

马泽芳, 郑丁团, 张林嫒, 等. 2005. 鹿生殖系统解剖学和组织学的研究进展. 特产研究, 27(1): 55-59.

孟照刚. 2008. 马鹿亚种间杂交后代鹿茸营养及活性物质研究. 兰州: 甘肃农业大学硕士学位论文.

米丁丹, 刘爽, 李和平. 2014. 我国养鹿生产中主要杂交类型. 特种经济动植物, 17(11): 7-10.

宁夏农学院, 内蒙古农学院. 1983. 养驼学. 北京: 农业出版社.

欧阳子焯, 陈乾生, 林惠莲. 1984. 梅花鹿 (Cervus nippon Temminck)、水鹿 (Gervus unicolor Kerr) 及其杂交一代染色体组型比较. 动物学研究, 5(S1): 71.

乔德瑞, 唐好文, 董常生. 2006. 羊驼生殖器官的解剖与生殖生理学特性. 动物医学进展, 27(2): 24-26.

任战军. 2000. 中国鹿科动物遗传资源的现状. 西安联合大学学报, (4): 51-55.

萨根古丽, 沙拉, 袁磊. 2010. 罗布泊野骆驼国家级自然保护区野骆驼的栖息环境及适应特征. 新疆环境保护, 32(2): 30-33.

盛和林. 1999. 中国野生哺乳动物. 北京: 中国林业出版社.

师维洲, Джумагулов И К. 1984. 双峰驼与单峰驼的杂交. 国外畜牧科技, (2): 2.

宋照林, 王腾占. 1989. 非洲狮繁殖与人工育幼. 野生动物, (1): 36-37.

苏学轼. 1988. 我国骆驼品种的形态与分布的关系. 甘肃畜牧兽医, (6): 20-22.

苏莹. 2016. 马鹿群体 Y 染色体相关基因遗传多样性分析. 长春: 吉林农业大学硕士学位论文.

孙丽敏, 邢秀梅. 2019. 野生鹿科动物染色体研究进展报告. 特种经济动植物, 22(9): 5-6.

孙旭光, 王志刚. 2008. 酒泉市 "河西双峰骆驼" 品种现状调查初报. 农业科技与信息, 15(15): 55-56.

孙占礼. 2006. 虎典. 北京: 中国摄影出版社.

汪松, 解焱, 王家骏. 2001. 世界哺乳动物名典 (拉汉英). 长沙: 湖南教育出版社.

王恩福, 阴化龙, 程会昌, 等. 1986. 狮子体的部分器官解剖观察报告. 现代牧业, (1): 8-19.

王晓宇, 折伊胜, 陈静, 等. 2018. 非洲狮的饲养管理与繁殖. 湖北畜牧兽医, 39(9): 37-38.

王宗仁, 杜若甫. 1983. 鹿科动物的染色体组型及其进化. Current Zoology, (3): 23-31.

王宗仁, 全国强. 1984. 毛冠鹿染色体组型. 动物学研究, (1): 82+120.

吴建会. 2008. 东北虎多态性微卫星位点的筛选及其研究. 杭州: 浙江大学硕士学位论文.

吴云良, 包文斌, 张红霞, 等. 2011. 微卫星技术分析东北虎遗传多样性及亲缘关系. 扬州大学学报 (农业与生命科学版), 32(1): 87-91.

许显庆. 2008. 乌兰县柴达木双峰骆驼调查. 青海畜牧兽医杂志, (1): 42.

尹本顺, 黄显达. 2000. 雄虎与雌狮共涉爱河——深圳市野生动物园发生虎、狮交配奇观. 野生动物学报, (4): 27.

俞秀璋. 1986. 东北马鹿和东北梅花鹿染色体核型的比较观察及其五种杂交组合后代的组型分析. Journal of Genetics and Genomics, (2): 125-131+166-168.

袁越, 江月. 2019. 亚洲狮的困境. 意林, (4): 55.

张发慧. 2004. 甘肃马鹿导入东北马鹿杂交改良试验观察. 中国草食动物科学, (1): 25-26.

张冠相, 鲍俊英, 李雁冰, 等. 1991. 野生东北虎的解剖. 野生动物学报, (3): 40-41.

张巧灵, 董常生, 贺俊平, 等. 2005. 羊驼染色体核型及其 G 分带的研究. 遗传, (2): 221-226.

张荣祖. 1997. 中国哺乳动物分布. 北京: 中国林业出版社.

张锡然, 陈宜峰, 朱红阳, 等. 1993. 东北虎和华南虎染色体比较研究. Current Zoology, (3): 334-337.

张锡然, 朱红阳, 陈俊才, 等. 1991. 华南虎 (*Panthera tigris amoyensis*) 的染色体研究. 南京师范大学学报 (自然科学版), (1): 68-71.

张锡然, 朱红阳, 陈宜峰, 等. 1992. 东北虎 (*Panthera tigris amureusis*) 的染色体. 南京师范大学学报 (自然科学版), (3): 95-96.

赵列平, 郑兴涛, 邹洪涛, 等. 1999. 东北马鹿与天山马鹿杂交 F1 繁殖性状的杂种优势率. 经济动物学报, (3): 26-29.

郑冬, 刘学东. 2004. 野生动物育种学. 哈尔滨: 东北林业大学出版社.

郑生武. 1994. 中国西北地区珍稀濒危动物志. 北京: 中国林业出版社.

郑维平, 吴云良, 李文斌, 等. 2008. 东北虎染色体核型分析. 扬州大学学报 (农业与生命科学版), 29(1): 49-51.

郑兴涛, 邸国良, 金顺丹, 等. 1993. 东北马鹿与天山马鹿杂交 F1 遗传性状的研究. 特产研究, (3): 4-7.

郑兴涛, 邸国良, 李和平, 等. 1998. 我国茸鹿杂交试验研究工作的成就及思考. 经济动物学报, 2(4): 55-60.

郑兴涛, 李国华, 赵裕方, 等. 1994. 种间和亚种间杂交 F₁ 鹿繁殖性能的研究. 黑龙江畜牧兽医, (4): 26-28.

郑兴涛, 赵蒙, 贾洪义, 等. 2003. 清原马鹿品种选育研究. 经济动物学报, 7(3): 18-23.

祝正高. 2012. 东北虎的人工饲养与繁殖. 北京农业, (24): 74.

Elwi A, 王雨田. 1990. 雄性单峰驼的生殖生理. 国外畜牧学 (草食家畜), (4): 28-32.

Abraham M C, Puhakka J, Ruete A, et al. 2016. Testicular length as an indicator of the onset of sperm production in alpacas under Swedish conditions. Acta Veterinaria Scandinavica, 58: 10.

Balmus G, Trifonov V A, Biltueva L S, et al. 2007. Cross-species chromosome painting among camel, cattle, pig and human: further insights into the putative Cetartiodactyla ancestral karyotype. Chromosome Research, 15(4): 499-515.

Bianchi N O, Larramendy M L, Bianchi M S, et al. 1986. Karyological conservatism in South American camelids. Experientia, 42(6): 622-624.

Cremer T, Cremer C. 2001. Chromosome territories, nuclear architecture and gene regulation in mammalian cells. Nature Reviews Genetics, 2(4): 292-301.

Ferguson-Smith M A, Trifonov V. 2007. Mammalian karyotype evolution. Nature Reviews Genetics, 8(12): 950-962.

Gosch B, Fischer K. 1989. Seasonal changes of testis volume and sperm quality in adult fallow deer (*Dama dama*)and their relationship to the antler cycle. Journal of reproduction and fertility, 85(1): 7-17.

Grinnell J, Packer C, Pusey A E. 1995. Cooperation in male lions: kinship, reciprocity or mutualism? Animal Behaviour, 49(1): 95-105.

Hartman M, Groenewald H B, Kirberger R M. 2013. Morphology of the female reproductive organs of the African lion (*Panthera leo*). Acta Zoologica, 94(4): 437-446.

Jirimutu Wang Z, Ding G H, et al. 2012. Genome sequences of wild and domestic bactrian camels. Nature Communications, 3: 1202.

Matthew E G. 2011. Handbook of the mammals of the world. Quarterly Review of Biology, 29(5): 468.

Nie W H, Wang J H, O' Brien P C M, et al. 2002. The genome phylogeny of domestic cat, red panda and five mustelid species revealed by comparative chromosome painting and G-banding. Chromosome Research, 10(3): 209-222.

O' Brien S J, Menninger J C, Nash W G. 2006. Atlas of Mammalian Chromosomes. Canada: John Wiley and Sons Inc.

Reviers M T H, Lincoln G A. 1978. Seasonal variation in the histology of the testis of the red deer, *Cervus elaphus*. Journal of Reproduction and Fertility, 54(2): 209-213.

Skidmore J A, Billah M, Binns M, et al. 1999. Hybridizing Old and New World camelids: *Camelus dromedarius*×*Lama guanicoe*. Proceedings Biological Sciences, 266(1420): 649-656.

Smuts G L，Hanks J，Whyte I J，1978. Reproduction and social organization of lions from the Kruger National Park，Carnivore, 1: 17-28.

Tian Y, Nie W H, Wang J H, et al. 2004. Chromosome evolution in bears: reconstructing phylogenetic relationships by cross-species chromosome painting. Chromosome Research, 12(1): 55-63.

Wani N A, Vettical B S, Hong S B. 2017. First cloned bactrian camel (*Camelus bactrianus*)calf produced by interspecies somatic cell nuclear transfer: a step towards preserving the critically endangered wild bactrian camels. PLoS One, 12(5): e0177800.

Wheeler J C. 2010. Evolution and present situation of the South American Camelidae. Biological Journal of the Linnean Society, 54(3): 271-295.

Wu H G, Guang X M, Al-Fageeh M B, et al. 2014. Camelid genomes reveal evolution and adaptation to desert environments. Nature Communications, 5: 5188.

英汉对照词汇

acrosome	顶体	microsatellite DNA site analysis	微卫星 DNA 位点分析法
artificial assisted reproduction	人工辅助生殖	mitochondrion	线粒体
bulbourethral gland	尿道球腺	nucleic acid fragment polymorphism	核酸片段多态性
body of uterus	子宫体		
centromere	着丝粒	ovarian follicle	卵泡
chromosome	染色体	ovary	卵巢
cis-configuration	顺式构型	ovulation	排卵
columnar cell	柱状细胞	penis	阴茎
corpus luteum	黄体	placenta	胎盘
cub	幼崽	pregnancy	妊娠
diffuse placenta	弥散型胎盘	prostatic gland	前列腺
diploid	二倍体	prostaglandin	前列腺素
de novo	从头	reproductive isolation	生殖隔离
embryo transplantation	胚胎移植	reproductive system	生殖系统
epididymis	附睾	scrotum	阴囊
estrus	发情期	seminal vesicle	精囊腺
fallopian tube	输卵管	somatic cell nuclear transfer	体细胞核移植
fertilization	受精		
genetic diversity	遗传多样性	sperm	精子
genetic variation	遗传变异	spermatic cord	精索
gonadotrophin releasing hormone	促性腺激素释放素 (GnRH)	synaptonemal complex, SC	联会复合体
		seminal colliculus	精阜
human chorionic gonadotropin	人绒毛膜促性腺激素 (hCG)	testis	睾丸
		tigon	虎狮兽
hybrid breeding	杂交育种	*tran*-configuration	反式构型
horn of uterus	子宫角	uterus	子宫
inguinal	腹股沟	vas deferens	输精管
isozyme	同工酶	vagina	阴道
karyotype	核型	zona pellucida	透明带
liger	狮虎兽		

第五章 异种动物受精与生殖隔离

第一节 动物进化与生殖隔离

一、物种进化与生殖隔离

现代进化论认为，物种形成大致要经过3个阶段：①由于基因突变、染色体变异和基因重组等原因，使种群中产生可遗传的变异；②自然选择等因素作用于可遗传的变异，使种群的遗传结构（基因型频率和基因频率）发生了适应性的改变；③不同种群由于地理隔离和生态隔离而加深了性状分歧，逐渐形成亚种，一旦出现了生殖隔离，亚种就变成了新种。此外在植物界，异源多倍体的产生亦可导致新种形成。

生殖隔离（reproductive isolation）指由于各方面的原因，使亲缘关系接近的类群之间在自然条件下不能交配，或者即使能交配也不能产生后代或不能产生可育性后代的隔离机制，若生殖隔离发生在雌雄受精以前，就称为受精前的生殖隔离（《10000个科学难题》生物学编委会，2010；迈克尔·艾伦·帕克，2014；理查德·道金斯，2017；张昀，2019）。对真核生物来说，无论它们在形态上的差别有多大，生殖隔离应该是两个群体能否真正分化成不同物种的关键，这种隔离可以是地理的、行为的或其他方式造成的；而生殖隔离总会伴随着一些形态或遗传上的变化，虽然这些特征可能与生殖隔离本身并无多大关系，但往往成为分类学家或分子进化生物学家区分种的依据。各种类型的生殖隔离实质上都是以不同方式、不同场合或者在不同阶段阻碍不同物种间的基因交流，使各个隔离种群有较强的稳定性，以保证在自然条件下各自按照与环境相适应的方向发展。因此，物种是生殖隔离的种群，由地理隔离发展到生殖隔离是大多数物种形成的基本因素（图5-1）。

图5-1 物种形成演化图（邢路达，2018）

二、生殖隔离的形式

生殖隔离是因生殖方面的原因使亲缘关系相近的类群间不杂交、杂交不育，或杂交后产生不育性后代的现象。生殖隔离的实质是不同种群内的个体，受不同基因型控制而有不同的生殖行为、个体差异、生殖器官差异，导致种群间的基因流动受到限制或被阻止（图 5-2）。

图 5-2　哺乳动物交配 - 个体发生的生殖隔离不同阶段

根据影响基因流动的障碍不同可以把生殖隔离分为两种类型：内在生殖隔离和外在生殖隔离。内在生殖隔离指基因流动受到个体内部的影响，由不同群体的配子体、配子、染色体或基因间不能相互作用所致，包括配子不亲和性、早期胚胎发育阻滞、杂种不能存活、杂种不孕、杂种破落等几种生殖隔离现象，如马（*Equus caballus*）和驴（*E. asinus*）杂交，虽然后代可以成活并具有性行为，但是很少生成可育的杂种后代。狮、虎杂交后代也是绝大部分没有生殖传代能力。地理隔离和生态隔离都含有生殖隔离的意义。生殖隔离是隔离的重要内容，是物种演化的一个因素和物种形成的必要条件。在新物种形成过程中，一般先有地理隔离后有生殖隔离；外在生殖隔离指基因流动的障碍是个体受精前外在的影响，包括机械隔离、行为隔离、季节隔离、生殖结构隔离和配子隔离。如菊科莴苣属（*Lactuca*）的 *L. canadensis* 和 *L. graminifolia*，分布于美国东南部，人工杂交可育，但在自然界中，前者夏季开花而后者春季开花，得以保持两个形态各异的生殖隔离种，外在生殖隔离主要包括以下 9 种形式。

（一）地理隔离

同一种生物由于地理上的障碍而分成不同的种群，使种群间不能发生基因交流的现象，称为地理隔离（geographical isolation）。

（二）生态隔离

生态隔离（ecological isolation）是由于食性、生活习性和栖息地点的不同，使几个亲缘关系接近的类群之间交配不易成功的隔离机制。例如，有报道 5 种近缘雀在树冠的不同层次捕食不同的昆虫,营巢的位置和交配产卵的繁殖季节也有所不同,所以它们虽然生活在同一片森林,甚至同一棵树上,也因各有自己的生态位置而形成生殖隔离。

(三)季节隔离

季节隔离(temporal isolation)又称时间隔离,是新种形成过程中合子形成前的隔离机制之一。生物一般都有一定的生育季节和时间,如动物的发情期、交配期,植物的开花期和授粉期等,如果同种群个体间的生育季节和时间不同,就会造成季节隔离或时间隔离,阻止了基因的交流,从而导致生殖隔离的形成。例如,北美有 3 种蛙同生在一个池塘里,但由于繁殖季节不同构成了生殖隔离,林蛙在水温达到 7℃时首先产卵;其次是笛蛙,在水温达到 12℃时开始产卵;鼓蛙在水温达到 16℃时才开始产卵。

(四)生理隔离

植物传粉后或动物交配后,由于生理上的不协调而不能完成受精作用的现象称为生理隔离(physiological isolation)。例如,异种花粉落在柱头上通常不能形成花粉管,有的即使形成花粉管也不能成功地通过花柱到达胚珠。又如绿果蝇的精子在美洲果蝇的受精囊内很快就丧失游动能力,而同种精子则可较长时间保持活动能力。

(五)机械隔离

机械隔离(mechanical isolation)主要指由于植物花的结构与传粉者形态结构不协调而造成的受精障碍。例如,大红吊钟柳,花红色,有细长的管状花冠;山吊钟柳,花蓝色,有较大的钟状花冠。二者在人工授粉时能形成杂种,但在自然条件下,前者以红色光和红外光招引蜂鸟,管状的花冠与蜂鸟细长的喙也相适应;后者以蓝紫光与紫外光招引蜂类,钟状花冠也适于蜂类采蜜,但二者之间不能相互授粉。这样,它们的花色和结构便构成了物种间的隔离而阻止了基因的交流。

(六)行为隔离

行为隔离(behavioral isolation)是由于交配行为不同而使两个或几个亲缘关系相近的类群之间交配不易成功的隔离机制。例如,红蟋蟀、滨州蟋蟀和富尔顿蟋蟀在形态上无区别,但鸣声的强弱和频率不同。试验证明,交配只在同一鸣声的种内进行,不同鸣声的蟋蟀不进行交配。

(七)杂种不活

杂种不活(hybrid inviability)是一种杂交后的生殖隔离,不同种生物受精后虽能形成合子,但合子不能存活;或合子虽能存活,但胚胎发育到一定阶段便死亡;或胚胎发育虽然完成,并发育为幼体,但不能生活到性成熟,故留下后代的概率很低。例如,以奥地利亚麻(♀)与无种名(♂)杂交,杂种的胚不能充分发育,因为胚和胚乳不协调,反交时,胚和胚乳虽较协调,杂种胚可以充分发育,但不能穿破母本组织形成的种皮,种子不能萌发,杂种也不能成活。

（八）杂种不育

杂种不育（hybrid sterility）是一种杂交后的生殖隔离。不同种生物杂交后虽能形成合子，并发育为成熟的 F1 代杂种，但杂种不能产生后代。例如，马和驴杂交所生的骡子就不能生育。因为马的染色体为 64，驴的染色体数为 62，骡子的染色体数为 63，马的 32 对染色体中有 18 对端着丝粒染色体，驴的 31 对染色体中只有 11 对端着丝粒染色体，骡子在形成生殖细胞时，染色体不能正常配对（即联会紊乱）而不能完成减数分裂和形成正常的配子，故不能生育。普氏野马（Przewalski's horse，66 条染色体）和家马（64 条染色体）可以杂交生下可育的后代，但是其后代同样没有生殖能力。野猪在全世界有 27 个亚种，亚种间和亚种内核型都有一些差异，染色体数（$2n$）在 $36 \sim 38$，如西欧野猪 $2n=36$ 或 37，日本野猪 $2n=38$，但彼此间没有繁殖障碍。染色体数 56 的野牛和染色体数 60 的黄牛杂交有可育后代，独龙牛、黄牛（*Bos taurus*）和野牛染色体数（$2n$）分别为 58 条、60 条和 56 条，也都有可育后代；但是黄牛、牦牛染色体数均为 60 条，杂交后代犏牛却表现出公、母繁殖能力存在差异，这也是生殖生物学一个有趣的问题。盘羊属染色体数从 $2n=58$ 到 $2n=52$，与家羊（$2n=54$）杂交有可育后代，但是杂交后代的遗传性能不稳定。藏野驴染色体数是 $2n=51 \sim 52$，波斯野驴和土库曼野驴染色体数是 $2n=54 \sim 56$，家驴有 62 条染色体，驴杂交后代具有繁殖能力。虎与狮是完全不同的两个物种，虽然染色体数均为 38 条，也可以杂交产生"狮虎兽"，但是这种杂交后代却没有传宗接代的能力。从以上事实可以看出，杂种不育的机制是很复杂的，还充满很多未知。

（九）杂种衰败

杂种衰败（hybrid breakdown）也叫杂种破落，是一种杂交后的生殖隔离机制。种间杂交虽能形成能育的 F1 代，但在 F2 代或回交后代中，绝大部分重组基因型不相协调，没有适应能力或不能存活。例如，有人以陆地棉的斑点变种为母本与夏威夷棉杂交，F1 代能活也能育。但是 F1 代植株上结出的 106 粒 F2 代种子中，7 粒胚小不能发芽；32 粒看来正常，但也不能萌发；9 粒能穿破种皮，但子叶不能展开；22 粒能长成幼苗，但不久即死亡；16 粒长成弱苗，仅活了 3 周；20 粒长成的幼苗能活 3 周以上，但以后发育也不正常。这表明在 F2 的重组基因型中，存在着杂种衰败机制，它们经不起强大的自然选择压力最终也不能存活下来。杂种衰败的生殖隔离现象在哺乳动物中也能够看到，比较典型的例子就是金黄地鼠与小鼠杂交的早期胚胎发育阻滞，绵羊与山羊的杂交胚胎在早期胚胎（$1 \sim 2$ 个月）阶段流产，这一点通过现代辅助生殖技术注射山羊单精子到绵羊卵子发育的杂合胚胎移植结果也得到了证实。

三、生殖隔离的遗传机制

远缘杂交的实质是打破物种间的生殖隔离，实现不同物种间优良基因的重组，创造为人类所需的动、植物新类型和新种质。物种间的生殖隔离是由不同的繁殖隔离机制导致的，繁殖隔离机制阻止种间的基因流动，具有防止生物种间杂交的生物学特性。根据隔离发生的主要时期将繁殖隔离机制划分为两大类：受精前的生殖隔离和受精后的生殖隔离。若隔离发生在受精以前，就称为受精前的生殖隔离，其中包括地理隔离、生态隔离、季节隔离、生理隔离、机械隔离和行为隔离等；若隔离发生在受精以后，就称为受精后的生殖隔离，其中包括杂种不活、杂种不育和杂种衰败等（迈克尔·艾伦·帕克，2014；沃恩和恰普莱夫斯基，2017；张昀，2019）。

生殖隔离一般会出现三种情况：基因突变、染色体变异和地理隔绝。

（一）基因突变

基因突变是指生物在进行有性生殖时发生的错误复制。有性生殖时母本和父本会各提供一半的基因，在母本体内的配子一般是卵细胞，在父本体内的配子是指精子。以人类为例，人体内一共有 23 对染色体，其中母本提供 23 条染色体，父本提供 23 条染色体，合起来就是 46 条染色体。每条染色体由大量的碱基对构成，这些碱基对的排列方式构成了一个个基因，但是，碱基对在排列时每复制一次会出现 3 个左右的错误。由于大多数碱基对并不会组成基因，或者组成的基因控制的性状微不足道，所以并不会影响人类繁育下一代，但如果在某一些关键基因位点上碱基对发生排列错误，可能会使得该基因控制的形状大幅度改变，如生殖器官不匹配无法完成繁衍的工作，或者发情期不一致，也可能导致生物无法交配。

（二）染色体变异

染色体变异是指染色体数量多了或者少了，如人类唐氏综合征患者的第 21 号染色体发生变异，正常情况下应该是 2 条，但唐氏综合征患者拥有 3 条 21 号染色体。目前，唐氏综合征患者并未与正常人群产生生殖隔离，这是因为除了基因变异、染色体变异及基因重组外，物种产生生殖隔离还需要长时间的地理隔绝。

（三）地理隔绝

我们知道，在 1 亿年前人类和鼠是一家，拥有同一个祖先，后来人和鼠差异越来越大并产生了生殖隔离，是因为人和鼠的祖先因为各种原因，被大江大河或者山脉所阻隔，两个种群的后代积累了足够多的基因变异后彻底演化成两个物种，即使以后这两个物种再相遇也不会产生后代，或者后代丧失繁衍能力，如马和驴杂交能生出骡子，但骡子不能再繁衍。其实，生殖隔离的出现会经历 3 个阶段：第一个阶段，物种之间有部分基因发生改变；第二个阶段，发生改变的基因能够适应自然环境，并被自然环境保存下来，如果一个人的基因突变会导致其在未成年夭折，他还未繁育出下一代便会死亡，那么这个基因就不会被保存下来，如果一个基因可以帮助生物获得异性的青睐，如更强壮的身体，就可能更容易获得交配权，这个基因就可能会被自然选择所青睐，在自然界中被保存下来；第三个阶段，地理隔绝，如果没有地理隔绝，那么即使会发生基因变异也不会形成生殖隔离，这是因为这个基因一直参与生殖交流，物种间几乎都拥有该基因变异，只有当地理隔绝发生后，物种间才可以积累足够多的基因变异，逐渐形成完全不同的品种，此时物种就产生了生殖隔离。

四、人类的生殖隔离

（一）人种划分

人类属于动物界脊索动物门哺乳纲灵长目人科人属智人种（图5-3）。四大人种是以人类肤色来划分的。最早的人种分类记载，是3000多年前古埃及第十八王朝，西替一世坟墓的壁画，它以不同的颜色区别人类，将人类分为4种，将埃及人涂以赤色；东方人涂以黄色；南方人涂以黑色；北方人涂以白色。成为今日将人类分成白种人、黄种人、黑种人和棕种人的基础。1684年法国内科医师弗朗西斯·贝尼耶（Francios Bernier）将全人类分为4个人种，即欧洲人、远东人、黑人和拉普人。1735年瑞典生物学家卡尔·林奈（Carl von Linné）在他所著的《自然系统》一书中，依据肤色和地理分布的不同将人类划分为4个亚种（sub-species），俗称"四大人种"：亚洲的黄色人种、欧洲的白色人种、非洲的黑色人种和美洲的红色人种。1781年德国解剖学家约翰·布卢门巴赫（Johann Blumenbach）根据颅骨测量研究结果，做了更为系统的划分，将全人类划分为五大人种：白种、黄种、棕种、黑种和红种。现代分类学确定人类的4个亚种为：黄种人、黑种人、白种人和棕种人（亚特伍德，2016）。

人种（race）是根据体质上可遗传的性状而划分的人群。通常根据肤色、发型等体质特征把全世界的人划分为4个人种：黄种人（mongoloid, the yellow race），肤色黄、头发直、脸扁平、鼻扁、鼻孔宽大、体毛中等；高加索人种（Caucasoid）或称白种人（the white race），皮肤白、鼻子高而狭、眼睛颜色和头发类型多种多样、体毛多；尼格罗人种（Negroid）或称黑种人（the black race），皮肤黑、嘴唇厚、鼻子宽、头发卷曲、体毛少；澳大利亚人种（Australoid）或称棕种人（the australoid race），皮肤棕色或巧克力色、头发棕黑色而卷曲、鼻宽、胡须及体毛发达。

黄种人：主要特征是黑色且较为硬直的头发，眼有内眦褶，体毛不甚发达，肤色中等。主要包括分布在亚洲东南部的东南亚人、东部的东亚人及位于南、北美洲大陆上的印第安人。

黑种人：主要特征是黑色呈小卷曲状的毛发，一般分成南非和北非两个类型，前者分布在非洲撒哈拉以南的地区，鼻矮，通常为圆颅型，肤色相对较深；后者分布在非洲撒哈拉以北的地区，鼻子高，嘴唇薄，总体肤色较深。

白种人：主要特征是呈大波浪状且较为细软的毛发，毛发颜色主要有白、金、红、棕、黑等5种大色调，颧骨不明显，鼻子高，嘴唇薄，通常为长颅型，肤色较浅。白色人种主要起源自白人化之后的北非土著，后来经过长期的演化和迁徙，扩散到北非、西亚、中亚、南亚、欧洲，并于16世纪以来逐渐扩散至整个大洋洲和南、北美洲。

棕种人：主要特征是黑色呈小波浪状且较为粗糙的毛发，鼻子高，嘴唇薄，通常为长颅型，肤色中等。主要分布于大洋洲、澳大利亚和新西兰等地。2002年赫里斯（Hurles）和2006年吉亚尼（Ghiani）发表的论文显示：人类迁徙遗传的Y染色体的Y-Q系Y-Q1a3a存在于波利尼西亚群岛，包括波利尼西亚东部岛屿，这表明是美洲土著印第安人迁徙到了这个区域！这为几百年来大洋洲人种来源的争论画上了句号。

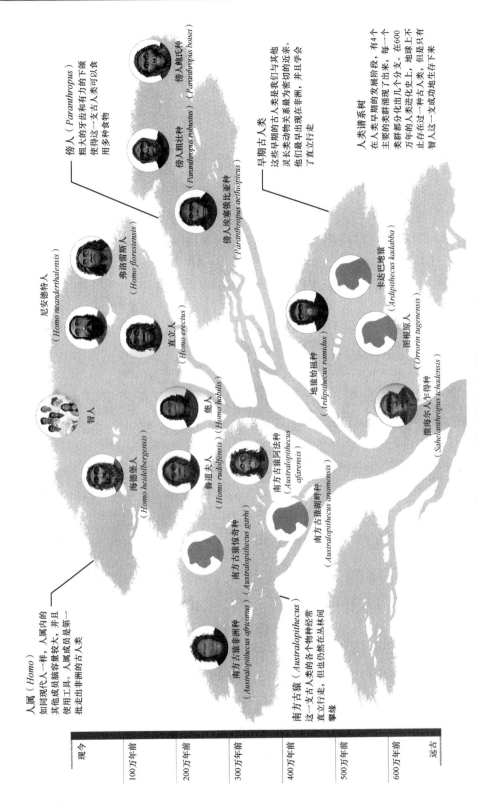

图 5-3　人类进化途径（山极寿一，2010）

　　人们通常按肤色、鼻形等体质特征来划分人种，这些特征主要是由于对气候的适应而产生的。造成肤色差异的主要因素是血管的分布和一定皮肤区域中黑色素的数量，黑色素多的皮肤显黑色，中等的显黄色，很少的显浅色。黑色素有吸收太阳光中紫外线的能力，生活在横跨赤道的非洲的黑种人和西太平洋赤道附近的棕种人具有深色的皮肤，可使皮肤不致因过多的紫外线照射而受损害。紫外线可以刺激维生素 D 的产生，深色皮肤可以防止产生过多的维生素 D，而导致维生素 D 中毒。相反，白种人原先生活在北欧，那里阳光不像赤道附近那么强烈，阳光中的紫外线不会危害身体，而且能刺激必要的维生素 D 的形成，因而北欧白人皮肤里的色素极少。鼻形也是如此，生活在热带森林的人鼻孔一般是宽阔的，这里的气候温暖湿润，鼻子温暖湿润空气的功能不很重要。而生活在高纬度的白人有较长而突的鼻子，可以帮助暖化和湿润进入肺部的空气。黄种人的眼褶可能与亚洲中部风沙地带的气候有关；扁平的脸型和饱满的脂肪层能够保护脸部不受冻伤。这些种族特征大约是在智人阶段形成的。由于人类物质文化的进步，大多数种族特征早已失去适应上的意义。今天，一个黑种人可以很好地生活在高纬度的北欧，他完全不需要靠阳光中的紫外线去产生维生素 D，而可以从食物中获得必要的维生素 D，白种人也可以借助衣服、帽子及房屋等很好地生活在赤道附近。

（二）人类的生殖隔离

　　人种或种族是根据某些体质特征所做的生物学的划分，而不是文化上的分类，应该严格地将它同"民族"这样的概念区别开来。人种作为生物学概念我们必须注意以下几点：首先，任何一个人种都没有某个或某些专有的基因，人种之间的差别仅仅是某种或某些基因的频率不同，如决定血型的 I^A 等位基因在欧洲白种人中频率比较高，I^B 等位基因在亚洲黄种人中频率比较高，Ii 等位基因在南美印第安人中比较高，但他们都有 Ii、I^A、I^B 3 种等位基因，其次，由于各种中间类型的存在，各种族之间并没有不可逾越的界限，如埃塞俄比亚人和南印度人的特征介于白种人和黑种人之间，南西伯利亚人和乌拉尔人的特征介于白种人和黄种人之间，而千岛人则具有白种、黄种、黑种 3 个主要人种的特征。我们还应看到，虽然在一定条件下，不同人群之间存在地理隔离和文化隔离，但是这些并没有导致生殖隔离。种族在遗传上是"开放"的，不同种族之间可以通婚，都能产生生命力强的后裔。人类是迁徙能力很强的物种，各种各样的隔离都会由迁徙而引起的相互作用所打破。

1. 为什么不同人种之间没有生殖隔离

　　这个问题其实说简单点就是：我们所说的黄种人、白种人、黑种人、棕种人在生物学定义上仍属于同一种族，说到这里我们就不得不提出一个新的概念——亚种。所谓亚种，即一个种族因为各种原因导致形态构造或生理机能上发生某些变化，这一种群就叫亚种。一旦亚种之间形成了生殖隔离，那么就标志着新种族的诞生。所以不同肤色的人严格意义上就是人类亚种！无论是黑种人、白种人还是黄种人在生物学上都属于同一个种"智人种"。目前为止，人类之间并不存在生殖隔离，是因为人类之间一直进行着基因交流，因此体内的基因几乎相同。严格来说，地球上所有人类都有一个名称"人"，这就代表着没有产生生殖隔离，属于同一种族。至于为什么没有形成生殖隔离，在于前面我们分析的产生隔离的主要原因，现在进化论对于人类是非洲起源还是各地区起源的说法不一，但比较统一的认识是所有人类都为智人的后代，而智人的出现通常认为是在大约 20 万年前，这个时间足以形成生殖隔离，但不同肤色人种之间并不是彻底停止了基因交流，所以并没有表现出生殖隔离。总之，生殖隔离的影响因素很复杂，有的生物可能 1000 年就形成了生殖隔离，但有的生物却从没有生殖隔离。而且以现在的发展趋势来看，人类之间的生殖隔离就更不可能实现了，人类并没有积累如此长时间的分开演化，而且，随着交通工具的提升，不同地区的人类进行基因交流的速度更快，按照这个趋势发展，人类之间很难形成生殖隔离。

2. 人类和其他动物之间的生殖隔离

所谓的人类生殖隔离指的是其他物种和人类之间，即使是和人类最接近的类人猿之间也有一条生殖隔离的鸿沟。我们知道不是同一个属的马和驴，以及狮和虎之间都可以生殖，尽管后代可能无法生育，为什么人类即使和最接近的物种之间也会产生生殖隔离呢？我们可以肯定地说，人类和所有生物都存在生殖隔离。人类虽然几十亿年前和其他物种都拥有同一个祖先，但各种原因导致各物种朝着不同的演化方向发展，每个物种间都积累了足够多的基因变异形成了不同物种。

人类的染色体是 23 对，黑猩猩的染色体是 24 对，很多人认为人类是从猩猩进化来的，那么怎么在数百万年里就丢失了 1 对染色体，其实更准确地说类人猿与人类之间的生殖隔离并不是最近发生的，而是可能发生在数百万年前，因为从最早可以被称为人的南方古猿开始就已经和类人猿存在相当大的差异了。现代人类和南方古猿的骨架除了形态上差异比较大以外，其他相关差异并不大，但和黑猩猩的骨架相比差异巨大。从骨架上我们可以判断，这两个物种早在 600 万年前就已完成了分化。尽管生殖隔离是无意中发生的，但生殖隔离无疑对物种是一种保护行为，生殖隔离的明显结果之一是杂交不育和杂交衰弱，如狮虎兽是病态的，骡子是不育的，而人类和黑猩猩之间则属于配子隔离（有亲缘关系的种群间难以在自然状态下交配，即使交配也不能怀孕和生育后代的隔离机制）。

据达尔文的进化论表示，人类是经过漫长的进化才形成了现在的样子（达尔文，2018）。但是从人类和猩猩有生殖隔离来看，二者绝对不是同一种猿猴进化而来的。猩猩虽然属于灵长类动物，但是体态庞大，无法直立行走，寿命约为人类的三分之二，与其他生物相比，猩猩更加接近人类，但是也只是接近而已，人类的优势在于智商，动物界没有任何一种生物的智商可以超越人类。科学家研究了许多其他种类相似的动物之间的交配关系发现，虽然可以繁衍后代，但是由于各种原因，这样的混血后代无法长时间存活，如马和驴的后代骡子，甚至无法继续传承繁衍生息的使命。科学家研究了猩猩和人类染色体基因的区别，通过比较科学家得出结论，猩猩和人类的基因上存在非常大的差异，而这种差异决定了两者不可能诞生后代。也就是说，人类和猩猩具有生殖隔离。

那么，人类和亲缘关系最近的黑猩猩是否可以繁育后代，即使是没有生殖能力的后代？历史上有没有过这样胆大、惊人的实验呢？"猩猩人"（即黑猩猩与人类的混血）是否存在目前已经无法考证，这里有两个发生在 20 世纪的科学传说供读者参考与思考。在历史上有一起被误认为人和猩猩混血的事件，1970 年在美国有一只雄性猩猩奥利弗因为爱站立行走，鼻子与人类相似及种种习性，被怀疑是人和猩猩混种，但科学家在 1990 年用 DNA 确认它仅是普通猩猩（图 5-4）。美国进化心理学家戈登·盖洛普（Gordon Gallup）曾回忆起一项据称是科学家用人类精子使雌性黑猩猩受孕的实验，根据这个故事，这只黑猩猩生下了一个"混血儿"，但是科学家后来担心这个婴儿会带来伦理问题，所以他们最后将其安乐死。盖洛普并没有说自己目睹了这个实验，他只是听另一位他信任的教授告诉他这是真实发生过的实验。据说这项实验是 20 世纪 20 年代在美国佛罗里达州灵长类研究中心（图 5-5）进行的（但该中心是直到 20 世纪 30 年代才被启用的）。

图 5-4　猩猩奥利弗（山极寿一，2010）

图 5-5　美国佛罗里达州灵长类研究中心创始人
　　　　罗伯特（山极寿一，2010）

有文献记载科学家曾多次尝试用黑猩猩和人类来杂交繁殖后代（黑猩猩和倭黑猩猩是我们的近亲）。据《新科学家》杂志报道，20 世纪 20 年代苏联科学家伊万诺夫在假装进行医学检查的同时，将黑猩猩的精子注入妇女体内，以此来制造"亲密关系"。这个实验在几内亚进行，当时几内亚还是法国的殖民地。尽管伊万诺夫后来在苏联通过重金找到了 5 名女性志愿者提供她们的卵子，但实验可能都没有成功。

《芝加哥论坛报》（*Chicago Tribune*）在 1981 年报道，一位科学家声称在 1967 年成功地用人类精子使黑猩猩受孕。这个报道的真伪还不得而知。以上就是历史上通过实验手段将黑猩猩和人类进行杂交的传言，从理论上来说通过实验手段进行杂交的成功概率不大，且在实验手段上，科学界对于这种观点还没有达成共识。

第二节　动物交配模式与"精子运动的受精推流"

宗教神学几千年前告诉我们"人类生命是由上帝缔造"的，总有不甘寂寞的"神学科技"人员想通过科学实验来证明这种"假说"，一直到几百年前显微镜的出现，1865 年达尔文进化论的发表，以及后续 150 年科学家前赴后继的研究才明确了人类生命的真正起源：受精（fertilization）（Austin and Short，1982a，1982b）。受精是动物生命的启动，哺乳动物的受精是在母体生殖道内完成的。

哺乳动物是典型的雌雄异体，繁育后代时雄性动物与雌性动物有交配行为，雄性动物阴茎插入雌性动物阴道把精子射入阴道或子宫，然后精子借助自身运动并在生殖道纤毛运动辅助下，向子宫体、子宫角运动并通过子宫角与输卵管结合部，最终进入输卵管与卵子相遇、识别、受精。那自然界之中动物之间的交配到底是怎么学会的呢？没有性教育的动物是怎么知道到达了需要交配的时期和通过什么方式交配呢？对于这些问题，我们首先要谈的是动物的发情。动物的发情是有一个固定时期的，人类是只要到了一定的年纪就会有一种性冲动。一般的哺乳动物发情期都是在两个排卵期之间，每年都会有一个循环，直到动物老死（Hunter，1995，2003）。

发情期是动物交配的高峰期，一般的动物在非发情期或者是非排卵期是不会进行交配的。但是有一些比较高等的动物，其交配行为却并不一定是在发情期，如猩猩，其性交的目的并不一定是为了生育后代，也有可能是为了娱乐或者是发泄。当然人类这种更加高等的物种也是如此，人类的性行为不一定是为了生育。当我们明白了动物的发情期之后，就要继续去了解动物是为了什么而去交配的，其中有一点肯定是为了种族的延续。动物为了生存是可以自己学会去吃食物、去捕猎等，但是性行为却不是一种能够给动物带来生存好处的行为。动物性行为是如何来的呢？其实这是动物的基因使然，动物到了一定的阶段，其体内的激素就会飙升，会促使动物产生一种性冲动，因此动物的性行为可以说是天赋使然（Austin and Short，1984；Hunter，1995，2003）。

动物发生性行为时的操作是怎么学来的呢？根据动物学家的研究，首先是从自身的动物本能之中得来的，其次是动物在后天的模仿观察之中学来的。但是其中最重要的还是后天的学习，要知道大多数动物都是群居的，它们很多的行为都是可以从种群中学来的，或者说幼小的动物天生就有模仿的本领。虽然说动物的大脑并不是很发达，但是基本的一些模仿行为它们还是可以做到的。在千百年的发展之中一些物种能够不灭绝，能够延续下来，那必然是有着独特的生存本领，这不一定是高智慧，也可以是一种强大的适应自然的能力。人们无法预估在接下来的岁月之中，有哪些动物会发展成为更高级的物种。

一、不同动物的交配模式

20世纪60年代以来，国内外学者对哺乳动物的繁殖行为进行了大量的研究，许多研究集中于啮齿类和灵长类动物。但由于对哺乳动物交配行为的划分没有系统标准，致使许多研究结果没有可比性。交配模式的种间变异性和种内稳定性产生于选择压力的作用，与物种的繁殖生理、形态特征和社会结构有关。理解物种交配模式之间的差异，以及交配模式与物种其他特征之间的关系，将有助于理解其适应意义及行为和生殖系统进化的过程（Dewsbury，1972）。Dewsbury提出了研究哺乳动物交配行为的基本步骤和哺乳动物交配行为模式的基本框架，为研究交配行为、交配行为的模式与形态结构和社会结构之间的关系，探讨交配制度与社会结构和生殖系统之间的关系奠定了基础。Dixson

认为，交配行为和交配制度与雄性生殖器官的结构有关系，在夜行性混交制物种和多雄交配制度中，交配过程雄性插入的次数较多，交配模式较为单一，持续时间 3min 以上或在射精后仍然保持插入状态（Dixson，1995，2009）。

（一）海洋哺乳动物的交配与繁殖

鲸类的生殖器在腹面肚脐后方的一条叫生殖裂（genital slit）的开口里，雄性与雌性生殖裂的位置不同，有时甚至可以依靠生殖裂的位置来判断性别（图 5-6）。

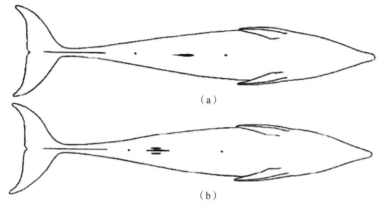

图 5-6　雄性（a）与雌性（b）鲸外部生殖器位置（安娜丽莎·伯塔，2019）

雄性的生殖裂位置靠前，离肛门较远，其阴茎与睾丸都埋藏在体腔内（图 5-7）。需要使用时鲸类的阴茎便会充血从生殖裂中伸出，由于水中交配较为困难，所以鲸类的阴茎都非常灵活，由强力的肌肉控制，还可以向多个方向弯曲，甚至能像不太灵敏的触手一样在雌性身上摸索。成年蓝鲸完整的阴茎可以达到 3m，但性器官最大的动物却是露脊鲸，阴茎长度可达 2.7m，两个睾丸加在一起超过 1t，这使得它们可以一次射出 1 加仑左右（约 3.8L）的精液。

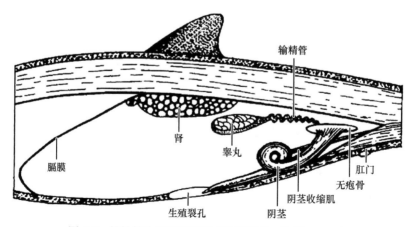

图 5-7　雄性鲸生殖系统构造（安娜丽莎·伯塔，2019）

雌性的生殖裂离肛门较近，有些种类的生殖裂末端就是肛门，鲸类的肛门一般呈圆形，在一条被称为肛门裂（anal slit）的较浅的缝隙中（有时肛门不明显），很多雌性的生殖器与肛门连在一起，因此腹部看起来就只有一条沟（图5-8）。雌性的另一个明显特征就是生殖裂两侧有一对较小的乳裂（mammary slit），乳头就隐藏在里面。雄性的乳腺与乳头趋于退化，因此乳裂基本上是不可见的。哺乳时幼鲸会靠近乳裂，用舌头卷住雌鲸的乳头，但是由于没有可以吮吸的嘴唇，雌鲸会用乳腺的肌肉将乳汁注入幼鲸嘴里（Austin and Short，1982b；Dewsbury，1972；Dewsbury and Pierce，1989）。

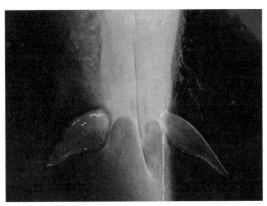

图5-8 雌性鲸鱼腹部（安娜丽莎·伯塔，2019）

由于雄性和雌性的生殖器都在腹侧，因此交配时鲸豚通常都是采用面对面的体位腹部相对。但实际的交配行为可能非常复杂。例如，灰鲸在繁殖季时会形成交配群体，在一头雄鲸交配时有时会有其他的雄鲸帮助它，短时间内托起雌鲸防止其下沉（图5-9）。

图5-9 灰鲸交配群体的示意图（安娜丽莎·伯塔，2019）

对于鲸类尤其是海豚在内的小型鲸豚这些智力超群且好奇心重的动物来说，交配对它们来说并不是一个很单一的本能过程，更是一种追求快感和刺激的方式。很多海豚都有着花样繁多的性游戏，其中宽吻海豚尤为夸张，雄性宽吻海豚往往会集结成独立的"雄性联盟"群体，这些雄性之间有时会结下深厚的伙伴关系，它们有时会骚扰挑逗落单的雌性海豚，但如果没有得到雌性同意一般不会强行交配。除了两性之间，同性之间的性行为也是宽吻海豚社会中非常重要的一环。很多雄性海豚都曾被观测到过同性游戏，如互相炫耀性器官，甚至有些个体还会进行类似"击剑"的行为。但这些行为完全无法与宽吻海豚丰富的同性性行为相比，雄性宽吻海豚常常会用尾部碰触对方的生殖裂，还会用头部顶或用鳍肢抚摸，这些行为有助于雄性海豚确立自己在群体中的地位并增进交流。

（二）海洋 - 陆地过渡型哺乳动物的交配与繁殖

　　鸭嘴兽是世界上仅有的两种卵生哺乳动物中的一种（另一种是针鼹）。长有鸭子的嘴和带着蹼的脚，却又有着水獭的身子和尾巴（图5-10），鸭嘴兽绝对属于地球上最奇特的动物之一，现存的鸭嘴兽仅生活在澳大利亚的东部海岸和塔斯马尼亚岛。

图 5-10　鸭嘴兽（安娜丽莎·伯塔，2019）

　　鸭嘴兽是独居动物，一般由雄性负责在河流、池塘和小溪中建立领地。不同雄性的领地可能会发生重叠，但是它们会尽量避开其他鸭嘴兽，甚至不惜为此改变觅食时间。雌性鸭嘴兽相对没有那么高要求，它们甚至会将窝筑在同一个洞穴中。但是哺乳动物具有竞争的本质，这点在繁殖季节尤为突出，雌性鸭嘴兽会用无牙的鸭嘴咬占了它窝的雌性鸭嘴兽的尾巴来迫使它们离开自己的领地。

　　鸭嘴兽的繁殖季开始于冬末春初，但是在南方和北方的鸭嘴兽种群中时间会稍微有所不同。此时，雄性鸭嘴兽会从后肢隐藏的刺中分泌毒液来重伤其他竞争者，它们会积极地捍卫自己的领地及领地上的雌性。关于鸭嘴兽的性选择条件目前知之甚少，雌性鸭嘴兽对自己的伴侣似乎不会吹毛求疵，它们会认为在自己领地上的雄性就是最大最强壮的。另外，在希尔斯维尔野生动物保护区（Healesville Sanctuary）的圈养繁殖计划中，雌性鸭嘴兽会主动吸引任何被介绍给它的雄性并与之交配。成年的鸭嘴兽会在交配前6个星期举行交配仪式，这有点类似舞蹈，雄性为了吸引雌性鸭嘴兽会咬住雌性的尾巴，如果雌性还未准备好则会逃走，直到时机成熟，它们便会出现在雄性的领地上，但是却不允许雄性跟它们有身体接触。一旦雌性决定接受自己的配偶，它们会允许雄性咬自己的尾巴，作为回应它们也会咬雄性的尾巴，然后二者会形成一个圈在水中畅游。它们还会进行其他水上求爱行为，如潜水、靠近对方及绕着对方游泳，几天后便进行交配。交配时雄性鸭嘴兽会爬上雌性的后背，然后卷起尾巴放在雌性的腹部下面，以便接近各自的泄殖腔。雄性将隐藏在泄殖腔中的阴茎插入雌性的泄殖腔中来完成受精，整个过程需要10分钟。交配完成后，雌性在整个交配季都不会再交配，雄性则会继续寻找其他雌性进行交配。

（三）陆地哺乳动物的交配与繁殖

　　陆地哺乳动物是地球生物进化的顶端群体，雌雄异体，生殖系统的外部形态特征差异明显，人类是地球的"主宰"。人类以外的大部分陆地哺乳动物具有季节性发情、交配的生殖特点。每当看到动物世界，总是会想起那句话："春天到了，万物复苏，动物们又到了交配的季节"（李井春和曹新燕，2016；桑润滋，2006；Hafez，2016）。

　　为什么在春季发情呢？因为经历了寒冬之后，春天万物复苏食物充足是最好的繁殖季节。成年的猫几乎每 3 ～ 4 周就会发一次情，它们通过声音来吸引异性。其间，猫的性格变幻莫测，非常容易躁动不安，还会乱撒尿以气味来吸引异性。猫科动物交配几乎都是"快枪手"，这是猫科为了抵御自然灾害，进化使交配时间变得短暂，就连威武的狮子交配时间通常也仅仅只有10s，当然这也是雄性为了自己的生命安全。猫在繁衍交配时，雄猫会在雌性的背后咬住雌性的脖颈处以防止雌性的逃脱和反击，因为在交配时雄猫阴茎有倒刺，雌猫被痛感刺激后才会进行排卵受精。一旦交配之后雄猫会快速逃走，防止被雌猫所伤害（图 5-11）。

图 5-11　猫（左）和狮（右）的交配（旺文社，1994）

　　犬的交配特点是"雌雄融合为一体"。犬发情时，公犬会离家出走寻找发情母犬。母犬在发情期身上所散发出的荷尔蒙会吸引周围的公犬纷纷"上门求亲"。交配时公犬爬跨母犬，阴茎插入阴道甚至可以扭转 90°，发生"闭锁"反应不可分开，这样的行为能够增加雌性怀孕概率。这时将公犬、母犬强行分开会造成伤害（图 5-12）。

图 5-12　犬的交配（左）和倭黑猩猩的抚慰行为（右）（旺文社，1994）

　　猩猩属灵长类，是哺乳动物中的"高等动物"，以下行为已经表现出了人类的特点，如社会性、情感表达与传递等。当一群倭黑猩猩一起去新的树林当中觅食时，得到食物最多的倭黑猩猩就会害怕、紧张、警惕周围，怕有别的猩猩来抢夺食物，这时候族群里的雌倭黑猩猩就会出面，与族群当中的其他雄性成员进行接触、安抚、互相抚摸、摩擦外生殖器部位，于是紧张的氛围在这样的安抚下，瞬间又变得"一团和气"（图5-12）。当小倭黑猩猩被欺负时，它的母亲就会上前去交涉，与对方进行亲密的接触，互相摩擦生殖器部位，然后误会、过节从此"一笔勾销"。赖顿大学神经心理学家马力斯卡·克雷特（Mariska Kret）带领的研究团队发现，只需要看一眼同类的臀部它们就可以找出朋友。就像人脸可充当社交信息中心那样，黑猩猩以臀部为社交信息中心。倭黑猩猩是高度混交的动物，它们比其他灵长类动物更加频繁地忙于交配，从异性到同性都有，它们频繁的交配被认为是巩固其社会联结，消除大多冲突。倭黑猩猩没有具体的繁殖季节，一年四季都可交配（Dewsbury，1982；Dixson，2009）。雌性肿胀的臀部昭示可以接受交配，孕期8～9个月，每胎1仔；哺乳期约1～2年，雌性每5～6年才生1只小倭黑猩猩，倭黑猩猩性成熟期约12年，寿命约40年。

　　人类中的男人都愿意找年轻貌美的女子做伴侣，但黑猩猩却正好相反，它们喜欢找年纪大的雌性黑猩猩作为另一半，年龄越大的雌猩猩越有魅力。但是，黑猩猩与人类不同，它们并没有固定的性爱伴侣，而是混交关系。雌性黑猩猩没有绝经期，也就是说它们的生育能力不会受年龄的限制，因此，雄性在找对象时不会在乎对方的年龄过大。相反，年纪比较大的雌性往往会更有魅力，在雌性群体里面，地位比较高的一般都是年纪比较大的。大龄雌猩猩更能适应艰难的生活环境，使它们生出的后代更加精力充沛，同时，年纪大的雌猩猩哺育后代比较有经验，从而大大提高了幼仔的成活率，雌性猩猩的这些繁殖特性更加吸引雄性猩猩与之交配繁殖后代（Dixson，2010；Harcourt and Gardiner，1994；Hoodbhoy and Talbot，1994）（图5-13）。

图5-13　黑猩猩的交配行为（旺文社，1994）

　　雌性雪貂发情的时候，如果找不到配偶进行交配就会死亡，因为雌性雪貂发情时身体中的雌性激素是含有毒素的，会造成贫血，使身体停止生产新的血细胞，交配则成为救命的良药。而袋鼩这种动物在成年之后，发情期会不断地与不同异性进行交配，最长可以达到14个小时，最后活活被累死（Dewsbury，1972，1975，1982）（图5-14）。

　　长颈鹿是陆地上最高的动物，因为高身体也变得没有那么灵活。雄性长颈鹿在发情求偶时会嗅闻雌性外生殖器部位的味道，来确认对方是否准备好进行交配。雄性长颈鹿要判断雌性长颈鹿是否愿意与自己进行交配就需要品尝雌性长颈鹿的尿液，长颈鹿的嘴中有一个味觉器官能够通过异性的尿液来分析雌性是否发情和愿意交配（图5-14）。

图 5-14　雪貂（左）、袋鼯（中）、长颈鹿（右）（旺文社，1994）

二、精子在雌性生殖道内的运动和"受精推流"现象

哺乳动物繁殖需要雌雄交配，雄性射入的精子"跋山涉水"从子宫口经过子宫体、子宫角，然后通过子宫角与输卵管结合部，最后在输卵管膨大部与卵子相遇、受精并细胞增殖到囊胚阶段（blastocyst stage），早期胚胎再返回子宫着床后发育为个体（李喜和，2019；Austin and Short，1982a，1982b）。

（一）精子在雌性生殖道内的运动

大多数陆地哺乳动物（牛、羊、兔和灵长类）在交配期间精液沉积在阴道前庭部位（阴道射精型），而另一些哺乳动物（猪、马、犬和啮齿类）在交配时大部分精液直接进入宫腔（宫腔射精型），或通过宫颈进入宫腔。出现这种情况部分可能是由于交配刺激引起宫颈短暂的松弛和阴道的收缩。哺乳动物一次射出的精子数量很多，但能够从射精部位（阴道或子宫）到达受精部位的精子数量有限（表 5-1）。

在人类中，精子进入女性生殖道内，要经过约 15cm 的"长途运送"才能从阴道到达输卵管壶腹部而完成受精。在小鼠中，精子运送距离大约 2.5cm。在精子通过子宫颈、子宫、子宫与输卵管的连接部及输卵管峡部到达受精部位（输卵管峡部与壶腹部连接处）的过程中，绝大多数精子中途丢失，能够进入输卵管的精子只有 100～1000 个，而到达受精部位的精子仅有 20～200 个。

表 5-1　不同哺乳动物射出的精子数量和到达受精部位的精子数

动物	射出的精子数（×10⁶）	射精部位	在受精部位壶腹部精子数（个）
小鼠	50	子宫	＜100
大鼠	58	子宫	500
松鼠	82	子宫	—
豚鼠	80	阴道和子宫	25～50
兔	280	阴道	250～500
雪貂	—	子宫	18～1 600
犬	1 500	阴道	—
猫	60	阴道	—
牛	1 000	阴道	103～363

续表

动物	射出的精子数（×10⁶）	射精部位	在受精部位壶腹部精子数（个）
绵羊	3 000	阴道	100 ~ 150
山羊	1 755	阴道	600 ~ 700
鹿	1 573	子宫	—
马	8 000	子宫	—
驴	14 000	子宫	—
骆驼	220 ~ 712	阴道	—
猪	45 000	子宫	400 ~ 1 000
大熊猫	4 700	阴道	—
猕猴	549	阴道	—
黑猩猩	1 157	阴道	—
长臂猿	198	阴道	—
人	500	阴道	200 ~ 400

注：—表示无数据

（二）精子运动的"受精推流"现象

人类文明诞生到现在才不过几百万年，可是大自然的演化却已经经历了几十亿年的时间。逐渐进化过程当中，生物便形成了优生的一种潜在意识。如果大家稍微思考一下，便能理解其中的奥妙，其实，我们现在所看见的每一种生物，每一株植物都是优生之后的结果，它们的基因都非常的优良。现在看起来可能病恹恹的植物或者动物，其实已经是筛选过后的存在。那些不适宜生存的动物、植物早就已经在进化当中被抛弃了。就连人类都没有办法仅凭肉眼来分辨结合者的好与坏，更别说动物了，没有语言的它们只能通过一些最为基本的本能来选择自己的配偶，这个时候宏观方面的力量只能起到一种辅助作用，而由卵子自己来进行最后一道筛选可以说是非常有必要的（Malcolm and Roger，1999）。

1. 关于卵子主动选择的研究

2020 年著名科学期刊《英国皇家学会会刊 B》发表论文《卵子的化学信号促进了人类神秘的雌性选择》（*Chemical Signals from Eggs Facilitate Cryptic Female Choice in Humans*），论文标题读起来还是有一些拗口，如果不是这方面的研究者的话，可能对里面所包含的科学名词有一些不解。不过通过阅读文章，我们还是可以非常清晰地了解，卵子对精子的选择过程及文章要表达的主要含义。这篇研究一个非常有趣的点就在于，宏观层面上雌性喜欢的雄性并不一定是微观层面上卵子最喜欢的伴侣（Fitzpatrick et al.，2020）。也就是说雌性喜欢的雄性，它的精子并不一定就能被雌性的卵子所接纳，而雌性的卵子会选择接纳哪些精子，其实是一种随机的现象，并不受到人为的控制（图 5-15）。

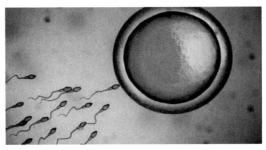

图 5-15　卵子对于精子的选择模式（Fitzpatrick et al.，2020）

大家可以这样来理解，如果雄性想要繁衍后代的话需要通过两道大门。首先就是雌性的这一道大门，要取得雌性的欢心和信任，这样雄性的精子才有机会与雌性的卵子相结合。而当雄性的精子进入到雌性体内之后，雌性的卵子便把守着第二道大门，雄性的精子能不能受到雌性卵子的欢迎还得另说（Humphries et al.，2008；Immler et al.，2007；Nascimento et al.，2008）。在这一方面，专家又进行了更为深入的研究，主要是想要探讨卵子究竟是怎样来选择精子的。大家非常熟悉的精子赛跑过程，男性会释放出大量的精子，相当于是"群体作战"，然后这些精子便会自己去寻找卵子结合。在这个过程当中，一些活力不足、不够健康的精子会被逐渐筛选掉，最终能够到达卵子身边的精子屈指可数，这些精子面临的最后一道门槛就是来自卵子的选择，专家主要研究的也就是这一部分。

卵子是怎样在最后一个阶段来选择精子的呢？当有精子接近卵子的时候，就会引起卵子的反应，卵子会释放出卵泡液，这种卵泡液是精子要想到达卵子所必须通过的最后一道门槛。在这一道门槛当中，基因相容程度非常高的精子就会被束缚在卵泡液当中艰难前行，从而与卵子结合诞生新的生命。那么，为什么在经过层层把关和筛选之后，卵子还要在最后再对精子进行选择呢？其实，这一切归根结底都是为了基因更好地传承（Kirkman-Brown et al.，2003；Litscher et al.，2009；Moore et al.，2002；Pizzari and Foster，2008）。在自然界当中，只有更加健康更加优秀的个体，才能够存活下去。

2. 卵子最后选择的原因

科研人员进行这样一项研究也是非常细致和耐心的，他们从 16 对接受生育治疗的夫妻当中采集了相关的卵泡液和精子的样本，然后再将这些卵泡液和精子两两组合进行配对，最后观察精子在卵泡液当中的表现。经过这样一系列的研究，科研人员发现不同女性的卵泡液在吸引男性精子方面是不同的，某些男性的精子在同一类卵泡液当中更多地被吸引，而有一些则几乎很难通过。这样一种现象，科研人员倒也没有发现什么特定的模式。不过科研人员得出了一个结论，那就是卵泡液是否能对精子产生有利影响，其实跟这个精子是否来自母体所承认的伴侣毫不相关。换句话来说，就算是一个陌生人的精子，卵泡液同样有可能对其表现出欢迎，而即便是伴侣的精子，卵泡液也有可能表现出一种抗拒。卵泡液的欢迎与抗拒之间差距竟有多大呢？根据科研人员的研究，卵泡液吸引与排斥精子之间的平均差异可以达到18%（吸引精子占射入生殖道内精子总数的比例）。在自然界当中，任何一个微小的比例都可能产生巨大的影响，而18%就是非常大的一个数字了。考虑到人类一次射出几亿颗精子，18%就是上千万的数量。这样一个庞大的数量，只要多试几次，完全可以让精子与卵子结合，从而孕育出新的生命（Fitzpatrick et al.，2020；Kaupp et al.，2008）。

当然也有人会提出疑问，那就是为什么将最终选择称之为是卵子对精子的选择，而不是精子对卵子的选择？这很简单，因为相对于几亿颗精子的数量而言，卵子的数量其实只有一个。也就是说，根本就没有精子选择的份，它要是不与卵子结合，它根本就没有存在的必要。而它不与卵子结合，它也根本就找不到"替代品"。这就是专家认为这是一种卵子对精子选择的原因。精子与卵子的结合方面还有很多没有了解到的地方，人类科学还有更大的进步空间，只不过现在似乎遇到了一些瓶颈。

3. 哺乳动物受精时为什么只有一个精子穿入卵子

精子和卵子是单倍体细胞，受精时一个精子入卵，与卵子的遗传物质结合，以保证合子重新恢复二倍体（图5-16）。在正常生理条件下，卵黄含量多的动物，如鸟类、鱼类及许多无脊椎动物受精过程中有多个精子入卵，卵子中出现多个雄原核，但最终只有一个雄原核与雌原核结合完成正常的胚胎发育，而其他雄原核在发育中途退化。哺乳动物是单受精动物，如果一个以上精子入卵，通常会导致胚胎发育异常或发育阻滞，最终夭折。在人类中，尽管有三倍体和四倍体婴儿出生的报道，但多倍体婴儿通常有严重的缺陷，在绝大多数情况下多精受精会导致自然流产。与其他动物相比，猪的多精受精率很高，体内多精受精率可达到30%～40%，而体外多精受精率通常可超过65%。猪卵母细胞质具有一定的清除多余精子的能力，多精受精的卵子中有多个雄原核形成，但是如果多余的精子不干扰正常的雌雄原核结合，胚胎能发育到期。当有多个雄原核与雌原核结合时，可形成二倍体、三倍体、四倍体胚胎，甚至有胚胎中既有二倍体细胞也有四倍体细胞，但生下来的小猪中未发现多倍体现象（Coy et al.，2008；Gardner and Evans，2006）。

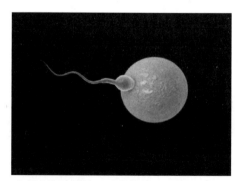

图5-16　哺乳动物的单精子受精模式（Fitzpatrick et al.，2020）

阻止多精受精的机制主要有两种：一种机制是雌性生殖道的初步筛选，尽管哺乳动物一次射出的精子数量可达数千万甚至上亿个，但最终通过生殖道到达受精部位的精子数量很少，通常精子数与卵子数比例不超过10∶1；另一种机制是卵子本身具有强烈的阻止多精受精的能力，参与阻止多精受精的是卵子所特有的一种细胞器——皮质颗粒。精子穿入卵子后，卵子皮质颗粒的内容物很快释放到卵周隙中，使透明带发生修饰，几分钟内便会在透明带水平上阻止其他精子再进入卵子，与此同时，精子膜、卵胞质膜、皮质颗粒膜融合，可能改变了卵质膜的性质，从而在卵质膜水平上阻止多精入卵。根据动物种类不同，多精受精的阻止主要发生在透明带水平上或卵质膜上，或二者兼有。但是透明带和卵质膜通过什么机制来完成这一使命目前了解得还不多（Sun，2003；Zyłkiewicz et al.，2010）。

4. 哺乳动物精子的"受精推流"现象

就哺乳动物而言，雌性个体每次生殖周期排卵 1～10 个，雄性每次与雌性交配要射入雌性生殖道几千万、几亿到几十亿个精子，但是最终卵子受精需要的只是 1～10 个精子。从生物学角度理解，这种大比例的精子过剩是不是一种"资源浪费"或者说是"进化失误"？有一种解释是，这种只有一个卵子的受精模式，把幼崽之间的竞争变成了精子之间的竞争，从而节约了资源。哺乳动物雌性每次生殖周期通常只排 1～10 个卵，使后代在大部分情况下（排除同卵双胞胎）只有一个或者几个，这样后代之间的竞争就减少了，但精子间的竞争则加剧了，更优秀更有活力的精子有更大概率和卵子结合，保证后代的遗传优势。最新研究发现，某种啮齿类动物的精子已经进化出钩状头部（hook-shaped heads），得以在穿入卵子过程中取胜。钩状头部发育较好的精子能够附着更多的精子同伴，形成快速移动的链条，将另外的竞争对手远远甩在后面。在对鼠的实验中，英国谢菲尔德大学教授哈利·莫尔（Holly More）发现，精子具有团队协作精神。射精后 1～2min 内精子们会利用头上的钩子，头对头或头对尾地连在一起，就像货运列车一样前进。在实验室里这种列车包含上百"节"，在雌鼠体内则有 50～200"节"之多，组合后的精子队伍比单独游动的速度快了 50%。莫尔教授认为，人类的精子也可能有这种团结互助的行为，当它们通过子宫颈黏液时，带头者可能已改变了黏液的状态，使后来者行走顺畅。实验组人员汤姆（Tom）说："先驱者可能是开拓者，它们抱有牺牲的决心，冲在阵地最前方，使黏液发生一些适合精子通过的变化，好让后面的'战友'通过"（Christopher and Christopher，2006；Humphries et al.，2008；Litscher et al.，2009；MØLLER and Birkhead，2008；Zyłkiewicz et al.，2010）。

哺乳动物雄性交配时射出的大量精子除通过相互竞争保障后代遗传优势之外，还有一个生理作用就是把可能与卵子受精的几百到几千个后续精子推送到受精部位——输卵管（表 5-2）。根据动物自然交配精子与卵子数量差异悬殊的受精生理特点（10 亿～50 亿个精子对应 1～10 个卵子，精子数量为卵的 10 亿倍），我们把精子的这种生理作用理解为哺乳动物受精的"受精推流"（sperm flow-push effect for fertilization）作用（图 5-17）。实验结果显示，向牛子宫内输入 2 亿个牛精子有 362 个精子进入输卵管并正常受精；把输入子宫内的牛精子数量减少到 50 万个，尽管有数个精子进入输卵管但是没有检测到正常受精。为了验证异种精子"受精推流"效果，在 50 万个牛精子中混合山羊或者绵羊精子使输入牛子宫内精子总数达到 2 亿个，发现更多牛精子进入输卵管并可以达到正常受精效果（表 5-2）。该受精机理的发现为奶牛高效性别控制（以下简称"性控"）冷冻精液生产关键技术创新、生产工艺流程建立提供了理论支撑与技术思路。

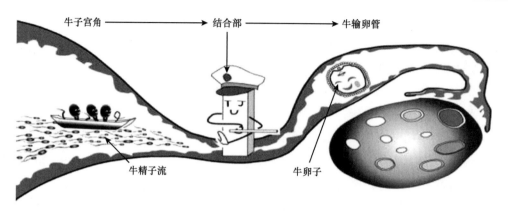

图 5-17　哺乳动物"受精推流"作用机理模型

表 5-2　山羊、绵羊异种精子对牛精子辅助受精推流作用的效果比较

家畜品种	输入子宫体精子品种、数量	辅助受精运动推流部位及受精结果		
		进入子宫角精子数量（个）	进入输卵管精子数量（个）（占输入子宫内精子的比例）	受精结果
奶牛	2 亿牛精子	5 964	362（10 万分之 72.4）	受精
	50 万牛精子	682	7（10 万分之 1.4）	未受精
	50 万牛精子 +1.995 亿山羊精子	11 710	287（10 万分之 57.4）	受精
	50 万牛精子 +1.95 亿绵羊精子	4 246	182（10 万分之 36.4）	受精

　　本书作者根据异种动物精子辅助受精的推流作用机制，创造性地设计了奶牛高效性别控制冷冻精液生产关键技术流程，即把奶牛分离 X 精子数量从正常产品的 200 万个降低到 50 万个，添加 150 万个山羊或者绵羊精子与 50 万个奶牛分离 X 精子混合制作奶牛性别控制冷冻精液新产品，均可以达到 45% 以上的人工授精情期受胎率，其中山羊精子受精推流效果接近常规产品受胎率水平（图 5-18，表 5-3）。为了进一步确定新产品标准生产技术流程，把奶牛分离 X 精子数量逐级递减到 150 万个、100 万个、50 万个，分别与山羊异种精子混合制作奶牛性别控制冷冻精液，人工授精结果显示以 100 万个奶牛分离 X 精子混合 100 万个山羊精子生产的新产品，从生产效率提升、成本下降、受胎率与

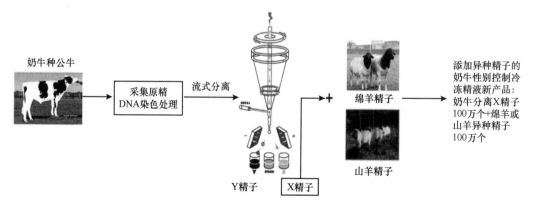

图 5-18　异种精子推流辅助受精的奶牛性控冷冻精液生产关键技术创新模式图

性别控制准确率方面综合评价效果最佳（表 5-3）。生产关键技术创新使生产效率提高了 3 倍（单机年生产能力由 3 万支提升到 9 万支），生产成本降低 70%（由每支 100 元降低到 30 元），并于 2008 年投入产业化应用，经济与社会效益显著。

表 5-3　异种精子受精推流的奶牛性别控制冷冻精液与常规性别控制冷冻精液的受胎率、性别控制准确率比较

奶牛性别控制冷冻精液（每支成品 200 万～ 300 万精子）	平均情期受胎率（%）	性别控制准确率（%）
常规奶牛性别控制冻精（200 万分离 X 精子）	54.8%（9010/16442）	95.3%
50 万奶牛分离 X 精子 +150 万绵羊精子	46.6%（110/236）	94.2%
50 万奶牛分离 X 精子 +150 万山羊精子	53.2%（241/453）	93.9%
100 万奶牛分离 X 精子 +100 万山羊精子	54.2%（362/668）	94.6%
150 万奶牛分离 X 精子 +50 万山羊精子	54.3%（279/514）	93.2%
23 万头 / 次的产业化示范应用	53%～ 62%	93.7%

在此基础上，李喜和制定了《牛性控冷冻精液生产技术规程》《牛性控冷冻精液标准》两项国家标准（附件 2、附件 3），实现了世界最大规模的奶牛性别控制技术产业化推广应用，2005 ～ 2018 年累计在内蒙古、黑龙江、河北、山东、北京、天津、上海等省市、自治区奶牛主要养殖地区的 5401 个养殖牧场、合作社推广应用。统计结果显示，在全国累计使用奶牛性别控制冷冻精液 497.58 万支用于人工授精，情期受胎率 50% ～ 60%（平均 52.3%）、性别控制准确率总体达到 93% ～ 98%（平均 93.7%），已经繁育奶牛母犊 166 万头，累计为企业、合作社新增纯收益 58.72 亿元。该技术应用促进了我国奶牛良种化进程和奶牛养殖业持续发展，积极推动了我国畜牧产业转型升级与产业扶贫，经济和社会效益显著。项目单位奶牛性别控制冷冻精液连续 5 年产销全国行业之首，同时也开展了肉牛、羊、鹿、猪、宠物犬的性别控制技术开发与示范应用，并取得了预期的试验效果，显示了广阔的产业应用前景。

5. 受精前是否有精子之间的竞争、精子选择和卵子对精子的吸引

受精是精子与卵子结合形成受精卵的过程，是一个生命的起点。对于人类而言，男性每次射精释放出几千万到几亿精子，一般只有一个精子脱颖而出，在争夺生命的赛跑中战胜数以亿计的竞争对手，与卵子结合而延续自己的生命，其他绝大多数精子在异性的体内悄然死去，被溶解吸收。对于多胎动物（如猪、鼠）而言，也只有少数几个精子完成受精（Austin and Short，1982a，1982b；Hunter，1995，2003）。无疑，精子是人体内竞争最为壮烈的细胞，使卵子受精是其整个生命历程的终极目标。为什么雄性个体要产生如此众多的精子，雌性体内存在的精子选择机制保证最好的精子受精，精子如何经过长途跋涉找到卵子？

有学说认为，雄性个体射出如此庞大数量的精子并不是为了"手足相残"，是希望采取"精"海战术以量取胜，以便与其他雄性个体的精子竞争来传宗接代。研究发现，一种欧洲木鼠的精子发生了独特的形态转化，它们会连接在一起，并且游动得比单个精子更快，这是哺乳类动物精子相互合作的首次发现（Zylkiewicz et al.，2010）。射精后，单个的精

子就动用起这一武器抓住团队中的其他精子形成一个精子群，几百个到几千个精子集结成"一列火车"，精子"火车"的运动速度比单个精子快将近 2 倍。一些结果启示，人类的精子也可能会合作。当精子通过女性分泌的子宫颈黏液时，前面精子的作用与后面的不同，提早发生了顶体反应，使黏液发生一些适合精子通过的变化，好让后面的"战友"通过，而丧失了本身受精的机会。进化生物学家曾经说过，一个雄性并不在意自己的哪一个精子最终使卵子受精，只要是自己的精子到达卵子，就比来自其他雄性的精子到达卵子要好。但这还需要进一步的研究证实。

灵长类动物精子竞争在运动层面上发生，繁殖比较混杂的黑猩猩和猕猴精子的游动速度明显比人类和大猩猩的更快、力量也更大。灵长类在一个繁殖周期中，雌性个体一般只会与一个雄性交配，而黑猩猩和猕猴一般都要与群体中的多个雄性交配。因此，后两者的雄性个体精子游动更快更猛，理论上与卵子成功结合的概率就越大。在一妻多夫制的交配模式中快速游动的精子是受到进化青睐的，一般认为，在"一妻多夫"动物中，动物精子的长度决定运动速度，精子长则运动快，获得受精的机会就多。但是，有研究提出，判断精子的受精机会，应该考虑精子尾部长与头部长的比例，而不应仅考虑精子的绝对长度。

有研究认为，雄性动物一次排出海量精子是为了让精子互相竞争，让最适于受精的精子与卵结合。数亿精子被射入雌性生殖道后就开始了它们漫长艰难的竞争之旅，它们必须游过阴道、子宫颈和子宫，通过输卵管到达受精部位，它们还需冲过卵子周围的卵丘细胞和放射冠，再通过被称作透明带的结构才得以与卵子结合。只有数个精子可穿过放射冠，但通常只有一个精子能够穿过透明带进入卵内。精子运动途中绝大多数"瘦弱病残"的精子适应不了"长途跋涉"或雌性生殖道内的强酸环境而死亡，实现了优胜劣汰。但是有研究发现，精子中有的不良变异精子也可能在自然选择中获胜。导致塔头并指症的突变（称作 C755G），即与骨生长有关的一个基因的 DNA 序列发生了微小变化，在精子中出现的次数比预想的要高出 $100 \sim 1000$ 倍，该类精子具有正常运动能力，因此遗传物质存在缺陷的精子是否倾向于被自然淘汰还需要研究证实。

目前男性不育的比例持续增加，男性的精子数量从 20 世纪 50 年代的约 6000 万个 /ml 下降到约 2000 万个 /ml。随着科学技术的发展，目前少精症、弱精症和无精症的病人可以通过单精子注射获得后代，这种助孕技术的施行给不育人群带来了福音，但是，它存在很多不为人知的潜在风险。人为地助孕使精子失去了"适者生存"的竞争机会，可能将带有缺陷的染色体遗传给后代。有的医学专家担心，现代医疗用非自然方法解决了部分不育症患者的生育问题，也使本应将被自然淘汰的变异基因仍继续遗传下去。这是否在一定程度上会威胁到人类未来的生存（王维华和孙青原，2007；杨增明等，2005）。

在受精前精液射到阴道或子宫中，要完成受精精子要通过长距离的游动到达受精部位（输卵管上 1/3 处或壶腹部）（图 5-19）。那么，哺乳动物精子和卵子的相遇是偶然吗？在水生动物、两栖类动物和其他非哺乳动物中发现，卵子和 / 或其周围的细胞分泌的化学物质可以吸引精子定向运动，到达受精部位，称为化学趋化作用（chemotaxis）。在海洋无脊椎动物中这种作用具有明显的种属特异性，即一种海洋生物的化学趋化物质通常只能吸引同种动物的精子，而对其他属的精子没有趋化作用。而在两栖类动物中有的精子趋化物质对精子的吸引没有种属特异性。精卵趋化作用具有重要的生理作用，它可使大量的精子到达受精部位，这对于体外受精的水生动物特别重要，因为没有这种化学趋化作用，很难想象排到水中的精子和卵子会有机会相遇和受精。卵子释放的使精子定向快速地向卵子运动的可溶性信号是一些肽类、小分子蛋白质和有机小分子化合物，如氨基酸、小分子脂类和类固醇硫酸酯酶等（Fitzpatrick et al.，2020；Kaupp et al.，2008）。

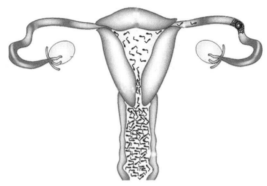

图 5-19　精子竞争性向卵子游动而完成受精的模式图（孙青原，2011）

　　近年来的研究表明，哺乳动物精子在雌性生殖道运行时，也可能受到卵子或卵泡液中化学物质吸引而到达受精部位（杨增明等，2005）。人、小鼠和兔的卵泡液对精子运动都有趋化作用，但仅对获能精子有作用。哺乳动物的精卵化学趋化作用的生理功能可能与低等动物不同，它的主要作用可能是选择性地使获能精子募集到受精部位。哺乳动物的精卵趋化作用没有种属特异性。例如，兔和人的精子对人、兔和牛卵泡液的化学趋化物质的反应没有明显差别，这说明哺乳动物并不是通过种属特异性的化学趋化作用来防止异种受精。输卵管液、卵丘细胞分泌物、卵子分泌物等也对精子具有化学趋化作用。哺乳动物的精子化学趋化物质还没有被分离出来，但有证据表明，卵泡液中对精子有吸引作用的成分可能是孕酮，理由是卵泡液中含有孕酮，卵子和其周围的卵丘细胞都可以产生孕酮，重要的是孕酮对多种动物包括人精子在体外均有吸引作用，并且精子表面有孕酮受体存在。也有研究表明精子趋化物质可能属于对热稳定的肽类。研究发现，两栖类卵子胶膜所分泌的对精子有趋化作用的吸引素（attractin）也可以激发小鼠精子的化学趋化运动，从而提出了吸引素可能是哺乳动物精子化学趋化物质的观点。在精子趋化运动时，精子顺着趋化物质的浓度梯度向卵子运动。有趣的是，有些哺乳动物嗅觉受体（olfactory receptor）基因仅在或主要在精子中表达，在人精子中有独特的嗅觉受体。免疫细胞化学研究显示，嗅觉受体蛋白定位于精子尾部中段。据推测，嗅觉受体的作用是通过化学嗅觉信号通路使精子定向运动。有研究从分子、细胞和生理水平上对新发现的嗅觉受体 hOR17-4 在受精过程中可能发挥的作用进行了探讨，发现嗅觉受体 hOR17-4 像在嗅觉感应神经元中的作用一样，可以控制精子和卵子之间的通讯作用，在人精子趋化运动中具有重要功能。有证据表明，精子在卵子、卵周细胞释放的化学物质作用下定向地快速向其运动，可能是由精子细胞内 Ca^{2+} 浓度升高引起的。化学趋化物质引起 Ca^{2+} 浓度升高需要外源 Ca^{2+} 及 Ca^{2+} 通道的作用，三磷酸肌醇（IP3）可以介导 Ca^{2+} 释放。精子

中 Ca^{2+} 浓度升高导致其非对称性鞭毛运动，从而产生化学趋化反应，这个过程也需要活性氧的产生。受精后或人工激活卵子以后，卵子对精子的化学趋化作用消失，有关这方面的机理还不清楚。除了化学趋化作用以外，有研究又提出了精子受热趋化运动的概念，指出哺乳动物的精子可以像细菌一样运动，可以在排卵后从温度相对较低的精子储存部位向温度相对较高的受精部位运动。并且提出，受热趋化是精子运动的长距离趋化机制，而化学趋化是精子运动的短距离趋化机制。精子的受热趋化运动目前仍然是一个模糊的概念，具体的机制一无所知。尽管已发现对哺乳动物精子有趋化作用的几种成分或因素，但卵子是否对精子有吸引（趋化）作用还是一个有争议的问题。对精子趋化作用的了解还是初步的，尤其是目前的相关研究主要是在体外进行的，究竟体内哪一种分子或哪几种分子对精子趋化作用起关键作用，它（们）通过什么机制引起精子向卵子快速运动目前还没有答案。

总之，生物学家对是否存在精子竞争、母体对精子的选择，以及卵子对精子的吸引等问题的兴趣由来已久，但所知甚少，有很多相关理论需要验证，这需要生物学家、物理学家和工程师的通力协作。

参 考 文 献

安娜丽莎·伯塔. 2019. 海洋哺乳动物的崛起: 5000 万年的进化. 王文潇, 译. 北京: 电子工业出版社.

查尔斯·达尔文. 2018. 物种起源 (插图版). 苗德岁, 译. 南京: 译林出版社.

李井春, 曹新燕. 2016. 动物生殖学理论与实践. 北京: 化学工业出版社.

李喜和. 2019. 家畜性别控制技术. 北京: 科学出版社.

理查德·道金斯. 2017. 地球上最伟大的表演——进化的证据. 李虎, 徐双悦, 译. 北京: 中信出版社.

迈克尔·艾伦·帕克. 2014. 生物的进化. 陈素真, 译. 济南: 山东画报出版社.

让 - 巴普蒂斯特·德·帕纳菲厄. 2018. 演化. 邢路达, 译. 北京: 北京出版集团公司.

桑润滋. 2006. 动物繁殖生物技术. 2 版. 北京: 中国农业出版社.

王维华, 孙青原. 2007. 生育革命: 迎接试管婴儿新时代. 北京: 科学出版社.

旺文社. 1994. 动物. 东京: 株式会社.

沃恩 T A, 瑞 J M, 恰普莱夫斯基 N J. 2017. 哺乳动物学. 6 版. 刘志霄, 译. 北京: 科学出版社.

亚特伍德. 2016. 人类简史. 北京: 九州出版社.

杨增明, 孙青原, 夏国良. 2005. 生殖生物学. 北京: 科学出版社.

张昀. 2019. 生物进化. 北京: 北京大学出版社.

《10000 个科学难题》生物学编委会. 2010. 10000 个科学难题: 生物学卷. 北京: 科学出版社.

山极寿一. 2010. 人类进化论. 东京: 裳华房.

Austin C R, Short R V. 1982. Reproduction in Mammals. 2nd edition ed. Cambridge: The Press Syndicate of the University of Cambridge.

Austin C R, Short R V. 1984. Reproduction in Mammals. Cambridge: Press Syndicate of the University of Cambridge.

Christopher D J, Christopher B. 2006. The Sperm Cell. United States of America by Cambridge University Press.

Coy P, Grullon L, Canovas S, et al. 2008. Hardening of the zona pellucida of unfertilized eggs can reduce polyspermic fertilization in the pig and cow. Reproduction, 135(1): 19-27.

Dewsbury D A. 1972. Patterns of copulatory behavior in male mammals. The Quarterly Review of Biology, 47(1): 1-33.

Dewsbury D A. 1975. Diversity and adaptation in rodent copulatory behavior. Science, 190(4218): 947-954.

Dewsbury D A. 1982. Dominance rank, copulatory behavior, and differential reproduction. The Quarterly Review of Biology, 57(2): 135-159.

Dewsbury D A, Pierce J D. 1989. Copulatory patterns of primates as viewed in broad mammalian perspective. American Journal of Primatology, 17(1): 51-72.

Dixson A F. 1995. Sexual selection and ejaculatory frequencies in primates. Folia Primatologica, 64(3): 146-152.

Dixson A F. 2009. Baculum length and copulatory behaviour in carnivores and pinnipeds (Grand Order Ferae). Journal of Zoology, 235(1): 67-76.

Dixson A F. 2010. Observations on the evolution of the genitalia and copulatory behaviour in male primates. Proceedings of the Zoological Society of London, 213(3): 423-443.

Fitzpatrick J L, Willis C, Devigili A, et al. 2020. Chemical signals from eggs facilitate cryptic female choice in humans. Proceedings of the Royal Society B: Biological Sciences, 287(1928): 20200805.

Gardner A J, Evans J P. 2006. Mammalian membrane block to polyspermy: new insights into how mammalian eggs prevent fertilisation by multiple sperm. Reproduction Fertility and Development, 18(1-2): 53-61.

Hafez E S E. 2016. Reproduction in Farm Animals. 6th Edition. Cambridge: The Press Syndicate of the University of Cambridge.

Harcourt A H, Gardiner J. 1994. Sexual selection and genital anatomy of male primates. Proceedings. Biological Sciences, 255(1342): 47-53.

Hoodbhoy T, Talbot P. 1994. Mammalian cortical granules: contents, fate, and function. Molecular Reproduction and Development, 39(4): 439-448.

Humphries S, Evans J P, Simmons L W. 2008. Sperm competition: linking form to function. BMC Evolutionary Biology, 8: 319.

Hunter R H F. 1995. Sex Determination, Differentiation and Intersexuality in Placental Mammals. UK: The Press Syndicate of The University of Cambridge.

Hunter R H F. 2003. Physiology of the Graafian Follicle and Ovulation. Cambridge: The Press Syndicate of the University of Cambridge.

Immler S, Moore H D M, Breed W G, et al. 2007. By hook or by crook? Morphometry, competition and cooperation in rodent sperm. PLoS One, 2(1): e170.

Kaupp U B, Kashikar N D, Weyand I. 2008. Mechanisms of sperm chemotaxis. Annual Review of Physiology, 70: 93-117.

Kirkman-Brown J C, Sutton K A, Florman H M. 2003. How to attract a sperm. Nature Cell Biology, 5(2): 93-96.

Litscher E S, Williams Z, Wassarman P M. 2009. Zona pellucida glycoprotein ZP3 and fertilization in mammals. Molecular Reproduction and Development, 76(10): 933-941.

Malcolm P, Roger S. 1999. Ever since Adam and Eve: The Evolution of Human Sexuality. New York: Cambridge University Press.

MØLLER A P, Birkhead T R. 2008. Copulation behavior in mammals-evidence that sperm competition is widespread. Biological Journal of the Linnean Society, 38(2): 119-131.

Moore H, Dvoráková K, Jenkins N, et al. 2002. Exceptional sperm cooperation in the wood mouse. Nature, 418(6894): 174-177.

Nascimento J M, Shi L Z, Meyers S, et al. 2008. The use of optical tweezers to study sperm competition and motility in primates. Journal of the Royal Society Interface, 5(20): 297-302.

Pizzari T, Foster K R. 2008. Sperm sociality: cooperation, altruism, and spite. PLoS Biology, 6(5): e130.

Sun Q Y. 2003. Cellular and molecular mechanisms leading to cortical reaction and polyspermy block in mammalian eggs. Microscopy Research and Technique, 61(4): 342-348.

Zyłkiewicz E, Nowakowska J, Maleszewski M. 2010. Decrease in CD9 content and reorganization of microvilli may contribute to the oolemma block to sperm penetration during fertilization of mouse oocyte. Zygote, 18(3): 195-201.

英汉对照词汇

anal slit	肛门裂	mammary slit	乳裂
Australoid	澳大利亚人种	mechanical isolation	机械隔离
behavioral isolation	行为隔离	Negroid	尼格罗人种
Caucasoid	高加索人种	physiological isolation	生理隔离
genital slit	生殖裂	sub-species	亚种
geographical isolation	地理隔离	temporal isolation	季节隔离
ecological isolation	生态隔离	the australoid race	棕种人
hybrid sterility	杂种不育	the black race	黑种人
hybrid breakdown	杂种衰败	the white race	白种人
hybrid inviability	杂种不活	the yellow race	黄种人

第六章　动物繁育与生殖调控技术

20 世纪 50 年代，随着哺乳动物生殖生理学和生物化学技术的进步，英国的博尔济（Polge）博士（Animal Research Station，现归属于剑桥的 Babraham Institute）首次确立了牛精液的冷冻保存方法，从而使家畜的育种改良得到了飞速发展。牛冷冻精液和人工授精（artificial insemination，AI）的普及可以说是生殖生物工程技术在产业中的首次应用，从此拉开了现代生殖生物工程技术在更广范围内的研究开发和实用化生产的序幕。胚胎移植（embryo transfer，ET）是继人工授精后在 20 世纪 70 年代兴起的另一项实用性很强、应用范围极广的生殖生物工程技术，经过不断技术改进，目前已在家畜品种改良、珍贵野生动物繁殖及人类不育症治疗等相关领域中发挥了巨大的作用。

从牛的人工授精开始到现在哺乳动物的体细胞克隆（somatic cell cloning，SCNT）成功，这期间生殖生物工程技术不断增添新的内容，20 世纪 80 年代体外受精（*in vitro fertilization*，IVF）技术的开发也是一个新的突破，在此基础上哺乳动物的生殖机制被不断解明，诸如性别控制（sex control）、转基因动物（transgenic animal）等也已成为可能。生殖生物工程的每项技术都是一个大课题，包含理论和技术上的许多内容，限于章节我们不可能一一详细介绍，在这里只选择几个代表性的话题给大家画个轮廓。

第一节　人工授精与性别控制

家畜人工授精是指利用假阴道取出公畜精液，经过精子活力检查、稀释及冷冻保存处理，然后将新鲜或冷冻解冻后精液注入母畜生殖道内，使母畜怀孕的技术，该技术主要用于提高优良种公畜利用率、加速畜群改良等。性别控制是指通过人为干预，使雌性动物按人们的愿望及生产需要繁衍所需性别后代的技术。本节内容将对人工授精与性别控制的研究历史、技术流程及技术的开发应用情况分别加以介绍。

一、人工授精与性别控制的研究历史

人工授精实验最早可追溯到 1780 年，当时人们用犬做实验，尝试人工授精。直到 19 世纪中期，俄国人报道了实用的人工授精方法。1936 年和 1938 年，丹麦和美国分别成立了人工授精合作联盟。接下来精液添加成分的发现及抗生素的使用更是使人工授精技术取得了巨大进步。1949 年，甘油被发现在哺乳动物精子抗冻保护中发挥作用，该发现对人工授精技术的发展具有里程碑意义。1952 年，博尔济（Polge）和罗森（Rowson）获得牛精液冷冻保存的成功，之后以冷冻精液为主的牛宫腔内人工授精（post-cervical or intrauterine artificial insemination，PCAI）技术如雨后春笋般发展起来，截至 2021 年已经在生产中推广应用 60 余年，奶牛人工授精的普及率达到 90% 以上，每年通过人工授精

技术繁殖的奶牛超过1亿头,人工授精技术已经成为目前使用范围最广、推广应用数量最多的家畜繁育生物工程技术之一。尽管以冻精为主的人工授精技术在牛上得以广泛应用,但由于精液冷冻解冻后存活率不高,以及子宫颈的形态结构使输精管不宜通过等因素,在生产实际中,羊的人工授精大多以冷藏新鲜精液、子宫颈人工输精(cervical artificial insemination,CAI)为主,近年来,虽然也发展了腹腔镜辅助的宫腔内冷冻精液输精技术,但该技术没有普及(Alvarez et al., 2019)。像牛一样使用冷冻精液,并经阴道和宫颈进行宫腔内部输精,目前仍是从事羊人工输精的团队共同的努力目标。同样由于冷冻解冻后精子存活率及受胎率低,猪的人工输精目前也多以冷藏鲜精为主,通常采用宫颈内输精,而且需要输入几百毫升大量的精液。虽然近年来也有报道在猪上取得了宫腔内输精的成功(García-Vázquez et al., 2019),但总体效率不高,而且技术上还存在很多问题(Waberski et al., 2019)。

20世纪八九十年代,根据X精子和Y精子DNA含量差异的原理,基于流式细胞仪的X/Y精子分离-性别控制技术取得突破性进展。1989年拉瑞·杰森博士(Larry Johnson)等首先报道用流式细胞仪成功分离了兔的X精子和Y精子,并用分离的精子授精产下后代。1997年,Catt等(1996)又报道用低剂量绵羊的新鲜分离精子,采用内窥镜法以大约10万个精子(0.1ml)在子宫角输精成功获得后代,但受胎率很低。山羊的精子分离和人工授精方面鲜有报道,2004年,Parrilla等首次报道了用流式细胞仪检测出山羊的X精子、Y精子的DNA含量的差异为4.4%(Parrilla et al., 2004),其后,广西大学动物科学技术学院研究员陆阳清在其论文中提到山羊的精子浓度在1.5×10^8个/ml时,用20μg/ml浓度的Hoechst33342荧光染色剂标记DNA可以将山羊的X、Y精子分开,但没有对山羊分离后精子进行人工授精的报道。2005年,内蒙古赛科星繁育生物技术(集团)股份有限公司(以下简称赛科星公司)研发团队采用内窥镜技术,成功进行了山羊性控冻精的宫腔内人工输精。2018年,赛科星公司研发团队与南京医科大学异种移植重点实验室合作,首先由赛科星公司在内蒙古分离大长白猪精子,然后将X精子在17℃条件下运至南京,由南京医科大学异种移植重点实验室团队通过手术的方法将低剂量的性控精液(1000万个X精子)注入子宫和输卵管接合部位,获得产仔结果,仔猪均为雌性,性控成功率百分之百。

近年来,随着人们在X/Y精子分离技术上取得的长足进展,性控冻精与人工授精技术相结合真正走向成熟并发挥作用的是在牛的繁殖方面,尤其是在奶牛繁殖方面,包括我国在内的十几个国家已经开始奶牛性控冷冻精液商业化生产和推广应用。性控冻精的推广应用为快速、有效地扩大优质奶牛数量提供了新途径,并且受胎率与常规冻精没有明显差别(Vishwanath and Moreno, 2018)。家畜性控技术的推广应用在生产实践中具有广泛的现实意义,它可以充分发挥家畜不同性别的遗传优势性能,如母畜的产奶、繁殖性能,公畜的肉质、生殖性能;消除畜群中有害基因或不理想的隐性遗传性状,防止伴性连锁疾病的发生。此外,性控技术的应用可以提高畜群的繁殖速度,快速优化商品畜群,尽可能多地获得肉、蛋、乳、毛、绒、皮等畜产品,取得最大的经济效益。此外,性控技术在保护珍稀濒危动物方面也具有特定的应用价值(李喜和,2009)。

二、家畜人工授精技术流程

这里以牛、羊为例，介绍人工授精的技术流程。

（一）牛的人工授精技术流程

牛的人工授精技术是根据牛的正常生理周期，在发情排卵前人为地将精液注入母体子宫角内并使其受胎的过程。为了得到高的情期受胎率，人工授精时必须把握正确的授精时间、输精部位和精液注入方法。牛性控冻精与普通冻精相同，一般使用 0.25ml 的冻精细管，每支细管内装有 X 或 Y 精子 200 万～220 万个，精子数量仅为常规冻精的 $1/10 \sim 1/5$。因此，性控冻精的输精技术要点与常规冻精相比，对输精时间和部位的把握要求更加严格，以保证一定的受胎率和产仔率。在此，我们首先介绍常规冻精输精技术流程，然后指出性控冻精输精操作的技术要点，这样便于读者理解和掌握奶牛的常规冻精及性控冻精的输精方法。

1. 母牛选择

后备母牛发育到一定阶段时（一般 8～12 月龄），在其生殖内分泌的调节下，母牛卵巢上的卵泡周期性地发育成熟并分泌雌激素，在雌激素的作用下，母牛生殖道产生一系列变化并伴有行为上的表现，称为发情（estrus，青年牛被称为初情）。为使奶牛达到最大生产能力，青年牛 14 月龄无初情特征时需要做检查，判定原因并采取相应措施。青年牛在 14～18 月龄、体重达到 350 kg 以上即可用于繁殖，青年牛初产月龄 26 个月为最佳。经产牛通常在分娩后 20～30d 第一次排卵，表现发情特征的时间为 35～60d，如果饲养管理较差第一次表现发情的时间会推迟。研究表明，第一次发情时卵巢恢复正常机能的个体只有 60% 左右，此时实施人工授精，往往出现胚胎死亡现象，以一年产一次为目标，经产牛实施人工授精的适当时间是分娩后 50～60d。

2. 发情周期和发情鉴定

发情是母牛未怀孕时表现的一种周期性变化。母牛发情不一定受孕，只有当生殖道能够为受精提供合适条件，并且由卵巢排出成熟卵子，这时人工输精（自然交配）才有机会受孕，进行下一代的繁殖。发情阶段的母牛行为、身体都会发生一系列的变化。母牛属全年多次发情的家畜，约 21d 一个发情周期（个别母牛两个发情周期间隔 18～24d 属正常波动范围），一般没有明显的季节性，饲养管理良好的母牛可全年发情配种；但粗放的饲养条件、冬季寒冷的气候及较差的营养条件会使农牧区的牛多表现为休情。

（1）母牛发情时行为变化

发情母牛表现为敏感躁动、寻找其他发情母牛，嗅闻其他母牛外阴，下颌依托其他牛臀部并摩擦及压捏、腰背部下陷、尾根高抬等行为特征。活动量、步行数大于未发情牛 5 倍以上。有的牛还表现出食欲减退和产奶量下降，爬跨其他牛或"静立"接受爬跨，后者是重要的发情鉴定征候。

（2）母牛发情时身体变化

发情母牛外阴潮湿、阴道黏膜红润、阴户肿胀，有时体表潮湿呈蒸腾状。外阴流出透明、线状黏液，或黏于外阴周围，有强的拉丝性。臀部、尾根有接受爬跨造成的小伤痕或形成秃毛斑。60%左右的发情母牛大约在2d后可见阴道出血现象，这个征候可用于帮助确定交配时被遗漏的发情牛、跟踪下次发情日期或可为调整情期提供依据。

（3）母牛的发情特点

牛的发情期（发情持续期）短，但行为明显。母牛有外部表现的发情时间一般仅为18～24h，因此发情观察必须留心，否则很容易漏掉。母牛排卵一般发生在发情停止后8～12h（个别母牛也有提前或推后的现象），因此母牛刚发情时不要急于配种，而应等到发情结束或接近排卵时配种，这是最适宜的配种时间。

（4）奶牛的发情观察

在奶牛发情观察工作中，裸视发情观察是目前最实用，也是最常用的方法。奶牛表现发情的24h时间分布为：0∶00～6∶00约占43%，6∶00～12∶00约占22%，12∶00～18∶00约占10%，18∶00～24∶00约占25%，即接近70%的牛在夜间的12个小时有明显的发情表现。因此，在生产实践中要着重早晚的发情观察，并要做到每天4～5次的发情观察，每次不能少于30min。对异常发情、产后50d未见发情的奶牛应及时检查和采取措施，使其恢复正常发情。

（5）影响母牛发情的因素

产后分泌乳汁：母牛产犊后分泌乳汁机能旺盛，身体也在恢复，生殖机能受到抑制，卵巢上无成熟卵泡发育，约有40d的时间母牛不表现发情。哺乳：对于母牛发情的影响表现不明显。营养：能量、蛋白质、维生素或矿物质不足均会显著地影响母牛发情，造成营养性乏情。季节：虽然母牛的发情本身是无季节性的，但由于气候环境差异、饲草、饲料的差异，也会造成季节性乏情，严寒和酷暑对母牛的发情都有抑制作用。其他因素：由于饲养管理不当造成的应激，也会造成母牛乏情。另外，由于各种因素的不同，发情表现和监测也时难时易。例如，牛舍的形式（拴系式、散放式及设有行走通道的围栏等）为母牛表现发情征兆和牧场管理人员监测牛的发情提供不同程度的方便。一般较大的牛群可有很多的母牛同时发情，当这种情况发生时，由于爬跨活动明显增加，监测到处于发情的牛的概率明显升高。一些因素（如高温、高湿、风、雨、雪、狭窄的空间、地面光滑）或其他不良条件也可抑制母牛的发情表现。

3. 人工授精

从行为上看，奶牛的最佳输精时间一般应在母牛发情开始（有稳定接受爬跨现象）后18～24h输精受胎率较高，如图6-1所示。

从黏液上区别，当黏液由稀薄透明转为黏稠、微混浊状，用手指蘸取黏液并用拇指和食指反复牵拉8～10次，如不断也是输精的很好时机。最可靠的方法还是通过直肠检查卵巢上卵泡的发育情况，当卵泡直径达到1.5cm以上、卵泡壁薄、波动明显、有一触即破的感觉时（接近排卵）为最佳的输精时间。与常规冻精人工授精相比，性别控制冻精的人工授精时间和授精部位要求更加严格，这一点在实际操作中要特别注意。性别控制与普通冻精人工授精技术环节相同，具体分以下几个环节。

输精前的准备工作：母牛实施人工授精前要制订合理的配种计划，即选种选配方案。

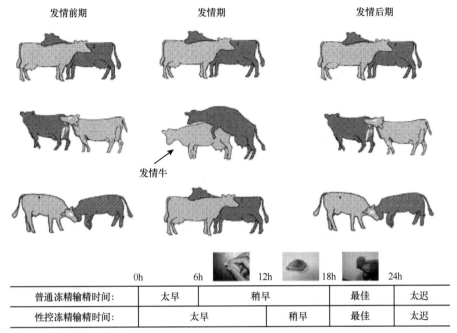

图 6-1　奶牛发情与人工授精时间关系模式图（米歇尔·瓦提欧，2004）

	0h	6h	12h	18h	24h
普通冻精输精时间：	太早	稍早		最佳	太迟
性控冻精输精时间：	太早		稍早	最佳	太迟

一般配种计划应包括配种母牛系谱档案、年龄、胎次、产犊日期、配种日期、种公牛选择、预产期、干奶期、产奶量等。

母牛的保定：提前将发情的母牛保定好，为直肠检查做好准备。在没有保定栏的条件下，可因地制宜利用牛舍的条件将牛保定好。

母牛的检查：母牛发情开始或接近结束时详细观察阴道黏膜及黏液的颜色（潮红、清亮）、黏液的状态（呈拉丝状）等，而后用直肠检查法详细检查其子宫（大小、弹性、硬度）、卵巢（发育、弹性、卵泡壁及波动，自然发情母牛一般是单侧卵巢发育）情况，而后确定人工授精时间。

精液的解冻：将所需精液细管从液氮罐中取出，在空气中停留 3 ～ 5s，放入事先准备好的盛有 37℃水的保温桶（杯）中 8 ～ 10s，待细管内精液冰晶溶解后将细管取出，用灭菌干棉球将细管表面的水滴擦干。用细管剪在距封口端约 1cm 处将精液细管的封口端剪断，断面要齐整以防断面偏斜导致精液逆流。

装枪：使用 0.25ml 卡苏枪或胚胎移植枪，先将预先擦拭消毒好的输精枪内芯退到与精液细管长度相当的位置，再将精液细管有棉塞的一端朝里装入枪内，安装硬外套并锁紧。向前轻推输精枪内芯至有精液小滴欲流出输精枪口为止，随后安装软外套。

输精：为了提高母牛人工授精的受胎率，要求将性别控制冻精输到母牛的排卵侧子宫角深部，即子宫角的前 1/3（图 6-2）。在输精前，首先要通过直肠检查确认卵巢上卵泡的发育情况，图 6-2 为奶牛直肠、子宫、卵巢和输精部位模式图。技术人员戴上长臂手套并涂以润滑剂，轻轻触摸肛门，使肛门括约肌松弛，手臂进入直肠时应避免向与直肠蠕动相逆方向移动，清除直肠浅部的粪便，避免空气进入直肠而引起直肠膨胀。助手协助清洗并擦干外阴部打开阴门，输精枪以 35° ～ 45° 角斜向上插入阴门及阴道内，而后略向前下方进入阴道宫颈段，顶破软外套，将直肠内的手指伸入宫颈下部，然后用食指、中指、拇指握住子宫颈（要轻柔），在输精枪进入子宫颈前，可将宫颈固定在骨盆一侧，在直肠内的手的引导下，双手协同操作，使输精枪沿着子宫颈外口 - 子宫颈 - 子宫颈内口 - 子宫体插入子宫角（深部）。确定注入部位无误后快速将精液推出，而后缓慢地将输精枪撤出。

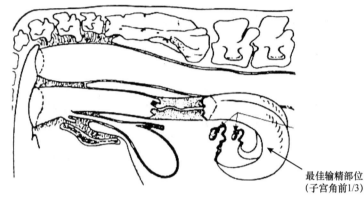

最佳输精部位
（子宫角前1/3）

图 6-2　奶牛的直肠、子宫、卵巢和输精部位模式图（米歇尔·瓦提欧，2004）

记录：输送精子结束后，将输精母牛的检查结果及所用种公牛号等信息资料及时准确地记录在预先设计好的记录表上，以便奶牛谱系的建立。奶牛人工授精记录表的格式见表6-1。

表 6-1　奶牛人工授精记录表

地区						牧场							备注
序号	牛舍	母牛耳号	直肠检查情况			种公牛号	输精部位	输精日期	输精人员	孕检日期	孕检人员	孕检结果	备注
			子宫	卵巢									
				左	右								
×	×	×	×	×	×	×	×	×	×	×	×	×	×

4. 奶牛人工授精注意事项

输精操作前注意事项主要包括：①发情母牛的鉴定准确无误；②最好在输精之前，通过直肠检查发情母牛卵巢上卵泡的发育情况；③解冻精液时，应在距液氮罐口处5cm以下夹取精液细管；④解冻精液用的水浴温度为37℃，并随时检测水温的变化使温度保持恒定；⑤严禁用手触摸已剪断的精液细管剪口端（封口粉端），以避免污染；⑥解冻精子在5min内输到母牛子宫角深部，避免其在外界停留时间过长；⑦避免解冻后的精液随外界环境温度大幅上下波动。

输精操作时注意事项主要包括：①必须使用一次性输送精子软外套，以避免将外界污染物及阴道浅部微生物带入子宫内；②输精枪必须在直肠内的手的引导下慢慢插入子宫角深部，避免输精枪头损伤子宫内膜；③输精枪到达子宫角深部注入精液时，要快推、慢撤以免精液逆流。

5. 妊娠检查及后期管理

正确的早期妊娠诊断可减少饲料损失、计算预产期和安排干奶期。妊娠检查有直肠检查、超声波检查及实验室检查三种方法。在生产实践中通常采用直肠检查法，一般母牛在人工授精后 21 ～ 24d，触摸到直径 2.5 ～ 3cm 发育完整的黄体，表明有 90% 妊娠的可能。在人工授精后 60d 和 200d 左右时进行两次妊娠检查，第一次为确诊有胎，第二次为干奶做准备。第一次妊娠检查时间在技术保证的前提下可提早到输精后的 40 ～ 50d，使用超声波妊娠检查可在输精后 20 ～ 40d 进行，这样的结果更加准确。奶牛繁殖工作成败与技术人员每天几次的临场观察结果直接相关，另外，对奶牛发情的观察、异常行为、子宫（阴道）分泌物状况、人工授精、妊娠检查、流产等各种信息详细记录，并及时输入计算机或档案卡进行处理分析，也是人工授精技术人员的工作规范内容。

对于妊娠检后确诊妊娠的母牛，应从以下几个方面加强饲养管理：①给予优质饲草饲料，并保证卫生、充足的饮水（冬温夏凉）；②对于初产牛，妊娠期间其自身尚在发育中，给予的饲草饲料除应考虑胚胎的营养需要和维持体重的需要外，还应考虑妊娠母牛自身生长发育的需要；③不论是初产牛还是经产牛，在妊娠末期均要避免饲养过肥而致胚胎发育过大，以免分娩时和分娩后出现问题，因此，后期应避免过食；④防止流产，注意母牛之间相互顶架、挤撞、滑倒等，若条件许可最好与未孕牛分开饲养；⑤注意牛体卫生，应经常刷拭。

（二）奶牛 X/Y 精子分离 - 性别控制技术产业化应用

近几年，在乳品市场需求的带动下我国奶牛业迅速发展。2007 年全国奶牛存栏量超过 1200 万头，但是，我国奶牛平均年产奶量不足 3t，与发达国家（如美国、加拿大和欧洲国家）相比还有很大差距。造成我国奶牛产奶量低下的主要原因是我国奶牛总体遗传素质低，高产奶牛群体少。因此，改良中低产奶牛、加快扩繁高产奶牛、提高奶牛个体生产性能，是我国奶牛养殖业发展急需解决的问题（罗应荣等，2005）。推广使用奶牛 X/Y 精子分离 - 性别控制技术，可使奶牛的母犊率提高 40%，达到 90% 以上，加快基础奶牛的扩增速度，增加了良种后备奶牛的选择机会，避免见到母牛就留，从而加快我国奶牛的良种化进程。图 6-3 是赛科星公司在奶牛 X/Y 精子分离 - 性别控制技术产业化应用关键技术研究过程中获得的首例性别控制的单胎和双胎奶牛牛犊，以及部分性别控制奶牛牛犊牛群。

（a）　　　　　　　　　　　　　　　（b）

图 6-3 AI 与 ET 性别控制牛犊

（a）赛科星公司首例 AI 性别控制奶牛犊牛；（b）赛科星公司首例 ET 性别控制奶牛犊牛；（c）、（d）性别控制奶牛犊牛群

1. 奶牛性别控制冻精与常规冻精人工授精情期受胎率

使用性别控制冻精组母牛情期受胎率为 56.6%，使用常规冻精组母牛的情期受胎率为 59.1%（表 6-2）。

表 6-2　奶牛性别控制冻精和常规冻精人工授精情期受胎率比较

精液类型	授精母牛头次	直肠检查妊娠母牛头数	情期受胎率 /%
性别控制冻精	5335	3020	56.6
常规冻精	2246	1328	59.1

注：赛科星公司提供，2007

2. 奶牛性别控制冻精不同输精时间情期受胎率

应用性别控制冻精分别于母牛发情后 8 ～ 12h 和 18 ～ 24h 进行输精的情期受胎率分别为 46.1% 和 56.8%。表明应用性别控制冻精进行人工授精时，准确掌握发情时间和输精时间非常关键（表 6-3）。

表 6-3　奶牛性别控制冻精不同输精时间情期受胎率比较

输精时间	授精母牛头次	直肠检查妊娠母牛头数	情期受胎率 /%
发情后 18 ～ 24h	3970	2255	56.8
发情后 8 ～ 12h	1365	629	46.1

注：赛科星公司提供，2007

3. 奶牛性别控制冻精不同输精部位情期受胎率

应用性别控制冻精母牛单侧子宫角输精情期受胎率为 56.6%，双侧子宫角输精情期受胎率为 45.3%。表明在生产实际中，如果能够准确判断卵巢上卵泡发育状态，将一支性别控制冻精全部输入母牛卵泡发育侧子宫角深部，可明显提高输精母牛情期受胎率（表 6-4）。

表 6-4　单侧子宫角输精与双侧子宫角输精情期受胎率比较

输精部位	授精母牛头次	直肠检查妊娠母牛头数	情期受胎率 /%
单侧子宫角深部	5099	2886	56.6
双侧子宫角深部	236	107	45.3

注：赛科星公司提供，2007

4. 奶牛不同精液浓度性别控制冻精情期受胎率

利用同一头种公牛的精液，在同一牧场分别使用密度为 25 万个 /0.25ml、50 万个 /0.25ml、100 万个 /0.25ml、200 万个 /0.25ml 性别控制冻精进行人工授精，100 万个 /0.25ml 以上的性别控制冻精即可达到 50% 以上的情期受胎率，可以在生产实际中推广使用（表 6-5）。

表 6-5　奶牛不同密度性别控制冻精情期受胎率比较

精液密度	授精母牛头次	直肠检查妊娠母牛头数	情期受胎率 /%
200 万个 /0.25ml	625	357	57.1
100 万个 /0.25ml	132	88	66.7
50 万个 /0.25ml	55	25	45.5
25 万个 /0.25ml	23	9	39.1

注：赛科星公司提供，2007

5. 青年母牛和经产母牛应用性别控制冻精情期受胎率

人工授精母牛选择的根据之一是奶牛的生产年龄和生殖系统的健康状况。由表 6-6 可见，应用性别控制冻精的青年母牛和经产母牛情期受胎率分别为 69.0% 和 49.2%，青年母牛应用性别控制冻精进行人工授精的情期受胎率明显高于经产母牛的情期受胎率。

表 6-6　应用性别控制冻精的青年牛和经产牛情期受胎率比较

牛别	授精母牛头次	直肠检查妊娠母牛头数	情期受胎率 /%
青年母牛	3382	2333	69.0
经产母牛	1953	961	49.2

注：赛科星公司提供，2007

6. 性别控制冻精（X 精子）与常规冻精输精的母犊比率

应用性别控制冻精母犊准确率为 93.0%，大大高于应用普通性控冻精 48.8% 的母犊出生率（表 6-7）。

表 6-7　性别控制冻精与常规冻精输精的母犊准确率比较

精液类型	产犊头数	母犊头数	母犊比率 /%
性别控制冻精	2067	1922	93.0
常规冻精	129	63	48.8

注：赛科星公司提供，2007

综上所述，奶牛 X/Y 精子分离 - 性别控制技术已经成熟，并进行了规模化推广应用，性控准确率在 90% 以上。但是由于分离后 X/Y 精子存活时间相对缩短，因此在人工授精实际操作中首先需对母牛的发情进行准确地鉴定，其次是掌握好人工授精的时间，最后是将性别控制冻精输至母牛发育侧子宫角深部。

（三）羊人工授精技术流程

从 2005 年开始，内蒙古大学与赛科星公司合作，以鄂尔多斯恩格贝内蒙古白绒山羊生物技术繁育中心为基地，采集白绒山羊精液稀释保存后，4h 左右运至实验室进行 X/Y 精子分离，并对分离后的 X/Y 精子冷冻保存、性控冻精生产、人工授精技术研究和小规模人工授精示范应用，成功地培育出我国首批性控白绒山羊（图 6-4）。

图 6-4　首例 / 批性控白绒山羊
左：首例性控白绒山羊；右：首批性控白绒山羊群

1. 精液的准备

白绒山羊精液保存运输与精子活力的关系：采精 1h 后，种公羊 1 和种公羊 2 的精子活力分别为 0.68 和 0.85，经 4h 的运输后，在稀释、温度升降、震动及化学药物等综合因素影响之下，两只种公羊的精子活力都有所降低，分别为 0.61 和 0.83，降低幅度分别为 0.07 和 0.02，白绒山羊精液保存运输对精子活力的影响如表 6-8 所示。

表 6-8　白绒山羊精液稀释保存运输对精子活力的影响

精液保存运输时间	种公羊 1		种公羊 2	
	1h	4h（稀释）	1h	4h（稀释）
精子活力（%）	0.68	0.61	0.85	0.83

白绒山羊冻精的解冻及鲜精的准备：将装有白绒山羊冻精的细管从液氮罐中取出，直接投入 37℃水浴中 8 ～ 10s，待冰晶融化后取出，用灭菌干棉球擦干细管表面水滴，推出部分精液置载玻片上，盖上盖玻片，放在显微镜下观察精子活力，解冻活力为 0.4 ～ 0.5 时表明经 X/Y 精子分离、冷冻解冻后的精子可以用于人工授精。白绒山羊冻精的精子密度为 20×10^6 个 /0.25ml。

2. 母羊同期发情处理

选择 1～4 岁待配母羊在阴道内放置海绵栓，第 15 天时肌肉注射孕马血清促性腺激素 150～500 IU/ 只，第 16 天肌肉注射前列腺素（PG）0.08mg/ 只，PG 注射 12h 后撤出阴道海绵栓。撤栓后用试情公羊试情，记录母羊发情情况。母羊发情后即开始空腹处理（禁食、禁水）。

3. 人工授精

待配母羊发情 12h 后开始用腹腔内窥镜法按以下程序进行人工授精。

剪毛、保定及术部消毒：将发情后的待配母羊仰卧，以腹中线和两乳头之间的连线交点为中心，将向前 15cm 左右、向距腹中线 10cm 左右两侧扇形范围内的毛剪净。头下尾上保定于特制的手术架上，2% 碘酊消毒，75% 乙醇脱碘。

输精：先用手术刀将腹中线两侧 3～5cm、距乳房基部 3cm 左右处的皮肤各切一个 0.5～1cm 大小的切口，再用与腹腔内窥镜配套的专用打孔器将左切口与腹腔打通，将打孔器内芯取出，左侧放入腹腔内窥镜镜头，右侧放入羊用 Cassou 输精枪，利用腹腔内窥镜观察卵泡发育情况，然后将白绒山羊精液装枪，输入卵泡发育侧子宫角，或者两侧子宫角分别输入，而后撤出输精枪和内窥镜，术部碘酊消毒（图 6-5）。另外，也可采用子宫钳将双侧子宫角依次提至切口处，用 1ml 注射器将精液分别注入双侧子宫角内。

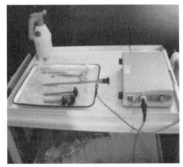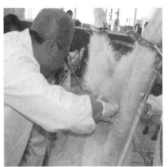

图 6-5　白绒山羊冻精内窥镜输精操作

（四）羊 X/Y 精子分离 - 性别控制技术产业化应用

课题组分别于 2005 年和 2006 年应用白绒山羊 X 性控冻精对 165 只母羊进行了腹腔内窥镜子宫深部输精，并用稀释 6 倍的鲜精对 32 只母羊相同处理作为对照。结果如表 6-9 所示，白绒山羊性控冻精输精母羊的产羔率为 37.0%，对照组为 84.4%。应用性控冻精出生羔羊的性别准确率为 90.2%，对照组为 55.6%。表明白绒山羊 X/Y 精子分离 - 人工授精控制后代性别技术路线可行，但性控冻精与鲜精的产羔率相比，还有很大的差距，有待今后进一步研究。

表 6-9　白绒山羊性控冻精与鲜精人工授精结果比较

精液类型	输精母羊数 / 只	产羔母羊数 / 只	产羔率 /%	羔羊		
				合计 / 只	雌性 / 只	性控准确率 /%
性控冻精	165	61	37.0	61	55	90.2
鲜精	32	27	84.4	27	15	55.6

此外，在对 165 只白绒山羊用性控冻精进行人工授精的组合中，按性控冻精的密度分为 4×10^6 个 /0.25ml、2×10^6 个 /0.25ml、1×10^6 个 /0.25ml 三个组合，结果如表 6-10 所示，4×10^6 个 /0.25ml 密度性控冻精组输精母羊 62 只、产羔 23 只，产羔率为 37.1%，其中母羔 21 只，性控准确率为 91.3%；2×10^6 个 /0.25ml 密度性控冻精组输精母羊 73 只、产羔 30 只，产羔率为 41.1%，其中母羔 26 只，性控准确率为 86.7%；1×10^6 个 /0.25ml 密度性控冻精组输精母羊 30 只、产羔 8 只，产羔率为 26.7%，其中母羔 8 只，性控准确率为 100%。

表 6-10　不同密度白绒山羊性控冻精的人工授精产羔结果比较

精液密度	输精母羊数 / 只	产羔母羊数 / 只	产羔率 /%	羔羊		
				合计 / 只	雌性 / 只	性控准确率 /%
4×10^6 个 /0.25ml	62	23	37.1	23	21	91.3
2×10^6 个 /0.25ml	73	30	41.1	30	26	86.7
1×10^6 个 /0.25ml	30	8	26.7	8	8	100

与牛的 X/Y 精子分离 - 性别控制技术研究相比，奶山羊的精子分离和人工授精方面的研究报道很少。Catt 等（1996）首次采用分离精子卵细胞内单精注射技术产下了第一个性控羊羔。2009 年，高庆华等以牛精子分离技术参数为基础对奶山羊精子进行分离，用腹腔内窥镜常规输精产下性控雄性羊羔。但牛、羊精子理化差异显著，以牛性控技术参数进行奶山羊精液性控生产，奶山羊性控冻精存活指数为 2h，与牛性控冻精存活指标（4～6h）相比，差距较为显著。通过改进染色方法，提高了种公羊利用率，使得种公羊的利用率提高到 90% 以上；通过改进冷冻精液稀释液成分，改善了冷冻环节对精子膜的损伤，冷冻精液解冻后的性控精子存活时间由原来的 2～3h 延长到 4～8h（表 6-11）。

表 6-11　奶山羊冻精技术改进后精子冷冻效果对比

类别	解冻后活力	存活时间 /h	顶体完整率 /%	X 精子纯度
对照组	0.39±0.04a	2.5±0.50a	56±0.61a	93±0.47a
改进后	0.45±0.07b	5.0±0.50b	58±0.58a	95±0.81a

注：不同小写字母代表同列数据差异显著，$P < 0.05$

三、家畜早期胚胎性别鉴定和性别控制技术流程

性别鉴定（sex determination）和性别控制（sex control）是两个不同的概念，前者是对已经发育到一定阶段的胚胎的性别进行确认（着床前或着床后），而后者则是在胚胎受精时控制其性别。从基础理论研究的角度来看，这些手段均是探讨生命发生过程中性别发生、分化的手段，但从产业发展和生产实践的角度则可通过这两种技术人为地控制家畜的性别，提高生产效益。

性别鉴定技术在家畜生产中的应用尝试几乎同步于 20 世纪 70 年代兴起的胚胎移植技术。当时，有人考虑到某些高产优质家畜胚胎的充分利用，试着把一个胚胎在显微操作条件下一分为二，然后移入母体制作出"一卵双胎"的后代。随着显微切割技术的完善，

一卵双胎达到了几乎并列于整体胚胎的生产水平，于是人们又想到利用显微切割技术把得到的一部分胚胎细胞用于性别鉴定，这样就可以有选择地利用另一部分胚胎，尤其是在性别上的选择有利于商业效益的时候，这种性别鉴定显得很有必要。最初的胚胎性别鉴定是采用细胞形态学的染色体检查方法。我们知道，决定哺乳动物性别的是一对性染色体（sex chromosome）。染色体检查方法检查胚胎性别的优点是准确率高，但是从胚胎的切割到标本制作的过程比较复杂，并且花费的时间也长（一般在 24h 以上），特别是在操作技术上要求较高，尤其是需要一定数量的细胞才能获得有效的染色体分裂中期相，在对胚胎进行性别鉴定时，由于用于检测的卵裂球数量有限，很多时候因不能获得有效的染色体分裂中期相而失败，所以该方法一直未能真正应用到生产实践中去。不过作为一种参考比较方法，染色体检查方法的胚胎性别鉴定对于其他性别鉴定方法的验证起到了辅助作用。此外，研究人员也从多种角度对胚胎性别鉴定的可能性进行了探讨，如 H-Y 抗原（H-Y antigen）法、胚胎发育速度等，但是这些方法在不同品种的动物上鉴定结果差别较大，也不稳定，很难给哪一种方法进行定论。因此在较长一段时间内胚胎性别鉴定技术的研究处于停滞状态，真正的转机是出现在 20 世纪 90 年代前后的两个突破，一个是所谓的 DNA 聚合酶链反应（polymerase chain reaction，PCR）法，另一个是哺乳动物 Y 染色体上性别决定基因序列（sex-determing region of Y-chromosome，SRY）的解明。

最早报道的 PCR 法是 1985 年美国的米勒斯（Millis）博士在检查人类遗传病时使用。随后几年，由于开发出了耐热性 DNA 复制酶，使这项技术更加成熟和简单化，并被广泛用于遗传疾病的诊断、亲子血缘关系鉴定、刑事犯罪案件的侦破，以及在这里我们介绍的胚胎性别鉴定领域。PCR 法的原理是利用一对 DNA 复制引物（DNA primer），在体外条件下加入 DNA 复制原料 dUTP 和 DNA 复制酶使目的 DNA 序列在短时间内复制几十万倍。1990 年辛克勒尔（Kohler）和哥本（Kobe）博士等分别发表了哺乳动物 Y 染色体上的精巢发育决定基因（testis-determining factor，TDF）的 DNA 碱基序列，揭开了性别分化研究新的一页。他们把人的这个基因命名为 SRY，通过以后的进一步分析，SRY 基因在我们所熟悉的家畜和其他哺乳动物中基本得到了保存，并充分显示了该基因在 Y 染色体上的特异性存在性质。以此为契机，有关人类、家畜及实验动物 Y 染色体上的特异性DNA 序列被不断报道，如目前牛的 Y 染色体特异性 DNA 序列 BC1.2、BRY、ES6.0 和BOV97M 等，当然也包括 SRY 基因。在进行胚胎性别鉴定时，以 Y 染色体上特异性存在的基因的一部分（DNA 碱基序列在 200～500 个）作为目的反应模板设计出 DNA 引物，然后把从胚胎切割的数个细胞（10 个左右即可）破裂后混合进行 DNA 的复制反应，得到的 DNA 复制产物进行琼脂电泳，根据特异性 DNA 条带的有无来判定胚胎的性别。

虽然利用 PCR 技术可以有效地鉴定胚胎性别并实施动物性别控制，但这种方法会对鉴定的胚胎造成一定程度的损伤。应运而生的精子分离技术完美解决了这一问题，精子分离技术主要是随着 20 世纪五六十年代人工授精技术的应用和普及而兴起的。对于家畜繁殖来说，如果能够把 X 和 Y 精子事先分离后用于人工授精，就可根据需要选择性别，如肉牛养殖户希望获得更多的雄牛，而奶牛养殖户则认为雌犊具有更大的经济利益。精子分离的基础是以 X 和 Y 精子之间的理化、生理方面的特异差异，如重量、表面电荷、pH 及 DNA 含量的差别等。根据精子的这些性质，研究人员探讨了精子分离的速度沉降法、密度梯度离心法、电泳法、抗原 - 抗体法及流式细胞分离法（flow cytometer/cell sorter，FCM /CS）等。经过几十年的研究试验，大部分方法在实用方面存在这样或那样的问题，只有细胞流式分离法经过不断改进，成为最有希望普及的精子分离法。细胞流式分离法的原理是根据 X、Y 精子 DNA 含量的微小差别（约为 3% ～ 5%），通过荧光色素把精子头部 DNA 染色，染色后的精子暴露于激光（laser）照射，X、Y 精子荧光发光量的差别被传送到计算机的识别系统，然后控制系统再将通过电极区间时的 X 和 Y 精子分别附上正负电荷，通过电极吸引使 X 和 Y 精子分开并流入各自的接收容器内。1989 年美国的约翰森（Johnson）博士等报道了利用 FCM/CS 分离牛精子的有效性，日本的滨野（Hamano）博士等把改善后的 FCM/CS 用于牛精子头部的分离，得到了 80% ～ 90% 的分离精度，另外本书著者和滨野博士共同应用分离的牛精子进行了卵细胞质内单精子注射（ICSI）实验，得到首例分离牛精子的试管牛犊，并累计出生 13 头牛犊，性别控制准确率达 90% 左右。20 世纪 90 年代，已有数家专门从事家畜精子分离的商业公司在美国和英国出现，但几乎均附属于大学或研究机构，并且主要从控制 FCM/CS 仪器使用专利（美国所有）出发，商业化的分离精液的流通可以说只是萌芽阶段。主要原因是分离的精子数量有限（每 4 小时 10 万左右），其次是分离后的精子活力、遗传损伤等问题尚未完全明确，另外 FCM/CS 本身的造价较高（每台在 40 万～ 50 万美元）。大规模的产业应用出现在 21 世纪初，随着流式细胞仪的技术改进，精子活力及遗传损伤等问题均得以解决。我国赛科星公司在引进美国 XY 公司的精子分离技术的基础上，实现技术上的吸收和再创新，一方面不断完善精子分离技术提高精液分离的速度和准确率，另一方面通过在性控牛精液里混合羊的精液，大量羊的精液推动少数分离的牛精子在雌性生殖道内前行，从而达到节约牛精液分离成本的效果，这一新型牛精液性控技术已经广泛应用于我国的奶牛繁殖。

（一）利用 PCR 技术的胚胎性别鉴定

如前所述，随着对人类和其他哺乳动物性别决定基因 *SRY* 的研究，利用 PCR 技术来鉴定胚胎性别的技术得到了突破性进展。原则上，只要是 Y 染色体上的特异性 DNA 碱基序列都可用于鉴定并区分 X 和 Y 染色体，从而实现对胚胎性别的鉴定。基于 PCR 技术鉴定牛胚胎性别的技术进行了多方面的研究探讨，并结合体外受精和胚胎冷冻保存技术，建立了一套商业化牛胚胎性别鉴定的技术流程。现介绍相关技术流程，以供读者参考。

1. DNA 引物的选择和合成

BOV97M 是由米勒（Miller）和库普曼（Koopman）博士发现的牛 Y 染色体上的一段特异性 DNA 碱基序列，首先以该序列 A 端的 30 个碱基和 B 端的 30 个碱基为模板合成一对 DNA 引物。对于 DNA 碱基序列比较长的特异性基因序列的利用，可选其中的 200 ～ 300 个碱基作为 PCR 扩增的目标序列。DNA 引物的设计一般从目标序列的两端考虑，长度在 20 ～ 30 个碱基。DNA 引物序列太短会影响 PCR 扩增效率，反之太长则容易发生非特异性 DNA 序列的扩增。另外，在 DNA 引物设计时还需注意尽量避免 G、C 碱基对数过多的情况，并尽量避免一对 DNA 引物之间的对应结合形成二聚体。在正式用于性别鉴定之前，使用已知性别的 DNA 样品对 DNA 引物的效率进行检查，如果发现问题可以重新设计，直到合适为止。由于胚胎性别鉴定的细胞样品数量有限，在样品调制过程中会发生丢失现象，因此在设计 PCR 特异性反应时还应添加一对雌、雄样品中共有的 DNA 序列的引物作为内参，以便在最终结果检查时发现丢失和未反应的胚胎细胞样品。

2. 胚胎切割和 PCR 反应样品调制

性别鉴定多利用发育到囊胚阶段的胚胎进行。囊胚细胞已经分化为内细胞群（inner cell mass，ICM）和滋养层（trophoblast，TE）两种细胞，因此可以通过显微切割技术只采集滋养层的数十个细胞用于 PCR 反应，这样也避免了对将来发育为胚胎的内细胞群细胞的直接损伤。把采集到的胚细胞用不含血清蛋白的培养液充分洗涤后移入装有 10μl 蒸馏水的 PCR 反应试管中（0.2ml 容量），热处理或冷冻处理使细胞破裂，细胞内的 DNA 分散于反应液内。

3. PCR 反应操作

PCR 反应液总量为 40 ~ 50μl/ 样品，其中包括两对 DNA 引物、dNTP（dATP，dTTP，dGTP，dCTP）、DNA 聚合酶、PCR 反应缓冲液和细胞的模板 DNA 样品。根据 PCR 反应原理，在添加 DNA 聚合酶之前把反应液在 94℃高温下处理 5min，使胚细胞的模板 DNA 由双链转变为单链，利于 DNA 复制时引物的结合。PCR 反应周期设定在 30 ~ 50 个，反应时间为 2h 左右。目前市场上有多种型号的 PCR 反应试剂盒，其功能大同小异，可以根据使用目的进行选购。

4. 检查结果

PCR 反应结束后，把反应后的产物取出用于电泳检查。取部分反应产物（5μl 左右）进行琼脂糖凝胶电泳（0.3% 琼脂糖），在样品两边装入已知 DNA 长度的参照序列同时电泳，用于判定复制的目的 DNA 序列的大小。在本书著者所做的牛胚胎性别鉴定的研究中，扩增的 Y 染色体特异性 DNA 序列 BOV97M 的长度为 157 个碱基，另设一个雌、雄共同的内参 DNA 序列 Bα-Lactalbumin，长度为 109 个碱基（图 6-6），性别鉴定的准确率几乎为百分之百。

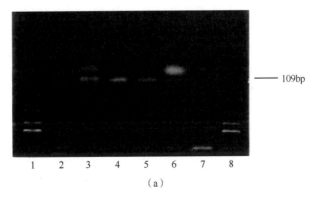

（a）

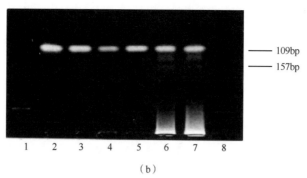

（b）

图 6-6　牛胚胎性别鉴定的电泳照片

（a）109 bp 的 Bα-Lactalbumin 基因序列设计的样品检测；（b）157 bp 的 BOV97M 雄性胚胎特异性 DNA 片段

（二）利用 FCM/CS 的 X/Y 精子分离技术

牛是目前 X/Y 精子分离研究与应用比较多的一个家畜品种，已经广泛应用于人工授精的产业化，因此在这里以牛的精子分离为主介绍这一技术的概要。

1. 分离精液的准备

把用于分离的精液（冷冻或者新鲜）用磷酸缓冲盐溶液（PBS）+0.1% 聚乙烯吡咯烷酮（PVP）的洗涤液稀释后离心处理，调整精子浓度为 5×10^6 个 /ml。如果分离后的精子用于 ICSI，为了提高精度可用超声波处理去掉精子尾部，但是以人工授精为目的的分离处理不能去除精子尾部，而且在整个分离过程注意保持精子的运动能力，从而保证精子的游动和受精能力。在 X/Y 精子样品装入分离装置前还需要用荧光染色剂 Hoechst33342处理 3 ～ 5min（5 ～ 10μg/ml），然后离心洗涤去除荧光染色剂。

2. X/Y 精子分离处理

精子分离的基础溶液为 PBS+0.1%PVP［或 0.1% 牛血清白蛋白（BSA）］，将经过上述处理的精液样品装入分离装置，精液样品以微细液流方式经过激光照射区时（一个精子 /100 个小水滴的流速），因 X 和 Y 精子的 DNA 含量不同发出的荧光信号出现差别，该信号传回计算机控制系统后待精子进入电极区时（32KHz）被分别赋予正（X 精子）或负（Y 精子）电荷并被分开流入不同的接收容器之内，这样 X 和 Y 精子就被分离了。

3. X/Y 精子的分离精度鉴定和样品保存

上述处理是在理论和设计上，但 FCM/CS 处理并不可能达到百分之百的 X/Y 精子分离精度，因此需要对分离后的精子样品进行检查。常用的检查方法是荧光原位杂交（fluorescence *in situ* hybridization，FISH）。FISH 法的特点是所需仪器设备简单，可以从组织或细胞中直接检出目的 DNA 片段（或 RNA）的存在与否。FISH 法同样使用 Y 染色体的特异性 DNA 片段作为探针（DNA probe），探针经过标记后和精子特异性结合而发光，在荧光显微镜下计测发光精子数目并计算出所占比例，即为分离的 X/Y 精子精度。另外，对于分离后的大部分样品可根据需要用于人工授精、体外受精或显微受精，大规模的性控冻精生产则需要将分离后的 X/Y 精液进行冷冻保存。

4. X/Y 分离精子的平衡和冷冻保存

分离后的每管 X 或 Y 精子离心去除上清液，添加 Tris A 在 4～5℃平衡柜或冷藏室平衡处理 1.5h 以上，然后以 15min 的间隔分两次添加等量体积的 Tris B。早期冷冻处理技术流程比较简单，分离后的 X 或 Y 精子进行 1～2h 平衡处理，然后将 X 或 Y 精子装入冻精细管后摆放至冷冻搓板上放入液氮罐冷冻，该液氮罐具有内部温度测定装置，可以比较准确地显示冷冻处理时样品的温度及其变化情况。在规模化、产业化生产流程中，同样把分离 X 或 Y 精子进行 1～2h 平衡处理，然后通过自动灌装机把分离的 X 或 Y 精子装入冻精细管后摆放至冷冻搓板上，再放入自动程序控制冷冻槽内，根据设定的冷冻降温曲线把精液降温到 -20℃后放入液氮罐冷冻保存，并登记入库（图 6-7）。

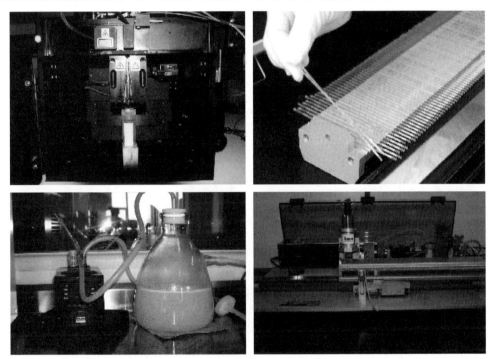

图 6-7 家畜 X/Y 性别控制冷冻精液平衡与冷冻保存（赛科星公司提供，2018）

四、国内外人工授精技术开发应用现状

如在本节第一部分内容"人工授精与性别控制的研究历史"中所述，尽管人工授精技术已经在牛的生产中推广应用了 60 余年，但在羊和猪的生产方面，目前还普遍停留在采用冷藏新鲜精液宫颈内输精层面。同样，在牛的繁殖的生产实践中，性别控制精液与人工授精技术也已实现了完美结合，广泛应用于有性别控制需求的品种的生产（诸如奶牛），而性别控制精液在羊或猪的生产上还没有得以广泛应用。虽然人工授精和精子分离技术都首先由国外的研究机构取得成功，但是我国的相关研究也一直紧跟国际前沿，而且其中的关键技术，如精子分离技术，我国在引进该技术后经过吸收和再创新，已经形成了有自己特色的新技术，在国内被广泛推广和使用，产生了巨大的经济效益和社会效益，

并在国际上产生了非常好的影响。下面，就以我国的性别控制精液生产龙头企业赛科星公司为例，介绍性别控制精液人工授精技术的开发和应用情况。

（一）赛科星公司奶牛性控技术应用情况

从 2006～2019 年赛科星公司的奶牛性别控制冻精推广应用区域遍布全国多个省份。2006～2019 年累计在以内蒙古、黑龙江、河北、山东、北京、天津、上海等为主的我国主要奶牛养殖地区的 5401 个养殖牧场、合作社推广应用。统计结果显示（表 6-12），累计使用奶牛性别控制冷冻精液 497.58 万支用于人工授精，情期受胎率范围 50%～60%（平均 52.3%），性别控制准确率总体达到 93%～98%（平均 93.7%），已经繁育奶牛母犊 166 万头，累计为企业、合作社新增纯收益 58.72 亿元。部分性别控制母牛的日均产奶量为 30～35kg，头胎年产奶量为 8～9t，2～5 胎的年产奶量可达 10t 以上。应用奶牛 X 性别控制冻精对超数排卵（super ovulation）处理奶牛进行人工输精 1297 头 / 次，累计生产性别控制胚胎 5514 枚。对其中 2438 枚性别控制胚胎进行移植，受胎率为 47.3%，共出生牛犊 1107 头，其中母犊 1063 头，性别控制准确率为 96.0%。

表 6-12　赛科星公司奶牛性别控制冻精推广应用统计表

地区	累计用户数（牧场、合作社）	起止时间（年）	数量（万支）
内蒙古	1238	2005～2018	140.15
黑龙江	946	2005～2018	92.5
河北	728	2005～2018	62.32
山东	535	2006～2018	47.17
北京、天津、上海	339	2006～2018	63
其他省市	1615	2007～2018	92.44
总计	5401	2005～2018	497.58

该技术应用促进了我国奶牛良种化进程和奶牛养殖业持续发展，积极推动了我国畜牧产业转型升级与产业扶贫，经济和社会效益显著。项目单位奶牛性别控制冷冻精液连续 10 年产销行业领先，同时也开展了肉牛、羊、鹿、猪、宠物犬的性别控制技术开发与示范应用，并取得了预期的试验效果，显示了广阔的产业应用前景。

（二）羊的性别控制技术推广应用及存在的问题

与牛 X/Y 精子分离遇到的问题相同，由于精子在分离过程中遭受各种外界因素的影响，造成分离的羊 X/Y 精子的活力、顶体完整性、线粒体的活性受到不同程度的影响，同时目前还没有找到羊分离精子合适的冷冻保存方法，因此需要进一步的相关基础研究。另外，生产的 X/Y 分离精子需要与羊的自然发情结合进行人工输精，由于羊大多是季节性发情，且羊的精液品质在全年内秋季最好，这些均成为性别控制技术推广应用的制约因素。

腹腔内窥镜子宫角深部输精的结果表明，羊精子分离技术和子宫角输精技术的结合可以有效地进行羊的性别控制，Cran 等（1997）报道将绵羊没有经过冷冻的分离精子以 1×10^5 个 /ml 剂量对同期发情的母羊进行子宫角输精妊娠率很低。Hollinshead 等（2002）也报道了以 4×10^6 个 /ml 剂量的性别控制冷冻精液可以使母羊妊娠。本研究比较了 4×10^6 个、2×10^6 个、1×10^6 个不同剂量的白绒山羊性别控制冷冻精液的子宫角深部输精，结果表明低密度的性别控制冷冻精液的人工授精均可使白绒山羊达到受胎的目的，理论上在一定范围内随着性别控制冷冻精液剂量的增加，产羔率应该随之增加，而在本研究中产羔率以 2×10^6 剂量组为最佳。因此本研究尚不能充分说明最优组，仅仅是对今后进一步的研究提供科学的参考，其剂量范围还有待于进一步探讨。目前结合性别控制冻精存活时间短的问题，准确预测母羊排卵时间，确定足够的输精剂量和把精子损伤降到最低是今后羊性别控制技术的研究重点。

（三）其他动物性别控制技术应用存在的问题

目前本研究团队正在开展的动物性别控制技术包括鹿、羊、猪、驴、宠物犬及小鼠。从 X/Y 精子分离技术来看，基本建立了有效的技术流程，但是绵羊、小鼠分离后精子的冷冻保存技术还没有过关，另外绵羊、奶山羊、猪、驴人工授精困难，这些是不同品种性别控制技术推广应用需要进一步解决的问题。图 6-8 为赛科星公司利用 X/Y 精子分离成功性别控制繁育的肉牛、鹿、猪、宠物犬和奶山羊。

图 6-8　利用性别控制技术繁育的鹿、肉牛、猪、宠物犬、奶山羊

第二节　体外受精与胚胎移植

哺乳动物的受精是在雌性生殖道内进行的一个生殖生理过程。把精子和卵子人为地采集到体外，并使二者在体外完成受精的技术过程称作体外受精（*in vitro* fertilization，IVF）。严格地讲，受精过程是指从精子和卵子结合开始到雌、雄原核融合为止，完成受精的合子（zygote）及之后的胚胎卵裂阶段直至着床前均称为胚胎。但是体外受精作为一项完整的技术，不仅仅指精子、卵子的受精处理，还包括卵子的采集与成熟培养、精子

的获能处理、精卵共孵育，以及受精卵的发育培养等相关内容（旭日干，2004；杨增明等，2019）。

　　胚胎移植技术则是指把从一个动物个体获得的或通过体外受精获得的胚胎移植到同种动物输卵管或子宫内，通过"借腹怀胎"获得后代的技术。胚胎移植技术与体内卵母细胞采集（oocyte pick up，OPU）技术、体外受精技术及家畜性别控制技术相结合，被广泛应用于优良家畜品种引进及优良家畜扩大繁殖生产实践中。胚胎移植技术作为一项完整的实用技术，不单单指胚胎移植技术本身，还包括供体选择、超数排卵处理、胚胎回收和保存、受体的选择与同期发情处理及胚胎分割等相关技术。

一、体外受精与胚胎移植研究历史

（一）体外受精的研究历史

　　哺乳动物体外受精的研究已有一百多年的历史（陈大元，2000）。1878年德国学者申克（Schenk）首先尝试用家兔和豚鼠卵子进行体外受精实验，但他的实验结果并未得到受精的确凿证据。进入20世纪，随着各项自然科学研究的发展和显微观察技术的进步，对于动物生殖结构和生理有了许多新的发现，极大地推动了哺乳动物生殖生理学和生殖生物学研究的发展。1951年，美国的张明觉博士和澳大利亚的奥斯丁（Austin）博士分别使用家兔和大鼠，观察到了精子获能现象，并提出了哺乳动物精子只有在雌性生殖道内停留一段时间发生"获能"过程后才具有受精能力的观点。精子获能现象一经提出就受到了学术界的广泛关注，事实证明精子获能现象的发现就如同找到了一把开启哺乳动物体外受精技术大门的钥匙。在精子获能现象被发现的同时，张明觉博士成功地进行了家兔卵子的体外受精实验，并于1959年通过胚胎移植成功获得了世界上第一例试管家兔，为哺乳动物体外受精提供了最确凿的科学论据（图6-9）。

（a）　　　　　　　　　　　　　　（b）

图6-9　20世纪60年代的张明觉博士及其工作场所

（a）美国马萨诸塞前伊斯特基金生物研究所；（b）张明觉博士

　　20世纪60年代开始，以小型实验动物为主的体外受精研究取得了一系列的成果，使得体外受精技术得以逐步完善。1963年地鼠体外受精的结果得到了确认，1968年小鼠体外受精成功并通过胚胎移植产出了后代。大鼠的体外受精在稍后的1973年取得成功，1974年得到了移植产仔的结果。小鼠和大鼠体外受精的特点是没有使用子宫内精子，而是使用了附睾精子，附睾精子由于没有经过射出过程而不带有精浆成分，因此只采用基本培养液，不需要添加咖啡因等化学成分诱导精子获能，进一步确认了射出精子需要洗去精浆中的脱受精能因子（decapacitation factor，DF）的精子获能现象。对于精子获能研究最为深入的当属布拉克特（Brackett）和奥利芬特（Oliphant）博士的研究小组，他们于1975年利用射出精子在合成培养液内取得了家兔体外受精的成功，当时使用的受精培养液被称作"BO"，后来被广泛地应用于哺乳动物体外受精实验。使用射出精液体外受精的成功，解决了精浆中脱受精能因子造成的精子获能阻碍问题，在体外受精研究历史上具有十分重要的意义。

20世纪70年代后期，随着小型实验动物体外受精的相继成功，研究人员开始把目光转向了以牛、羊为主的大家畜体外受精尝试。家畜体外受精的最大难题首先是作为实验材料的卵子来源。以精子为材料的人工授精技术在家畜繁育中的确立和推广，是由于其在数量上的优势才得以成功，而卵子数量相比来说极其有限。最初的体外受精研究主要从活体取得卵子，但是由于数量局限一直不能开展大量的基础实验，于是研究人员开始考虑到从屠宰场的废弃卵巢中回收未成熟卵子进行体外培养后用于研究。事实证明这种设想完全正确，也正是由于屠宰家畜卵巢卵子的大量使用，推动了家畜体外受精技术的发展。截止到20世纪70年代晚期，体外受精技术只是作为一种基础研究的课题，虽然这项技术和畜牧产业乃至医学直接相关，但当时认为并不可能在短期实用化，因为即使是实验动物其重复率也很低，再加上包括部分研究人员在内的社会人士对这项技术的认识尚处于初级阶段。

20世纪80年代初期，家畜体外受精的研究焦点集中在人工合成培养液内的精子获能处理，并通过胚胎移植生产子代。最早成功的例子是Brackett博士等于1982年培养的试管牛。他们的方法是采用了与处理家兔精子相同的高浓度溶液洗涤牛射出的精子，然后和从活体采集的成熟卵子进行体外受精处理，把确认受精后的卵子用外科手术移入到受体输卵管内得到了受胎、产犊结果。1984年，旭日干博士利用Ca^{2+}载体进行了山羊、绵羊的体外受精实验，他从Ca^{2+}浓度、处理时间及咖啡因等对精子获能的综合效果进行了详细探讨，并应用于体外受精移植产出了世界首例试管山羊，使家畜体外受精技术迈出了新的一步。此后，利用Ca^{2+}载体的精子获能处理方法，日本的花田章博士等于1985年、1986年相继获得绵羊和牛体外成功受精并产下后代的成果。1986年陈博士等采用类似的方法也在猪的体外受精研究中获得成功。上述体外受精实验的共同点是：①在体外合成培养液内进行精子的获能处理；②使用从活体采集的体内成熟卵子；③使用受精处理后的初期胚胎（2～8细胞）用于移植；④采用输卵管手术移植法。鉴于当时的体外受精技术水平，这项技术要真正推广到生产实践中，不论卵子数量还是实际移植操作均存在许多问题，因此包括大部分研究人员在内对体外受精技术在短时期内的实用化并不持乐观态度。尤其是卵子来源和体外培养系统在当时被认为是限制体外受精技术应用的主要因素。一直到20世纪80年代初，有关卵子体外成熟培养的实验报道都很少，一般的研究者认为在体外条件下进行卵巢内未成熟卵子的培养，即使卵细胞核发育成熟，卵细胞质在机能上的成熟也非常困难，这种观点在一定程度、一定时期影响了体外受精技术的应用研究。1978年，纽科姆（Newcomb）博士等把体外成熟培养的牛卵子移入输卵管内实施受精处理，然后把得到的囊胚用于胚胎移植，产出了双胎牛犊。这项研究成果实际上证明了卵巢内卵子在体外条件下培养成熟的可能性，为以后体外受精技术的应用开发，特别是卵子来源的解决提供了宝贵的科学依据。1985 年前后，体外受精和相关的卵子成熟培养、受精卵的发育培养，以及胚胎移植技术进入了飞速发展阶段。花田章博士等以屠宰母畜卵巢为材料，尝试了卵巢卵子经过体外成熟培养、体外受精处理后可以发育到囊胚的可能性，并经过移植在 1985 年产出了首例纯体外培养的试管牛犊。花田章博士在体外受精中对屠宰母畜卵巢卵子利用的这项先导性研究，解决了卵子来源不足的难题，推动了体外受精技术在家畜生产领域的应用，也为哺乳动物受精等相关生殖生理学的研究找到了材料来源。紧接着在 1986 年，美国弗斯特（First）博士等以类似的方法也实现了牛体外受精成功，此后屠宰家畜卵巢卵子的采集、培养液的开发、不同品种卵子的成熟培养条件、体外受精条件，以及受精卵的发育培养条件等，这些研究报道在 1985 ～ 1990 年尤其多见。1987 年福田（Fukuda）和荻原（Ogihara）等的研究报告中指出卵丘细胞（cumulus cell）共培养对受精卵在体外条件下培养时解除 8 细胞阻滞（8 cell block）的有效作用，使家畜胚胎在体外条件下以较高的比率（20% ～ 30%）发育到囊胚阶段，极大地推动了非手术法胚胎移植的应用进程。我国家畜体外受精的最早成功案例是由内蒙古大学旭日干博士领导的研究小组取得的，该小组从 1986 年开始大量进行牛、羊体外受精的基础研究，并在 1989 年相继培育出我国首例首批试管牛和试管羊（图 6-10）。体外受精技术后经不断完善，已经于 20 世纪 90 年代作为一项实用化技术广泛地应用于家畜繁殖、人类的不育症治疗等领域，并且这项技术的完善也为哺乳动物生殖生物学的基础研究提供了一个有效的、基本的实验手段。

图 6-10　旭日干博士领导的研究团队与成功培育的中国首例试管羊（左上，1989）、试管牛（右上，1989）及该研究团队 20 周年纪念（中下，2009）

　　在动物体外受精实验取得成功的同时，人们也试图将体外受精技术应用于人类不孕不育症的治疗。1978 年，英国外科医生斯特普托（Steptoe）和剑桥大学从事卵子成熟基础研究的爱德华兹（Edwards）博士合作，应用体外受精技术成功地培育了世界上首例试管婴儿（图 6-11）。1977 年冬，爱德华兹开始为受不孕症困扰的布朗夫妇进行世界上首例试管授精手术，他从输卵管异常的布朗夫人体内取出卵子，同布朗先生的精子受精后，将受精卵植入布朗夫人的子宫内。1978 年 7 月 25 日晚上 11 点 47 分，是一个被医学史铭记的时刻——在全世界媒体的热切期待中，被誉为"生命奇迹"的女婴路易斯·布朗（Louise Brown）在英国出生，体重 2.6kg。她是世界上首例借助体外受精技术诞生的"试管婴儿"，一出生便成名。她的到来成了全世界的头条新闻，她的降生意味着医学与科技的一次胜利，也为成千上万的不孕不育家庭带来希望。素有"试管婴儿之父"之称的英国剑桥大学生理学家爱德华兹也因此于 2010 年获得诺贝尔生理学或医学奖。

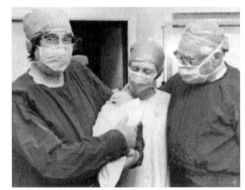

图 6-11　世界首例人类试管婴儿路易斯·布朗（杨增明等，2004）

　　至今，全世界已有 400 多万人通过此项革命性技术来到人世间。人类体外受精与试管婴儿的诞生，使该项技术作为治疗不孕不育症的有效手段之一在短时间内得到了发展、应用，同时使社会和学术界对体外受精技术有了一个新的认识，并且以此为契机加快了该项技术在家畜大动物中的基础研究和应用开发步伐。张丽珠是我国著名医学家、北京大学第三医院妇产科创始人、生殖医学中心名誉主任，被誉为"神州试管婴儿之母"。1988 年 3 月，首例试管婴儿"萌珠"在北京大学第三医院诞生（图 6-12）。同年 6 月，首例供胚移植试管婴儿"罗优群"在中信湘雅医院诞生。中国首位"试管婴儿"萌珠的妈妈之所以选择通过试管婴儿技术生下女儿，是因为当时 38 岁的她输卵管堵塞，面临着不孕的问题。她在众人都不看好的情况下尝试试管婴儿技术的确是一个很大的挑战。在萌珠出生之后，有很多的人都觉得这个试管婴儿肯定会面临着很多的问题、带着很多的缺陷。但萌珠从小就和其他人一样健康成长、学说话、走路、读书，如今的她早已结婚生子，家庭幸福美满，与普通人没有什么区别，也没有发生人们所谓的"担心"。据统计，1988～2004 年中国约有 1 万多例试管婴儿出生。到 2009 年，中国每个省都建立了生殖中心，有资质做试管婴儿的机构有 138 家，因此保守估计，中国的试管婴儿也已接近 10 万。

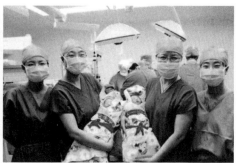

图 6-12　中国"神州试管婴儿之母"张丽珠医生和首例试管婴儿"萌珠"（杨增明等，2004）

（二）胚胎移植的研究历史

胚胎移植技术的研究可上溯到 19 世纪末期。1890 年英国学者郝波（Heape）首次把安哥拉兔的受精卵移入另一种兔的输卵管，得到了 2 只小兔，揭开了哺乳动物胚胎移植的研究历史。郝波接着进行了多次类似的移植实验，但几乎没有成功，直到 1897 年才得到了另一次产仔结果，可见胚胎移植研究起步之艰难。继郝波之后，贝蒂（Biedl）等于 1922 年同样用家兔重复了胚胎移植实验，得到了产仔结果。但在 Biedl 之后近 10 年中有关这方面的研究报道几乎是空白。1934 年皮克斯（Pincus）和伊札那（Enzann）使用家兔重新开展了胚胎移植的研究，此后包括家兔在内的实验动物（小鼠：mouse，大鼠：rat，地鼠：hamster）的胚胎移植研究开始活跃起来。同时期沃伟科（Warwick）等于 1934 年进行了绵羊的胚胎移植实验，首次在家畜上取得成功（哺乳动物胚胎移植年代如表 6-13 所示）。进入 20 世纪 40 年代，以中型家畜为对象的胚胎移植技术研究大量开展，1949 年 Warwick 等进一步做了绵羊和山羊的胚胎移植实验，1951 年卡瓦尼可（Kvasnickii）等对猪进行胚胎移植，而威雷特（Willett）等则分别于 1951 年和 1953 年取得了牛胚胎移植产仔的结果。在 1950 年前后，大部分家畜胚胎移植取得了成功，这些结果消除了一些研究人员对此项研究的怀疑态度，极大地促进了胚胎移植技术的实用化进程。在此期间，以实验动物作为材料在胚胎采集技术的改良、培养液的开发、胚胎的保存技术，以及胚胎发育、代谢等基础研究方面做了大量工作，为该项技术的确立奠定了基础。

表 6-13　哺乳动物胚胎移植年代

年份	事项	研究人员
1890	世界首例胚胎移植兔出生	Heape
1934	胚胎移植羊羔出生	Warwick 等
1949	山羊和绵羊胚胎移植羊羔出生	Warwick 等
1951	猪胚胎移植成功，小猪出生	Kvasnickii
1951	牛胚胎移植成功，小牛出生	Willett 等
1952	兔卵 -10℃保存，国际运输成功	Marden 和 Chang
1964	牛胚胎非手术移植小牛出生	Sugle 等

续表

年份	事项	研究人员
1970～1980	牛、羊胚胎移植技术商业化	北美
1971	世界最早的胚胎移植公司成立	Albert
1971	小鼠胚胎冷冻保存，移植成功	Whittingham 等
1972	世界首例马胚胎移植成功	Allen 等
1973	牛胚胎冷冻保存，移植成功	Milmut 和 Rowson
1979	羊胚胎分离－移植，一卵双子出生	Willadson
1981	羊胚胎分离－移植，一卵双子、三子出生	Willadson 等
1982	基因操作，胚胎移植超级小鼠出生	Palmiter 等
1982	牛体外受精，胚胎移植小牛出生	Brackett
1983	小鼠核移植，胚胎移植成功	Mc Grath 和 Solter Fchilly 等
1984	绵羊和山羊的嵌合胚胎移植成功	Cheng 等
1984	猪体外受精，胚胎移植成功	Shorgan 等
1984	山羊体外受精，胚胎移植小羊出生	Handa 等
1985	牛卵胞卵子体外受精，胚胎移植成功	Allen 等
1991	驴胚胎移入受体马子宫成功	Allen 等
2000	骆驼胚胎移植（综述）	Skidmore 等

资料来源：李喜和．2019．家畜性别控制技术

　　在以家畜为对象的胚胎移植实验中，1945～1950年前后多数研究报告的受胎率在35%以下，表明作为一项实用化技术尚不成熟。20世纪50年代后期，亨特（Hunter）博士等（1955）和阿位列（Averil）博士等（1957）利用绵羊对采卵和胚胎移植技术进行了多方面的探讨与改进，使胚胎移植后的受胎率明显地提高。和中、小型家畜相比，牛等大家畜胚胎移植技术的研究开发相对缓慢，截至1960年前后有关报道都很少，其中对于开腹手术移植法的替代方法虽然进行了不少尝试，但长时间没取得进展。1964年夏季，杉江浩博士等和马特尔（Mutter）博士等几乎是同时分别报道了非手术法牛胚胎移植成功的实例，从此以后非手术法胚胎移植技术成为主流，不但推广到牛、羊、马等家畜，也为后来的人类胚胎移植成功提供了借鉴。1972年加拿大设立了首家牛胚胎移植服务公司，拉开了牛胚胎移植商业生产应用的一幕，在该公司设立初期，许多相关人士认为就当时的技术水平成立胚胎移植专业公司为时尚早，但是该公司却看到了胚胎移植行业的发展前景，着眼于技术改良和基础研究，终于成为目前世界性胚胎移植业的权威性企业之一（企业名称为 Caradion Bov Imports）。目前，加拿大和美国的胚胎移植公司达千个以上，基本上形成了基础研究、技术开发和生产应用的系统网络。

　　在牛胚胎移植实施的最初过程中，不同的移植人员按照各自的方法进行操作，再加上器具粗糙、没有统一的技术标准等原因，导致受胎率很低。为了相互交流技术、探讨共同的问题、提高胚胎移植的技术水平和扩大应用范围，1974年在美国召开了由研究人员、技术人员组成的胚胎移植协议会，并正式成立了国际胚胎移植学会（International

Embryo Transfer Society，IETS），每年定期举行一次总会，相互交流研究成果、介绍应用情况，并发行了专门的杂志 *Theriogenology*。国际胚胎移植学会的设立对于提高基础研究水平、促进胚胎移植技术的推广应用，以及对哺乳动物胚胎移植技术的总体发展均具有重要意义（Smith et al.，2018）。

二、体外受精技术流程

（一）小型实验动物的体外受精

小鼠是使用最为广泛的小型实验动物，体外受精的稳定性好、胚胎容易进行体外培养、移植后的受胎率高和妊娠周期短，因此有关受精机制的大量基础研究成果来自小鼠。在这里就以小鼠为例介绍实验动物体外受精的技术流程。

1. 培养液调制

小鼠体外受精通常使用 TYH 培养液。首先调制 10 倍浓度的包含 5 种盐类的保存液（pH7.2，4℃可保存 3 个月），使用时进行稀释并添加 0.3% 的牛血清蛋白，经过滤后根据需要做成微小滴（100 ～ 500μl/ 微小滴），上覆液状石蜡油后放入二氧化碳培养箱进行平衡处理。二氧化碳培养箱的条件一般为 37℃，5% 二氧化碳加 95% 的空气，湿度保持在 95% ～ 97%。

2. 精子准备

精子采集方法参照图 6-13。首先选择成熟的健康雄鼠脱颈椎处死，以阴部为中心用 70% 的酒精棉消毒，纵向切开腹部 2cm 左右，然后从腹腔内取出精巢，用眼科剪除去周围的脂肪组织后把精巢和附睾摘出。确认附睾中精子状况（内含物呈饱满状态为好），分离精巢和附睾。用灭菌滤纸吸去附睾上的血液，以手指前端捏住附睾两端，使膨大部向外并用眼科剪打开一个 1mm 左右的小口，挤出其中的精子团块。把精子团块迅速移入事先准备好的 TYH 培养液内保持 5 ～ 10min，待精子团块分散后观察精子活力，放入二氧化碳培养箱内培养 1 ～ 2h。上述方法采集到的精子移入微小滴后浓度一般在 $2×10^6$ ～ $3×10^6$ 个 /ml。

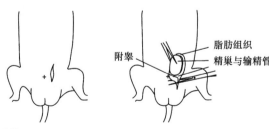

附睾　　　　　脂肪组织

精巢与输精管

1. 开腹和取出精巢
左：手术纵切阴部侧的皮肤和肌肉（2cm）
右：切断输精管取出精巢和附睾

2. 附睾刺破和精液采集
左：精巢、附睾和精液采取部位
中：用眼科剪切开附睾尾部外侧
右：用解剖针采取精液

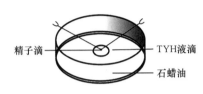 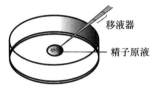 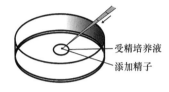

3. 精液制作
左：把精液移入TYH培养液中，用解剖针缓慢地分散精子
中：用移液器吸引定量的精子原液
右：把精子原液移入受精培养液滴中

图 6-13　小鼠体外受精的精液采集和调制（李喜和，2019）

3. 采卵和受精处理

卵子的采集方法参照图 6-14。选择性成熟的雌性小鼠（2～3 月龄）皮下注射孕马血清促性腺激素（PMSG）和人绒毛膜促性腺激素（hCG）进行超数排卵处理。hCG 注射 12～14h 后脱颈椎处死小鼠，开腹摘出子宫、卵巢和输卵管。用眼科剪拉开子宫角和输卵管接合部，并把输卵管膨大部分离移入精液培养皿的液状石蜡油内。用一支解剖针固定输卵管膨大部一侧，同时用另一支解剖针刺破膨大部的壁。当输卵管膨大部被刺破时，卵丘细胞和卵子组成的团块从中流出，这时用解剖针引导这些细胞团块进入含有精子的培养液内。精子和卵子汇到一起后把培养皿置于二氧化碳培养箱内保持 4～5h 进行受精处理。

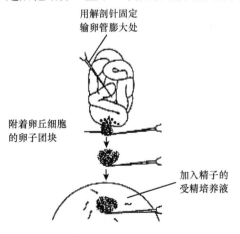

采卵，受精处理
用解剖针引导卵子进入受精培养液中，
进行受精处理（3～5h）

图 6-14　卵子的采集方法（李喜和，2019）

4. 受精检查

精子和卵子能否结合，也就是说受精处理是否成功，可以通过制作卵子标本进行检查。在正常情况下，小鼠精子侵入卵内至少需要 1h，受精处理 4h 后大部分的卵细胞质内可以观察到雌雄原核的形成，这是受精成功的标志。卵子标本制作参照图 6-15。

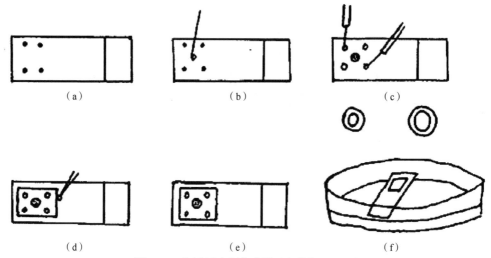

图 6-15　卵子标本制作方法（李喜和，2019）

（a）载玻片准备（在 4 角各点一滴石蜡 - 凡士林小滴）；（b）把待检查的卵子和少量培养液移入石蜡 - 凡士林 4 角的中央；（c）加盖玻片；（d）适度压下盖玻片使卵子与盖玻片和载玻片接触；（e）进一步压下盖玻片使卵子呈扁平状并从侧面缓慢加入固定液；（f）把标本放入固定液内，固定处理 24h 以上

5. 受精卵的发育培养

根据研究需要可以在受精处理后把卵子移入发育培养液内（BO 液、CZB 液、MEM 液等）观察其在体外培养系统内的发育情况，并可进一步通过胚胎移植确认胚胎正常发育的可能性。

（二）家畜的体外受精

山羊和绵羊的体外受精成功于 1984 年，当时旭日干博士在充分探讨了钙离子载体 A23187（calcium ionophore A23187）对精子获能诱导效果的基础上，利用超数排卵处理得到的卵子进行了体外受精实验，在山羊和绵羊上均确认了受精和细胞分裂，并通过胚胎移植培育出了世界首例试管山羊。同年花田章博士等也采用类似的方法培育出了试管绵羊。此后，以钙离子载体为主的家畜精子获能研究和体外受精实验大量展开，特别是屠宰母畜卵巢卵子的利用和成熟培养技术的确立，解决了家畜体外受精用卵子来源不足的问题，自此，家畜体外受精研究步入了黄金时代。表 6-14 和表 6-15 列举了这方面的早期研究成果供读者参考。

表 6-14　绵羊卵泡卵子的体外成熟培养早期研究结果

研究者	培养液	培养时间（h）	成熟率（%）
Edwards（1965）	Maymouth TCM-199	46	57
Quirke 和 Gordon（1971）	Growth	4 ～ 47	30
	绵羊卵泡	19 ～ 51	4
Crosby 和 Gordon（1971）	Growth	24	18
	绵羊卵泡	25 ～ 27	36
	绵羊卵泡	28 ～ 30	46
	绵羊卵泡	48	50
Moor 和 Trounson（1977）	TCM-199+15% FCS	24	52
Snyder（1988）	Ham F-10	—	50
Dahlhausen 等（1980）	修正 Ham F-10	28	54
Moor 和 Crosby（1985）	TCM-199+10% FCS	24	58
	+FSH+LH+E2	26	81
Cheng（1985）	同上	24 ～ 30	82 ～ 89
		24 ～ 26	91 ～ 95

注：—表示未报道；
资料来源：李喜和 . 2019. 家畜性别控制技术

表 6-15　绵羊卵泡卵子的体外受精早期研究结果

研究者	卵子来源	精子获能处理	培养法	结果
Thibault 和 Dauzler（1961）	排卵	子宫内	Kreba-Ringer 液 + 血清	2 细胞
Kraemer（1966）	排卵	输卵管内	Kreba-Ringer 液	精子侵入确认
Bondioli 和 Wright（1980）	排卵	体外	合成培养液	精子侵入，分裂
Dahlhausen 等（1980）	体外成熟	体外	Ham F-10+15% 血清	第二极体放出
Bondioli 和 Wright（1981，1982，1983）	排卵	HIS	—	精子侵入确认
	排卵	家兔子宫	—	精子侵入，分裂
	卵泡	体外	—	精子侵入，分裂
Cheng（1985）	体外成熟	体外（高 pH）	BMOC-2	分裂，移植产仔
Hanada（1986）	排卵	体外（钙离子载体）	—	分裂，移植产仔
Fukui 等（1991）	体外成熟	体外（高 pH）	TCM 199+10% FCS	2 ～ 16 细胞
Bou Shorgan 等（1989）	体外成熟	体外（钙离子载体）	合成培养液	分裂，移植产仔
Pugh 等（1991）	体外成熟	冻结融解精子	修正 Brackett 液 +20% 血液	分裂，移植产仔

注：—表示文中未报道；
资料来源：李喜和 . 2019. 家畜性别控制技术

牛是家畜中体外受精研究较多和实际生产应用较广泛的品种，在此以牛为代表介绍家畜体外受精处理的技术概要。

1. 卵巢卵子的采集和成熟培养

从屠宰场采集的卵巢放入 35 ～ 37℃的保温生理盐水中，尽量在短时间内拿回实验室处理（12h 以内）。除去卵巢上附着的脂肪等粘连组织，再用生理盐水冲洗 2 ～ 3 次后开始采集卵子。卵母细胞采集方法有多种，常见的有注射器吸引法、药匙穿刺法和卵巢切割法。从采集卵子数目来看前两种方法基本相同，平均为每个卵巢 5～10 个卵子。卵巢切割法操作比较繁杂，但卵子回收数目可提高几倍，一般在卵巢数目较少时使用。通过注射器吸引法采集卵子时一般只选择 2～5mm 的卵泡进行处理，这是因为 2mm 以下的卵泡卵子不易成熟培养，而 5mm 以上的卵泡卵子机能可能退化，两者皆不适于体外培养实验。当然这只是人为设定的范围，卵子是否可用于实验还要在采集后进行选择。

从卵巢内采集到的卵子细胞核处于生发泡（germinal vesicle，GV）期，细胞质也处于未成熟状态，不具备受精能力，需要在体外条件下进一步培养，使细胞核达到第二次减数分裂中期（metaphase Ⅱ），同时使细胞质内的线粒体、高尔基体、内质网，以及皮层颗粒在形态、数量及分布上达到成熟，以皮层颗粒单层分布于细胞膜下为细胞质成熟为标志，这个过程称作卵子的成熟培养（maturation culture）。自然排卵的卵子已经达到成熟状态，所以不需要再进行培养即具有受精能力。牛卵母细胞采集后在体外条件下培养 22～24h，大部分可观察到第一极体（first polar body）的释放，体外受精处理一般在这个时期内进行。成熟培养液一般使用 TCM199，气相条件与小鼠卵子相同，只是温度略高于小鼠（38.0～38.5℃）。在这个操作过程中要特别注意所用器具和培养液的消毒、灭菌和无菌条件下的操作，一旦污染将导致整个实验的失败。

2. 精子获能和体外受精处理

精子获能包括机能和形态两方面的变化，这是哺乳动物受精时普遍发生的现象。正常交配受精时精子在雌性生殖道内完成获能，不获能的精子不具备穿入卵子的能力，因此体外受精的第一步就是进行精子的获能诱导处理。精子获能处理的方法有多种，目前常用于牛的有肝素（heparin）洗涤法、咖啡因（caffeine）洗涤法和钙离子载体（calcium ionophore A23187）洗涤法，或者是彼此结合起来使用。以肝素 - 咖啡因处理为例，具体操作是首先把解冻后的牛精液用含有咖啡因（10mmol/L）的 BO 液离心洗涤（300g，15min）两次，然后用等量的含有肝素（2 IU/ml）的 BO 液把精子浓度调整到体外受精所需浓度（$5 \times 10^6 \sim 2 \times 10^7$ 个 /ml）。钙离子载体的精子获能处理与肝素 - 咖啡因基本相同，使用浓度为 5～10μmol/L，但是要注意种公牛个体之间存在差异，因此需要事先比较，找出最佳处理条件。将经过获能处理的精子悬液做成 0.2ml 的微小滴，上覆液状石蜡油后把成熟培养后的卵子移入，放入二氧化碳培养箱内保持 5～6h。如果需要，可采用与小鼠类似的方法制作卵子整体固定标本，通过精子头膨大、原核形成等标志检查受精状况（图 6-16）。

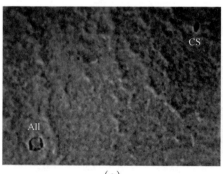 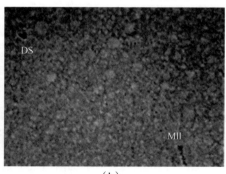

（a）　　　　　　　　　　　　　　　　　（b）

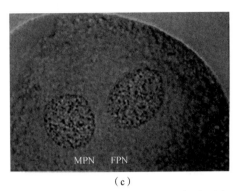

（c）

图 6-16　精子穿入卵子 18 ～ 20h 标本观察

（a）凝缩的精子头部与卵母细胞染色体；（b）减数分裂中期部分凝缩的精子头部与染色体；（c）雌原核与雄原核；MPN：雄原核；FPN：雌原核

3. 体外发育培养或移植

牛体外受精卵的发育培养早期一般使用 HEPES 缓冲后的 TCM199 培养液（添加 5% 的灭活小牛血清或胎牛血清），后期采用化学成分明确的输卵管合成培养液（synthetic oviductal fluid，SOF）添加氨基酸和牛血清白蛋白，温度、湿度等培养条件与卵子成熟培养相同，5%CO_2、5%O_2 和 90%N_2 的低氧气相可使胚胎发育率获得显著提高。目前的水平可使受精卵的卵子分裂率达 70% ～ 80%，其中 30% 的受精卵可发育到可用于非手术移植的囊胚阶段。表 6-16 为牛卵子的体外受精和早期胚胎发育时间。

表 6-16　牛卵子的体外受精和早期胚胎发育时间

受精处理时间	早期胚胎发育阶段	受精处理时间	早期胚胎发育阶段
3 ～ 6h	精子侵入卵细胞质内	68 ～ 76h	16 细胞期
4 ～ 8h	精子头部的膨化	5 ～ 6d	桑葚胚期
8 ～ 10h	前核形成的开始	6 ～ 7h	胚盘胞期
24 ～ 28h	2 细胞分裂开始	7 ～ 9h	扩张胚盘胞期
38 ～ 44h	4 细胞期	9 ～ 10h	孵化胚盘胞期
48 ～ 53h	8 细胞期		

资料来源：旭日干 . 2014.《旭日干院士研究文集》

（三）人类的体外受精和胚胎移植

人类不孕不育症的发生频率为已婚夫妇的 10% 左右（男女不孕不育综合平均指数）。如果以结婚后两年为界，两年以上尚不能生育子女，那么这个统计数字可能更高。体外受精技术的研究开发和临床应用为人类不孕不育症治疗开拓了一条有效途径，特别是对于生殖障碍造成的女性不孕症治疗具有划时代的意义。传统的不孕不育症治疗以药物使用为主，其目的是恢复正常的生殖机能，但是对于像卵巢、输卵管及子宫结构异常的患者没有效果。从 20 世纪开始，生殖生物学基础研究的进步和生物技术的发展为人类不孕不育症治疗带来了新的希望。早在 1944 年，英国的洛克（Rock）博士等首次在体外条件下实施了人的体外受精尝试，并得到了细胞分裂和发育结果（4个2～8细胞/138个处理卵子）。此后经过大约10年，夏图勒（Shettles）博士等报道了卵泡卵子的成熟培养和体外受精的成功，但是由于当时实验条件所限和检查方法不够充分，部分研究人员对他们的结果持有怀疑态度，但是作为早期研究成果还是得到了高度评价。1978年，英国的爱德华兹（Edwards）和斯特普托（Steptoe）利用体外受精-胚胎移植（IVF-ET）技术，成功地培育了世界首例试管婴儿，从此人类体外受精技术作为一项治疗不孕不育症的有效手段扩展到世界各国。下面介绍体外受精-胚胎移植治疗不孕不育症的处置流程，以及这项技术在几个国家的实施状况。

1. 患者的选定

首先对不孕不育症患者的病因进行检查，判定是否适于体外受精-胚胎移植处置。主要检查内容包括女性生殖障碍、卵巢机能、男性精子是否正常及双方的遗传病、传染病等情况。IVF-ET适合的患者为男性精子正常（不考虑使用他人精子），而女性具有生殖障碍者。

2. 情况说明和患者同意

在实施治疗前，对于每个患者（夫妇）就不育原因、IVF-ET的具体方法、有效性、安全性及费用等逐项详细说明。患者对于手术和相关情况充分了解后，如果同意治疗需要签订合约。

3. 超数排卵处理和卵泡发育观察

人的超数排卵处理一般要用GnRH-hMG-hCG法。月经周期的第3～5天连续注射人类绝经期促性腺激素（human menopausal gonadotropin，hMG）或促卵泡生成素（follicle-stimulating hormone，FSH），注射量为150～300 IU/d。当卵巢上的主卵泡直径达18mm左右，血中雌二醇（estradiol，E2）浓度为300pg/ml以上时停止促性腺激素释放素（gonadotropin releasing hormone，GnRH）和hMG的使用。同日晚8时肌肉注射人绒毛膜促性腺激素（human chorionic gonadotropin，hCG）10 000 IU，24h后，即次日晚8时实施采卵手术。采卵使用19号针头进行子宫穿刺，并在超声波监控下进行，采卵时一般不进行麻醉处理。在判断是否实施采卵手术时，事先用超声波检查有3个以上的发育卵泡再决定手术。为了防止手术感染，在采卵时和采卵后给患者滴定或注射适量的抗生素。

4. 受精处理

采卵实施的当日上午采集精液，室温静置30min后稀释处理，然后以直接浮游法（floating method）回收运动精子，于50ml烧杯内注入15ml培养液，然后加入1～3ml精液在培养箱内静置1h，回收上层运动精子离心洗涤。手术法采集的卵子培养5h后转入上述方法准备好的精子悬浮液内（$5 \times 10^4 \sim 10 \times 10^4$ 个/ml），重新放回培养箱处理5～6h。培养液使用添加10%脐带血清（灭活处理）的HTF液或G1.1、G1.2液（瑞典生产）。

5. 受精卵培养和移植

首先在受精处理后12～16h确认受精状况。其方法是除去卵子周围的卵丘细胞，在显微镜下观察雌、雄两个原核的形成，选择受精卵移入新的培养液内继续培养或直接用于移植。人类胚胎的移植一般在受精处理后的 24 ～ 48h 内进行（2 ～ 4 细胞阶段），均以手术法置入输卵管或子宫 - 输卵管结合部。随着试管婴儿技术的飞速发展和普及，目前，大多数试管婴儿中心都已经配备了胚胎质量管理系统（quality management system，QMS），可以实时观察胚胎发育状态和质量。

6. 胚胎移植后的管理和检查

从胚胎移植后的第 2 天开始，给患者口服孕酮（progesterone，PG，150mg/d）。胚胎移植后 14 ～ 15d 用 "Testpack" 确认妊娠情况。IVF-ET 的宫外孕发生率为 5% ～ 10%，因此在确认受胎阳性时，有必要进一步用超声波确认胎儿的位置。对于受孕患者，要连续服用孕酮到第 9 ～ 10 周。人体受精处理不同于其他动物，不论从安全性或是手术成功率来说都比其他动物要求严格，因此在实施手术时使用的药品、器具也有特定的标准，目前的试管婴儿技术已经非常成熟，各种器具和培养液已经商品化，各试管婴儿中心均使用商品化的培养体系。

（四）显微受精

1977 年，上原（Uehara）和柳町（Yanagimachi）博士首次在哺乳动物上进行了显微受精实验，并取得了受精的成功。那么，显微受精技术和体外受精技术有什么不同？在这里略作说明。在进行体外受精处理时，一是要有成熟阶段的卵子，二是使用获能处理后的精子，然后把精子和卵子放在一起，通过精子自身的运动和释放的化学酶物质的辅助，精子穿入卵子内部完成受精过程。显微受精与体外受精最大的区别是人为地把单精子注射到卵细胞质内，称为卵细胞质内单精子注射（intracytoplasmic sperm injection，ICSI）（Catt et al.，1996），不需要精子有运动能力，甚至是没有成熟变态的圆形精子细胞注入卵细胞质内也可受精发育为正常胎儿，这一点也已在数种实验动物、家畜乃至人类上得到了证实。

最初的显微受精技术包括卵子透明带钻孔法（zona drilling）、部分透明带切割法（partial zona dissection）、卵周隙内精子注射（subzonal insertion）法和现在占主流的卵细胞质内单精子注射（ICSI）法。1988 年日本京都大学的星（Hoshi）博士等采用显微受精技术首次获得了家兔产仔的成功，同年小鼠的显微受精也取得了成功。美国夏威夷大学柳町博士领导的研究小组在以小鼠为材料的受精基础研究中取得了许多重要成果，在此基础上该研究小组开拓和完善了显微受精技术，并在应用到克隆动物的研究中取得了巨大的成功。牛的显微受精技术进展相对较晚，主要原因是注入卵子内的牛精子头部脱凝缩（decondensation）非常困难，并且卵子的活化处理也存在不少尚未解决的问题。1984 年和 1985 年沃寿森（Westhusin）博士等报告了把牛冷冻干燥精子注入卵子后形成了雌、雄原核，1990 年日本的后藤（Goto）博士等用失去运动能力的精子注入牛卵子内，把得到的胚胎移入 8 头受体，其中 4 头受胎，并且当年获得了首例 ICSI 牛犊。1997 年本书著者采用去掉尾部的牛精子头部和用流式细胞分离器分离后的 Y 精子头部进行了较多数量的显微受精实验，并相继得到了牛产犊、马产仔结果（图 6-17）。人的显微受精于 1989 年首次由若奈（Ratnam）博士等取得成功，获得了 ICSI 婴儿。著者曾在剑桥大学从事马的显微受精方面的基础和应用研究，相对来说马在这方面的研究开始较晚，主要原因是马的生殖生理和牛、羊等大家畜相比有许多不同之处，另外卵子材料获得也比较困难，虽然有两例显微受精、移植产仔成功案例，但均使用的是体内成熟卵子（本书著者未发表的数据），目前真正利用体外条件下的屠宰牲畜卵巢卵子成功进行显微受精的报道还没有。下面就小鼠、牛和人类的显微受精分别作一概略介绍。

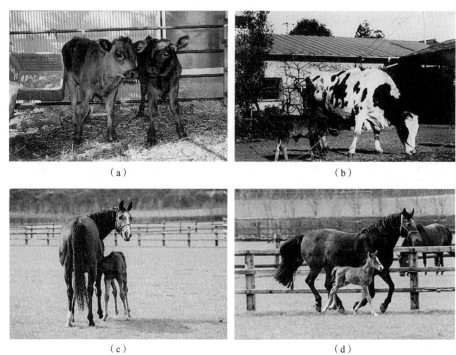

（a）　　　　　　　　　　　　　　　　（b）

（c）　　　　　　　　　　　　　　　　（d）

图 6-17　世界首例 ICSI 性控试管牛和欧洲首例 ICSI 试管马

（a）ICSI 试管牛；（b）代孕奶牛；（c）试管马 Eezee；（d）试管马 Quickzee

1. 牛卵子的显微受精

显微受精这里主要指卵细胞质内单精子注射（ICSI）法。ICSI 的主要特点是可以利用没有运动能力的精子，五斗（Goto）博士等在牛的 ICSI 研究中，首次把不动的、在一般常识上理解为死的精子注入卵细胞质内得到了产犊的成功，这个结果对受精的理解和生命发生具有重要意义。本书著者对牛精子头部的 ICSI 和分离后的 Y 精子的 ICSI 进行了基础和应用方面的研究，也取得了产犊的成功（合计产犊 13 头，性别控制成功率为 90% 左右），不论是整体精子还是精子头部的 ICSI，在操作上基本相似，在这里先介绍一下该操作的技术流程。

（1）卵巢卵子的采集和成熟培养

与体外受精的要求和操作完全相同，只是卵子的培养时间一般相对延长 2 ～ 4h，目的是使将来精子注入后更有利于分裂。但是培养时间不要超过 26h，否则容易引起卵母细胞的孤雌激活从而增加孤雌胚发生的概率，因此需要注意在实际中正确调整处理时间。

（2）精子的准备

有无运动能力的精子及去掉尾部的精子头部均可用于 ICSI。精子获能处理对于 ICSI 来说并非必要。在本书著者的研究中，利用单纯的洗涤法处理精子后用于显微注射，同样可以受精并发育到囊胚阶段。ICSI 每次使用的精子数量极少，所以一次处理的精子可以冷冻保存后多次使用。

（3）精子的显微注射

这是 ICSI 的关键步骤之一。整个操作在配有显微操作系统的倒置显微镜下进行，并且操作的熟练程度影响到处理效果，最好在做正式实验前接受必要的训练。和体外受精处理不同，成熟培养后的卵子在注入精子前必须要去掉卵子周围的颗粒细胞。颗粒细胞的去除采用透明质酸酶（hyaluronidase）消化和玻璃管吹吸，在操作过程中注意不要损伤卵子透明带。在同一操作皿内制作精子微小滴（添加 PVP 提高液体黏稠度以使精子游动缓慢）和卵子微小滴，置于倒置显微镜的操纵台上，并在左右操作臂上分别组装卵子固定用显微玻璃管（直径 150～200μm，油压控制）和精子显微注射玻璃管（直径 5～7μm，空气控制），装配模式参照核移植有关图示。首先用精子显微注射玻璃管压住尾部使精子制动，然后用精子显微注射玻璃管吸精子尾部直到整个精子被吸入玻璃细管，移动含有精子的注射管至含有卵子的微小滴内，调整卵子的极体至 12 点或 6 点钟方位，固定卵子，利用操作控制系统把精子推到注射玻璃管的管口，然后将注射管在 3 点钟位置穿透卵子透明带并进入卵细胞质内深部，此时调节控制系统把精子和少量液体注入卵细胞质内，然后抽出注射管，重复上述操作直到完成每个卵子的精子注射过程。本书著者在牛精子头部的 ICSI 时，直接把精子头部吸附于毛细管的前端注入卵细胞质内也取得了较好的结果。

（4）卵子的激活处理和发育培养

在正常受精过程中，当精子侵入卵内时通过与卵细胞膜融合激活卵子，激活后的卵子才能对高度凝集的精子细胞核进行重新程序化，从而完成受精及接下来的胚胎发育，这种现象称为卵母细胞激活（oocyte activation）。由于 ICSI 处理省去了这一段正常过程，因此注入精子后必须人为地给予卵子一个刺激，以此来激活卵子。卵子的激活处理方法有电刺激、化学药品刺激等，化学药品常用的有 7% 的乙醇、5～10μmol/L 的钙离子载体 A23187、放线酮、离子霉素等。不论哪种方法均可引发受精和卵子分裂，但是效果略有不同，主要表现在对精子的脱凝缩和正常雄性原核形成方面。在著者对牛和马的 ICSI 研究中，比较了多种化学药品的处理效果，发现均有精子未发育而产生孤雌胚胎的现象，这对于胚胎移植来说是一个十分棘手的问题，需要从受精机制出发提高 ICSI 效率，从而避免孤雌胚胎的发生。随着生殖生物学相关技术的飞速发展，动物 ICSI 的效率也得到了显著的提高，ICSI 胚胎的发育率逐渐接近于 IVF 胚胎的水平。

2. 小鼠圆形精细胞的显微受精

形态正常的精子用于 ICSI，不论是运动的还是不运动的精子均可发育为正常个体，这一点已经有许多研究报告证明。那么存在于精巢内的圆形精细胞发育到什么时期、什么情况下具备受精和发育为个体的能力呢？这是生殖生物学领域关于生物发生的重要课题之一。木村（Kimura）和柳町（Yanagimachi）博士做了大量有关这方面的研究工作，下面就以他们的方法为主介绍一下圆形精细胞用于受精的操作技术概要。

（1）圆形精细胞的采集

圆形精细胞需要从精巢内分离和回收。贝利韦（Bellve）等对精细胞的采集方法、伤害检查、密度调整等基础性工作进行了大量尝试，报道了许多有价值的结果。用于注射的圆形精细胞当场采集、选择后直接使用效果较好。常用的采集方法有精巢切碎法、酶消化法等，由于使用数量不大，所以不论哪种方法均可满足实验需要。但有一点需要注意，那就是在采集到的样品中包含有大小不同的各分化阶段的精母细胞（染色体组成为 2 倍体），只有形态较小的精细胞（单倍体染色体组成）才可用于实验，小鼠的圆形精细胞直径为 10μm 左右。

（2）精细胞注入和受精卵发育

精细胞通常注入卵周隙内，卵子的激活处理使用电刺激比化学药品更好一点，这可能与电刺激法有益于细胞膜的融合相关。在进行小鼠精细胞的显微注射时，事先对卵子进行激活处理，精细胞用链霉蛋白酶（pronase）适当处理后得到了 25% 以上的融合率。融合后的圆形精细胞基本上以不膨化状态形成雄原核，这一点和金黄地鼠的实验相同。圆形精细胞的显微注射技术的应用，可以对精子形成和分化的各阶段的受精，以及形成正常胚胎的能力进行直接探讨，这对于揭示生命个体产生的奥妙、人类男性不育症治疗、珍奇动物繁殖等均有重要价值。

3. 人卵子的显微受精和男性不育症治疗

男性不育症的患者约为不孕不育症患者总数的 40%。造成男性不育症的原因很多，其中主要表现形式是精子形成障碍、排出精子数少、活力不够或者死精。ICSI 技术的开发应用，使普通 IVF 不能治疗的男性不育患者增加了生育后代的希望。据估计，目前全世界接受 ICSI 处理的不育患者数逐年增加，每年有数千名的 ICSI 试管婴儿诞生。通过常规 IVF 培育试管婴儿的技术被称为第一代试管婴儿技术，ICSI 试管婴儿技术称为第二代试管婴儿技术，在胚胎移植之前从 IVF 和 ICSI 胚胎中取出一两个细胞通过基因或染色体诊断进行遗传病筛查的技术（植入前遗传学诊断，preimplantation genetic diagnosis，PGD）称为第三代试管婴儿技术。我国第一例 ICSI 试管婴儿和 PGD 试管婴儿分别在 1996 年和 1999 年于中山大学附属第一医院诞生。截止到 2017 年，我国已经有 40 家三甲医院可开展第三代试管婴儿技术。ICSI 和 PGD 技术的发展和在临床上的广泛应用，极大地推动和加速了试管婴儿技术的全面发展。

进行人的显微受精时，除技术原因外还要求严格的安全措施，许多国家已经制定了相应的临床处理规则，具体技术操作和前面介绍的牛与小鼠的处理基本相同。人显微受精最初采用透明带钻孔、卵周隙内精子注射等方法，后因这些方法常会引起多精受精等问题而被淘汰，目前通常采用 ICSI 方法。

三、胚胎移植技术流程

用于移植的早期胚胎自身具有发育为生命个体的能力，这一点和用于人工授精的精液不同，后者必须进入雌性生殖道内与卵子结合，即受精后才能向生命个体发育。从这一点来看，虽然胚胎移植和人工授精在操作上有很多相同的地方，但注入母体子宫内的胚胎和精液在生殖生理意义上具有本质的区别。在这里以牛胚胎移植为代表，简略介绍其技术流程。图 6-18 为牛胚胎移植操作模式。

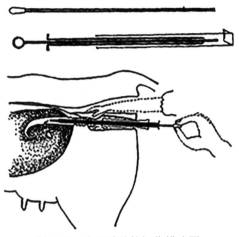

图 6-18　牛胚胎移植操作模式图

（一）供体选择和超数排卵处理

在这里首先解释一下几个相关术语。顾名思义，胚胎移植首先要有胚胎，习惯上把提供胚胎的母体称作供体（donor），而接受这个胚胎的母体称作受体（recipient）。胚胎移植的第一步就是选择什么样的供体。作为供体的条件主要从市场评价和个体能力两方面考虑，对于奶牛来说选择高泌乳和高乳质的正常个体，而肉用牛则侧重肉质和增重速度，当然供体的基础是具有正常繁殖能力并且无遗传和传染疾病。

大家畜在一次发情周期中只排出一个成熟卵子，受精后只能发育为一个子代。从商业角度说，如果一次发情周期排放数个卵子，那么就可以充分发挥供体的能力降低生产成本，由此产生了对供体的超数排卵（super ovulation）技术。具体方法是在供体母牛发情开始后的 10d 左右注射 FSH 和孕马血清促性腺激素（pregnant mare serum gonadotrophin，PMSG），此外 hCG 和卵巢内的黄体生成素（luteinizing hormone，LH）也经常组合起来用于卵子的超排处理。经过激素注射一头母牛每个周期可以排出 4 ～ 6 个成熟卵子，有时达十几个。超数排卵处理对大多数家畜和实验动物有效，但对马等少数几个种类作用不明显。

超数排卵处理的目的是使供体牛在单一性周期中排放多个卵子，而我们需要的是能够用于移植的早期胚胎，因此在超数排卵后的一定时间内要对供体实施人工授精，使排放到输卵管内的卵子受精。一般的方法是在傍晚检查出发情特征时实施一次人工授精，第二天上午再进行一次，两次人工授精的目的是提高受精率，保证胚胎回收成功。新鲜和冷冻精液均可使用，但注入精子数不低于 2000 万个，并且要确保精子活力在 30% 以上。

（二）胚胎回收和保存

受精后的卵子在输卵管内一边分裂一边向子宫方向移动，大约 5 ～ 6d 发育到桑葚胚（morula）- 囊胚（blastocyst）阶段，并在这时期进入子宫。牛囊胚细胞数为 120 ～ 170 个，分化为滋养层细胞层（将来发育为胎盘）和内细胞群（inner cell mass，ICM）将来发育为胚胎两种细胞。囊胚的每个卵裂球都很小，卵裂球内的脂肪颗粒与早期胚胎相比明显变小，因此对于低温和冷冻保存处理的抗性较强，并且适于非手术移植，因此目前牛商业胚胎的冷冻保存基本上选择囊胚阶段。

供体胚胎采用灌流法从子宫内回收。常用的胚胎灌流管有双回路式和三回路式两种（法国或日本产）。操作人员左手伸入直肠内把握灌流管，右手慢慢地把灌流管从阴道插入，经过子宫颈深入到靠近子宫角的部位。灌流管到达合适位置后，操作助手用 30 ～ 50ml 注射器从空气口注入适量空气，保定灌流管。把保温的灌流液（PBS+0.3%BSA+ 抗生素）从流入口连接并悬挂于支架上（高于外阴部 1m 左右），打开控制阀使灌流液进入子宫内。灌流液的使用量根据子宫大小、技术熟练程度进行增减，一般分 500ml 两次，合计灌流 1000ml。在灌流液回收时用伸入直肠的左手适当抬高输卵管 - 子宫结合部，以便灌流液充分回流。一侧子宫灌流结束后以同样的方法灌流另一侧子宫。在这个灌流过程中必须保持外阴部的清洁和灌流液的温度（不低于 30℃）。灌流结束后给供体牛子宫内注射抗生素，以防引起子宫炎症。供体牛处于泌乳期的情况下还要肌肉注射 25ml 前列腺素 F2α（prostaglandin F2α，PGF2α），防止奶量减少。回收的灌流液在保温条件下运回实验室，过滤除去大部分灌流液后置于立体显微镜下回收胚胎。

回收的胚胎首先进行计数和分类，然后根据需要进行移植或保存处理。胚胎保存可分为低温（4℃）和冷冻（–196℃）两种方式。低温保存时间较短，一般为 24h 之内，常用于短距离运输后移植；冷冻保存的胚胎需要储存在液态氮中，保存时间长（半永久性），适合于胚胎的不定期移植或国际流通。近年来，胚胎的冷冻保存技术有了很大进展，其冷冻解冻后的存活率可达 80% ～ 90%，移植后的受胎率与新鲜胚胎相比没有多大差别。

（三）胚胎移植

胚胎移植可分为手术移植和非手术移植两种方法。非手术移植操作简单、费用低，因此目前家畜基本上采用这种方法。胚胎移植的关键是选择好接受胚胎的受体牛，否则再好的胚胎移植后也得不到理想的结果。受体牛选择主要从以下几方面考虑：正常发情周期、无传染病或遗传病，以及体格和健康状况。移植时间是影响受胎率的另一个因素，因此尽可能使移入的胚胎和接受胚胎的子宫环境"同步"。囊胚的正常发育时间为受精后 5 ～ 6d，这要求受体牛也应为发情后相同时间为最好。实际操作中，以自然发情牛为受体时，通过发情检查和外阴部变化（分泌黏液）来确认排卵时间，胚胎移植时间可在排卵当日或前后 1d 之内进行。目前，超声波广泛地用于各种家畜卵泡发育和排卵检查，有条件的话这种方法最为准确。商业胚胎移植的数量较大时，自然发情牛不能满足需要，这样就要采取人为方法来调节受体牛的发情周期以便集中处理。习惯上把受体牛发情周期调节的过程称为发情同期化（estrous synchronization）处理。牛的发情同期化处理一般使用 PGF2α 和 FSH 或 LH、PMSG 注射，用量根据处理牛的年龄、体重和药物敏感程度增减，一般可得较好结果。近年来，新西兰的一家公司开发了一种阴道内发情诱导（调节）器具（CIDR），这种发情诱导（调节）器具使用方便、价格也不贵，被广泛地应用于牛、羊等家畜胚胎移植的情期调节。

胚胎移植器（注入器）有日本 FHK 公司和法国 IMV 公司开发的两种产品，基本结构相似，技术人员可根据移植需要进行选购。胚胎移植器由外套和内芯两部分组成，在移植时内芯前端和胚胎细管相连后插入外管中，外管外一般再套两层塑料外套（外套），第一层外套在到达子宫颈时被穿透（人为拉），进入子宫角时只留注入器外一层外管，该外管前端或前侧具有 1 ～ 3 个小孔，胚胎由此进入子宫内。

具有人工授精经验的技术人员均可进行胚胎移植，但要达到操作熟练的程度，需要在实践中不断练习。所有胚胎移植器具在使用前必须经过灭菌处理，金属和玻璃器具可采用高温、高压灭菌，塑料制品采用气体（环氧乙烷）灭菌，使用的培养液以过滤方式灭菌（过滤孔直径 0.22 ～ 0.45μm）。新鲜或解冻胚胎需要装入塑料细管（容积 0.25ml）内才能和移植器组装。一定要水平拿取装有胚胎的塑料细管，尽量稳定地和移植器接装。在组装过程中注意无菌操作，确认注入内芯和塑料细管棉栓部的接触情况、外套固定情况等，冬季操作时还要注意保温。把选择的受体牛牵入保定架，首先去除直肠内的粪便，并实施尾部麻醉（2% 盐酸普鲁卡因）使直肠平滑肌松弛以便操作。移植操作者把戴有长袖直检手套的手伸入直肠内，助手用酒精消毒外阴部并撑开阴道口让移植操作者把胚胎移植器插入阴道内，操作者在直肠内的手诱导和保定移植器在生殖道内的移动。移植器前端到达子宫颈时，拉破最外层的塑料套膜，并快速穿过子宫颈把移植器推进到子宫角近端（子宫角分歧部开始 5 ～ 10cm），这时推进内芯把胚胎注入子宫内。初产牛作受体时，常有子宫颈通过困难的问题，在这种情况下可使用子宫颈扩张棒处理后再进行移植。移植结束后给受体牛注射适量的抗生素防止生殖道感染和发生炎症。最后做好移植记录，定期检查受体情况。

（四）胚胎分割和一卵双胎技术

哺乳动物早期胚胎细胞在桑葚胚以前未出现机能性分化，理论上这些未分化细胞每个均具有形成生命个体的能力，即所谓的细胞全能性（cell totipotency）。囊胚阶段分化为两种功能细胞，即滋养层细胞和内细胞群细胞，受胎后这两种细胞分别发育为胚盘和胎儿。由于囊胚的这种细胞分化特征，研究人员想到利用显微手术把囊胚均等切开后再进行移植，是否可以得到一卵双胎呢？事实证明这种设想完全可能，但包括囊胚的显微分割、分割胚的生存性等诸项技术的完善也花费了近 10 年的时间。现在，同卵双胎（identical twins）技术多用于家畜的商业性胚胎移植，尤其是对一些成本较高的胚胎，该技术提高了胚胎的利用率、降低了生产成本、颇受生产者的欢迎。

早期胚胎分割方法分为三类：第一类是 2 ～ 8 细胞期胚分成两份于体外培养到桑葚胚 - 囊胚阶段然后进行移植，这种方法最早在小鼠上进行了实验，但结果并不理想；第二类方法是 1979 年由维拉德森（Willadsen）博士提出的 2 ～ 8 细胞期胚的分离、体内培养法，利用这种方法成功地进行了小鼠、山羊、绵羊、牛和马的一卵双生实验；第三类方法是近 10 年来随着显微操作技术发展的桑葚胚 - 囊胚均等分割法，此法在实验动物和家畜中均取得了成功，并且开始应用于生产。

胚胎分割需要倒置显微镜 - 显微操作系统，目前使用的主要有德国和日本产两种类型。在进行胚胎分割时，首先要用链霉蛋白酶（pronase）处理使胚胎透明带变薄，目的是软化胚胎便于固定。囊胚的分割要求对等切开滋养层和内细胞群细胞，因此在操作液内把胚胎置于视野正中，从上用切割刀一分为二，当然这些操作都是在显微镜下进行的。

显微操作具有一定的技术难度，操作者必须首先掌握有关卵子或胚胎的基本操作技术，在此基础上再尝试分割为妥。分割后的半胚放回二氧化碳培养箱内培养 1 ～ 2h，根据形态恢复情况决定移植与否。分割胚的移植方法和全胚相同，但是两个半胚一般移入同一受体的子宫两侧，受胎率 50% 左右，和全胚相比没有明显下降。

四、国内外体外受精与胚胎移植技术开发应用现状

（一）体外受精技术开发应用现状

小型动物的体外受精主要应用于科学研究方面，目前该技术已经成为一项常规技术在很多实验室中得到广泛应用，这里就不展开阐述了。家畜的体外受精是国际生命科学及畜牧业研究的热点，各种家畜的体外受精技术相继成熟并在生产中得以广泛推广。家畜体外受精技术流程中（包括卵母细胞体外成熟培养、体外受精、受精胚胎的发育培养、胚胎冷冻保存及胚胎移植）所用的培养液都已经成品化和商品化。最初的体外受精主要使用从屠宰场回收的卵巢，然后用来源明确的生产性状良好的精液进行体外受精，待胚胎发育到囊胚阶段进行冷冻保存，然后再将胚胎进行国内或国际运输。利用该方法，内蒙古大学在澳大利亚墨尔本大学及中国农业大学在新西兰分别设立了研究室，利用当地屠宰场大量的优良牛卵巢和体外受精技术开始生产肉牛与奶牛胚胎，并在国内进行了移植，获得了大量安格斯、海福特肉牛和黑白花奶牛，取得了良好的经济效益和社会效益。由于从屠宰场回收的卵巢无法追溯谱系，通常谱系来源也比较差，所以，家畜体外受精胚胎的生产后来通常采用通过内窥镜辅助的 OPU 技术回收的体内卵母细胞，这样生产的体外受精胚胎才是父系和母系来源都清楚的优质胚胎。猪由于其多胎特性，再加上其精液及胚胎冷冻难度大，尤其是胚胎不经过特殊的去脂处理无法成功进行冷冻保存，因此，猪的体外受精技术一直没有在生产中得以应用，而只是作为一种实验手段应用于相应的研究中。

与上述大型动物体外受精技术相比，人类的体外受精技术可以说发展及应用几乎都做到了尽善尽美，在国际范围内，体外受精技术已经广泛应用于不孕不育症治疗，下面以美国、日本及中国为例，介绍体外受精技术早期及目前在临床上治疗不孕不育症的实施现状。

美国：自 1978 年世界首例试管婴儿在英国诞生以来，以体外受精关联技术为主的人类辅助生殖技术（assisted reproductive technology，ART）得到了快速推广和普及。以此为背景，在 1986 年设立了美国辅助生殖协会，制定有关治疗规程、统计治疗实施情况，并定期召集各方面的人员探讨、解决在治疗过程中发现的各种问题。1985 年在美国实施 IVF-ET 的医院和诊所有 30 处、1986 年为 41 处、1987 年增加到 96 处，1992 年的实施机构合计为 249 处，现在估计在 1000 处以上，可见这项技术的应用速度之快，同时也反映出患者之多和对于这项技术的需求。从统计资料来看，1986 年的治疗周期数为 4867 次，1992 年为 37 955 次，实施机构的治疗周期数平均为 152.4 次。就 1992 年的治疗情况来看，IVF-ET 为 29 404 次，占总治疗周期（37 955）的 77.5%，其次配子输卵管内移植（gamete intrafallopian transfer，GIFT）占 15.2%，合子输卵管内移植（zygote intra-fallopian transfer，ZIFT）占 5.3%。从 IVF-ET 成绩来看，在接受治疗登记的 29 404 例病例中，相当于 85% 的 24 996 例进行了采卵处理，其中实施 ET 的为 21 870 例（占采卵

病例的 87.5%）。胚胎移植后的受孕率为 24.1%，其中正常分娩的为 4206 例，流产率为 20%，并且有 272 例宫外孕，占受胎人数的 4.9%。另外，在部分医院进行的胚胎冷冻保存和移植尝试与新鲜胚胎移植相比，冷冻胚的受胎率和胎儿出生率均有明显下降，有待于做进一步的探讨和方法改进。

日本：从 20 世纪 80 年代开始在部分医院开始实施以体外受精为主的不孕不育症治疗，以后随着治疗技术的改进和效果的提高，登记机构逐年增加，到 1992 年为 237 处，其中 174 处实际上实施了治疗手术。从总体 ART 的治疗比例分类来看，IVF-ET 的治疗病例超过半数，并且逐年增加，1992 年实施 IVF 的采卵周期数为 15 515，而 GIFT 和 ZIFT 的实施例数呈明显减少趋势。随着年度推移，采卵成功率和卵子回收数目，以及 IVF-ET 的受胎率有明显的增加，说明该项技术的条件改善和技术人员的技术水平在实践中得到了提高。

中国：1988 年 3 月 10 日中国首例试管婴儿"萌珠"在北京大学第三医院降生，这也意味着试管婴儿技术正式进入中国市场。随后的 30 年，我国的辅助生殖技术进入快速发展期。2007～2012 年全国年均增加 50 个辅助生殖中心，2013～2016 年全国年均增加 20 个辅助生殖中心，由省级卫健委批准的辅助生殖中心占比已经接近 70%。根据各省卫健委的规划，新开设的辅助生殖中心除了在个别中心城市较为集中之外，主要是在原先没有辅助生殖中心的省市开设。截至 2017 年，我国共有 451 个辅助生殖中心和 23 家人类精子库，其中，获得试管婴儿执照的医院为 327 家，还有 28% 的生殖中心达不到试管婴儿技术要求。2021 年全国共有公立生殖中心 409 家、占比约 90.7%，民营生殖中心数量仅 45 家。当前我国人类辅助生殖技术机构主要分布在华东地区，共有 141 家，占据 31% 左右的份额，其次为华南、华中及华北地区，分别有 83 家、74 家、72 家。可见，当前我国人类辅助生殖行业的竞争状况与地区经济发展水平息息相关。2017 年全国各生殖中心完成约 123 万个周期数的辅助生殖治疗。从年完成的试管婴儿周期数来看，全国排名前 10 的生殖中心有 9 家为公立医院，其中，中信湘雅生殖与遗传专科医院以 40 821 例 IVF 周期数位于榜首，其 IVF 妊娠率稳定在 60% 以上。

根据中国人口协会、国家卫生计生委发布的数据显示，中国育龄夫妇的不孕不育率从 20 年前的 2.5%～3% 攀升到近年的 12%～15%，患者人数超过 5000 万，5000 万患者中女性占 50%、男性占 40%，夫妇双方共同原因占 10%。在环境污染、生育年龄推迟、生活压力等因素的影响下，不孕不育夫妇人数还在不断增加。造成不孕不育的原因包括排卵原因（25%～30%）、盆腔原因（30%～40%）、男性原因（25%～30%）（包括遗传性疾病、内分泌功能障碍、生殖器官感染、性功能障碍等）、免疫原因（10%～20%）、生殖道或器官发育异常原因（0.1%）和不明原因导致的不孕（10%～20%）。5000 万的不孕不育患者中约 30% 的患者需要用到辅助生殖技术进行治疗，而最新数据显示，我国辅助生殖就诊率仅为 4.7%，远远低于发达国家 60% 的平均就诊率水平。随着我国生殖中心覆盖面的逐渐增加及人们意识观念的逐渐改变等，我国人类辅助生殖技术必将迎来另一个快速发展期。

（二）家畜胚胎移植技术开发应用现状

我国的家畜胚胎移植研究开始于 20 世纪 70 年代。当时由中国科学院发育生物研究所牵头,在部分省(自治区)的畜牧机关配合下进行了一系列的研究实验。20世纪70年代初,北美几个畜牧业发达国家,如加拿大、美国等已经开始以牛为主的家畜胚胎移植技术的实用化推广。但是当时中国整体的工、农业生产活动不能正常运作,在这种社会环境下,包括胚胎移植这样的新技术研究开发也只能是断断续续。但是应该肯定,科学工作者在这一时期还是克服了种种困难做了不少工作,对我国家畜胚胎移植技术的发展功不可没。

我国牛胚胎移植的最早案例是1979年由中国科学院遗传研究所和上海市牛奶公司第七牧场共同实施的,实际上同年内蒙古大学生物系的研究人员也完成了黄牛的胚胎移植,并得到了产犊结果。绵羊的胚胎移植是在1973年取得成功的,据本书著者调查,这可能是中国家畜胚胎移植的最早成功案例。从总体上看,到20世纪70年代末期,中国的家畜胚胎移植研究和生产实验只在少数研究单位断断续续地进行,并且规模很小,没有进入生产应用阶段。

进入20世纪80年代,随着我国经济体制改革和对外开放,与国外科研机构的研究合作、交流也越来越多,胚胎移植作为一项实用化农牧业技术也得到了迅速发展。1986年国家制定了863计划,其中也包括以牛为主的家畜胚胎移植技术推广应用的相关内容,并着手建立了多处实验设施和生产实验基地。内蒙古大学和内蒙古家畜改良工作站分别承担了863计划中的牛胚胎移植研究与应用的课题,经过将近10年的努力,在牛、羊胚胎移植方面取得了很好的结果,并开始应用于商业生产领域。此外,中国农业科学院畜牧研究所、新疆农业科学院、江苏农业科学院、西北农业大学等研究单位也在不同地区、不同品种的家畜胚胎移植中取得了很多有价值的研究成果和生产实践经验,为我国家畜胚胎移植技术的完善和应用推广打下了良好基础。

我国现有的肉牛品种和肉质品质均缺乏市场竞争力,特别是在国际市场。另外大部分地区的奶牛品质也比较低,因此利用胚胎移植技术进行家畜品种引进和品质改良是我国发展畜牧业、适应市场需要的第一步。在胚胎移植技术发展之初,国际上优质牛胚胎的流通价格为每枚200～400美元,从成本角度和我国消费水平来看,这个价格的牛胚胎在我国大量推广尚有很大困难。根据这种情况,立足于自己生产胚胎恐怕是加速我国胚胎移植技术生产应用和品种改良的关键环节,正是基于这方面的考虑,内蒙古大学和中国农业大学分别在澳大利亚和新西兰设立了研究室,利用当地屠宰场大量的优良牛卵巢生产体外受精的胚胎,由此生产的牛胚胎价格低廉,易于被生产者所接受,已经成为当时解决我国优质商业牛胚胎来源不足的有效途径。然而,随着我国经济水平的不断发展及人们对肉类品质要求的不断提高,家畜卵巢来源明确的体外受精胚胎和体内胚胎已经逐步取代从屠宰场回收的卵巢所生产的体外受精胚胎,用于胚胎移植。胚胎移植作为一项实用化技术,它的推广应用需要大量的技术人员、社会各环节的配套和法律保证,这些方面也已经得以逐步完善。

2021年,赛科星公司启动"万枚肉牛胚胎生产与移植工程",目的是结合肉牛犊牛全基因组检测技术,对于奶牛群体进行快速遗传改良,到2025年使该公司季度产奶量从110t提升到130t。具体做法是把全基因组选择的前15%～20%的犊牛用于高产性控胚胎生产,以羊胚胎移植为主的模式对全基因组检测最低的20%～30%母犊牛实施胚胎移植繁育后代,处于中等水平的50%～60%母犊牛仍然通过性控冻精AI繁育后代。通过一年的实施情况来看，初步建立了 OPU-IVF、超数排卵 -AI 两种模式的肉牛性控胚胎生产技术流程，累计生产奶牛性控胚胎 9500 枚，移植鲜胚 4200 枚，单次胚胎生产效率为 4.2 枚，胚胎移植受胚率达到 45% ～ 60%，展示了明显的产业应用前景。赛科星公司目前正在呼和浩特市清水河建立"国家级奶牛、肉牛核心育种场与胚胎工程中心"，预计 2022 年度投入使用后，将配合"国家乳液技术创新中心"项目建设，建成年度培育奶牛、肉牛种牛 300 ～ 500 头及年度 5 万枚胚胎的国际标准育种平台，对于推动我国奶牛种业自主自强，提升产业供种能力、核心关键技术竞争力及抗国际贸易风险有重要的产业价值与现实意义。

第三节　动物克隆

　　简单地理解克隆动物（cloned animal）就是一种动物个体的复制品。这个动物复制品不经过精卵结合的生殖过程产生，但在遗传上和原来的个体完全相同。其实"克隆"现象在植物中的例子很多，像我们常见的树木"扦插"，球茎、块根类植物品种的生产等。这些植物品种可通过正常方式繁殖，同时也可通过"克隆"来产生。但是对于动物来说，特别是高等哺乳动物在自然情况下是不发生"克隆"现象的，这也是成功地进行动物克隆的惊人之处，也是多年来科研工作者苦苦探索、追求的梦想。

　　1997 年春天，在位于英国北部苏格兰境内的罗斯林研究所（Roslin Institute）诞生了一头不同寻常的绵羊，它就是名为"多利"（Dolly）的雌性体细胞克隆绵羊。多利有三个母亲，一个是提供遗传物质的供体（雌性乳腺细胞），另一个是接受这个乳腺细胞遗传物质的卵母细胞质（卵子本身的细胞核被人为事先除去）的供体，再一个就是提供子宫环境使重构胚胎发育的母羊。那么克隆羊多利诞生的意义究竟在哪里呢？它与以往的研究有什么不同之处呢？为了回答这些问题，下面我们就从克隆技术研究的历史谈起。

一、动物克隆的研究历史及生物学意义

（一）研究历史

　　在其他章节中我们详细介绍了动物生殖的机制，在正常情况下动物个体生产必须经过精子和卵子相结合的受精过程。精子和卵子所携带的遗传信息量各为体细胞的一半，比如说人体细胞的染色体数为 46 条，其中 44 条为常染色体，另外两条为称作 X 和 Y 的性染色体。卵子所含的染色体数为 23 条，22 条常染色体加一条 X 性染色体；精子所含染色体数也为 23 条，也是 22 条常染色体，只是性染色体为 X 或 Y。含有 X 染色体的精子为 X 精子，X 精子与卵子结合后形成雌性胚胎（XX），Y 精子与卵子结合后形成雄性胚胎（XY）。胚胎经过一定过程（20 ～ 24h）分裂为两个细胞，继而重复分裂过程，细胞数增加到 4 个、8 个、16 个……大部分哺乳动物胚胎的细胞数增加到 150 ～ 200 个时形成所谓的囊胚，这时的胚细胞首次分化，外围细胞称为滋养层，将来胚胎着床后发育为胎盘，内部紧缩的一团细胞叫作内细胞群，这是真正发育为个体的胚细胞部分，并随着胚胎着床进一步发育分化为个体的各种组织、器官。雌性和雄性两种胚胎进一步在子宫内发育后分别形成雌性和雄性动物个体。

　　在哺乳动物中把分裂为 2 细胞时期的胚细胞分离后进一步培养，可以得到一卵双生的胎儿，但是分离的 4~8 细胞时期的单一胚细胞经过培养却很难形成正常个体。这种结果被认为是在 4~8 细胞时期的单一胚细胞形成的囊胚细胞数太少，不能构成完整的内细胞群，发育不成正常的个体。哺乳动物早期生殖细胞或单一胚细胞这种可以分化为各种组织、器官并进一步发育成动物个体的能力称作细胞全能性。胚细胞分化研究的早期结果进一步证明，哺乳动物 16 细胞时期的单一胚细胞仍然具有细胞全能性，这一点在小鼠、家兔和牛等品种的研究中都有报道。但是随着对哺乳动物生殖生理研究的不断深化和显微操作技术的不断完善，又逐渐证实了 16 细胞以上，直至囊胚阶段的单一胚细胞仍具有形成正常个体的能力。这就使科研工作者不得不考虑一个长期以来似乎已成定论的问题，即细胞全能性在哺乳动物个体发育中究竟保持到什么阶段？已经完全分化的个体细胞是否可以恢复细胞全能性重新产生新个体？如果可以，需要借助于什么手段和技术才能使体细胞重新产生新个体？

　　细胞的核移植技术是指把一个细胞核移入另一个已经去掉自身核物质的卵细胞质内，这是进行动物克隆研究的关键技术之一，其操作流程如图 6-19 所示。1952 年，布尔格（Briggs）和金（King）两位博士把青蛙的一个胚细胞移入去掉雌、雄原核的受精卵内，首次在脊椎动物上取得了核移植的成功。1981 年伊尔孟森（Illmensee）和奥佩（Hoppe）博士利用小鼠卵子又进行了哺乳动物的核移植实验。进入 20 世纪 80 年代，生殖细胞的体外培养技术有了长足进展，多种实验动物、家畜乃至人类的体外受精逐渐获得成功，这为核移植研究提供了大量的实验材料。实际上，截止到 1997 年克隆绵羊多利诞生以前，应用不同发育阶段的胚细胞生产的"克隆动物"已经很多，并且在此基础上积累了大量有用的科研成果，这无疑是以后进行各种动物体细胞克隆研究的坚实基础。严格地说利用未分化的胚细胞获得的个体不能算是完整意义上的克隆动物，因为这时的胚胎不是一个具有各种器官特征的个体。另外，由于胚胎细胞数量有限，也不能获得大量的乃至无限数量的克隆动物，因此本书著者认为由胚胎细胞通过核移植获得的动物叫作"一卵多胎"动物更合适（但从技术角度来看，核移植这一基本操作是相同的），而只有像克隆羊多利这样通过体细胞核移植培育的动物个体才能称为克隆动物。继多利出生之后不久，利用体细胞克隆的哺乳动物小鼠、牛、山羊、猪、兔、猫、大鼠、骡、犬、马、雪貂、狼、骆驼、梅花鹿、马鹿、猴等相继培育成功，具体资料参照表 6-17。体细胞克隆牛的研究主要应用于高产优质奶牛和肉牛的快速扩大繁殖方面，在这方面开创先河的是日本人，他们首先在和牛的体细胞克隆方面做了大量工作，比较了取自不同性质组织细胞的克隆结果，据统计总共受胎 40 头左右，大部分得以产犊（包括部分产后死亡），这个结果可能在大动物中从克隆的数量上看当时算是最多了。经过 20 年的发展，体细胞克隆牛技术已经在牛的育种和优良品种的扩繁中发挥了重要作用。与体细胞克隆牛技术一样，体细胞克隆羊技术在过去 20 年也得到了极大发展并已经应用于育种和优良品种的扩大繁殖。与牛羊的体细胞克隆不同，猪由于是多胎动物，而且妊娠周期较短（平均 3 个月 3 个星期零 3 天，总计 114d），目前很少将体细胞克隆技术用于猪的生产和扩繁。由于猪的器官大小、解剖特征、代谢生理和基因组大小等都与人更为接近，克隆猪技术目前主要与体细胞遗传修饰技术相结合，用于培育转基因克隆猪，在异种移植、人类疾病动物模型、新一代生物材料，以及在猪体内再生人源化器官等方面发挥作用（这部分内容在本章"第四节动物基因编辑技术"中有详细介绍）。

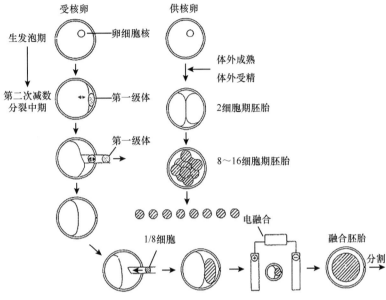

图 6-19 克隆技术操作流程模式图（李喜和，2019）

表 6-17 哺乳动物体细胞克隆技术研究成果

物种	年份	供体细胞	产仔情况	研究者
绵羊	1997	乳腺细胞	1	Wilmut 等
小鼠	1998	卵丘细胞	31	Wakayama 等
牛	1998	胚胎成纤维细胞	8	Kato 等
山羊	2000	皮肤成纤维细胞	1	郭继彤等
猪	2000	4 细胞胚胎	5	Polejaeva 等
马	2003	成体成纤维细胞	1	Galli 等
骡子	2003	胎儿成纤维细胞	1	Woods 等
犬	2005	皮肤成纤维细胞	2	Woo-Suk Hwang
鹿	2003	皮肤成纤维细胞	1	霍欣等
兔	2002	颗粒细胞	—	Chesne 等
狼	2005	成体耳成纤维细胞	1	Min、Kyu、Kim 等
猫	2003	成体成纤维细胞	2	Shin 等
大鼠	2003	胎儿成纤维细胞	1	Qi、Zhou 等
水牛	2004	皮肤成纤维细胞	1	石德顺
白肢野牛	2000	成纤维细胞	1	Lanza 等
欧洲盘羊	2001	颗粒细胞	0（5）	Loi 等
白臀野牛	2003	成纤维细胞	1	Sansinena
猴	2017	成纤维体细胞	2	Liu 等
鹿	2009	成纤维体细胞	3	孙伟、李喜和等
奶牛种公牛	2011	成纤维体细胞	8	孙伟、李喜和等
奶山羊	2019	成纤维体细胞	2	李喜和、赵高平等

注：—表示未报道；
资料来源：李喜和 . 2019. 家畜性别控制技术

在目前所得到的克隆动物中，和人类亲缘关系最近的是猴，最早的克隆猴实验由美国科学家使用仍处于早期发育阶段的未分化的胚细胞作为细胞核供体完成，虽然胚胎细胞克隆技术难度不大，但由于猴和人类的亲缘关系较近，同样引起了社会舆论的关注。体细胞克隆从技术层面来看在物种之间差别较大，虽然很多物种的体细胞克隆已经成功，但体细胞克隆猴由于技术难度大一直没有获得突破性进展。直到中国科学院上海生命科学研究院神经科学研究所孙强领导的团队通过向一细胞阶段的克隆胚胎细胞质内注射组蛋白 H3K9me3 的去甲基酶 Kdm4d 的 mRNA，以及在克隆胚胎培养液内添加组蛋白去乙酰化酶抑制剂曲古抑菌素 A（trichostatin A，TSA）等方法，修正体细胞克隆胚胎早期通常出现的基因组错误的广泛甲基化现象，同时提高胚胎基因组的乙酰化水平，即通过改变克隆胚胎的表观遗传特性获得了体细胞克隆猴的成功。2018 年 1 月 25 日，体细胞克隆猴"中中"和"华华"登上学术期刊《细胞》封面（图 6-20）。几乎与此同时，该团队将体细胞克隆猴技术应用于已经通过原核注射获得的敲除了生物节律调控核心基因 *BMAL1* 的恒河猴的快速扩大繁殖，获得了 5 只抑郁症猴子模型（Liu et al.，2019；Qiu et al.，2019）。在体细胞克隆猴技术成功之前，在猴上实现基因过表达或基因敲除均通过卵母细胞或一细胞胚胎注射来实现，该方法一方面存在效率偏低、出生动物基因型和表型不确定等缺点；另一方面还常获得单等位基因敲除的"马赛克效应"，需要通过 F1 代单等位基因敲除动物杂交才能获得基因纯合敲除的动物，因此基因纯合敲除动物模型的获得及扩繁周期较长。体细胞克隆猴技术的突破使这些问题迎刃而解，体细胞遗传修饰结合体细胞核移植技术可以一步获得单基因、两基因乃至三基因同时双等位基因敲除的动物。

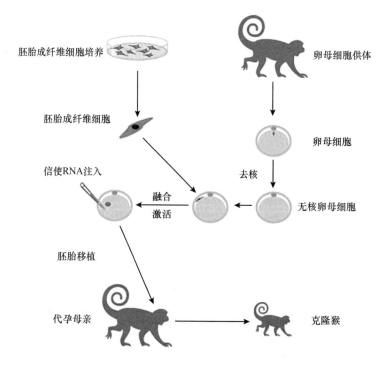

中中　　　　　　　　　　　　华华

（a）　　　　　　　　　　　　（b）

图6-20　体细胞克隆猴"中中"和"华华"（Liu et al.，2018）

综上所述，随着基因编辑技术的飞速发展，锌指核酶（ZFN）、转录激活因子样效应物核酸酶（TALEN）乃至成簇的规律间隔性短回文重复序列（CRISPR/Cas9）技术的相继出现，对体细胞进行遗传修饰结合体细胞核移植技术已经成为目前培育转基因克隆动物的主要手段，各种基因修饰的转基因动物已经如雨后春笋般被培育出来。由此可见，体细胞核移植技术不仅已经作为一种常规的动物培育方法，而且还在优质高产家畜的快速繁殖生产和品种保存中发挥重要的作用，同时作为转基因克隆动物培育方法，在大型动物、疾病动物模型等医学研究中发挥着极其重要的作用。我国在近几年分别在转基因克隆猪、体细胞克隆猴，以及体细胞克隆犬方面取得突破性进展，无疑已经在动物克隆领域跻身国际领先地位。

（二）动物克隆研究的生物学意义

体细胞克隆的基本技术是细胞核移植，其实这项技术产生的最初目的是探讨细胞中的细胞核（nucleus）和细胞质（cytoplasm）的相互关系。例如，实验动物小鼠有多个品系，各个品系都有其自身的各种表型特点，利用核移植技术可以进行不同品系细胞间的核转换，观察细胞核内和细胞质内的遗传信息在个体发育中的作用。在其他章节中我们也已介绍过哺乳动物的受精过程，当精子进入卵子内后不久在卵细胞质内形成所谓的雄性原核，卵子也相继在完成第二次成熟分裂后形成雌性原核。如果把一个白色小鼠的原核去掉，通过核移植法置入一个黑色小鼠的原核，这时就可以观察黑色小鼠细胞核在胚胎发育过程中的作用了。这是同一发育阶段、不同品系间的细胞核置换，另外可以在不同发育阶段的细胞核之间设计类似的实验来探讨细胞分化的有关问题。例如，把一个未受精卵本身的细胞核移出去，移入一个2细胞、4细胞或8细胞时期的胚细胞核，或者是已经分化的细胞的单一细胞核，通过这样的实验设计可以探讨细胞内遗传信息在卵细胞质内的重新程序化，以及它向个体发育的能力，这是克隆动物制作研究中最常见的核移植方式。

核移植后形成的"重组胚胎"有没有发育能力，其关键问题是移入的细胞核能否在卵细胞质内经过重新程序化后恢复其全能性，启动类似正常受精时的细胞分裂等一系列发育程序。供体细胞核在卵细胞质内恢复全能性的这一过程称作重新程序化（reprogramming）。卵子在受精后从2细胞、4细胞、8细胞……逐渐向个体发育，其实在这个过程中胚胎不仅是细胞数和形态发生变化，而且在不同发育阶段细胞内合成了多种多样的蛋白样生理活性物质，这些蛋白质是在受精后启动的母性和父性遗传基因共同调控下合成的，并不只依赖于母性一方。可以这样想象，受精的发生就像推倒了多米诺骨牌的第一张，由此引发了一系列的细胞分裂、分化，分化的不同阶段合成不同的、特定的蛋白质，细胞的重新程序化就像是把推倒了的多米诺骨牌重新再摆一次那样。最初，人们用早期胚胎卵裂球作为供体细胞，进行细胞核移植，也即探讨胚胎卵裂球的细胞核重新程序化，在小鼠、牛、羊、猪等动物上均获得成功。克隆绵羊多利诞生的划时代生物学意义在于它证明了体细胞或者说体细胞内的遗传信息的分化是可逆的，这种已经分化的细胞经过重新程序化后可以恢复到受精时的生命起始状态，并可形成与原来遗传组成上完全相同的克隆个体。实际上在多利诞生的前一年，同样是罗斯林研究所的坎贝尔（Campbell）博士成功地利用培养的羊胚胎干细胞（embryonic stem cell，ESC）经过核移植后产出了正常个体，这个结果发表在《自然》（Nature）杂志上后对行业内研究人员的震动在某种意义上说要大于多利的诞生。因为 Campbell 博士使用了体外培养的细胞，这就意味着这样的细胞可以在体外条件下大量制作，甚至保存后用于核移植，也可以说从这时起体细胞克隆动物的诞生只是一个时间早晚的问题了。

Campbell 博士的克隆实验使用的胚胎干细胞来自发生分化后的囊胚内细胞群细胞，他的实验结果说明了通过培养处理后的胚胎干细胞仍具有恢复细胞全能性的潜能。因为内细胞群细胞还只是个体组织器官分化的雏形，经过核移植后产生个体，这一点似乎容易理解。但是乳腺细胞已经是完全分化后的体细胞，用它产生出一个完整的动物个体使人难以置信，但事实确实如此。那么威尔穆特（Wilmut）博士的实验中是怎样对乳腺细胞进行处理的呢？这是克隆技术中关键之关键所在。在细胞分化的早期研究中，研究人员主要把精力集中在细胞核的作用上，如受精前后卵细胞核产生特异性 Lamin 蛋白质的变化等。但是在逐渐的深化研究中发现，细胞的重新程序化和全能性恢复与卵细胞质存在着密切联系，是卵母细胞的细胞质使所移入的细胞核发生重新程序化。克隆技术的另一个技术问题是选择什么样的供体细胞，在细胞周期的什么阶段来进行核移植，这也是克隆技术的关键之一。我们知道，细胞分裂是个体生命活动中的一个基本现象，早期胚胎的细胞分裂基本同步，但是随着细胞分化和胚胎的进一步发育，一部分细胞停止分裂，一部分细胞继续分裂。细胞分裂是细胞一分为二的过程，首先细胞核内的 DNA 量倍增，然后细胞质均等裂为两份，这个过程称为细胞周期（cell cycle）。一个细胞周期包括 DNA 合成期（DNA synthesis）、间期 II（gap2，G_2）、分裂中期（metaphase，M）和间期 I（gap1，G_1）。在个体组织中，有的细胞处于上述细胞分裂的周期性变化状态，而有的组织细胞并不进行分裂，像神经细胞、脑细胞、卵巢中的卵母细胞等，分别在个体发育的不同阶段停止增殖，这类细胞即使由于事故或疾病失去后也不能再生。皮肤细胞在年轻时增殖旺盛，随着个体年龄增加分裂速度逐渐变慢，最终停止。肝细胞、淋巴细胞在正常情况下也不进行增殖分裂，但是手术等原因，如切除一部分肝后，可以诱发肝细胞的分裂和肝组织的再生。那么这里就提出一个问题，类似肝细胞这一类细胞在进入细胞分裂周期前究竟处于一种什么状态？有人称作细胞分裂的"休眠"状态，这个状态介于 M 期和 G_1 期之间，因此叫它 G_0 期。早期的研究表明，只有采用 G_0 期的细胞作为供体细胞核才能在移入卵细胞质后，经过 S 期合成 DNA 从而分裂成为含有正常 DNA 量的子代细胞。克隆多利实验使用的是乳腺细胞，这是一类细胞分裂非常旺盛的组织细胞。Wilmut 博士等在这里把采集的乳腺细胞在体外条件下经过低血清"饥饿培养"（血清为细胞分裂生长的营养），把千百万个乳腺细胞的分裂周期统一到 G_0 期然后用于核移植，诞生了克隆羊多利。克隆胚胎的发育率和产羔率与同等条件的体外受精胚胎相比要低得多，说明虽然体细胞克隆动物可以成功，但是如果从实用化角度来看尚需进一步的基础研究和技术改善。继克隆羊多利诞生之后，其他哺乳动物的体细胞克隆相继获得成功，大量研究表明，供体细胞的饥饿培养并非成功克隆所必须，常规的细胞培养也一样可以获得体细胞克隆动物，当供体细胞在核移植操作之前在培养皿内的汇合度超过 80% 时克隆胚胎的发育率和受胎率均有较为显著的提高，说明，细胞通过接触抑制后停留在 G_0 期可能是克隆效率高的原因。

核移植胚胎的成功主要取决于细胞核成功实现重新程序化，这一过程一方面取决于上面所提到的细胞核所处的细胞周期，另一方面则取决于受体卵母细胞的细胞质。高质量的成熟的卵母细胞细胞质才能使移入的外源细胞核正确地重新程序化。我国的高绍荣团队从分析卵母细胞的转录组及蛋白质组入手，以期探明卵母细胞质中诱发细胞核重新程序化的成分及原理。同时，高绍荣团队还对克隆胚细胞核重新程序化过程中的组蛋白甲基化和乙酰化修饰等表观遗传学（epigenetics）事件进行深入和开创性的研究，揭示了表观遗传修饰的主要位点 H3K27me3、H3K4me3 和 H3K9me3，进一步证实了克隆胚胎发育率低下的主要原因是供体细胞核重新程序化中的基因组出现广泛的高甲基化等错误的表观遗传学事件。在正常的受精过程中，精子入卵实现对卵母细胞的激活，活化的卵母细胞质才能对特化的精子头部（精子细胞核）进行重新程序化。而细胞核移植形成的重构胚缺少精子穿透卵子这一过程，需要人工辅助对卵母细胞进行物理或化学激活，才能使细胞质对供体细胞核进行正确的重新程序化。针对核移植胚胎这些异常的表观遗传学事件，有研究在卵母细胞成熟培养液及克隆胚胎发育培养过程中添加一些干预胚胎表观遗传学事件的化学物质，如 TSA，一定程度上修正表观遗传方面的错误，有效提高了克隆胚胎的发育率及移植受胎率。这些研究发现促进了体细胞核移植效率的提升并使一些最初难以克隆的物种（如猴子）成功实现了体细胞克隆。尽管如此，最新数据表明体细胞核移植的效率仍然不高，仅为 3% 左右（也就是 100 个核移植重构胚中，平均只有 3 个能最终发育成个体），很难突破 5%，还需要进一步深入研究。

二、实验动物与家畜克隆技术流程

动物克隆技术也就是利用动物的体细胞（或胚胎干细胞）再造一个遗传性与供体完全相同的动物个体的过程，主要包括供体细胞的培养及遗传修饰、卵母细胞的成熟培养、细胞核移植、重构胚胎的体外发育培养和胚胎移入母体子宫 5 个环节。不论是胚细胞、胚胎干细胞还是体细胞的克隆，核移植的技术操作原理基本相同，只是细胞核的供体细胞处理上有所区别。在本节中我们以胚细胞为主介绍核移植的具体操作过程，并就胚胎干细胞和体细胞克隆时的供体细胞培养方法做以说明。有一点需要说明，克隆技术的发展很快，不同的研究机构在操作细节上并不一定完全相同，读者如有兴趣可以进一步参考有关文献资料。

（一）供体细胞和受体卵子的准备

在进行核移植时，首先决定使用什么样的细胞作为克隆对象，即细胞核供体。其次就是要准备接受这个细胞核的成熟卵子，也称为受体卵母细胞。胚胎细胞核移植一般使用 2 ～ 8 细胞期的卵裂球。囊胚内细胞群细胞也可作为供体，但是由于相对来说融合率低下，一般情况下不怎么使用（这里仅从核移植的技术示范角度来考虑）。小型实验动物的受体卵母细胞通常采自超数排卵处理的雌性个体，大家畜一般从屠宰场回收卵巢，采集卵母细胞，并经过成熟培养后使用，具体方法见体外受精部分。

（二）受体卵子的除核

核移植要把一个外来细胞核移入卵细胞质内，因此事先必须去掉卵子原有细胞核。卵细胞除核是在显微操作系统下进行的，首先把经体外成熟培养后的卵丘卵母细胞复合体放入含有透明质酸酶的 PBS 液（或者其他 pH 缓冲液）内，用玻璃毛细管反复冲吸，除去包围在卵子周围的卵丘细胞，或使用涡旋振荡器震动 3min 以去掉卵丘细胞。然后选出释放出第一极体的所谓成熟卵子用于实验受体（或称 M Ⅱ 卵子，与体外受精时成熟要求相同）。

卵细胞核去除的几种方法基本操作是利用玻璃毛细管穿过透明带到卵周隙内，连同少量的细胞质和细胞核及极体一起吸出，然后把毛细管抽出，这样就去除了卵子的细胞核。小鼠的卵细胞质呈半透明状态，因此除核时容易判断细胞核的位置，但是像牛、猪等家畜卵细胞质内往往有许多暗色的脂肪颗粒，很难直接在显微镜下看到细胞核的位置，这样就给除核操作带来一定的困难。由于处于第二次减数分裂中期（M Ⅱ）的卵子，其染色体往往位于靠近第一极体的细胞质浅层，所以在实际除核操作时，只要用毛细玻璃管吸取位于极体附近的一小团细胞质，基本上可以达到除核目的。另外，在除核结束后，可以用荧光色素 Hoechst33342 对吸出的细胞质进行染色，以此来确认除核操作的成功与否。

最近几年，piezo 显微操作系统的有效性在显微受精、核移植和动物转基因研究中被证实。piezo 显微操作系统的特点是可产生微小的振动性推进，在驱动玻璃显微管穿入卵子时就像一个钻子，可直接进行卵母细胞核的去除操作，同时对卵子造成的机械损伤较小。piezo 显微操作系统通常用于啮齿类动物卵子的操作，而大动物的克隆通常采用常规的操作系统，无须 piezo 显微操作系统的辅助。另外，我们知道，细胞形状是靠细胞内纵横交错的微管系统维持的，在去除卵细胞核的操作中无疑在一定程度上要破坏这种微管系统引起卵细胞死亡，因此在进行操作时一般要用一种使细胞变得柔软松弛的化学物质——细胞松弛素 B（cytochalasin B）处理 20 ～ 30min，或者直接在含有低浓度（5μg/ml）细胞松弛素的液体中直接操作，操作结束后通过对卵子进行清洗去除细胞松弛素 B。

（三）细胞核移植

在使用早期胚胎细胞进行核移植时，可以用显微毛细管直接插入供胚透明带内吸出一个卵裂球，或者使用链霉蛋白酶除掉胚胎透明带，再用添加了乙二胺四乙酸（EDTA）的无钙培养液分散卵裂球后使用。供体细胞和受体去核卵子准备好后移入用操作液（PBS、EBBS 等）制作的微小液滴内（10～20μl/微小滴），用左端的玻璃管固定卵子（holding pipette，holder，外径略小于卵子），然后用右端的玻璃微管（glass microtubule，内径15～20μm）吸取一个卵裂球注入卵子的卵周隙（perivitelline space）内，这就是所谓的核移植过程。上述操作中，只是把一个卵裂球移入到另一个去掉核的卵子的卵周隙内，两者并未组合成一个"重构胚胎"，因此下面还需要进一步做融合处理。核移植的另一种方法是把一个细胞或细胞核直接注射到卵细胞质内，这是模仿显微受精的处理，如圆形精子的显微受精。一般来说，供体细胞的体积较大时，如早期胚细胞的核移植采用卵周隙内移植，然后进行细胞融合处理；而像卵丘细胞、子宫和输卵管上皮这样较小的体细胞，则采用直接注射法效果较好。目前，在用胎儿成纤维细胞做供体细胞的大动物体细胞克隆实验中，通常采用卵周隙内注射再融合的方法。

1. 细胞融合及卵母细胞激活处理

为了使移入卵周隙内的供体细胞核和卵细胞质结合成一个"重构胚胎"，必须想办法使它们融为一体，这就是核移植后的细胞融合处理。细胞融合方法包括使用病毒融合（Sendai virus，HVJ）、化学融合（聚乙二醇，polyethylene glycol）和电融合（electric fusion），下面介绍常用的细胞电融合方法。用于电融合的融合液有添加 Ca、Mg 的蔗糖溶液（sucrose solution）和甘露醇溶液（mannitol solution）。把核移植后的卵子放入融合液中洗涤2～3次，平衡3～5min，然后移入特定的电极融合玻璃片上的两个电极之间（间隔1mm），注意将卵子与供体细胞的接触面与电极线平行，施以0.75～1.25kV/cm、20～50μs（μsec.）的直流脉冲，使直流电垂直穿过卵子与供体细胞的接触面，细胞膜穿孔后通过细胞膜脂质双分子层的流动使供体细胞和受体卵母细胞融为一体。处理结束后把重构胚胎放回发育培养液内，正常情况下1h后可以观察到细胞之间的融合发生。

卵母细胞在受到外界物理或化学刺激下其卵细胞质可以像受精后那样启动细胞分裂程序，称为卵母细胞的激活。核移植后的重构胚胎需要进行激活处理才能使卵细胞质活化，进而使供体细胞核重新程序化，从而启动克隆胚胎的发育。不同物种的卵母细胞的激活方法和难易程度差别较大，牛、羊等大家畜的克隆胚胎在电刺激融合后，还需要进行化学辅助激活处理才能完成重构胚的激活，形成克隆胚胎。化学激活处理多采用7%的乙醇、5～10μmol/L 的钙离子载体 A23187（calcium ionophore A23187）或离子霉素（ionomycin）、10μg/ml 放线酮（cycloheximide）、0.2 mmol/L 6-DMAP 等。而有的物种的卵母细胞容易被激活，如猪，在进行克隆胚细胞融合的同时，卵母细胞即被激活，也就是说单纯的直流电刺激就能完成猪卵母细胞的激活。大鼠的卵母细胞更容易在外界的刺激下活化，几乎所有的卵母细胞在离开输卵管后的60min 内全部自发激活，这种如此快但却不完整的自发激活现象在其他物种上是没有的，如何在卵母细胞发生自发激活之前完成细胞核移植是大鼠体细胞克隆成功的关键。周琪等针对这一问题，对大鼠的细胞核移植方法进行了调整，不再采用传统的先去除卵母细胞核，然后再注入供体细胞的方法，而是采用先注入供体细胞，在撤出注核针的时候同时吸出卵母细胞核的一步移植方法，尽管如此，仍有 40% 的卵母细胞因为自发激活而不能用于细胞核移植（Zhou et al.，2003）。后来，周琪等通过在卵子回收和保存液中加入可逆的蛋白酶体抑制剂 MG132 有效地抑制了卵母细胞的自发活化，培育了世界首例克隆兔。猪的克隆胚胎融合后辅以蛋白酶体抑制剂 MG132 处理也可以有效提高猪体细胞克隆效率，尤其表现在细胞克隆胚胎移植受胎率的极显著提高上（Whitworth et al.，2009）。

2. 核移植胚胎的体外培养

核移植胚胎的体外培养与体外受精胚胎的体外培养方法基本相同。小鼠的核移植胚胎在体外条件下可以达到 50% 以上的囊胚发育率，牛、羊、猪的囊胚发育率相对较低，但也可以达到 20% ～ 30% 的水平。虽然猪的克隆胚胎囊胚发育率与牛、羊的较为接近，但是囊胚孵化率和囊胚细胞卵裂球数目等代表胚胎质量的指标却明显偏低，猪受精卵的第五天扩张囊胚的卵裂球数目仅在 30 ～ 40 个，远远低于相同发育阶段的牛第七天扩张囊胚的 80 ～ 150 个的卵裂球数目。虽然自猪胚胎体外培养研究开始以来经过了几十年的不懈努力，猪胚胎的体外培养系统已经得以完善和优化，但都没有取得突破性进展。2017 年，Yuan 等首次将胚胎干细胞培养中添加的生长因子 LIF、bFGF 及 IGF 添加到猪卵母细胞，有效地促进了卵母细胞的核成熟，并且用这些卵母细胞进行体外受精后囊胚率可提高 2 倍，将这些胚胎移植入受体母猪子宫后，窝仔数也比对照组增加 2 倍（Yuan et al.，2017）。由此可见，胚胎干细胞培养液中通常需要添加的对于干细胞干性维持的重要组分对附植前的胚胎发育也起着重要的作用。本书著者也探讨了生长因子 IGF、LIF 及 bFGF 对猪卵母细胞成熟率及胚胎发育率的影响，并且通过免疫荧光及荧光定量 PCR 等方法分析了生长因子的添加对猪胚胎早期发育中多能性标志基因表达的影响（图 6-21）（张曼玲等，2019），结果表明：成熟培养液中添加生长因子可显著提高卵母细胞成熟率，成熟培养液和发育培养液中均添加生长因子可显著提高猪胚胎的囊胚发育率及囊胚质量，并可极显著提高胚胎中多能性因子 OCT4、SOX2 的表达。多能性因子在囊胚中的表达水平也是衡量体外发育囊胚质量的重要指标，OCT4 和 SOX2 被认为是胚胎早期发育中的重要转录调节因子，在胚胎发育和细胞分化过程中起着重要的作用，其中 OCT4 关系着 ICM 细胞的命运，且维持着胚胎干细胞的多能性。OCT4 表达缺失使胚胎的发育全能性降低，且低水平表达 OCT4 的胚胎只能形成滋养层，无法形成具有全能性的内细胞团。研究表明，SOX2 常常与其他转录因子协同调节靶基因的表达，与 OCT4 相似，若早期胚胎中 SOX2 不表达会导致上胚层因发育受阻而死亡。由此可见，在卵母细胞成熟和胚胎体外发育培养系统中添加干细胞培养中常用的生长因子有效地改善了猪胚胎的发育率和胚胎质量。

3. 核移植胚的母体内移植

制作克隆动物的最后一个环节就是把发育到桑葚胚、囊胚阶段的胚胎移入母体子宫，让它正常成长直至出生。胚胎移植操作和体外受精胚胎移植操作基本相同，这里不再赘述。对于由核移植产生的克隆动物，在其出生后要详细记录各项指标，需要时可以做亲子鉴定或通过分子生物学手段分析（如为转基因或基因敲除克隆动物）来确定它与供体细胞核的关系（亲子 DNA 鉴定）及其基因型。

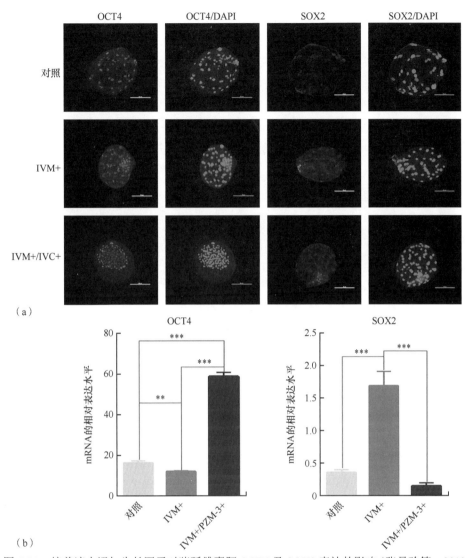

图 6-21　培养液中添加生长因子对猪孤雌囊胚 OCT4 及 SOX2 表达的影响（张曼玲等，2019）

三、动物克隆技术的研究与应用现状

（一）优良家畜的育种和快速繁殖

　　动物克隆技术在农业领域的应用主要包括家畜育种和优良家畜快速繁殖两方面的内容。以奶牛来说，由于个体差异产奶量相差很大，一般情况下每头奶牛年产奶量为8000～10 000kg，但是极个别奶牛的产奶量可达 20000～30000 kg，几乎是正常奶牛的2.5倍。我们称这样的奶牛为超级奶牛（super cow）。自 20 世纪 70 年代以来，由于人工授精技术的普及，奶牛品质的改良主要是选择优秀的种公牛，以冷冻精液的形式用于母牛配种，这无疑是家畜改良的一次革命。但是任何技术都有它的局限性，人工授精对于超级奶牛，或者奶牛种公牛的增殖就显得无能为力了。这是因为决定奶牛品质的因素来自父母双方，而超级奶牛的出现往往只限于一代，当它在繁殖时由于雄性遗传信息的参与改变了子代

的性状，很难达到与母本同等的产奶水平。体细胞克隆技术的特点是不改变供体原有的遗传特征，超级奶牛提供的体细胞克隆出的子代牛犊，在遗传特征上和超级奶牛完全相同，这样就可以大大提高繁殖超级奶牛的可能性。肉牛生产上，对于一些品质特别优良的种公牛个体（市场价值等衡量），也可以通过体细胞克隆生产其子代，这样既保证了原种牛的遗传性能，同时也可以缩短鉴定年限、降低生产成本，体细胞克隆很有可能成为将来种公牛生产（包括奶牛的种公牛在内）的主要技术手段之一。图 6-22 是内蒙古赛科星繁育生物技术（集团）股份有限公司与内蒙古大学联合克隆的奶牛种公牛、奶山羊种公羊、鹿茸高产马鹿。

图 6-22　克隆的奶牛种公牛（左）、奶山羊种公羊（中）、鹿茸高产马鹿（右）

当然以克隆技术进行优良家畜的选育和增殖也并不是没有问题。有人担心克隆种牛的大量生产很容易造成动物品种遗传上的单一性和易发病症的增加，而这又是家畜育种中所忌讳的问题，因为不论哪种家畜它还是地球之上的一个生物品种，要从生物进化发展的角度来评价这项技术的安全性，或者反过来说应该从对于整个生态系统的潜在危险性等来评价该技术，而不仅仅是眼前的产业经济效益。

（二）生物药品生产

糖尿病是现代人的一种常见病，非常遗憾的是目前的医疗水平还不能达到完全治愈的程度。糖尿病原因之一是由于人体内的一种激素——胰岛素分泌不足而引起的，一旦发病终生需要进行食物和运动调养，同时辅以胰岛素的人为补充。

传统的胰岛素制剂是从牛和猪的脏器中提取、精制后用于糖尿病患者。但是人的胰岛素结构和猪的胰岛素有一个氨基酸的差别，和牛的胰岛素有两个氨基酸的差别，因此把动物脏器提取的胰岛素用于人的糖尿病治疗常常引起过敏症（allergy）发生，其效果也不是十分理想。随着近年来糖尿病患者的不断增加，从动物脏器中提取的胰岛素已明显不足。目前胰岛素的主流生产方法已从生物脏器提取转向细菌生产。其方法是把人胰岛素基因组合到大肠杆菌中，通过大肠杆菌来生产人胰岛素。另外，除胰岛素外通过这种方法还可以生产其他人体生命活动中所需的多种激素。

随着动物转基因 - 体细胞克隆技术的研究开发，研究人员把目光转向利用动物生产更廉价的生物药品。这个计划的基础技术是把人体所需要的某种激素基因转入到牛（或羊）的细胞中（胎儿成纤维细胞或干细胞），然后通过细胞核移植技术生产这种转基因牛（或羊），最终从乳汁中提取人类所需的目的激素（转入的激素基因和动物泌乳基因同时表达）。利用动物生产激素药品潜力大、成本低，同时与用细菌生产相比药物的安全性更高。随着转基因重大专项的启动和实施，我国在转基因大动物的研究领域取得了突飞猛进的发展，目前已经育成乳铁蛋白转基因牛、富含 ω-3 不饱和脂肪酸的转基因牛等一大批具有应用和开发前景的转基因大动物，这些研究成果一旦转化，将会产生巨大的经济效益和社会效益。

（三）继代克隆（再克隆）

2013 年 3 月，美国 *Cell Stem Cell* 杂志网络版上报道了日本理化研究所科研人员用克隆动物的体细胞再次通过细胞核移植培育克隆动物的"再克隆"技术，他们通过再克隆的方法成功地用一只实验鼠培育出了 26 代共 598 只实验鼠，且生育率最高达到 15%。除此之外，再克隆技术也已经在猪、牛、羊等大动物克隆，尤其是基因编辑大动物的培育和扩大繁殖方面得到广泛应用。由于克隆动物遗传特性相同，所以再克隆技术有望用于肉质好的牛等良种家畜的大规模生产及濒危物种的保护。在早期的研究中出生的核移植动物，通常出现体重过大及组织器官异常发育的情况，这些通常是克隆胚胎表观遗传水平上的异常导致，也就是说细胞核的基因组没有遭到破坏或改变，只是由于某些基因的表达由于错误的表观遗传修饰受到了抑制或出现过表达，从而使第一代克隆动物出现异常表型。这些表型异常的第一代克隆动物通过再克隆往往能够重新获得表型正常的再克隆动物，这是再克隆的优势。在基因编辑大动物培育方面，由于大动物胚胎干细胞尚未成功建系，通常使用胎儿成纤维细胞进行基因编辑。胎儿成纤维细胞一方面不像干细胞一样可以在体外无限传代，另一方面体外传代次数太多（超过 7 ～ 8 代）后用作核移植供体时很难生出克隆动物。因此，胎儿成纤维细胞经基因转染、筛选和鉴定后所获得的发生基因编辑的细胞的数量是十分有限的，而且基因编辑的鉴定结果也可能由于单克隆细胞不纯出现偏差。在这种情况下，要想获得足够数量的基因编辑动物个体，通常先用所获得的基因编辑细胞进行第一轮克隆，回收第一轮克隆的早期胚胎（孕 30 ～ 40d），大量培养胎儿成纤维细胞，进一步确认基因编辑结果后，再通过再克隆获得足够数量的基因编辑动物。对大动物进行多基因编辑时，更是离不开再克隆。第一轮克隆可先编辑几个基因，第二轮克隆再编辑另外几个基因，理论上甚至可以进行第三轮克隆、第四轮克隆，最终实现多基因编辑。综上所述，再克隆技术已经在高产经济动物的扩繁和基因编辑大动物等的研究中发挥了重要作用。

（四）种间克隆

种间克隆也称异种核移植，是指用一种动物的细胞作为供体细胞核，移入另一种动物的去核卵母细胞质内形成细胞核和细胞质分别来源于不同物种的杂种胚胎的过程。异种核移植的早期研究主要在两栖类上进行，真正取得突破性研究结果的是我国的童第周等（1973）。童第周等用鳑鲏鱼胚胎细胞作为核供体，以金鱼去核卵子作为卵细胞质受体，或反之以金鱼细胞做供体以鳑鲏鱼卵做受体，均得到了异种核移植鱼，实现了鱼类不同亚科之间的种间克隆。随后童第周先生又相继获得了不同科之间、不同目之间的种间克隆鱼。在哺乳动物种间克隆方面，早在 1984 年，McGrath 和 Solter（1984）就尝试进行不同鼠类胚胎之间的原核互换，结果原核互换后的胚胎只能卵裂数次，不能发育到囊胚阶段。1992 年，沃尔夫（Wolfe）和克雷默（Kraemer）以牛卵母细胞为受体细胞质，分别用美洲水牛、羊和鼠的细胞作为供体细胞进行核移植，结果只有牛 - 美洲水牛和牛 - 羊的种间克隆胚胎能发育到囊胚阶段。1999 年，Dominko 等（1999）以牛卵母细胞为受体细胞质，分别以绵羊、猪、猴和大鼠细胞为供体细胞所获得的种间克隆胚胎均发育到囊胚阶段。我国陈大元领导的团队分别以牛和大熊猫体细胞为供体，以兔、羊、牛、猫和黑猩猩卵母细胞为受体，得到的种间克隆胚均可发育为囊胚，甚至有的组合可发育到植入期。2000 年，李光鹏等将小鼠早期胚胎卵裂球注入猪去核卵母细胞中，重构胚发育至 8 细胞期。2016 年，内蒙古大学李光鹏团队以藏羚羊体细胞为供体，以牛、绵羊、山羊卵母细胞为受体，异种核移植胚胎在体内和体外条件下均可发育到囊胚阶段（苏广华等，2018）。上述的异种移植研究结果均停留在胚胎阶段，并未获得种间克隆动物。截至目前，获得种间克隆哺乳动物的仅限于亚种间克隆，如亚洲野牛、欧洲盘羊、非洲野猫，这些异种克隆的成功取决于供体细胞核与卵母细胞质之间的种间距离较近（表 6-18）（Beyhan et al.，2007）。远源异种核移植胚胎发育失败的原因主要是重构胚胎线粒体的异质性。在异种核移植胚胎构建早期，两种物种的线粒体是共存的，大量研究表明，随着重构胚的进一步发育，来自供体细胞的线粒体在克隆胚胎中的比率是逐渐下降的，也就是说来自供体细胞的线粒体在异种克隆胚中不能得到有效的复制。而生物体从受精那一刻即开始发生细胞核和细胞质的相互作用，异种间的克隆胚胎细胞质线粒体的异质性，以及细胞核和细胞质之间的矛盾是导致远源异种核移植失败的主要原因。截至目前，异种核移植还主要用于核质关系及表观遗传学等基础研究；也有研究尝试通过异种核移植建立人的胚胎干细胞系，以解决建立病人特异性干细胞过程中人卵子缺乏的问题；另外，随着科学研究的不断深入和进步，异种核移植或可应用于珍稀濒危物种（如大熊猫）的拯救。

表 6-18　到目前为止报道的种间克隆实验

分类关系	受体卵母细胞	供体细胞	囊胚	植入	后代	参考文献
纲间	牛（*B. taurus*）	鸡（*G. gallus*）	YES	NET	NA	Liu 等，2004
	牛（*B. taurus*）	大鼠（*R. norvegicus*）	NAa	NO	NA	Dominko 等，1999
	兔（*O. cuniculus*）	大熊猫（*A. melanoleuca*）	YES	YES	NO	Chen 等，2002
目间	牛（*B. taurus*）	鲸鱼（*B. acutorostrata*）	NO	NA	NA	Ikumi 等，2004
	牛（*B. taurus*）	犬（*C. familiaris*）	YES	NET	NA	Murakami 等，2005
	牛（*B. taurus*）	人（*H. sapiens*）	YES	NET	NA	Chang 等，2003；Illmensee 等，2006
	牛（*B. taurus*）	猕猴（*M. mulatta*）	YES	NET	NA	Dominko 等，1999
	牛（*B. taurus*）	小鼠（*M. musculus*）	NO	NA	NA	Arat 等，2003
	牛（*B. taurus*）	猪（*S. sucrofa*）	YES	NO	NA	Dominko 等，1999
	兔（*O. cuniculus*）	野生山羊（*C. ibex*）	YES	NET	NA	Jiang 等，2005
	兔（*O. cuniculus*）	家猫（*F. catus*）	YES	YES	NO	Wen 等，2005
	兔（*O. cuniculus*）	斑鳌（*P. marmorata*）	YES	NET	NA	Thongphakdee 等，2006
	兔（*O. cuniculus*）	人（*H. sapiens*）	YES	NET	NA	Chen 等，2003
	兔（*O. cuniculus*）	猕猴（*M. mulatta*）	YES	NET	NA	Yang 等，2003

续表

分类关系	受体卵母细胞	供体细胞	囊胚	植入	后代	参考文献
	兔（*O. cuniculus*）	骆驼（*C. dromedaries*）	YES	NET	NA	Zhao 等，2006
	兔（*O. cuniculus*）	猪（*S. sucrofa*）	YES	NET	NA	Chen 等，2006
	兔（*O. cuniculus*）	藏羚羊（*P. hodgsonii*）	YES	NET	NA	Zhao 等，2006
	猪（*S. sucrofa*）	鲸鱼（*B. acutorostrata*）	NO	NA	NA	Ikumi 等，2004
	猪（*S. sucrofa*）	老虎（*P. tigris*）	YES	NET	NA	Hashem 等，2007
科间	牛（*B. taurus*）	扭角羚（*B. taxicolor*）	YES	NET	NA	Li 等，2006a
	牛（*B. taurus*）	绵羊（*O. aries*）	YES	YES	NO	Dominko 等，1999；Hua 等，2007
	山羊（*C. hirus*）	Tibetan antelope（*P. hodgsonii*）	YES	NET	NA	Zhao 等，2007
属间	牛（*B. taurus*）	水牛（*B. bubalis*）	YES	NET	NA	Kitiyanant 等，2001
	牛（*B. taurus*）	喜马拉雅斑羚（*N. goral*）	YES	NET	NA	Oh 等，2006
	野猫（*F. silvestris*）	豹猫（*P. bengalensis*）	YES	YES	NO	Yin 等，2006
种间	牛（*B. taurus*）	白肢野牛（*B. gaurus*）	YES	YES	YES	Lanza 等，2000；Mastromonaco 等，2007
	牛（*B. taurus*）	白肢野牛与奶牛杂交	YES	YES	NA	Dindot 等，2004
	牛（*B. taurus*）	牦牛（*B. grunniens*）	YES	YES	YES	Li 等，2006a；Li 等，2006b
	牛（*B. taurus*）	瘤牛（*B. indicus*）	YES	YES	YES	Meirelles 等，2001
	牛（*B. taurus*）	白臀野牛（*B. javanicus*）	YES	YES	NO	Sansinena 等，2005
	山羊（*C. hirus*）	野生山羊（*C. ibex*）	YES	NET	NA	Jiang 等，2005
	家猫（*F. catus*）	野猫（*F. silvestris*）	YES	YES	YES	Gomez 等，2003；Gomez 等，2004
	绵羊（*O. aries*）	欧洲盘羊（*O. orientalis musimon*）	YES	YES	YES	Loi 等，2001

注：NET，没有胚胎移植；NA，不适用；a，在 2 细胞阶段进行胚胎移植

资料来源：李荣凤，2021

（五）半克隆

所谓半克隆动物就是用雄性的单倍体胚胎干细胞代替精子注入卵子或去掉雄原核的受精卵内，或用雌性的单倍体胚胎干细胞注射到去掉雌原核的受精卵内，并通过胚胎移植实现一半遗传物质克隆的动物（图 6-23）。半克隆动物的培育依赖于单倍体胚胎干细胞研究的成功。实际上早在 19 世纪 70 年代，科学家就通过胚胎分割、卵母细胞孤雌激活、显微去除受精卵一个原核等方法尝试构建单倍体胚胎，1981 年小鼠胚胎干细胞成功建系，为得到单倍体胚胎干细胞奠定了基础。2011 年，立波（Leeb）等及艾琳（Elling）等利用含有 2i（PD184352 和 CH99021）的培养基，首次建立了小鼠孤雌单倍体胚胎干细胞系，然而，单倍体干细胞在培养过程中容易发生二倍体化，艾琳等估计每天约有 2%～3% 的单倍体细胞染色体加倍成为二倍体细胞，因此，他们每隔几天就对细胞进行流式分选，以富集和保持所建细胞系中单倍体细胞比率达到 60% 以上。所建立的孤雌单倍体胚胎细胞系通过多能性验证具有体内外分化能力，然而研究并未证明其获得的小鼠孤雌单倍体胚胎干细胞能否发生生殖系嵌合，是否保留母源的表观遗传特性及是否能得到半克隆小鼠。在此基础上，立波等利用小鼠孤雌单倍体胚胎干细胞筛选错配修复基因。而艾琳等

将逆转录病毒载体转入小鼠孤雌单倍体胚胎干细胞，仅一轮诱变即成功插入了 176 178
个位点，使 Cre 重组酶瞬时表达来敲除基因；用视黄酸筛选得到 *Rarg* 敲除的单倍体干细
胞克隆。见证了单倍体胚胎干细胞在反向基因研究中的高效作用。该研究小组还通过正
向基因筛选，发现 *Gpr107* 是蓖麻毒素作为"生化武器"使人致死的关键基因。从上述研
究不难看出，立波和艾琳等利用单倍体干细胞进行反向和正向遗传学筛选还只停留在细
胞水平，然而对于基因功能的研究，仅细胞水平上的研究是不够的，如果能利用单倍体
胚胎干细胞建立转基因动物模型，则可以在生物机体水平上阐述特定基因的功能。2012
年，周琪和李劲松领导的团队分别报道将携带父源基因的孤雄单倍体胚胎干细胞代替精
子注射入卵细胞得到了存活且可育的转基因小鼠后代（Yang et al.，2012）。2013 年，李
劲松团队成功建立猕猴孤雌单倍体胚胎干细胞；2014 年，周琪团队成功建立了大鼠单倍
体胚胎干细胞并获得具有繁殖能力的半克隆大鼠。2016 年，李劲松团队通过显微去除人
受精卵中的雄原核建立孤雌胚胎，得到了两个人单倍体胚胎干细胞系，人单倍体胚胎干
细胞的建立将极大地推动了隐性致病基因的筛选（Zhong et al.，2016）。本书著者也尝试
建立猪的孤雌胚胎干细胞系，或通过培养孕 30d 的单倍体孤雌胚胎成纤维细胞实现单倍
体细胞的大量富集，结果单倍体孤雌胚胎成纤维细胞系由于细胞核核型极不稳定无法像
小鼠单倍体干细胞那样通过流式细胞分离仪成功分选，同时由于当时猪二倍体胚胎干细
胞尚未成功建系，没有成熟的培养系统可以借鉴，也未能获得能够长期传代的单倍体干
细胞。随着猪 naïve 胚胎干细胞（Zhong et al.，2016）及牛 primed 胚胎干细胞（Bogliotti
et al.，2018）的成功建系，2021 年由内蒙古大学李喜和教授团队与香港大学刘澎涛教授
进一步合作，成功建立了功能拓展奶牛新型干细胞（Zhong et al.，2021），突破了家畜大
动物干细胞研究瓶颈，为生物育种提供了技术与材料支撑。

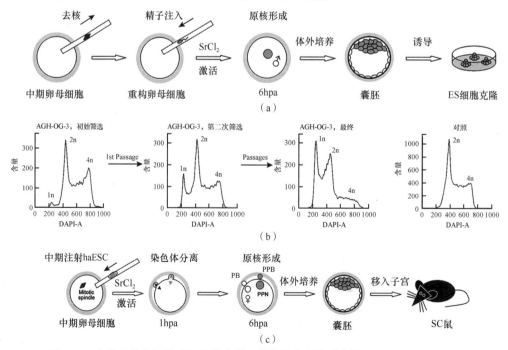

图 6-23　小鼠单倍体胚胎干细胞的获得、分选及半克隆示意图（Yang et al.，2012）

（六）利用诱导多功能细胞做供体细胞实现细胞核移植

2009 年周琪和高绍荣等团队首次利用诱导性多能干细胞（iPSC）通过"四倍体补偿"实验，成功获得成活的 iPSC 四倍体补偿小鼠。从而证实了 iPSC 与胚胎干细胞一样具有全能性，是 iPSC 研究领域的一大突破，因此也入选了《时代周刊》当年的十大医学突破。紧接着于 2012 年底，由中国科学院广州生物医药与健康研究院、浙江大学、深圳华大基因研究院等多家国内研究机构组成的研究组获得了 iPSC 研究的突破性成果：成功培养出了 4 头由 iPSC 作为供体细胞的克隆猪（Fan et al.，2013）。这是首次在世界上获得成活的 iPSC 克隆猪。由于猪等大动物的胚胎干细胞直到 2019 年才成功建系，因此，在此之前大动物的转基因一般都采用胎儿成纤维细胞进行，而胎儿成纤维细胞在体外不能像干细胞一样无限扩增和传代，而且体外培养超过八九代以后体细胞克隆效率也会极大地降低，因此，这种方法使转基因克隆猪的培育一定程度上受到限制。猪 iPSC 的成功建立及 iPSC 克隆猪的成功培育为猪的遗传修饰提供了更多的可能。由于猪的生理特征、组织器官结构和人类十分类似，因此这种大动物 iPSC 研究有望为人类疾病研究和药物开发提供更能模拟人类疾病的大动物模型。

第四节 动物基因编辑技术

基因编辑动物是指通过基因修饰将外源的基因序列随机或定点整合到动物体内（随机整合；转基因，transgene），或将动物体内的一个或数个基因去除（基因敲除，gene knock-out）或对动物体内的 DNA 序列中某个碱基进行突变或替换（基因编辑，gene editing）所获得的表现有新的遗传特征或性状的动物。按照上述 3 种基因修饰培育的基因编辑动物分别称为转基因动物、基因敲除动物和单碱基编辑动物。其中，外源基因的随机整合是最原始、最传统的基因编辑动物技术，在此基础上，结合基因同源重组技术逐步发展了基因定点整合和基因敲除技术，近年来随着锌指核酶、TALEN 和 CRISPR/Cas9 等新型基因修饰技术的产生，基因敲除技术效率得以革命性的提高，并于 CRISPR/Cas9 的出现达到巅峰。尽管如此，由于在转基因和基因敲除过程中均存在引入除功能基因之外的用于筛选的外源抗性基因或其他标记基因，以及存在由于外源基因的随机插入引起内源基因插入突变和外源载体片段的不规则插入基因组等安全隐患，转基因动物及基因敲除动物除用于基础研究之外，尚不能应用于作为食品来源的动物育种领域。基因单碱基编辑则是近两年在 CRISPR/Cas9 的基础上才发展起来的基因编辑技术，由于该技术只是对动物体内的 DNA 序列中某个碱基进行突变或替换，不存在任何插入突变及外来抗性基和标记基因的引入，已经不同于传统的转基因和基因敲除，同时也避免了传统的转基因和基因敲除技术中存在的安全隐患，是转基因技术发展中革命性的进步。

一、动物基因编辑技术的研究历史

转基因动物研究最早可追溯到 20 世纪 80 年代。1971 年，金阿西克（Jaenisch）报道将 SV40 DNA 注射到小鼠囊胚，在发育的幼鼠体内检测到了 SV40 DNA 序列的存在。

1976 年，金阿西克通过反转录病毒感染小鼠胚胎，使病毒 DNA 整合到小鼠基因组，并传递给后代。这两个研究所获得的动物还不是真正意义上的转基因动物，因为只在小鼠的少数体细胞中检测到了外源 DNA 存在，而且这些外源基因遗传到下一代的机会很小。1980 年，戈登（Gurden）等首先将纯化的 DNA 注射到小鼠的受精卵原核中，获得了真正意义上的转基因小鼠。1982 年，帕勒米特（Palmiter）利用相同的原核注射法，将大鼠生长激素基因注射到小鼠原核期胚胎，获得体重为正常小鼠两倍的转基因"超级小鼠"，该研究结果引起了全世界行业领域的轰动。接下来，原核期显微注射法很快在家畜上得到应用。1985 年，美国科学家汉默（Hammer）等报道利用该方法培育出世界上第一只转基因绵羊。1990 年 12 月，美国科学家用酪蛋白启动子与人乳铁蛋白（hLF）的 cDNA 构建了转基因载体，通过显微注射法获得了世界上第一头名为 Herman 的转基因公牛，该公牛与非转基因母牛生产的转基因后代，1/4 后代母牛乳汁中表达人乳铁蛋白。1992 年，荷兰科学家用同样的方法培育出牛奶中人乳铁蛋白表达量为 1000μg/ml 的转基因牛。波克尔（Berkel）等在此技术基础上进行改进，培育出的转基因牛牛奶中的人乳铁蛋白表达量高达 2800μg/ml。转基因牛牛奶中的人乳铁蛋白与天然人乳中的乳铁蛋白，经小鼠体内实验验证，具有相同的生理学功能，表明利用转基因动物乳腺生物反应器生产人乳铁蛋白是可行的。随着这些研究的不断进行，转基因动物研究于 20 世纪 90 年代进入蓬勃发展时期，表达人血清白蛋白、胶原蛋白、凝血因子Ⅷ、凝血因子Ⅸ、蛋白酶原激活因子等多种乳腺生物反应器的转基因牛和转基因羊相继问世，并已经用于生物医药研究和应用领域。

　　原核显微注射技术作为转基因动物生产的第一代技术，在转基因动物的培育中发挥了重要作用，并在应用过程中得到改进。尽管如此，该技术仍然存在如下几个弊端：一是基因整合效率低下；二是基因的整合是随机的和不可预测的，故难以控制转基因在宿主基因组中的表达；三是动物出生后才能对是否实现了外源基因整合及其转基因效率进行评判，这需要在转基因大动物培育中投入大量资金。这几个弊端的存在，一定程度上制约了原核注射法在培育转基因大动物方面的研究与应用。继原核注射法之后，人们虽然也发展了精子载体法、病毒载体法、电穿孔转移法等转基因方法，但这些方法也都有其各自的缺点，甚至没有像原核注射法一样得以较为广泛地使用。

　　20 世纪 80 年代初小鼠胚胎干细胞系的建立，以及 80 年代末基因定点整合技术的发明，给一度低迷的动物基因编辑技术注入了新的生机。1985 年，史密斯（Smithies）及其同事的研究证实在哺乳动物基因组中，外源 DNA 可与现存 DNA 同源序列同源重组。1989 年，卡帕斯（Capecchi）成功对一只老鼠进行基因打靶（gene targeting），开辟了基因定点整合的先河。基因打靶是通过外源 DNA 与染色体 DNA 之间的同源重组，精细地定点整合外源基因和改造内源基因 DNA 片段的技术。它是在转基因技术、胚胎干细胞技术和人工同源重组技术基础上发展起来的基因工程技术，该技术克服了随机整合的盲目性和偶然性，具有位点专一性强、打靶后目的片段可以与染色体 DNA 共同稳定遗传的特点，已成为一种较理想的改造生物遗传物质的实验方法。通过基因打靶可以实现基因定向修饰，如基因灭活、点突变引入、缺失突变、外源基因定位引入、染色体组大片段删除等，因此，基因打靶技术很快成为研究哺乳动物基因功能和生物效应的主要工具。2007 年，由于在分离小鼠胚胎干细胞及在基因打靶小鼠模型构建方面的突出贡献，美国人卡帕斯、史密斯和英国人伊文思（Evans）被授予诺贝尔生理学或医学奖。利用基因打靶技术很快建立起了大量的基因敲除小鼠品系用于研究基因功能，有的小鼠品系甚至一直沿用至今。

由于在大动物上没有成功建立胚胎干细胞系，因此，在大动物上一直没有实现基因打靶。1997 年体细胞克隆羊多利诞生，之后体细胞克隆牛和克隆猪也相继培育成功，由此，科学家们开始尝试对体细胞进行基因打靶，然后再通过体细胞克隆获得基因定点修饰大动物，这便是转基因克隆动物技术。该技术理论上是可行的，但在实际操作中却遇到了极大的困难。首先自然同源重组的发生效率是极低的，细胞经过同源重组打靶载体转染后，单等位基因发生同源重组的效率仅在千万分之一到千万分之五。幸运的情况下，通常在标记基因或抗性基因辅助情况下筛选到的几百个转基因阳性细胞系中，才能获得一到两个单等位基因敲除或外源基因定点插入的细胞系。加上体细胞克隆效率也仅在 1%～3%，因此，基因定点修饰克隆动物的生产需要消耗大量人力、物力、财力和时间。尽管如此，基因定点修饰大动物由于其巨大的理论及应用价值，世界各国纷纷开始科技攻关。2000 年 6 月，PPL 公司把人类 α- 抗胰蛋白酶（α-antitrypsin，AAT）基因定位整合到绵羊胎儿成纤维细胞的 COL1A1（Ⅰ型胶原蛋白 α1）基因座上，通过体细胞核移植获得了 2 只成活的转基因克隆绵羊，AAT 在乳腺中的表达量达 650μg/ml，而同期随机整合 AAT 的绵羊最高表达量为 18μg/ml。2001 年，Denning 等（2001）采用启动子捕获打靶策略，在绵羊胎儿成纤维细胞中缺失掉 PrP 基因的关键编码序列，实现了该基因的失活，获得了 4 只小羊。2002 年和 2004 年，科学家相继培育出定点敲除单拷贝（单敲除）和双拷贝（双敲除）α-1,3 半乳糖苷转移酶基因的克隆猪。2006 年也成功实现了在牛中对 β- 乳球蛋白基因的敲除，获得了牛乳球蛋白（BLG）单等位基因缺失的克隆牛胎儿。2008 年，美国科学家帕瑞（Prather）领导的研究组成功培育出了囊性纤维化穿膜传导调节蛋白（cystic fibrosis transmembrane conductance regulator，CFTR）单等位基因失活的转基因克隆猪。肺部囊性纤维化（cystic fibrosis，CF）是由常染色体上的编码基因突变而导致的，通过基因打靶技术将 CFTR 基因用一段没有功能的 DNA 序列或已知的突变 DNA 片段替代，从而导致肺部纤维化囊肿表型。

分子生物学的迅猛发展及人工内切核酸酶的出现，打破了长期以来通过同源重组实现基因定点修饰的局面。锌指核酸酶（zinc finger nuclease，ZFN）是第一代人工内切核酸酶，该核酸酶能够对基因组靶位点实施切割，导致 DNA 双链断裂（DNA double strand break，DSB），触发基因组自身的 DNA 修复机制，从而实现由非同源末端连接（non-homologous end-joining，NHEJ）介导的基因组错误修复（即产生碱基丢失、插入或置换等小片段突变，结果造成基因移码突变，导致基因的敲除），或在同源修复模板存在的情况下，由同源定向修复（homology directed repair，HDR）介导的外源基因定点插入和内源基因组片段删除。该技术的发展最早可追溯到 1986 年，达库（Diakun）等首先在真核生物转录因子家族的 DNA 结合区域发现了锌指模块，1996 年，金（Kim）等首次人工连接了锌指蛋白和内切核酸酶，2005 年，尤奴（Urnov）等发现一对由 4 个锌指链接内切酶而成的 ZFN 能够识别 24 个碱基的特异 DNA 序列，由此拉开了 ZFN 在基因修饰中应用的序幕。具体来讲，ZFN 是一种由靶向特定 DNA 序列的锌指蛋白和具有非特异性作用的 FokⅠ核酸内切酶切割结构域组成的重组蛋白。*Fok*I 核酸内切酶的切割结构域需形成二聚体才能发挥内切酶活性，因此，必须由一对 ZFN 分别结合于由 4～6 个碱基间隔的 DNA 两条链上的靶序列上形成二聚体才能对 DNA 进行切割。常用的锌指蛋白由 3 个或 4 个锌指组成，一个锌指识别连续的三个碱基，因此两个 ZFN 共可以识别 18 个或者 24 个碱基，ZFN 对 DNA 靶序列结合的特异性保证了对基因组 DNA 切割的特异性。研究人员通过对 *Fok*I 酶切割结构域中关键氨基酸的突变设计出两种不同的 *Fok*I 酶切割结构域，使得只有在左右两个异源 ZFN 同时结合于靶序列时才具有内切酶活性，从而避免了由同源 ZFN 所造成的非特异性切割。同传统的同源重组技术相比较，ZFN 技术可以使基因组靶向修饰的效率提高 $10^3 \sim 10^5$ 倍。ZFN 技术在家畜方面的应用主要集中在生产性状改良和提高抗病能力等方面，2011 年，中国农业科学院北京畜牧兽医研究所培育了 ZFN 介导的肌肉生长抑制素（MSTN）（肌生成抑制蛋白，myostatin）基因敲除猪，同年，Yu 等（2006）培育了 β 乳球蛋白基因敲除克隆牛。尽管如此，由于传统同源重组的基因打靶效率极低，提高 100 倍后仍然没有从根本上解决基因打靶的技术难度。同时，由于锌指蛋白种类有限，有些目标序列很难找到对应的锌指蛋白，所以无法实现对任意一段 DNA 序列均可设计出理想的 ZFN，导致有些基因无法通过 ZFN 进行定点修饰。

类转录激活因子效应物核酸酶（TALEN）是继 ZFN 之后的第二代人工内切核酸酶，由类转录激活因子蛋白的 DNA 结合结构域与 *Fok*I 内切核酸酶的切割结构域链接而成。TALE 蛋白最早于 1989 年由科学家从植物病原菌黄单胞菌属中分离出来，该菌属在植物细胞中会引起植物病变。2007 年，凯伊（Kay）等研究发现黄单胞菌合成的 TALE 蛋白——AvrBs3 可以结合到宿主细胞核基因 *upa20* 的启动子上，激活该基因的表达。研究还发现，除了 AvrBs3 植物病原体合成的一系列 TALE 蛋白都具有这种与宿主细胞基因的启动子结合，激活基因表达的特性。2009 年，莫斯库（Moscou）等采用生物信息学方法总结了 TALE 蛋白识别碱基的规律，包赫（Boch）等则通过实验揭示了 TALE 蛋白特异性识别碱基的机制。不同的 TALE 蛋白中的 DNA 结合域都有一个共同的特点，就是由数目不同的（12～30）、高度保守的重复单元组成，每个重复单元含有 33～35 个氨基酸，这些重复单元的氨基酸组成和顺序非常保守，除了第 12 和 13 位氨基酸不同外，其他氨基酸都是相同的。当第 12 和 13 位氨基酸组合为天冬酰胺 / 异亮氨酸（N/I）、天冬酰胺 / 丙氨酸（N/A）、组氨酸 / 天冬氨酸（H/D）和天冬酰胺 / 甘氨酸（N/G）时，可分别高效特异性识别碱基 A、G、C 和 T。包赫等因此提出可以将 TALE 蛋白像 ZFN 一样改造成基因定点修饰工具。2011 年，马赫兹（Mahfouz）等通过将 TALE 蛋白的 C 端激活子替换成 *Fok*I 内切核酸酶，并验证了其 DNA 切割功能，这便是 TALEN。TALEN 借助于类转录激活效应子来特异性识别特异性 DNA 碱基对，可被设计识别和结合几乎所有的目的 DNA 序列，而且效率极显著高于 ZFN。在短时间内，以 TALEN 为基因定点修饰工具分别在各种实验动物，以及猪、牛、羊等大家畜中得到应用，本书著者李荣凤的研究团队在构建 *IgM* 基因敲除细胞系时，单等位基因敲除细胞系的比率达到了 10.3%，双等位基因同时敲除的细胞系的比率也达到了 1%，远远高于使用 ZFN 的基因敲除效率。

CRISPR/*Cas*9 系统是近年来继 TALEN 之后发展起来的一种全新的基因修饰工具，该系统不像 ZFN 或 TALEN 那样依赖于 DNA 序列特异识别和结合蛋白模块的合成，而是通过一段序列特异性的导向 RNA 分子引导核酸内切酶 Cas9 到靶点 DNA，实施对双链 DNA 的切割，经 Cas9 切割过的基因组像经过 ZFN 和 TALEN 切割后一样，通过 NHEJ 或同源重组实现基因敲除或外源基因的定点引入（Hsu et al.，2014）。CRISPR 是指规律间隔成簇短回文重复序列（clustered regularly interspaced short palindromic repeat），是细菌针对危害它的病毒和噬菌体进化出来的一种获得性免疫防御机制。CRISPR 是一个特殊的 DNA 重复序列家族，广泛存在于细菌和古生菌基因组中，其序列组成包括一个富含 AT 碱基的长度为 300～500bp 的前导区（leader）和多个短（21～48bp）而高度保守的重复序列区（repeat），重复序列具有回文结构，重复次数可达 250 次左右。在重复序列之间存在 26～72bp 的间隔区（spacer），间隔区来源于俘获的外源 DNA，当同样的外源 DNA 再次入侵时，可被细菌识别并对其进行剪切形成细菌的免疫记忆。在 CRISPR 簇附近存在一个多态性基因家族，其编码的蛋白质具有核酸酶、解旋酶、整合酶和聚合酶等活性，并且能和 CRISPR 区域协同发生作用，被命名为 Cas（CRISPR associated）。目前为止已经发现的 Cas 包括 Cas1～Cas10，其中 CRISPR/Cas9 被改造并成功应用于哺乳动物基因组编辑，CRISPR/Cas9 系统的基因编辑效率较 TALEN 提高了几十倍，并且可以同时敲除多个基因，同时具有构建简单、靶向性好、成本低等诸多优点，已经完全取代 ZFN 和 TALEN 成为当前基因修饰的主要方法。通过该系统介导的基因敲除和基因定点敲入很快在实验动物及大动物（猪、牛、羊）上得以应用，2018 年，中国科学院广州生物医药与健康研究院赖良学团队通过 CRISPR/Cas9 介导，在猪的亨廷顿（Huntington，HTT）基因座上定点敲入了人的 150 个 CAG 三核苷酸重复序列，成功获得了人类亨廷顿舞蹈症大动物模型。本书著者李荣凤的研究团队通过 CRISPR/Cas9 成功构建了 ApoE、SiX1 等多种单基因敲除和多基因敲除猪模型，在这些模型的构建过程中，胎儿成纤维细胞经 CRISPR/Cas9 载体转染、单克隆细胞系筛选及基因型鉴定后的结果显示，敲除单个基因时，双等位基因同时敲除的细胞系所占比率达到 40%～70%，敲除两个基因时，两个基因同时双等位基因敲除的细胞系的比率达 50%。而且，这些基因敲除克隆猪经检测均未发现 CRISPR/Cas9 脱靶现象。

　　Cas9 切割后的 DSB 主要通过容易产生错误的 NHEJ 方式进行修复，或在同源修复模板存在的情况下，激活 HDR 方式进行精确的基因修饰。虽然 HDR 能引入精确的突变，但是其效率较低，约为 0.1%～5%。同时由于 Cas9 介导的 HDR 依赖于 DSB 的产生，不可避免地激活 NHEJ 修复方式，出现较高频率的非预期的碱基改变，也有可能产生脱靶切割。由此人们想到，如果只利用 CRISPR/Cas9 的 sgRNA（single-guide RNA）精确进行靶基因定位，同时对 Cas9 核酸酶特性进行改造，使其不能进行 DNA 切割，是不是就可以实现在不引入双链断裂的情况下进行精确的基因修饰？基于这一想法，美国哈佛大学科学家将 CRISPR/Cas9 与胞嘧啶脱氨酶（APOBEC1）融合，在一定的突变窗口内实现胞嘧啶（cytosine，C）到胸腺嘧啶（thymine，T）的单碱基转换，并于 2016 年 4 月首次报道该单碱基编辑（base editor，BE）技术。BE 技术在不引入 DNA 双链断裂也不需要重组修复模板的情况下可以实现更加安全、高效、精准的单碱基编辑，而且其效率远远高于基于 DSB 和 HDR 联合介导的基因单碱基编辑。鉴于 BE 技术巨大的应用前景，很多实验室陆续开始对 BE 技术进行了深入的研究和优化，相继推出了 BE1、BE2、BE3、

BE4、eBE-S3 和 YEE-BE3 单碱基编辑系统。第一代单碱基编辑系统（BE1），可以在靶基因原间隔子相邻基序（protospacer adjacent motif，PAM）NGG 上游 16 ～ 19 位实现胞嘧啶脱氨生成尿嘧啶，尿嘧啶在 DNA 复制过程中会被识别成 T，实现 C 到 T 的转换。而优化后的 YEE-BE3 系统使靶基因的突变窗口缩小为 1 ～ 2 个 bp，同时靶向突变更为精确。2017 年，David Liu 实验室将 CRIPSR/ Cas9 与腺苷脱氨酶融合，建立了新的单碱基编辑（adenine base editor，ABE）系统，实现了腺嘌呤（adenine，A）到鸟嘌呤（guanine，G）的精确转换。ABE 系统也经过 ABE1.2、ABE2.1 等一步步优化，优化后的 ABE7.1 版本使腺嘌呤到鸟嘌呤的突变效率达到 50%。我国在基因单碱基编辑领域处于国际领先地位，尤其在大动物基因编辑研究领域。2019 年 6 月，中国科学院广州生物医药与健康研究院赖良学课题组利用单碱基编辑器首次在猪上实现多位点单碱基编辑（Xie et al., 2019）。该研究首次从细胞、胚胎及动物三个层面，探讨了利用 BE3 和 A3A-BE3 两种单碱基编辑工具对猪多基因进行同时点突变的可行性，并且通过体细胞核移植和胚胎注射两种途径获得两种单一位点单碱基突变猪模型（杜氏肌营养不良症和早衰症猪模型）和一种三位点单碱基突变猪模型（重症联合免疫缺陷猪模型）。在胚胎上，三基因同时被编辑的效率最高可达 50%。而细胞层面，三基因同时被编辑的效率最高可达 25%。同时，本研究还对与猪内源性病毒复制有关的 pol 基因进行了单碱基突变，制造了提前的终止密码子，从而实现单基因的多位点失活。通过二代测序分析，可以看到在体细胞内，多拷贝的敲除率达到 80% 以上，而在胚胎层面，71% 病毒拷贝得到敲除。在前面所提到的 CRISPR/Cas9 系统及在其基础上发展起来的单碱基编辑技术，CRISPR-Cas 酶对 DNA 的操纵均一定程度上依赖于 NGG PAM 序列，从而使得靶位点识别限制在序列子集中。因此，PAM 基序阻止了 CRISPR 对更多靶位点的准确定位，成为单碱基编辑应用的主要障碍。2020 年 3 月 26 日，哈佛医学院凯斯迪文（Kleinstiver）团队在《科学》杂志（Science）在线发表题为 "Unconstrained Genome Targeting with Near-PAMless Engineered CRISPR/Cas9 Variants" 的研究论文（Walton et al.，2020），该研究设计了化脓性链球菌 Cas9（SpCas9）的变体，以消除 Cas9 对 NGG PAM 的依赖。该研究首先开发了一种名为 SpG 的变体，能够针对一组扩展的 NGN PAM，随后又开发出名为 SpRY 的变体。SpRY 核酸酶和碱基编辑器变体可以靶向几乎所有的 PAM，在人类细胞中具有 NRN PAM 的广泛位点上均表现出强大的活性，而对于具有 NYN PAM 的酶则具有较低但重要的活性。使用 SpG 和 SpRY，该研究生成了以前无法获得的与疾病相关的遗传变异，从而实现在基因组任何序列进行编辑。

随着基因单碱基编辑技术日新月异的飞速发展，该技术目前已经完全突破了传统的转基因和基因敲除技术，编辑后的动物除了单碱基突变外，其基因组没有被切割或修复，也没有任何外源基因的引入，但却可以实现由单碱基突变引起的基因改变乃至基因敲除。单碱基编辑系统由于其实用性、安全性和高效性，已经成为目前最炙手可热的基因编辑工具。相信不久的将来，基因单碱基编辑技术将在加速生物医药相关的大动物模型培育、农业精准育种及动物食品领域发挥重要作用。

二、动物基因编辑技术流程

从动物功能基因研究、动物改良等需求出发，利用动物基因编辑技术可将特定的

DNA 或 RNA 序列导入目标动物，编辑或修饰其特定的功能基因，最终获得遗传表型稳定的新动物个体。动物转基因技术的发展受到分子生物学、细胞生物学、生殖生物学及动物繁育等多学科发展的影响，不同的研究机构、研究人员、研究课题采取的具体操作细节也不尽相同。在众多转基因动物的基因编辑方法中，应用较为稳定的方法包括体细胞核移植法和受精卵原核注射法两类。体细胞核移植法包括的主要步骤包括载体构建、细胞转染与单克隆细胞鉴定、动物克隆（体细胞克隆与胚胎移植）及子代动物鉴定与繁育。受精卵原核注射法的主要步骤包括载体构建、原核注射、胚胎移植及子代动物鉴定与繁育。这两类方法的部分操作流程是相同的，这里我们以体细胞核移植法为主进行介绍和说明，也会涉及受精卵原核注射法的部分内容。

（一）载体构建

作为动物基因编辑技术流程的第一步，载体构建无疑是成功制备转基因动物的关键。载体是人工构建的运载着外源核酸序列的质粒，通常来源于包含原核质粒相关序列、多克隆位点（multiple cloning site，MCS）、启动子、增强子、筛选标记基因、poly-A 信号序列等基本功能元件的基础载体，传统载体构建就是利用限制性内切酶和 DNA 连接酶对这些功能元件进行改造。该方法的基本步骤包括基础载体的准备、外源基因的获取、基础载体和目的基因的酶切、酶切产物的纯化与连接、转化感受态细胞、阳性单菌落的筛选、质粒的提取与鉴定。针对不同动物的不同基因，甚至同种动物的同一基因，以及基因改造目的不同，操作人员采用的基因编辑方式也不尽相同，这就导致了基础载体的选择和针对基础载体的改造步骤存在极大差异。在此，根据动物转基因的不同目的，我们将载体分为随机整合表达载体、基因敲除打靶载体和基因敲入打靶载体 3 类，以下分别介绍其构建的具体步骤与技术要点，供读者参考。另外，除了传统的酶切法外，目前也有研究机构利用同源重组法构建载体，两种方法各有其优势，这里主要介绍酶切法构建载体的相关流程。

1. 随机整合表达载体

随机整合表达载体通常应用于对某一种细胞或动物的荧光标记或在其中表达某一特定基因，由此分为荧光标记表达载体和其他目的基因表达载体。目前，荧光标记表达载体应用极为广泛，通常的一些荧光标记表达载体均可以在质粒销售网站（如 http://www.addgene.org/、https://www.takarabio.com/ 等）上直接选购。选择荧光标记表达载体时，需结合研究目的和已有实验条件，考虑是否需要组织特异性表达或者诱导表达，重点关注载体的启动子、荧光标记基因和药物筛选标记基因。常被用于大动物转基因的真核启动子主要有 CMV、CAG、PGK1 和 EF1α，均属于组成型表达的强哺乳动物表达启动子。常见的荧光标记基因主要有绿色荧光蛋白（GFP，如 eGFP）基因和红色荧光蛋白（RFP，如 tdTomato 和 mCherry）基因。用于真核细胞药物筛选的抗生素标记基因有新霉素抗性基因 Neo（筛选药物为 G418）、嘌呤霉素抗性基因 Pac（筛选药物为 puromycin）和博来霉素抗性基因 Zeo（筛选药物为 Zeocin）等。另外，荧光标记表达载体也可作为基础表达载体，用于其他目的基因表达载体的构建与改造（Konishi et al.，2012）。随机整合表达载体的构建过程可简单理解为通过 PCR 扩增、限制性内切酶酶切和 DNA 连接酶连接等方法将目的基因的 mRNA 剪切序列插入基础表达载体，我们以本书著者李荣凤研究团队构建的 *fat-1* 基因表达载体为例介绍该过程（韩雪洁，2013）。

（1）基础表达载体的选择与加工

根据实验目的即制备含 ω-3 多不饱和脂肪酸（表达 *fat-1* 基因）的转基因猪体细胞，选择合适的基础载体 pCAGDNA3 进行加工。选择该载体的原因是其包含了真核启动子 CAG 和 BGH poly-A 信号序列，且两段序列之间存在 *Bam*HI 酶切位点，在 *fat-1* 基因的 mRNA 剪切序列插入后，可由 CAG 强启动子启动 *fat-1* 基因的表达。另外，载体 pCAGDNA3 还包含了由 mPGK 启动子启动表达的新霉素抗性基因 *Neo*，转染真核细胞后可通过 G418 药物筛选获得单克隆细胞系。但该载体的不足在于 mPGK-Neo-BGHpA 序列两端不含 LoxP 序列，如果该序列存在，在后续实验中就可以通过 Cre-LoxP 系统去除稳定表达 *fat-1* 基因的细胞或动物中的新霉素抗性基因 *Neo*。因此，我们针对这一问题对 pCAGDNA3 载体进行加工。首先设计扩增 mPGK-Neo-BGHpA 序列的引物，并分别在上游引物 5′ 端和下游引物的 3′ 端加入 LoxP 序列和限制性内切酶酶切位点序列（上游 *Dra* III 和 *Hind*III，下游 *Nhe*I、*Hpa*I 和 *Bst*BI）。然后以 pCAGDNA3 载体作为模板，通过 PCR 扩增两端带有酶切位点的 LoxP-mPGK-Neo-BGHpA-LoxP 序列，并克隆于 PMD19-T 克隆载体中获得 p19T-LoxP-mPGK-Neo-BGHpA-LoxP 质粒。最后利用 *Dra*III 和 *Bst*BI 分别双酶切 pCAGDNA3 和 p19T-LoxP-mPGK-Neo-BGHpA-LoxP 质粒，通过 DNA 连接酶将 LoxP-mPGK-Neo-BGHpA-LoxP 序列插入 pCAGDNA3-CAGG 骨架，获得 mPGK-Neo-BGHpA 序列两端含 LoxP 序列的新基础表达载体 pC-PGK-Neo-pA。

（2）目的基因的获得与加工

获得目的基因的方法有两种，一种是通过反转录 PCR（RT-PCR）从表达目的基因的组织或细胞的 cDNA 中扩增，另一种是根据目的基因的已知 mRNA 剪切序列直接委托基因合成公司进行合成。在实际应用时，首先考虑表达目的基因的组织或细胞等材料是否容易获取，其次考虑目的基因的转录本是否单一。对于易于获取材料且转录本单一的目的基因，通常选择采用第一种方法获得目的基因：根据 Genbank 中收录的 mRNA 序列设计 PCR 引物，并在上游引物的 5′ 端和下游引物的 3′ 端分别加入合适的酶切位点，通过 RT-PCR 扩增获得两端带有酶切位点的目的基因片段，克隆于 T 载体并送测序，分析测序结果，甄选其中突变率低于 1% 且能正确表达目的基因的 T 载体克隆产物用于接下来构建表达载体。当材料获取困难或者目的基因转录本复杂时，可以考虑使用第二种方法，基因合成公司在合成目的基因时除了加入合适酶切位点之外，还可进行密码子优化、人源化处理等操作。本研究的目的基因 *fat-1* 来源于秀丽隐杆线虫，研究团队采取第二种方法合成了人源化的两端带有 *Bam*HI 酶切位点的 hfat-1 序列，并将其插入到 PUC57CS 骨架载体，即获得 PUC57CS -hfat-1 质粒。

（3）基础表达载体与目的基因的连接

这一步就是利用限制性内切酶和 DNA 连接酶把已获得的基础表达载体和目的基因序列拼接在一起，并通过菌落 PCR、酶切鉴定或者基因测序等方法确定目的基因序列是以 5′ 端到 3′ 端的正确方向插入基础表达载体的。以本实验为例，利用限制性内切酶

*Bam*HI 分别酶切基础表达载体 pC-PGK-Neo-pA 和含有目的基因的载体 PUC57CS-hfat-1，通过琼脂糖凝胶电泳和胶回收获得线性化的 pC-PGK-Neo-pA 和 hfat-1 基因序列，再利用 T4 连接酶将两段序列连接在一起，并转化 DH5α 感受态细胞；然后，对氨苄抗生素（基础表达载体包含相关基因）筛选到的单菌落进行菌落 PCR（上下游引物分别位于 pC-PGK-Neo-pA 和 hfat-1 序列），通过琼脂糖凝胶电泳显示 PCR 产物片段大小从而判断 hfat-1 基因序列是否以正确方向插入 pC-PGK-Neo-pA 载体；由于同种限制性内切酶酶切从正反两个方向插入载体时，获得的产物片段大小有明显的差异，所以通过酶切鉴定的方法进一步确定上述菌落 PCR 结果，最终获得随机整合表达载体 pC-PGK-Neo-hfat-1。上述步骤中，酶切鉴定也可由基因测序代替。值得注意的是，由于实验目的和实验条件的不同，上述随机整合表达载体的构建流程都会发生细微的调整。例如，如果实验设计为 *fat-1* 基因在药物作用下诱导表达，那么在基础表达载体的选择与加工时，就需要选择或者改造含有 Tet-on 系统的真核启动子。

2. 基因敲除打靶载体

相较于随机整合表达载体的盲目性和偶然性，基因敲除技术和基因敲入技术均属于针对靶细胞基因组中某个特定序列进行修饰的基因打靶技术。基因敲除技术通过突变特定基因的外显子使其丧失原有功能，进而造成动物表型变化。目前，其相关技术的发展经历了传统同源重组技术、RNA 干扰（RNAi）技术、ZFN 技术、TALEN 技术、CRISPR/Cas9 技术的更迭，这些基因打靶技术的原理和技术流程各异。其中，利用 RNAi 技术制备基因敲除的转基因动物时，常存在位置效应、无法永久敲除和敲除效果不完全等问题。在此，我们重点介绍其他 4 种基因敲除打靶载体的制备流程。

（1）同源重组打靶载体

类似于随机整合表达载体的制备流程，同源重组打靶载体的制备也是通过 PCR 扩增、限制性内切酶酶切、DNA 连接酶连接等方法实现的。不同之处在于，构建同源重组打靶载体所选择的基础载体和连入基础载体的目的基因同源序列不同。作为同源重组打靶载体的基础载体必须具备适用于细胞筛选的标记基因，筛选标记基因的选择直接关系到细胞转染后获得阳性细胞克隆的效率。这里的筛选标记基因分为正向筛选标记基因和负向筛选标记基因两类。正向筛选标记基因通常是抗生素药物筛选标记基因（如 *Neo* 基因）或者荧光蛋白标记基因（如 *GFP* 基因），此类筛选标记基因在同源重组打靶载体中必不可少，而且其上下游均需具备适于目的基因同源序列插入的多克隆位点。负向筛选标记基因主要是指 *TK* 基因，其在同源重组打靶载体中不是必需的，但利用 *TK* 基因与正向筛选标记基因可共同构成同源重组正负选择系统。在具备正负选择系统的同源重组打靶载体中，*TK* 基因通常位于含正向筛选标记基因的同源序列之外的区域，只有发生同源重组的细胞中的 *TK* 基因会发生切除丢失，进而赋予这些细胞丙氧鸟苷（GANC）药物抗性，药物筛选时加入 GANC 能够排除大量未发生同源重组的细胞，从而提高同源重组阳性细胞克隆的筛选效率。另外，利用无启动子的正向筛选标记基因对目的基因进行启动子捕获的同时突变目的基因也可大大提高同源重组阳性细胞克隆的筛选效率（Zhao et al., 2015）。

在选择基础载体时，还需特别关注目的基因同源臂序列内包含的限制性内切酶识别位点，这些位点不能与基础载体中同源序列插入时所需的限制性内切酶识别位点发生冲突。这就要求我们在选择基础载体之前，必须精准地确定目的基因同源序列的位置、大小及具体序列信息。用于基因敲除的重组打靶载体是通过基因置换的原理删除目的基因的关键外显子序列，因此目的基因同源序列通常设计在目标置换区域的两端。传统的同源重组打靶载体的同源序列大小通常在 1kb～5kb，上下游同源序列的大小也多有差别，需根据目的基因和目标置换区域两端的具体情况设计，首要原则是避免影响或改变目的基因之外的其他基因（Shulman et al.，1990）。完成基础载体的选择和同源序列的设计之后，即可进行同源重组打靶载体的制备流程：首先，以含有目的基因的基因组 DNA 为模板，通过 PCR 分别扩增含酶切位点的两段目的基因同源序列，并分别克隆于 T 载体；其次先后两次通过酶切基础载体和 T 克隆载体，连接同源序列于正向筛选标记两端并通过限制性内切酶酶切鉴定等方式，将两段同源序列以正确方向插入基础载体，最终获得用于敲除目的基因序列的同源重组打靶载体。构建的细节部分可参考上述的随机整合表达载体的构建过程。

（2）新型基因敲除打靶载体

在传统同源重组打靶技术逐渐发展和应用过程中，研究人员也在不断地探索和尝试新的基因组定向编辑工具，主要包括 ZFN、TALEN 和 CRISPR/Cas9。这些编辑工具的共同特点在于利用序列特异性的 DNA 结合蛋白造成目的基因双链断裂缺口，激活靶细胞的 DNA 损伤修复机制，造成碱基的缺失或插入，引起 DNA 移码突变或同源重组，导致 mRNA 表达和蛋白翻译的异常，实现基因编辑的目标（Gaj et al.，2013）。其中 ZFN 和 TALEN 两种技术均依赖于非特异性核酸内切酶 FokⅠ，两者的差异在于特异性识别目的基因 DNA 序列的结构不同，ZFN 包含的 DNA 结合结构域是一段锌指蛋白（ZFP），而 TALEN 包含的则是类转录激活因子效应物（TALE）（图 6-24）。识别同一基因的不同 DNA 目的序列的结合结构域的结合效率存在极大差异，因此，如何获得和验证高效的 DNA 结合结构域是 ZFN 和 TALEN 两种技术的关键。

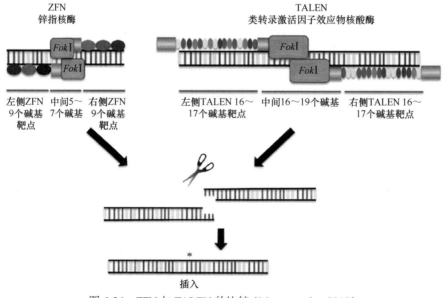

图 6-24　ZFN 与 TALEN 的比较（Moore et al.，2012）

1）ZFN

ZFN 技术的工作原理（Cathomen and Joung，2008）：ZFP 结构域通常由 3～4 个锌指串联而成，每个锌指包含约 30 个氨基酸残基，并结合一个锌离子，骨架结构保守，能够特异性地识别并结合 1 个三连体碱基，每个 ZFP 可识别 9～12bp 的 DNA 序列。每个 ZFP 单体与一个 FokⅠ相连构成一个 ZFN，打靶目的基因序列时需要一对尾尾相连的 ZFN，其包含的两个 ZFP 的识别位点之间相距 5～7bp。当两个 ZFP 同时结合于目的基因序列时，两个 FokⅠ形成二聚体，产生内切酶活性，造成 DNA 双链断裂（DSB）。这直接决定了我们选择 ZFN 的标准。首先，需要关注的是 FokⅠ的结构，当两个 ZFP 所连接的 FokⅠ酶完全相同时，极易造成 ZFN 发生脱靶剪切，因此尽量选择两个 FokⅠ酶差异修饰的 ZFN，提高形成异二聚体时的切割效率，避免脱靶效应，降低 ZFN 毒性。其次，就是 ZFN 技术的难点，即如何构建和筛选有效打靶的 ZFP 序列。

目前，构建和筛选锌指蛋白的具体方式包括两类：一类是委托 sigma-Aldrich 公司定制，通过 Sangamo Biosciences 专利平台和芽殖酵母筛选系统获得针对目的基因的亲和力最高的 ZFN；另一类是通过锌指联盟（Zinc Finger Consortium）推荐的方法制备和筛选锌指蛋白。第一类为公司专利，在这里不再赘述，重点介绍第二类。目前，应用较好的方法有较小规模锌指蛋白文库（oligomerized pool engineering，OPEN）和锌指模块式（zinc finger modular assembly，ZFMA）两种（Reyon et al.，2011）。OPEN 对 ZFP 的筛选分为两步：第一步以锌指蛋白 BCR-ABL 作为基本骨架，利用盒式突变的方法构建单个锌指的随机文库，并将随机文库重组至噬菌体载体，通过噬菌体展示和细菌双杂交系统（B2H）筛选其中亲和性较低的菌体克隆；第二步利用 shuffling PCR 方法，将筛选获得的 3 个随机文库的菌体克隆构建成具有高亲和性的三联体锌指蛋白随机文库，并再次通过噬菌体展示和细菌双杂交系统（B2H）筛选获得高亲和性的三联体锌指蛋白（Maeder et al.，2008，2009）。锌指阵列法是首先利用 ZiFit 软件分析目的基因的目标区域序列，检索到合适的 ZFN 序列，同时列出 addgene 网站（http：//www.addgene.org/）可提供的所有可能的锌指，再利用其试剂盒 Zinc Finger consortium Vector Kits 合成锌指蛋白，并利用细菌单杂交系统（B1H）或细菌双杂交系统（B2H）筛选出高亲和性的三联体锌指蛋白（Wright et al.，2006）。由此可见，ZFP 筛选系统在构建有效的 ZFN 编辑工具中至关重要，以上提到的芽殖酵母筛选系统、细菌单杂交系统（B1H）和细菌双杂交系统（B2H）均属于 ZFP 筛选系统，其中芽殖酵母筛选系统是 Sigma-Aldrich 公司的专利技术。相较于孟（Meng）等的 B1H 系统，利用 B2H 系统筛选的效率更高，该系统主要包含 ZFP 表达质粒、α-Gal4 杂合蛋白表达质粒和 B2H 报告菌株，B2H 报告菌株包含 9bp 目标序列的报告基因重组质粒，当被筛选的 ZFP 能够识别该目标序列时，ZFP 表达质粒内融合的 Gal11P 结构域就与 α-Gal4 杂合蛋白相互作用，启动下游基因表达。

筛选得到成对的高亲和性的 ZFP 之后，就可以构建针对真核动物的 ZFN 载体了。首先，挑选用于载体构建的基础载体，该载体具有真核启动子序列、多克隆位点、poly-A 信号序列及筛选标记基因序列，如美国英杰生命技术有限公司（Invitrogen）的 pcDNA3.1。其次，通过 PCR 扩增的方式获得同时含高亲和性 ZFP 和 FokⅠ结构域序列的亚克隆，序列两侧带有适于插入基础载体多克隆位点的限制性内切酶酶切位点。最后，通过载体构建常用的酶切和连接的方法，将含高亲和性 ZFP 和 FokI 结构域序列插入到基础载体的真核启动子下游，获得真核表达的 ZFN 质粒（魏勇等，2008）。

2）TALEN

与 ZFP 相似，TALEN 利用的非特异性核酸内切酶也是 *Fok*I，且其 FokI 蛋白也包括同二聚体和异二聚体两类；当二聚体形成时 *Fok*I 发挥酶活性，造成目的基因序列的 DSB，断裂位点通常相距 10～30bp（Miller et al.，2011）。另外，区别于锌指核酸酶技术的 ZFP，TALEN 的 DNA 结合结构域 TALE 具有重复性和特异性。TALE 蛋白通常由一段非常保守的重复氨基酸序列模块及其上游的 N 端序列和下游的 C 端序列组成，每个模块由 33～35 个氨基酸组成，其中第 12 和 13 位的氨基酸被称为重复可变双残基（RVD），RVD 决定着该模块特异性地识别和靶向的单碱基，因此，利用 TALE 的单碱基识别能力进行基因打靶具有更高的效率和特异性，我们可以通过设计和改造 TALEN 的 RVD 获得特异性识别目的基因序列的打靶载体。

自 TALEN 技术应用于基因编辑之后，研究人员先后发明了多种 TALEN 表达载体的构建方法，包括全序列人工合成法、Golden Gate 法、FLASH 法、ICA 法、REAL 法、单元组装法和 idTALE 一步酶切次序连接法等。其中，idTALE 一步酶切次序连接法是最为简单高效且所需载体不多的方法，也已被多家公司开发为 TALEN 载体构建试剂盒，可在 24h 内完成 TALE 重复序列的构建过程，这里我们重点介绍利用该方法构建 TALEN 表达载体的原理、步骤和注意事项。TALEN 载体构建试剂盒通常具备一个含 TALE 重复序列的载体文库和一套含有插入位点的 FokI 蛋白表达的 TALEN 骨架载体。每个 TALE 重复序列一般包含 13 个 TALE 单元，每个 TALE 单元含有不同的 RVD，含有上百个载体的文库就包含了识别各碱基的所有可能的 RVD。另外，含有 13 个 TALE 单元的 TALE 重复序列被划分为 7 个片段（F1～F7），除 F1 仅含一个 TALE 单元，其他片段均含有 2 个 TALE 单元，7 个片段之间含有 II S 型内切酶（识别位点下游非特异性酶切，生成不同的黏性末端，同时又不留有酶切位点）和限制性内切酶的识别位点，在 TALE 重复序列两端含有其他 II S 型内切酶的识别位点，这些识别位点满足酶切后的 7 个片段依然可以顺序连接。在构建 TALEN 载体时，只需根据目的基因序列选择相应的载体，酶切载体后分离回收所需片段，再把这些片段顺序连入 TALEN 骨架载体，并通过测序确认完成 TALEN 载体的构建。根据 TALEN 载体构建试剂盒的工作原理可知，利用该类试剂盒构建载体的流程分为两步。首先，针对目的基因设计目标打靶序列，在美国国家生物技术信息中心（National Center for Biotechnology Information，NCBI）（https://www.ncbi.nlm.nih.gov/）的 Genbank 文库中查找目的基因，通过 DNA 序列和转录本确定打靶的大致区域，这个区域通常是目的基因的第一外显子或开放阅读框的前半部分。其次，利用 TALEN 在线设计网站或设计软件，在该区域内查找合适的目标打靶序列，在线设计工具通常列出多个目标打靶序列（TALEN 组合），并根据 TALEN 设计原则和脱靶预测情况给出各个 TALEN 组合的评分，该评分属于理论值，与其在细胞或胚胎中的实际作用效果没有直接相关性。最后，选择其中的 2～3 对 TELEN 组合，利用 TALEN 载体构建试剂盒进行 TALEN 载体的构建，具体方法依照试剂盒说明书即可。

3）CRISPR/Cas9

相较于 ZFN 和 TALEN，CRISPR/Cas9 系统（图 6-25）的优势在于其经济性和快捷性，其载体构建过程既不依赖于特定的生物公司，也不依赖于某一类试剂盒，仅需相应的基础载体和酶切 - 连接试剂即可完成（Jeffry et al.，2014）。CRISPR/Cas9 系统的工作原理是通过人工设计改造的具有引导作用的 sgRNA，引导 DNA 内切酶 *Cas*9，对带有 PAM 结构的 DNA 进行定点剪切，造成目的基因序列的 DSB（Cong et al.，2013；Jinek et al.，2012）。由此可见，成功构建 CRISPR/Cas9 打靶载体的关键是选择含有高效剪切 DNA 的 Cas9 载体和设计准确的引导序列 sgRNA。这里，我们介绍最简便常用的构建 CRISPR/Cas9 打靶载体的方法，具体步骤如下。

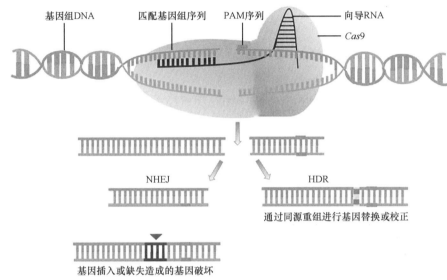

图 6-25　应用 CRISPR/Cas9 打靶载体编辑基因组 DNA 的示意图（Ghosh et al.，2019）

首先，选择合适的 CRISPR/Cas9 基础载体。目前，常用于转基因动物制备的 CRISPR/Cas9 系统有两类，一类是编码 Cas9 蛋白的序列和转录 sgRNA 的序列分属于两个质粒（LentiCas9-Blast 和 lentiGuide-puro）的双载体 CRISPR/Cas9 系统，另一类是一个质粒（lentiCRISPRv2）同时包含编码 Cas9 蛋白的序列和转录 sgRNA 的序列的单一载体 CRISPR/Cas9 系统。这两类 CRISPR/Cas9 系统的相关质粒均可以在 addgene 等质粒销售网站上直接购买，读者需结合动物种类、转染方法等条件选择购买，这里以来源于张峰实验室的基础载体 pX330（Addgene #42230）为例介绍 CRISPR/Cas9 打靶载体的构建流程，然后，设计用于基因打靶的 sgRNA 序列。内切酶 *Cas*9 作用于 DNA 靶序列的前提是 sgRNA 找到合适的 PAM 识别位点（NGG）并与 DNA 序列互补结合，因此 sgRNA 的设计原则就是 3′ 端为 NGG 序列（Sander and Joung，2014）（Sternberg et al.，2014）。根据这一原则，利用在线设计网站或设计软件在目的基因的目标区域内查找合适的 sgRNA 序列（Neville et al.，2014）。与 TALEN 相同，打靶的目标区域通常是目的基因的第一外显子或可读框的前半部分。经在线设计工具查找后，通常会列出多个可选的 sgRNA 序列，并根据 sgRNA 序列设计原则和脱靶预测情况给出各个 sgRNA 的评分，该评分属于理论值，与其在细胞或胚胎中的实际作用效果没有直接相关性。选择其中评分较高的 2 ～ 3 个 sgRNA，委托基因合成公司按照固有格式（正义链：5′-CACCGNNNNNNNNNNNNNNNNNNN-3′，反义链：3′-CNNNNNNNNNNNNNNNNNNNNCAAA-5′）分别各合成两条配对的 5′ 端磷酸化寡核苷酸（oligonucleotide）链，其中正义链与目标 DNA 序列之间的关系如图 6-26 所示。最后，构建针对目标序列的 CRISPR/Cas9 打靶载体。利用限制性内切酶 *Bpi*I（Thermo FD1014）酶切并胶回收基础载体 pX330；将合成的 5′ 端磷酸化的寡核苷酸序列经退火处理；利用 DNA 连接酶，将退火的寡核苷酸插入 pX330 载体骨架；通过细菌转化和基因测序，确定 CRISPR/Cas9 打靶载体构建完成。

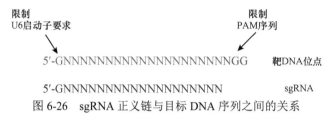

图 6-26　sgRNA 正义链与目标 DNA 序列之间的关系

（3）打靶效率的检测

与传统的同源重组打靶载体相比，ZFN、TALEN 和 CRISPR/Cas9 三种新型基因敲除打靶载体在构建完成之后还需要进行打靶效率的检测。在载体构建时，针对同一目的基因，通常会制备 2 ～ 3 组基因敲除打靶载体，这就需要通过预实验来比较分析各个打靶载体的打靶效率，从而选择其中打靶效率较高的载体用于后续的细胞转染和转基因动物制备（Hauschild et al.，2011）。在检测前，先将打靶载体分组转染至目标动物的细胞中，在转染 48h 后提取细胞的基因组 DNA，并通过 PCR 扩增获得含有目标打靶序列的 DNA 片段。然后，同时采用两种方法进行基因敲除打靶载体的效率检测。一种方法是将 DNA 片段测序，并利用测序结果分析网站，对比转染组与野生型细胞中目标打靶序列的突变套峰，评估基因敲除打靶载体的打靶效率；另一种方法是将 DNA 片段退火后，经 *T7E*1 内切酶消化实验，对比分析转染组与野生型基因的酶切后电泳结果，判断基因敲除打靶载体的打靶效率。这两种方法均基于两点：第一，打靶载体发挥作用时会造成部分细胞的目标打靶序列的 DSB；第二，在末端非同源依赖的 DNA 修复机制 NHEJ 的作用下，断裂后的 DNA 末端重新连接时往往造成部分碱基的缺失和插入。这样，存在部分基因突变的细胞群体，在基因测序时表现为突变位置附近起始的套峰，而在 DNA 片段退火时则产生含有 *T7E*1 内切酶可识别的序列鼓包结构。选择两种检测方法中均表现出较高打靶效率的载体，能够有效地保障基因敲除细胞系的获得率和转基因动物的制备效率。

3. 基因敲入打靶载体

基因敲入（knock in）在概念和技术流程上均与基因敲除息息相关，最早的基因敲除本身也是通过同源重组用一种或几种标记基因替换目的基因的外显子区域，从而导致目的基因功能缺失，这同时也可理解为标记基因在目的基因外显子区域的基因敲入（Hasty et al.，1991）。随着新型基因敲除打靶载体的发明与更新，基因敲除逐渐简化为通过

ZFN、TALEN 或 CRISPR/Cas9 载体造成目的基因的外显子区域的 DNA 双链断裂（DSB），再依赖细胞或胚胎的 NHEJ 机制导致移码突变，最终实现目的基因功能缺失。此时，原来用于基因敲除的同源重组技术更多地被应用于基因敲入的研究；而且，同源重组技术与新型基因敲除技术相结合表现出远高于传统同源重组技术的基因敲入效率。

利用同源重组技术与新型基因敲除技术进行基因敲入的原理在于：利用新型基因敲除打靶载体造成目标打靶区域的 DSB，当细胞或胚胎以共转染的同源重组打靶载体为模板进行同源重组修复时，外源基因成功插入到目标打靶区域，实现基因定点敲入（Chu et al.，2015）。因此，基因敲入打靶载体的构建流程可分为两部分，即新型基因敲除打靶载体的构建和同源重组打靶载体的构建，构建这两种载体的具体流程前面已有介绍，这里我们针对一些注意事项加以说明。首先，针对目的基因的目标打靶区域设计和构建新型基因敲除打靶载体，可以根据实验条件选择 ZFN、TALEN 或 CRISPR/Cas9 载体，并对构建好的打靶载体的基因敲除效率进行检测，选择基因敲除效率较高的打靶载体和后续构建好的同源重组打靶载体共同进行基因敲入实验。其次，根据已选择的基因敲除打靶载体的打靶位置，在其两端分别设计和获得同源重组打靶载体的同源序列；由于新型基因敲除打靶载体具备较高的敲除效率，同源序列的大小通常在 0.5kb ~ 2kb。另外，预敲入的外源基因的来源通常根据研究目的和已有实验条件准备，可以是商业购买的载体包含的标记基因序列、RT-PCR 获得的某基因的 cDNA 序列或者委托基因公司合成的基因序列，也可以是多个基因序列的组合。

4. 单碱基编辑载体

单碱基编辑技术是在 CRISPR/Cas9 系统基础上发展起来的一项基因编辑技术，其可以在目的基因不发生断裂的情况下，实现基因序列中某一种碱基对向另一种碱基对的精准转变（Gaudelli et al.，2017；Komor et al.，2016）。目前，单碱基编辑系统分为胞嘧啶单碱基编辑系统（CBE）和腺嘌呤单碱基编辑系统（ABE）两类。单碱基编辑系统的核心组成元件通常包括 sgRNA、改造的 Cas9 蛋白和胞苷脱氨酶（或腺嘌呤脱氨酶），其中改造的 Cas9 蛋白和胞苷脱氨酶（或腺嘌呤脱氨酶）共同组成一个融合蛋白。当单碱基编辑系统进入细胞或胚胎时，sgRNA 通过配对结合目标打靶序列，介导 Cas9 蛋白识别 PAM 结构，经过改造的 Cas9 蛋白仅具有 DNA 单链切割活性或者完全不具备切割活性，融合蛋白结合并识别目标打靶序列，胞苷脱氨酶（或腺嘌呤脱氨酶）作用于非互补链中编辑窗口内的目标碱基使其脱氨基，实现目的基因的目标靶序列中碱基 C→T（或 A→G）的转变（图 6-27）。

制备单碱基突变的转基因动物时，通常采用原核注射法将融合蛋白的 mRNA 和 sgRNA 共同注射到受精卵内。因此，用于目的基因单碱基编辑的载体包括一个融合蛋白表达载体和一个 sgRNA 表达载体。其中，融合蛋白表达载体是决定碱基突变方向和编辑效率的关键（Liang et al.，2017）。自首次报道以来，CBE 和 ABE 经历了多个版本的优化和更新，目前应用最为广泛的主要包括 BE3、BE4 和 ABE7.10，包含真核启动子的几种融合蛋白表达载体可以在 addgene 等质粒销售网站上直接购买，读者需结合实验条件和研究目标选择购买（Liu et al.，2018）。构建 sgRNA 表达载体之前，需具备一个含有 U6

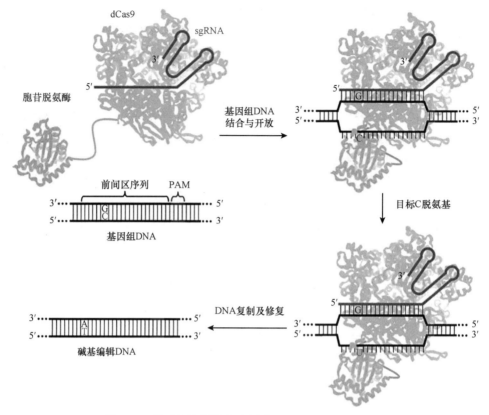

图 6-27　单碱基编辑技术示意图（Alvarez et al.，2019）

启动子或 T7 启动子及 sgRNA 克隆位点的基础表达载体。此后，即可采用 CRISPR/Cas9 载体的构建流程，设计并合成 2 ～ 3 个 sgRNA，并通过退火和酶切 - 连接将它们分别插入到基础表达载体中，获得 2 ～ 3 个 sgRNA 表达载体。

（二）细胞转染与单克隆细胞鉴定

用于制备转基因动物的载体构建完成之后，可以通过两种方法（体细胞核移植法和受精卵原核注射法）进行转基因动物的制备。体细胞核移植法是利用载体质粒进行细胞转染，利用药物筛选和基因鉴定获得转基因的单克隆细胞系，再通过体细胞克隆技术获得转基因克隆胚胎，并通过胚胎移植和受体妊娠获得转基因动物。

1. 细胞转染

细胞转染即将外源基因转入体外培养的细胞内，细胞转染的方法主要包括脂质体法、磷酸钙法、病毒法、电转法和显微注射法。目前，在转基因动物制备中使用较多的是脂质体法和电转法，我们在这里重点介绍这两种方法的步骤。另外，显微注射法在受精卵原核注射部分进行详细介绍。

脂质体法是利用人工合成的脂质体携带质粒 DNA 穿过细胞膜进入细胞质，再进入细胞核中以达到转染细胞的目的。该方法的基本操作步骤是，在细胞培养板（48 孔板、24 孔板、6 孔板等）中培养预转染的细胞，待细胞汇合度达到 50% ～ 70% 时，进行脂质体转染。转染时，按照培养板规格配置转染液，转染液成分包括不含血清的 DMEM 培养液、脂质体和质粒 DNA，通常依照脂质体试剂说明书的比例进行配置；转染液配置后静置 10 ～ 15min，滴加到更换过培养液（无血清或低血清）的细胞培养板中，在培养箱中孵育 1 ～ 3d。期间，通过显微镜观察细胞状态和荧光标记基因表达情况，在细胞状态良好、转染效果较好时，更换新鲜培养液或进行下一实验。采用脂质体法进行细胞转染时，脂质体浓度、质粒 DNA 的量、两者之间的比例、细胞密度、培养液中血清浓度及转染时间等因素对转染效果均有影响，因此，在正式实验前需对以上条件加以摸索，以期达到较高的转染效率。

电转法是借助极短暂电流对细胞膜造成瞬时的小孔或开口，质粒 DNA 通过这些小孔或开口进入细胞质，再进入细胞核中。该方法的基本操作步骤是：提前 1 ～ 2d 培养预转染细胞，待细胞汇合度达到 70% ～ 90% 时，用胰蛋白酶等消化细胞准备细胞转染，转染前，对细胞进行计数，并使用无血清培养液或 DPBS 溶液重悬细胞，细胞密度根据细胞种类和电击杯类型进行调整；将重悬的细胞加入到电击杯中，并按比例加入质粒 DNA，转染时，将含有细胞悬液和质粒 DNA 的电击杯置于电转仪的电击槽内，按照摸索好的脉冲电压、脉冲时间、脉冲次数等条件进行电击；电击后的电击杯可冰浴 2 ～ 3min，有助于细胞膜的恢复，转染后的细胞移入含完全培养液的细胞培养皿中，于培养箱中培养 48h，通过显微镜观察细胞状态和荧光标记基因表达情况，并进行下一本实验。电转法转染细胞时，影响转染效率的主要因素包括细胞密度、质粒浓度、脉冲电压、脉冲时间和脉冲次数等。在正式转染前，可以对以上条件进行摸索，通常以电击后细胞瞬时存活率在 50% 左右作为标准筛选最优的电转染条件。

核转法是电转法的一种，是 Lonza 集团的专利技术，利用经过优化的电击程序和细胞特异的细胞和转染液将质粒 DNA 直接导入细胞核，转染效率和细胞存活率均高于传统的电转法。Lonza 核转染仪主要有 2B 和 4D 两个型号，其中 4D 除悬浮细胞转染外还可进行 96 孔板贴壁细胞的转染；转染试剂盒是针对不同细胞类型设计开发的，每个试剂盒中都包含细胞转染液和添加剂两种液体，须按比例混合使用。类似于电转法，核转法的操作步骤也包括预转染细胞的培养和消化重悬、质粒 DNA 的添加、上核转染仪电击和细胞培养观察。需要注意的是，决定核转法转染效率的因素主要是试剂盒的型号和核转染程序的选择，针对这两点 Lonza 集团提供一定的技术支持，但还需在正式实验前进行简单的摸索和比较。

2. 单克隆细胞的筛选与鉴定

（1）单克隆细胞的筛选

单克隆细胞的筛选方式有两种。第一种方式是针对用于细胞转染的质粒 DNA 包含的抗性基因，在细胞培养液中加入抗生素药物，对转染后细胞进行药物筛选；之后采用有限稀释法稀释药物筛选后细胞，以每孔 1 ～ 1.5 个细胞的比例接种细胞于 96 孔板中；待细胞贴壁后，在显微镜下记录每孔细胞数量，排除接种细胞数不唯一的培养孔；培养各个单细胞克隆至一定数量，取部分细胞提取细胞基因组 DNA 和 / 或 RNA，进行转基因鉴定，其余细胞冻存后备用。第二种方式是先将转染后细胞以一定稀释密度接种于

100mm 细胞培养皿中；待细胞贴壁后，针对用于细胞转染的质粒 DNA 包含的抗性基因，在细胞培养液中加入抗生素药物，对转染后细胞进行药物筛选；药物筛选结束后，降低细胞培养液中抗生素药物浓度，继续培养细胞至抗性细胞形成单克隆，利用胰蛋白酶和克隆杯一一消化单克隆细胞至 48 孔板中；培养各个单细胞克隆至一定数量，取部分细胞，提取细胞基因组 DNA 和 / 或 RNA，进行转基因鉴定，其余细胞冻存后备用。

采用这两种方式筛选单克隆细胞前，均需摸索抗生素药物的筛选浓度，即检测预转染细胞对抗生素药物的抗药性情况。以猪胎儿成纤维细胞为例，摸索其未转染新霉素抗性基因前的 G418 抗药性。以正式实验时相同的密度接种猪胎儿成纤维细胞于 24 孔板中，每 3 个孔作为一组，按照文献中提到的 G418 药物筛选浓度，设立 1 个对照组（未加入 G418）和 7 个实验组（G418 终浓度分别为 200μg/ml、400μg/ml、600μg/ml、700μg/ml、800μg/ml、900μg/ml、1000μg/ml），每 2d 更换一次培养液，每天在显微镜下观察和记录细胞生长情况，最终以 7 ~ 10d 内杀死全部猪胎儿成纤维细胞的 G418 浓度作为筛选时的最适药物浓度。图 6-28 展示奶山羊胚胎细胞转染之后单克隆细胞集落的筛选。

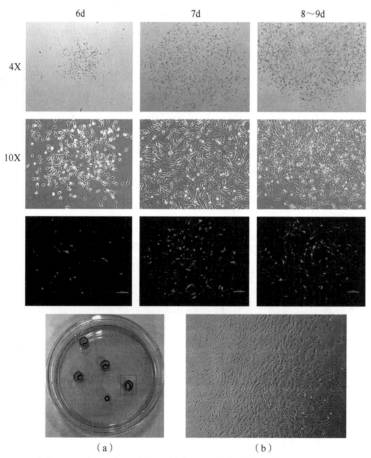

图 6-28　奶山羊胚胎细胞转染之后单克隆细胞集落的筛选

（2）单克隆细胞的鉴定

单克隆细胞的鉴定重点在于检测其基因型，针对转染前细胞即已表达的目的基因，同时以野生型细胞为对照，在 mRNA 水平检测单克隆细胞中目的基因的表达变化（杨宁等，2015）。转染到细胞中的质粒 DNA 的载体类型不同，鉴定单克隆细胞的方式也不尽相同，这里简单介绍不同载体类型情况下的单克隆细胞鉴定流程，供读者参考。

当质粒 DNA 为随机整合表达载体时，可以从 3 方面进行鉴定：①针对载体序列。设计扩增目的基因及其启动子和 poly-A 序列的 PCR 引物，以单克隆细胞的基因组 DNA 为模板，通过 PCR 和琼脂糖凝胶电泳鉴定目的基因的随机整合情况。②针对目的基因的 mRNA 序列。设计反转录 PCR（RT-PCR）引物，以单克隆细胞的 cDNA 为模板，通过 RT-PCR 和琼脂糖凝胶电泳鉴定目的基因的表达情况。③针对目的基因的 mRNA 序列。设计实时定量 RT-PCR（real-time RT-PCR）引物，以单克隆细胞的 cDNA 为模板，通过 Real-time RT-PCR 鉴定目的基因表达量的变化情况。经过这 3 方面鉴定，目的基因发生完整随机整合且稳定表达的单克隆细胞可作为供体细胞，用于下一步的体细胞克隆实验。

当质粒 DNA 为用于基因敲除或基因敲入的同源重组打靶载体时，主要针对同源重组打靶载体正确插入目的基因后的 DNA 序列，设计扩增其中一条同源序列和部分筛选标记基因序列的 PCR 引物（即一条引物位于左侧同源序列的上游或右侧同源序列的下游，另一条引物位于筛选标记基因序列中），以单克隆细胞的基因组 DNA 为模板，通过 PCR 和琼脂糖凝胶电泳鉴定同源重组打靶载体是否准确插入目的基因，以及敲除或敲入的类型为单等位基因还是双等位基因。另外，如果目的基因在目标的野生型细胞中表达时，针对目的基因的 mRNA 序列设计 RT-PCR 引物，以单克隆细胞的 cDNA 为模板，通过 RT-PCR 和琼脂糖凝胶电泳鉴定目的基因的表达情况。经过鉴定，以预期方式敲除或敲入目的基因的单克隆细胞可作为供体细胞，用于下一步的体细胞克隆实验。

当质粒 DNA 为新型基因敲除打靶载体（ZFN、TALEN 或 CRISPR/Cas9）时，主要针对目的基因的 DNA 序列，设计扩增含目标打靶序列区域的 PCR 引物，通过 PCR 和基因测序鉴定目标打靶序列的碱基缺失或插入等情况，结果中可能出现的突变情况有单等位基因敲除、双等位基因同型敲除和双等位基因异型敲除三种。经过鉴定，目的基因的目标打靶序列发生非 3 倍数碱基缺失或插入的单克隆细胞可作为供体细胞，用于下一步的体细胞克隆实验。

（三）体细胞克隆

本章节涉及的体细胞克隆，即体细胞核移植，是将经过基因改造后的供体细胞核移植到去核卵母细胞中，经过电融合组成重构胚胎，再通过胚胎移植术把重构胚胎移植到受体输卵管或子宫中，最后得到转基因克隆动物。体细胞克隆包括卵母细胞的采集、体外成熟培养、去核与注核、融合和激活，以及胚胎的体外培养等操作过程。体细胞克隆的技术流程在本章第三节动物克隆中已经进行了概括性的介绍，这里不再赘述。

（四）受精卵原核注射

受精卵原核注射法是利用显微操作技术将载体的质粒 DNA 或体外转录的 mRNA 直接注入受精卵的原核内，使质粒 DNA 整合到卵母细胞基因组内或作用于目标打靶基因，再通过胚胎移植及转基因动物鉴定与繁育获得转基因动物，该方法在小鼠和部分大动物的转基因中广泛应用（刘玉颖等，2016）。然而，因为家畜等大动物的繁殖周期较长，采用受精卵原核注射生产转基因动物时存在嵌合体比例较高等问题，所以在转基因大动物制备中的应用受到一定的局限。另外，由于含脂量较高，猪受精卵的双原核较难观察，通常采取的是受精卵胞质注射法。受精卵原核注射的主要技术流程包括载体的处理与准备、受精卵的获得与培养、显微注射与胚胎培养。

1. 载体的处理与准备

根据实验条件和载体类型，选择质粒 DNA 或者体外转录的 mRNA 进行受精卵原核注射。如果使用质粒 DNA 进行注射，注射前需使用限制性内切酶对质粒 DNA 进行线性化，选择限制性内切酶的基本原则是避免对载体上的主要真核表达原件造成影响，之后纯化线性化的质粒 DNA 并制成受精卵原核注射液。如果选择体外转录的 mRNA 进行注射，注射前需利用体外转录试剂盒将构建好的质粒 DNA 转录为 mRNA 并制成受精卵原核注射液。

2. 受精卵的获得与培养

获得受精卵的途径主要包括 3 种，即体内冲胚、体外受精（IVF）和卵细胞质内单精子注射（ICSI）。其中，体外受精和显微受精的具体技术流程见本章的第二节。体内冲胚主要是指通过手术或非手术的方式从自然交配或人工授精的动物输卵管内获得受精卵，冲胚时使用的液体通常为含有 4- 羟乙基哌嗪乙磺酸（HEPES）的胚胎发育培养基。通过以上 3 种途径获得的受精卵均需经过一定时间的体外培养（如小鼠为 10 ～ 14h，猪为8 ～ 12h），待受精卵的原核清晰可见时尽快进行显微注射的操作。另外，在猪受精卵细胞质注射前，通常采用地衣红染色法确定多数受精卵的原核期。

3. 显微注射与胚胎培养

这里的显微注射与前面提到的显微受精的显微注射和体细胞克隆的注核操作基本相同，都是在配有显微操作系统的倒置显微镜下进行的。不同之处在于，进行原核注射时所用显微注射玻璃管的内径为 0.2 ～ 0.5μm，尖端 20μm 内的外径为 4μm。另外，注射时需注意的是，首先排除包含单一原核和大于 2 个原核的受精卵；保证显微注射玻璃管的尖端准确进入原核后，再向原核中注入原核注射液；原核注射液注入原核时，可观察到原核发生膨胀、体积增大，通常原核膨胀达到 30% ～ 50% 可以保障较高的转染效率。注射完成的受精卵移入发育培养液中培养 1 ～ 2h，显微镜下检查受精卵的存活率，其中存活的胚胎继续培养、等待移植。

（五）胚胎移植

胚胎移植主要包括：供体胚胎的准备、受体动物的准备及胚胎移植操作 3 个方面的内容。大动物的胚胎移植操作有非手术法、内窥镜法及手术法 3 种方法。牛的胚胎移植通常采用非手术法，具体方法已经在前面的内容中做过介绍，而猪的胚胎移植通常采用手术法。下面以转基因克隆猪的培育为例，介绍手术法胚胎移植的技术流程。

1. 供体胚胎的准备

使用前面提到的基因编辑过的胎儿成纤维细胞，通过体细胞核移植获得基因编辑克隆胚胎，或者使用体外受精或体内回收的早期胚胎，经基因编辑载体或 mRNA 原核注射后，获得基因编辑胚胎。猪的胚胎移植通常移植 1～2 细胞期或囊胚期胚胎，一般 1～2 细胞期胚胎要移植 100～300 枚 / 受体，而囊胚期胚胎要移植 > 50 枚 / 受体。

2. 受体动物的准备

（1）自然发情受体猪的选择

受体的选择是胚胎移植的关键一步，受体是否合适将直接影响胚胎移植效果。通常使用 8 月龄以上、体重 100kg 以上的青年母猪作为受体。每日上午和下午观察记录猪群发情情况，选择体况好、无繁殖障碍等疾病、连续两个发情周期（猪发情周期一般为 16～22d，发情持续 1d～4d）规律的个体作为备用受体。在胚胎移植前记录受体发情情况，受体发情当天为第 0 天，若供体胚胎为 1～2 细胞期，则移植至发情第 1 天的受体输卵管；若供体胚胎为囊胚期，则移植至发情第 5 天的受体输卵管或子宫角。

（2）同期发情受体猪的选择

猪的同期发情方法主要是口服药物联合肌肉注射外源激素法。选择体况好、无繁殖障碍等疾病且发情周期规律的受体，连续口饲烯丙孕素 14d，72～96h 后肌肉注射 HCG，并记录 HCG 注射当天为发情第 0 天，与自然发情受体相同，若供体胚胎为 1～2 细胞期，则移植至发情第 1 天的受体输卵管；若供体胚胎为囊胚期，则移植至发情第 5 天的受体输卵管或子宫角。

3. 移植手术操作

猪的胚胎移植多采用腹中线切口手术法（图 6-29）。受体母猪先采用丙泊酚诱导麻醉，然后在呼吸机辅助下，采用异氟烷持续进行全身麻醉，手术取出子宫与卵巢，根据卵泡大小和排卵与否及红体的颜色和硬度确认受体发情状态，并结合胚胎发育阶段，进行输卵管或子宫角移植。

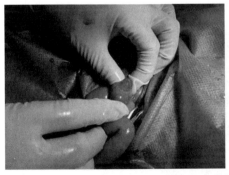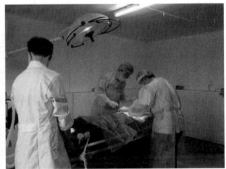

图 6-29　猪胚胎移植手术

（六）子代动物的鉴定

在体细胞克隆胚胎或受精卵原核注射胚胎移植入受体动物后，可以通过发情监测和

B超检查确认受体动物妊娠情况,成功妊娠的动物也需定期B超监测,直到子代动物出生,或在胚胎期回收子代动物。回收胚胎期的子代动物时,需要综合分析转基因动物的预期表型、受体动物妊娠的稳定性,以及B超检测到的胚胎发育状态等多方面的因素,合理地选择回收子代动物的具体时间,通常采用手术的方式进行回收。

　　子代动物的鉴定主要从基因型和表型两方面入手。子代动物的基因型鉴定可以依照单克隆细胞的鉴定方式,采集子代动物的耳部组织或静脉血液,利用试剂盒提取基因组DNA,通过PCR、T载体克隆和基因测序等方法验证子代动物的基因型,确认其基因编辑的准确性(图6-30)。值得注意的是,受精卵原核注射法制备的子代动物常常出现嵌合体现象,即由于受到显微注射操作时间、外源基因表达的时间等因素的影响,不同组织器官可能来源于基因编辑存在差异的胚胎期细胞。因此,鉴定受精卵原核注射法制备的子代动物时,通常采取多组织器官同时鉴定的方式,综合分析子代动物的基因型及转基因编辑效率。子代动物的表型鉴定通常是从目的基因的功能出发,对组织器官的形态、结构和功能进行综合分析。例如,利用生理学技术监测生理生化指标(体长、体重、血压、糖代谢、脂代谢等),利用影像学技术监测组织器官发育阶段与健康状况等,利用生物学技术(荧光定量PCR、HE染色、免疫组织化学染色、蛋白质免疫印迹、蛋白芯片等)检测转基因前后目的基因的表达变化和组织器官结构变化等(图6-31)。

供体细胞的基因型

ApoE	CCTGGGAGCAGGCCCTGGGCCGCTTCTGGGATTACCTGCGCTGGGTGCAGTCCCTGTCTG	(WT)
A2,A3,A12,A13,A14	CCTGGGAGCAGGCCCTGGGCCGCTTCTGGGATTAC-----GCTGGGTGCAGTCCCTGTCTG	Δ4
A4,A17	CCTGGG--TGCAGTCCCTGTCTG	Δ39
A8,A11,A22	CCTGGGAGCAGGCCCTG--TCTG	Δ39
A7,A21	CCTGGGAGCAGGCCCTGGGCCGCTTCTGGGATTACCTG------GGTGCAGTCCCTGTCTG	Δ5
A10	CCTGGGAGCAGGCCCTGGGCCGCTTCTGGGATTACCTGC--TGGGTGCAGTCCCTGTCTG	Δ2
A43	CCTGGGAGCAGGCCCTGGGCCGCTTCTGGGATTACCTGTCGCTGGGTGCAGTCCCTGTCTG	+1

(a)

克隆仔猪的基因型

仔猪	打靶序列突变情况	缺失	供体细胞
WT	CTGGGCCGCTTCTGGGATTACCTGCGCTGGGTGCAGTCCCTGTCTG	−	
M1	CTG--TCTG	Δ39	A22
M2	CTG--TCTG	Δ39	A22
M3	CTG--TCTG	Δ39	A22
M4	CTGGGCCGCTTCTGGGATTACCTG------GGTGCAGTCCCTGTCTG	Δ5	A7
M5	CTGGGCCGCTTCTGGGATTACCTG------GGTGCAGTCCCTGTCTG	Δ5	A7
M6	CTG--TCTG	Δ39	A22
M7	CTG--TCTG	Δ39	A22
M8	CTGGGCCGCTTCTGGGATTACCTG------GGTGCAGTCCCTGTCTG	Δ5	A7
M9	CTGGGCCGCTTCTGGGATTAC-----GCTGGGTGCAGTCCCTGTCTG	Δ4	/
M10	CTG--TCTG	Δ39	A22

(b)

图6-30　*ApoE*基因敲除仔猪的亲子鉴定图(Fang et al.,2018)

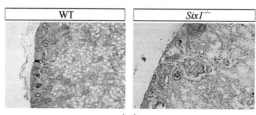

WT	*Six1⁻ᐟ⁻*

(a)

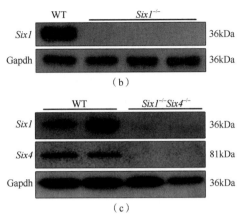

图 6-31　*Six1* 和 *Six4* 基因敲除仔猪的免疫组织化学染色和蛋白质免疫印迹鉴定（Wang et al.，2019）

三、国内外基因编辑技术研究与应用现状

（一）动物基因编辑技术的应用

1. 家畜生产性状改良及新品种培育

动物育种的目标是要提高动物的遗传品质，如提高动物的繁殖率、生长速度、饲料转化率，提高动物产品的营养价值、皮毛产量和质量，培育抵抗力强的抗病新品种等等。通过传统的杂交育种方法达到上述目标短则需要几年长则需要几十年，而且有的目标是无法通过常规杂交育种实现的。随着动物基因编辑技术、分子生物、胚胎工程技术及干细胞技术的飞速发展，通过基因随机整合、基因敲入、基因敲除和基因单碱基编辑技术等基因编辑技术手段，使在短时间内培育通过常规手段无法获得的动物新品种成为可能（李光鹏和张立，2018）。

在提高繁殖率研究方面，由江西农业大学联合多家研究单位，通过转 *BMPR-IB*、*FSHR-I* 等基因，培育出多个品系的高繁殖力转基因猪，使平均窝仔数达到 12 ~ 13 头。在提高动物生长速度及饲料转化率方面的转基因研究也主要集中在猪上，其中，1995 年 Hammer 等（1985）将人的生长激素基因通过显微注射注入猪的受精卵中，转基因猪生长速度显著提高；1989 年，Pursel 等（1989）获得牛的生长激素基因和类胰岛素样生长因子（IGF-1）转基因猪，使猪的生长素合成和饲料转化提高了 10% 以上。

在改善动物产品品质和营养价值研究方面，最受关注的应该是肌肉生长抑制素基因 *MSTN*。*MSTN* 基因的纯合缺失会促进肌肉组织的生长，减少脂肪组织的沉积。我国在大动物转基因项目的实施和推动下，多家单位分别培育了 *MSTN* 基因敲除牛和猪，积累了一定的研究经验和研究结果。另外一个不得不提的与动物肉质改善相关的基因是 *fat-1*。众所周知，不饱和脂肪酸对人体尤其是心脑血管健康有利，其中的主要成分 ω-3 不饱和脂肪酸一直是欧美乃至全世界公认的保健品。这种不饱和脂肪酸主要来源于深海鱼类，而在哺乳动物中含有大量的饱和脂肪酸，仅含有较低比例的不饱和脂肪酸。这是由于在哺乳动物中缺少将相应的饱和脂肪酸转化成不饱和脂肪酸的去饱和酶基因。2003 年，美籍华人学者 Kang 等将线虫的脂肪酸去饱和酶基因 fat-1 转入小鼠中，成功地将小鼠体内的 ω-6 饱和脂肪酸转化成 ω-3 不饱和脂肪酸。2006 年，中国学者赖良学和李荣凤等通过体细胞克隆技术，成功培育出 fat-1 转基因猪（Lai et al.，2006；Li et al.，2006）。转基因猪的骨骼肌中，ω-3 不饱和脂肪酸的平均含量（8%）达到了野生型猪骨骼肌不饱和脂肪酸含量（8% 与 1% ～ 2%）的 4 ～ 8 倍。这种转基因猪不仅本身的健康状况和抗病能力因高含量的 ω-3 不饱和脂肪酸得以提高，更主要的是所提供的肉等食品在满足人们膳食需求的同时，还可以预防和治疗人类心脑血管疾病、提高人体免疫力。内蒙古大学李光鹏团队成功培育了 fat-1 转基因牛和 fat-1 转基因羊（段彪等，2011；Wu et al.，2012），其中转基因牛的肌肉、脂肪、心脏、肝等十几种组织和器官中，ω-3 不饱和脂肪酸的含量比普通对照组高 30% ～ 70%，同时，ω-6 饱和脂肪酸和 ω-3 不饱和脂肪酸的比值显著下降。通过血液生理生化指标分析，fat-1 转基因牛本身具有抗肿瘤和免疫力提升的优势。

皮毛产量增加和质量提高等方面的转基因研究主要集中在羊上，候选基因有包括 A2 蛋白基因、IGF-1 和毛角蛋白 II 型中间细丝基因等，已经培育出上述 3 种基因的转基因绵羊，其中，A2 蛋白基因、IGF-1 转基因绵羊的产毛率得以显著提高（Damak et al.，1996；Nancarrow et al.，1991），毛角蛋白 II 型中间细丝转基因绵羊的羊毛中羊毛脂含量明显提高，羊毛的光泽亮度明显改善（Bawden et al.，1998；Powell et al.，1994）。

在培育抵抗力强的抗病新品种方面，主要针对抗病毒和抗菌两个方面，在牛、羊和猪上都做了大量工作（Donovan et al.，2005）。疯牛病和羊瘙痒症是一种朊蛋白（prion protein，PrP）疾病，朊蛋白是动物体内正常表达的单拷贝基因，朊病毒感染牛、羊后通过作用于朊蛋白，进而引起致命的中枢神经系统系统退化综合征，使牛羊养殖业蒙受巨大的经济损失。国内外的多家研究团队，分别采用不同的基因敲除策略成功培育了抗疯牛病的 PrP 基因敲除肉牛、奶牛和抗瘙痒症的 PrP 基因敲除绵羊（Denning et al.，2001；Yu et al.，2006）。口蹄疫是一种侵犯牛、羊和猪等有蹄类家畜的病毒性烈性传染病，病死率高，对家畜危害大。口蹄疫由口蹄疫病毒（foot and mouth disease virus，FMDV）引起，FMDV 属于小 RNA 病毒。中国农业大学连正兴团队针对 FMDA 表达的病毒 RNA 聚合酶 3Dpol 基因，设计了小 RNA 干扰片段，利用此小 RNA 干扰片段制备了转基因山羊，通过干扰 FMDV 的 3Dpol 基因的表达来抑制 FMDV 的复制，转基因羊的细胞中病毒滴度和病毒拷贝数显著降低（Li et al.，2015）。上面介绍的是在抗病毒转基因大动物研究方面的进展，关于抗菌大动物的培育，下面首先介绍已经获得的抗乳房炎的转基因大动物新品种。乳房炎是严重危害奶牛业的一种传染性疾病，严重影响产奶量、乳脂率及牛奶品质，金黄葡萄球菌是乳房炎的主要致病菌之一。2005 年，多诺万（Donovan）等将编码溶葡萄球菌酶的基因转入奶牛基因组中，证明了转基因牛的乳腺中高表达溶葡萄球菌酶可以有效地预防乳房炎的发生。2014 年，Lu 等利用 ZFN 介导，将人的溶菌酶基因定点整合到 β 酪蛋白基因座上，培育的在敲除 β 酪蛋白基因的基础上表达人溶菌酶的抗乳腺炎转基因 / 基因敲除奶牛（Lu et al.，2014）。人溶菌酶转基因山羊和转基因猪也分别于 2012 年和 2011 年培育成功（Carvalho et al.，2012）。Cui 等（2015）还将人溶菌酶与人乳铁蛋白同时转入猪基因组，转基因猪的乳汁中同时表达人溶菌酶与人乳铁蛋白，二者具有协同抗菌能力,有效减少了母猪乳房炎的发生。仔畜食用含有人溶菌酶的母畜乳汁后不会引起食物过敏,同时还可以有效降低仔畜腹泻发生率、增强体液免疫、抑制十二指肠大肠杆菌的生长、提高小肠黏膜的防御能力(Lu et al., 2014)。结核病是由牛结核分枝杆菌引起的一种人畜共患传染病,在全球范围内广泛分布,一直是全球公共卫生和农业生产的严重威胁。胞内抗病原体 1(intracellular pathogen resistance 1,Ipr1)转基因牛、SP110 基因和 NRAMP1 基因定点整合牛是截至目前科学家成功培育的较为典型的抗结核病转基因牛(Wang et al., 2015)。抗结核病转基因牛能够有效控制牛结核分枝杆菌在其体内的生长和增殖,大大减少结核病在牛群中的传播。布病是由布鲁氏杆菌引起的严重的人畜共患传染病,中国农业大学连正兴实验室针对脂多糖的受体 TLR4 基因可以识别布鲁氏杆菌,并进一步影响动物的固有和适应性免疫能力的特点,培育了过表达 TLR4 基因的转基因羊(Deng et al., 2016),该转基因羊具有明显的抵抗布鲁氏杆菌侵染的能力。猪繁殖与呼吸综合征(porcine reproductive and respiratory syndrome,PRRS)俗称蓝耳病,是猪特有的以繁殖和呼吸系统障碍为特征的急性病毒性传染病,其临床表现为母猪严重的繁殖障碍,断奶猪普遍发生肺炎、生长迟缓及死亡率增加。蓝耳病在国内外一直处于高发态势,严重影响养猪业的发展。针对这一问题,中国农业大学李宁团队成功利用 RNA 干扰技术培育了对蓝耳病病毒(PRRSV)具有一定抵抗能力的转基因猪。该团队首先针对 PRRSV 设计了特异的 siRNA 干扰序列,继而培育了该序列的转基因猪,siRNA 的表达显著降低了转基因猪血清中 PRRSV 的病毒滴度,有效地抑制了蓝耳病的发生。

2. 非常规畜牧产品——医药健康产品

(1)基因编辑牛、羊作为动物生物反应器

通过设计不同组织的特异性表达载体,再连接上外源目的基因,来生产转基因动物,那么所产生的转基因动物中,外源基因将在动物特定组织中表达。如果特异表达载体为乳腺特异表达,目的基因为药用蛋白或其他有价值的蛋白质等,从转基因动物的乳汁中就可以获得由目的基因编码的药用蛋白。在转基因动物技术出现之前,人们首先想到利用细菌或细胞来生产基因工程药物,即把目的基因通过适当改造后转入大肠杆菌等工程菌或细胞中,让目的基因在细菌或细胞中得以表达,与细菌基因工程和细胞基因工程相比,通过转基因动物生产药用蛋白不但产量高、易提纯,而且表达的蛋白经过充分的修饰加工,具有稳定的生物活性。同时,由于乳腺是一个外分泌器官,乳汁不进入体内循环,不会影响到转基因动物的生理代谢。因此,动物乳腺是公认的生产重组蛋白的理想器官,人们称这种转基因动物为"乳腺生物反应器"。我国 863 计划在"九五"和"十五"期间,均将转基因动物研究列为重大项目予以资助,先后培育出能在乳腺中特异表达多种药用蛋白(人乳铁蛋白、人血清白蛋白、人溶菌酶)的转基因牛、绵羊和山羊,总体技术能力基本达到发达国家水平。2008 年,我国又启动了国家中长期科技项目"转基因生物新品种培育重大专项",在该计划的支持下,一大批有开发应用前景的转基因、基因敲除猪、牛、羊相继培育成功,使我国的转基因大动物领域研究在国际上遥遥领先。所产生的主要成果包括内蒙古大学李光鹏团队培育的 fat-1 转基因牛,该转基因牛健康状况良好,乳汁中

ω-3 不饱和脂肪酸含量是野生型对照组的 10 倍以上，血液生理生化指标与野生型牛无显著差异，但免疫学指标明显优于野生型对照组。*fat-1* 转基因牛极具开发价值。

（2）基因编辑猪与生物医药相关研究及产品

关于转基因克隆猪在生产中的应用，相关内容已经在"家畜生产性状改良及新品种培育"中加以阐述。由于猪在器官大小、解剖形态、代谢生理和基因组方面与人类更为接近，目前，转基因克隆猪已经在异种移植、人类疾病动物模型、新一代生物材料，以及在猪体内再生人源化器官等方面的研究中发挥了重要作用（Prather et al.，2013）。下面就这 4 个方面的研究分别加以介绍。

异种移植：器官移植技术是治疗终末期器官衰竭病人的有效途径，但是，全球范围的器官短缺严重束缚了该技术的进一步发展，每年都有数目庞大的器官衰竭病人在等待器官移植的过程中死去。这一困境在我国显得尤为突出。例如，我国目前至少有 200 多万的尿毒症患者，而且每年新发病人数以 20% 的速度递增。中国是乙肝大国，慢性乙肝患者达 2000 万以上，而这中间每年约有 20 万人会发展成急性或慢性肝衰竭，有近 300 万人会发展成为肝硬化，近 30 万人会成为肝癌患者。我国目前有 200 万～ 300 万的失明患者等待角膜移植，并且这个人群每年递增 10 万，尚不包括 700 万～ 800 万的低视力患者。而我国由于限制死刑犯器官在临床上器官移植的使用，并缺乏西方国家的比较完善的器官捐献体系，而且我国公民在器官捐献上的意识很低，器官供体和需求上的巨大缺口显得尤为突出。这种严重的供需矛盾不但影响到几千万中国人民的健康和生命，也引发了一系列严重的社会和伦理问题。

用动物器官作为替代进行异种器官移植一直是人们思考和研究的重要课题。从基因组大小、复杂程度和结构，不同组织和发育阶段的表达序列库，以及解剖学、生理学和个体大小来看，猪一直被认为是人类异种器官移植的最理想供体（Wu et al.，2017）。但是，猪器官移入灵长类体内后会发生异种器官移植特有的超急性排异反应（hyperacute rejection，HAR），异体器官移植普遍存在的急性血管性排斥反应（acute vascular rejection，AVR）和加速性细胞排斥反应（accelerated cell rejection，ACR）。HAR 在猪器官接触受体血液循环后几分钟或数小时发生，使供体器官迅速瓦解。AVR 主要危害血管及脏器，是不可逆转性体液排斥反应，常发生在手术后早期（移植后数天到数周），病情进展迅速。ACR 是指器官接受者循环血液中存在的抗器官提供者抗体在并不一定引起 HAR 和 AVR 的情况下，但可能引起加速性细胞排异反应。超急性排异与猪血管内皮细胞表面 α 半乳糖基糖蛋白分子有关。由于高等灵长类动物没有该糖分子，因而有大量的 α 半乳糖基糖蛋白分子的抗体。这些抗体能够迅速激活补体反应，破坏猪内皮细胞而引起超急性排异反应。因此去除供体猪器官中的 α 半乳糖基糖蛋白分子是获得异种移植成功的关键步骤。2002 年，戴一凡和赖良学在美国几乎同时报道采用胚胎成纤维细胞基因打靶和体细胞核移植技术，成功获得了半乳糖基转移酶（galactosyltransferase，GGTA1）单基因敲除猪（Dai et al.，2002）。随后，这两个课题组在 GGTA1$^{+/-}$ 的基础上通过二次打靶或细胞筛选技术又分别获得了 GGTA1 纯合敲除的克隆猪个体。之后，美国、日本、澳大利亚几个科研小组也相继获得了敲除 α 半乳糖基转移酶基因的转基因克隆猪。美国

麻省总医院进行了 α 半乳糖基转移酶基因敲除猪的肾和心脏移植到狒狒的临床前实验，成功地克服了超急性排异反应，移植心脏和肾的存活时间显著延长，这是异种器官移植迈出的坚实的一步。*GGTA1* 基因敲除虽然解决了异种器官移植中的最主要的第一道屏障，接下来的 AVR 和 ACR 也是决定异种器官能否继续存活及影响存活时间的主要因素。AVR 和 ACR 主要由异种器官植入人体后激活人类补体反应而导致，因此，*GGTA1* 敲除后的器官移植仍需要使用大量的免疫抑制剂来抑制 AVR 和 ACR 的发生。2003 年，美国科学家罗马斯达（Ramsoondar）在成功敲除猪 *GGTA1* 基因的同时，使猪表达了人 α 岩藻糖基转移酶。2005 年，日本高桥（Takahagi）等获得的缺失 *GGTA1* 基因的克隆猪还表达了人衰变加速因子（human decay acceleration factor，hDAF）和乙酰氨基葡萄糖苷转移酶 Ⅲ 基因。2005 年 7 月，德国的克罗斯（Klose）等培育了表达有生物活性的 hDAF 的上游分子——人肿瘤坏死因子 α（tumor necrosis factor-alpha，TNF-α）的转基因克隆猪。2009 年，过量表达抑制补体反应的人类补体调节蛋白 hCD46 的转基因猪胰岛移植到猴子体内后存活时间可延长至一年，而野生型和 *GGTA1* 敲除猪的胰岛最长只能存活 46d。更重要的是 hCD46 转基因明显减少了术后对免疫抑制剂的需要量，证明 hCD46 表达产物一定程度上抑制了急性血管性排斥反应和加速性细胞排斥反应的发生。在猪至灵长类心脏异种移植方面，在排除超急性免疫排斥反应的基础上，主要还需要克服血栓的形成和凝血反应，*GGTA1* 敲除或 *GGTA1* 敲除和 hCD46 转基因猪的心脏异位移植到灵长类后可存活 179～236d。2014 年，莫慧娣（Mohiuddin）等首次将 GGTA1⁻ᐟ⁻.hCD46.hTBM（human thrombomodulin，hTBM，人血栓调节蛋白）猪的心脏异位移植到狒狒体内，同时在基础免疫抑制剂的基础上联合使用 aCD40 抗体，猪心脏在狒狒体内的存活时间延长到一年（Mohiuddin et al.，2014）。2016 年，莫慧娣等再次将 GGTA1⁻ᐟ⁻.hCD46.hTBM 猪的心脏异位移植到狒狒体内，同时联合使用 aCD20 抗体，使异种器官的存活时间延长到 945d。2018 年，德国慕尼黑大学马蒂斯（Matthias）等将 GGTA1⁻ᐟ⁻.hCD46.hTBM 猪的心脏原位移植到狒狒体内，移植的猪心脏完全发挥心脏功能，受体狒狒存活长达 195d，这一突破性研究成果标志着异种移植离临床应用从技术层面来讲仅咫尺之遥（表 6-19）。

新一代生物材料：*GGTA1* 敲除猪的器官移植到非人灵长类之后，虽然超急性免疫排斥得以排除，但还存在接下来的 AVR 和 ACR，其主要原因可能与非 Gal 抗原有关。排在这些非 Gal 抗原之首的两个抗原分别是 *N*- 羟乙酰神经氨酸（*N*-glycolylneuraminic acid，NeuGc）和 β 蛋白 GALN 乙酰半乳糖胺基转移酶 2（β-1,4-*N*-acetyl-galactosaminyl transferase 2，β4GALNT2）。NeuGc 是猪血管内皮细胞上的另一个重要的异种抗体结合位点，由胞苷-磷酸-*N*-乙酰神经氨酸羟化酶（cytidine monophosphate-*N*-acetylneuraminic acid hydroxylase，CMAH）合成。在敲除 *GGTA1* 的基础上进一步将 *CMAH* 基因敲除（*CMAH* gene-knockout，CMAH⁻ᐟ⁻）后，人血液对猪细胞的排斥反应明显减弱，CMAH⁻ᐟ⁻+GGTA1⁻ᐟ⁻ 猪肺异种移植后的功能维持和器官存活时间可以进一步延长。联合敲除 *GGTA1*、*CMAH* 和 *b4GALNT2* 三个基因后（Zhang et al.，2018），猪的红细胞和心脏瓣膜与人血清的抗体反应均极显著降低，而且三基因敲除猪的心脏组织结构及生理均未出现显著异常。三基因敲除猪有望在异种移植及低免疫原性生物材料方面发挥重要作用。

表 6-19　基因修饰猪器官移植到猴最长存活时间

移植类型	供体类型	存活时间（d）	完成单位
肾	αGTKO + CD55	499	艾默里大学
异位心脏	αGTKO +CD46+TM	945	美国国立卫生研究院
原位心脏		195	慕尼黑大学
胰岛	CD46 转基因	396	美国联合治疗公司 / 匹兹堡大学
肝	αGTKO+CMV 阴性	29	哈佛大学
肺	αGTKO + CD46 转基因	7	马里兰大学

　　人类疾病动物模型：体细胞克隆猪成功，以及各种转基因及基因敲除克隆猪的相继问世，基因修饰克隆猪已经日益成为人类疾病研究的动物模型，广泛用于心脑血管、糖尿病、呼吸系统、脂蛋白代谢、衰老等疾病及肌腱等损伤修复的研究中。猪作为人类疾病模型有其特有的优点，由于其组织器官大小及结构与人类接近，特别适合做人类器官发育研究的模型及疾病模型，如心脑血管疾病模型。另外，小鼠动物疾病模型虽然已经在疾病的发病机理研究中发挥了重要的作用，但有些人类疾病在小鼠上并不发病，如肺部纤维化囊肿通常由 *CFTR* 基因突变导致，敲除小鼠的 *CFTR* 基因后，小鼠出现氯离子通道异常，该模型在研究氯离子通道功能方面发挥了重要作用，但非常遗憾的是 *CFTR* 基因敲除小鼠并不产生肺部纤维化囊肿表型。小鼠也不是理想的人类动脉粥样硬化模型，虽然载脂蛋白基因敲除小鼠也会出现高脂、高胆固醇血症，但血管壁不能形成斑块，而猪的动脉粥样硬化模型可以形成与人类一样的血管管壁斑块。由此可见，在很多疾病方面，猪是较小鼠更为理想的疾病动物模型。截至目前已经培育出来的疾病动物模型猪包括：肺部纤维化囊肿、阿尔茨海默病、高胆固醇高脂血症、动脉粥样硬化（见图 6-32）、视网膜色素变性、脊髓性肌萎缩、重症联合免疫缺陷、耳聋、癌症等疾病模型。人们也尝试构建亨廷顿舞蹈症模型猪，最初的尝试通过随机转染 75 个人 CAG 重复序列，但未能获得亨廷顿舞蹈症表型，接下来尝试随机转染 105 个人 CAG 重复序列，非常遗憾，出生的转基因克隆猪不能正常存活。2018 年，我国中国科学院广州生物与健康研究院赖良学团

图 6-32　*ApoE* 基因敲除动脉粥样硬化巴马小型猪模型（Fang et al.，2018）

队培育的亨廷顿舞蹈症疾病动物模型猪引起了学术界的普遍关注。该研究采用 CRISPR/Cas9 技术介导，直接将人的 150 个 CAG 重复序列定点整合到猪的亨廷顿基因位点，构建了表型稳定，而且表型可以连续传代的亨廷顿舞蹈症猪模型。该研究的成功标志着转基因克隆猪作为疾病动物模型研究已经非常成熟。

在猪体内再生人源化器官：关于在动物体内再生人的器官，最早报道的是日本东京大学的中内（Nakauchi）团队，他们将小鼠的 *PDX1* 基因敲除后，小鼠出现严重的胰腺发育缺陷甚至胰腺完全缺失，然后他们用大鼠的诱导多能干细胞（induced pluripotent stem cell，iPSC）对 PDX1$^{-/-}$ 小鼠囊胚进行注射，也即通过囊胚互补获得了健康小鼠，而且小鼠的胰腺由外源注射的大鼠的 iPSC 发育而来（Kobayashi et al.，2010）。在这个研究的基础上，该团队又构建了胰腺发育缺失的雄性转基因克隆猪胚胎，培养胎儿成纤维细胞，然后用胎儿成纤维细胞作为细胞核供体进行再克隆，再克隆胚发育到囊胚阶段时，用雌性的橙色荧光蛋白标记的猪胚胎的卵裂球进行囊胚互补（由于没有合适的猪干细胞可用），结果由互补胚胎经胚胎移植发育而来的仔猪其胰腺来源于含橙色荧光蛋白的雌性细胞（Matsunari et al.，2013）。中内的研究建立了在一种动物体内再生同种或异种动物器官的概念。由此，科学家们不难想到可否在猪等大动物体内再生人源化器官（Rashid et al.，2014），这也正是中内团队的终极目标。为实现这一目标，首先要找到决定某器官发育的关键基因，通过基因敲除构建该特定器官缺失的转基因克隆猪胚胎，再用这些器官缺失的转基因克隆猪胚胎的细胞继代克隆，并在克隆胚胎早期发育阶段通过囊胚互补注射灵长类或人干细胞，最终实现在猪体内再生人或灵长类器官。围绕这一目标，国际上很多实验室纷纷开展以下两个方面的研究，一方面是构建器官发育缺失的转基因克隆猪，本书著者曾在美国联合治疗公司的资助下成功构建了肺发育完全缺失、其他组织器官发育正常，并且能够发育到期的转基因克隆猪。同时，还通过敲除肾发育的关键的上游调节基因 *Six1*，或联合敲除 *Six1* 和 *Six4*（Kawakami et al.，2000；Kobayashi et al.，2007）构建了不同程度肾发育缺陷的转基因克隆猪胚胎（Wang et al.，2019），但并没有像肺缺失模型那样获得肾完全缺失但其他器官发育正常的理想的肾缺失猪模型。另一方面，研究者们用人或猴的干细胞对小鼠或猪胚胎进行囊胚互补，以探讨灵长类干细胞参入猪胚胎的可能性及可能的嵌合比率（囊胚互补方法见图 6-33）。2014 年，邓宏魁团队将猕猴成纤维细胞诱导为始发态的 iPSC，并且在将这些猕猴 iPSC 注射到小鼠 8 细胞胚胎或 E3.5d 的囊胚后，待胚胎发育至 E10-11d 时回收胚胎，分析发现有 1/2 的小鼠胚胎中均有猕猴 iPSC 的嵌合，为了进一步研究这些 iPSC 是否能参与小鼠胚胎发育，该课题组又分析了 E16d 的嵌合胚胎，结果发现这些 iPSC 可以整合到小鼠的不同组织及器官中，包括肠管、肝、心脏和大脑（Fang et al.，2014）。2017 年，吴军等分别敲除小鼠的 *PDX1*、*NKx2.5* 和 *Pax6* 基因构建了小鼠胰腺、心脏和眼发育缺陷模型，然后用大鼠的始发态 ESC 进行小鼠囊胚互补，获得了异种嵌合小鼠后代，通过对这些嵌合小鼠分析发现，大鼠的 ESC 以高比率优先参入缺陷的胰腺、心脏和眼中，使缺陷的组织器官得以救援。而将大鼠 ESC 或小鼠 iPSC 注射到猪囊胚后均未获得嵌合结果。该团队还将荧光标记后的人 iPSC 注射到猪及牛的囊胚中，结果发现人 iPSC 可以整合到猪或者牛的囊胚内细胞团中。将嵌合的猪囊胚移植到受体母猪子宫后在第 21 ～ 28 天时共回收胚胎 186 个，经分析发现

67 个胚胎有荧光表达。进一步研究发现，人干细胞虽然可以参入猪胚胎的多种组织和器官，但参入的比率与大鼠 - 小鼠嵌合相比是极其低的，说明了人与猪之间的遗传进化距离远远大于大鼠与小鼠之间的进化距离（Wu et al.，2017）。吴军等的研究还发现了一个非常有趣的现象：大鼠本身没有胆囊，但大鼠 ESC 却参入嵌合小鼠的胆囊中，并且表达胆囊上皮的特异性标志分子 EpCAM。可见，小鼠胚胎在发育过程中发出的发育指令能够解锁大鼠细胞的胆囊发育，而大鼠自身的胚胎发育指令是抑制胆囊发育的。由此可见，大、小鼠之间可以实现胚胎发育指令的共享和细胞间的彼此通讯，而远源异种动物的细胞（人）似乎并不能"听懂"宿主胚胎（猪）发出的发育的相关指令。如何打破远源异种细胞间的种间隔离，实现异种细胞间的分子对话将是在大动物体内再生人类器官的关键所在，目前国际上已经有多个团队在进行这个项目的攻关，在猪体内再生灵长类器官研究的序幕已经拉开。

图 6-33　不同物种间干细胞囊胚互补示意图（Wu et al.，2017）

（二）基因编辑动物研究中存在的技术问题

1. 外源基因随机整合问题

由于高效的基因编辑技术（如 TALEN 和 CRISPR/Cas9）近几年才发展起来，目前，我国已经培育的有开发价值的转基因大动物很大一部分都是外源基因随机整合的转基因动物。这种转基因大动物所携带的外源基因在宿主基因组中的插入和整合都具有很大的随机性，一方面可能会破坏动物自身基因的正常表达，导致转基因动物各种各样的发育异常，另一方面，即使已整合的外源基因也很容易从宿主基因组中丢失，稳定遗传给后代的概率很低。但是，之前大量随机整合转基因动物的培育，以及相应外源基因转入宿主后的表达、提纯及相应的功能研究成果，已经帮助我们筛选出一批确实有开发价值的目标基因，如人乳铁蛋白基因等。随着基因精确编辑工具的出现，外源基因随机整合的相应问题可以通过采用新的基因编辑技术得以修正和解决，最后培育出没有插入突变、外源基因定点整合并稳定遗传的转基因大动物。

2. 基因编辑大动物培育成本高效率低的问题

目前，基因敲除或基因定点整合大动物的培育方法主要有两种：第一种方法是将外源基因表达载体、基因敲除打靶载体或碱基编辑载体（蛋白）直接注入体外受精发育的或体内回收到的原核期胚胎中，然后将胚胎移植入受体动物的输卵管或子宫中；第二种方法是使用外源基因表达载体、基因敲除打靶载体或碱基编辑载体（蛋白）转染胚胎成纤维细胞，通过药物筛选基因修饰阳性的胚胎成纤维细胞，然后借助体细胞克隆技术制备基因型稳定的基因敲除动物。两种方法虽然都能成功培育基因敲除猪模型，但也都存在各自的问题和缺点。第一种方法的问题在于原核注射后不能对胚胎基因编辑成功与否进行评判，而是需要等到动物出生后才能对基因编辑效果及效率进行检测，因此在基因编辑大动物培育过程中需要大量资金和较长的时间。体细胞转染结合体细胞核移植技术的第二种方法是目前生产基因编辑大动物的主流方法。众所周知，体细胞克隆技术的成功率迄今为止仍然很低，80%以上的克隆胚胎要面临流产，只有1%～5%的克隆胚胎可以发育至妊娠末期，存活下来的克隆动物也有一部分伴有异常表型。细胞转染过程中，尤其是基因敲除和基因定点插入，阳性细胞的筛选较为困难。以上两个低效率叠加导致以这种方法培育基因编辑大动物也一直是周期长、投入高和产出低的高风险产业。如何提高基因编辑大动物的培育效率仍是亟待解决的科学问题。

3. 基因编辑过程中的脱靶问题

所有基因组定点编辑技术，包括 TALEN 和 CRISPR/Cas9，都存在潜在的脱靶问题，就是这些基因编辑工具可能会对基因组的一些非特异性位点错误识别并进行切割，产生脱靶效应。截至目前，虽然大部分研究报道采用上述两种基因编辑技术培育的基因敲除或基因定点整合的大动物均未检测到脱靶的发生，但这些研究大都只检测几个到二十几个最可能的脱靶位点。而且确实有研究检测到 TALEN 和 CRISPR/Cas9 造成的基因组脱靶问题。如何保证零脱靶是确保基因编辑大动物本身的健康，以及确保基因编辑大动物成功应用于农业育种、食品及医学研究的关键。

（三）基因编辑动物的生物安全问题

除了上述有关转基因技术问题外，转基因动物的生物安全问题也是受世人普遍关注并引发争论的焦点。例如，具有某些优良性状的转基因动物是否会对生物多样性与生态平衡产生不良影响，转基因动物食品或医疗产品是否会威胁到人类健康及由之引发的一系列社会伦理问题，转基因动物本身的健康是否会受到基因编辑及基因编辑动物培育的其他相关技术的影响等等（李光鹏和张立，2018）。这些问题都是从事转基因相关研究的科学家必须面对并加以审慎考虑与深入研究的重大课题。这里我们主要就基因编辑大动物的生态安全性、食品安全性和应用于异种移植的风险评估及风险排除策略进行阐述。

1. 基因编辑大动物的生态安全问题

基因编辑动植物的生态安全性问题是指转基因动物因自然因素出现"基因逃逸"或人为因素出现"环境释放"时对生态环境方面可能造成的危害或风险。植物容易通过种苗的散失、残存组织的再生或花粉传播形成"基因逃逸"，从而威胁野生物种的生存及占比。水生动物容易随水流逃离固有水体，与非转基因个体交配繁衍后代。转基因大动物不会出现"基因逃逸"，只可能会因为人为管理的不当而出现"环境释放"，所以，对于仍用于研究阶段的转基因大动物要严格进行管理，要通过物理控制手段坚决避免任何形式的动物逃逸，对于研究结束后的基因编辑动物尸体或组织器官要严格进行焚烧处理。

2. 基因编辑大动物自身的安全和健康问题

根据《农业转基因生物安全评价管理办法》，基因编辑大动物的自身安全是指其存活力、繁殖、遗传及代谢生理等其他生物学特性的改变，从基因编辑本身到原核注射、体细胞克隆等基因编辑动物培育的辅助技术，都有可能导致部分转基因动物组织结构、生理功能和行为方式出现异常甚至出现发育过程中致死的情况。要解决这些基因编辑大动物自身的健康问题，首先要对原代转基因动物进行全面的基因编辑检测，包括随机整合的外源基因的整合位点及拷贝数、外源基因整合的稳定性、基因敲除和基因定点插入过程中的脱靶分析等，在这些检测分析的基础上对基因编辑阳性动物的生长发育、繁殖（包括激素水平）、遗传、代谢生理（包括肠道微生物菌群）及动物行为等进行全面地检测，以确保基因编辑动物本身的安全与健康。

3. 基因编辑大动物的食品安全问题

在目前已经培育的基因编辑大动物中，一部分是以食品为目的进行研发的，因此，就涉及基因编辑动物的食品安全问题。转基因食品（genetically modified food，GMF）安全问题是转基因生物安全的核心问题，也是社会大众普遍关心的问题。转基因大动物的食品安全主要是指对转基因大动物作为食品被动物或人类食用后代谢的生化过程、致敏性、毒理学、抗药性、致病致畸，以及对生殖能力的影响等方面进行评估。基因编辑动物要避免携带任何外源抗性基因和标记基因，以免引起转基因动物产生毒性、抗药性及自身的免疫问题，进而避免人类食用后产生类似的问题。

目前国际上批准上市的转基因动物食品有美国食品药品监督管理局（FDA）批准的美国水恩科技公司（AquaBounty Technologies）的转基因三文鱼品牌 AquAdvantage。AquAdvantage 转基因三文鱼是在大西洋三文鱼的基因组中整合了由来自美洲绵鳚的启动子引导的另外一种三文鱼——大鳞大马哈鱼（又称为奇努克鲑鱼，*Oncorhynchus tshawytscha*）的生长激素基因。AquAdvantage 转基因三文鱼的主要特点是生长迅速，仅需 18 个月便能长成，而常规三文鱼需要至少 3 年。除此之外，AquAdvantage 转基因三文鱼的其他生理、遗传及肉质营养特性没有发生变化。这种三文鱼还有一个特点就是全部是三倍体无生育力的雌性，这一特性只是为了确保这些鱼万一逃逸或者被放生，不会对野生三文鱼生态种群产生影响。AquAdvantage 转基因三文鱼是在确认其自身健康安全性、食用安全性 5 年、环境安全性 3 年之后，于 2015 年 11 月 19 日，由 FDA 批准上市。未来任何一种基因编辑大动物均需要满足与三文鱼类似的、一定时间长度范围内的自身健康安全性、食用安全性和环境安全性监测条件，才可能获准上市。

4. 转基因大动物应用于异种移植的风险评估和风险排除策略

在前面的内容里，我们已经介绍了目前国际上已经构建的可用于人类器官移植的潜在的转基因克隆猪供体，以及在猴子上开展的器官移植实验及各类器官最新异种移植结果。在这里我们来探讨猪应用于异种移植的风险评估及风险排除策略。人们最为担心的异种移植风险是猪内源性逆转录病毒（PERV）。内源性逆转录病毒是嵌在猪细胞内基因组的病毒，在猪身体里不会有毒性。当猪的细胞和人的细胞接触时，内源性逆转录病毒会从猪的基因组"跳"到人的基因组中。异种病毒传播最典型的例子就是艾滋病病毒从灵长类动物传播到人类。因此，内源性逆转录病毒成为利用猪器官进行人体移植面临的一个重大医疗风险问题。而在实际的异种移植研究中 PERV 的表现又是什么样的呢？2014年，温亚德（Wynyard）等报道了新西兰政府批准下的猪胰岛临床移植到病人后的 PERV 监控结果，供体采用奥克兰岛猪，共对 14 个重症低血糖患者进行了胰岛移植，分别于移植后的 1 周、4 周、8 周、12 周、24 周和 52 周对病人血浆进行检测，结果未发现任何猪 PERV 和微生物向受体病人的转移。即便如此，灭活猪体内的内源性病毒，在此基础上再进行基因编辑以去除异种移植免疫排斥反应，一直是异种移植研究的重点。在异种移植研究的初期阶段，还没有发展起强大的基因编辑工具，2015年，Yang 等（2015）采用 CRISPR/Cas9 基因编辑技术，将猪肾上皮细胞（PK15）中的 62 个 PERV 拷贝一次性灭活。同年，云南农业大学魏红江教授与美国 eGenesis 公司杨璐菡博士、哈佛医学院乔治·舒尔希（George Church）教授组建联合课题组，开始了科研攻关。美方科研团队用 Cas9 根除了猪细胞里面所有的内源性病毒活性后，魏红江课题组经过反复实验研究，通过核移植克隆技术成功获得了第一批 37 头没有内源性逆转录病毒活性的猪。2017 年 8 月 10 日，该成果在《科学》杂志上发表，宣布世界上首批内源性逆转录病毒活性灭活猪生产成功。该研究成果成功解决了异种器官移植临床化最重要的安全性问题，标志着异种器官移植研究迈出关键性一步。

当然，现在就转基因猪的脏器用于人的器官更换还存在着许多理论上和实际上的问题。例如，猪脏器移入人体后究竟能否在较长时间内保持生理机能，这个时间有多长，是否和人体整个机能年龄相符？另外，由于猪的染色体数和人不相同，是否诱发其他病症的发生？当然也包括社会伦理道德问题。我们相信转基因 - 克隆技术为人类脏器移植带来的福音，但这不仅仅是个技术问题，需要社会的理解和支持及相关法律的健全，期待着转基因克隆猪的器官早一天用于临床，去挽救更多垂危的生命。

参 考 文 献

陈大元. 2000. 受精生物学. 北京: 科学出版社.

段彪, 程磊, 苏广华, 等. 2011. ω-3 转基因克隆绵羊诞生. 内蒙古大学学报 (自然科学版), 42(1): 121-122.

韩雪洁. 2013. 猪体细胞转入凝血细胞因子Ⅸ和 hfat-1 基因的研究. 呼和浩特: 内蒙古大学硕士学位论文.

李光鹏, 张立. 2018. 哺乳动物生殖工程学. 北京: 科学出版社.

李喜和. 2009. 家畜性别控制技术. 北京: 科学出版社.

刘玉颖, 杨文涛, 杨桂连, 等. 2016. CRISPR/Cas9 技术构建小鼠癌症模型的初步研究进展. 中国免疫学杂志, 32(9): 1384-1386.

罗应荣, 黄河, 李鑫, 等. 2005. 奶牛胚胎性别控制技术的试验研究进展. 中国畜牧兽医, 32(6): 32-35.

米歇尔·瓦提欧. 2004. 奶牛饲养技术简介. 北京: 中国农业大学出版社.

苏广华, 李雪, 刘雪菲, 等. 2016. 过表达重编程转录因子藏羚羊成纤维细胞异种克隆研究, 农业生物技术学报, 24(7): 957-967.

童第周, 叶毓芬, 陆德裕, 等. 1973. 鱼类不同亚科间的细胞核移植. Current Zoology, (3): 4-15.

魏勇, 应大君, 朱楚洪, 等. 2008. 人工锌指蛋白真核表达载体的构建及表达. 第三军医大学学报, 30(2): 134-137.

旭日干. 2004. 旭日干院士研究文集 // 内蒙古大学实验动物研究中心学术论文汇编 1984 ~ 2004. 呼和

浩特: 内蒙古大学出版社.

杨宁, 赵丽华, 张曼玲, 等. 2015. 建立高效表达猪 LIF 的猪胚胎成纤维细胞系. 中国细胞生物学学报, 37(7): 936-945.

杨增明, 孙青原, 夏国良. 2019. 生殖生物学. 2 版. 北京: 科学出版社.

张曼玲, 金永, 赵丽华, 等. 2019. 生长因子对猪卵母细胞成熟及孤雌胚胎发育的影响. 内蒙古大学学报 (自然版), 50(4): 397-403.

Alvarez M, Anel-Lopez L, Boixo J C, et al. 2019. Current challenges in sheep artificial insemination: a particular insight. Reproduction in Domestic Animals = Zuchthygiene, 54 Suppl 4: 32-40.

Bawden C S, Powell B C, Walker S K, et al. 1998. Expression of a wool intermediate filament keratin transgene in sheep fibre alters structure. Transgenic Research, 7(4): 273-287.

Beyhan Z, Iager A E, Cibelli J B. 2007. Interspecies nuclear transfer: implications for embryonic stem cell biology. Cell Stem Cell, 1(5): 502-512.

Bogliotti Y S, Wu J, Vilarino M, et al. 2018. Efficient derivation of stable primed pluripotent embryonic stem cells from bovine blastocysts. Proceedings of the National Academy of Sciences of the United States of America, 115(9): 2090-2095.

Carvalho E B, Maga E A, Quetz J S, et al. 2012. Goat milk with and without increased concentrations of lysozyme improves repair of intestinal cell damage induced by enteroaggregative *Escherichia coli*. BMC Gastroenterology, 12: 106.

Cathomen T, Joung K. 2008. Zinc-finger nucleases: the next generation emerges. Molecular Therapy, 16(7): 1200-1207.

Catt S L, Catt J W, Gomez M C, et al. 1996. Birth of a male lamb derived from an *in vitro* matured oocyte fertilised by intracytoplasmic injection of a single presumptive male sperm. The Veterinary Record, 139(20): 494-495.

Chu V T, Weber T, Wefers B, et al. 2015. Increasing the efficiency of homology-directed repair for CRISPR-Cas9-induced precise gene editing in mammalian cells. Nature Biotechnology, 33(5): 543-548.

Cong L, Ran F A, Cox D, et al. 2013. Multiplex genome engineering using CRISPR/Cas systems. Science, 339(6121): 819-823.

Cran D G, McKelvey W A C, King M E, et al. 1997. Production of lambs by low dose intrauterine insemination with flow cytometrically sorted and unsorted semen. Theriogenology, 47(1): 267.

Cui D, Li J, Zhang L L, et al. 2015. Generation of bi-transgenic pigs overexpressing human lactoferrin and lysozyme in milk. Transgenic Research, 24(2): 365-373.

Dai Y, Vaught T D, Boone J, et al. 2002. Targeted disruption of the alpha1, 3-galactosyltransferase gene in cloned pigs. Nature Biotechnology, 20(3): 251-255.

Damak S, Su H, Jay N P, et al. 1996. Improved wool production in transgenic sheep expressing insulin-like growth factor 1. Bio/Technology, 14(2): 185-188.

Deng S L, Yu K, Wu Q, et al. 2016. Toll-like receptor 4 reduces oxidative injury via glutathione activity in sheep. Oxidative Medicine and Cellular Longevity: 9151290.

Denning C, Burl S, Ainslie A, et al. 2001. Deletion of the alpha(1, 3)galactosyl transferase(GGTA1)gene and the prion protein(PrP)gene in sheep. Nature Biotechnology, 19(6): 559-562.

Dominko T, Mitalipova M, Haley B, et al. 1999. Bovine oocyte cytoplasm supports development of embryos produced by nuclear transfer of somatic cell nuclei from various mammalian species. Biology of Reproduction, 60(6): 1496-1502.

Donovan D M, Kerr D E, Wall R J. 2005. Engineering disease resistant cattle. Transgenic Research, 14(5): 563-567.

Fan N F, Chen J J, Shang Z C, et al. 2013. Piglets cloned from induced pluripotent stem cells. Cell Research, 23(1): 162-166.

Fang B, Ren X, Wang Y, et al. 2018. Apolipoprotein E deficiency accelerates atherosclerosis development in miniature pigs. Disease Models and Mechanisms, 11(10): dmm036632.

Fang R G, Liu K, Zhao Y, et al. 2014. Generation of naive induced pluripotent stem cells from rhesus monkey fibroblasts. Cell Stem Cell, 15(4): 488-497.

Gaj T, Gersbach C A, Barbas C F. 2013. ZFN, TALEN, and CRISPR/Cas-based methods for genome engineering. Trends in Biotechnology, 31(7): 397-405.

Gao X F, Nowak-Imialek M, Chen X, et al. 2019. Establishment of porcine and human expanded potential stem cells. Nature Cell Biology, 21(6): 687-699.

García-Vázquez F A, Mellagi A P G, Ulguim R R, et al. 2019. Post-cervical artificial insemination in porcine: the technique that came to stay. Theriogenology, 129: 37-45.

Gaudelli N M, Komor A C, Rees H A, et al. 2017. Programmable base editing of A · T to G · C in genomic DNA without DNA cleavage. Nature, 551(7681): 464-471.

Ghosh D, Venkataramani P, Nandi S, et al. 2019. CRISPR-Cas9 a boon or bane: the bumpy road ahead to cancer therapeutics. Cancer Cell International, 19: 12.

Hammer R E, Pursel V G, Rexroad C E, et al. 1985. Production of transgenic rabbits, sheep and pigs by microinjection. Nature, 315(6021): 680-683.

Hasty P, Rivera-Pérez J, Chang C, et al. 1991. Target frequency and integration pattern for insertion and replacement vectors in embryonic stem cells. Molecular and Cellular Biology, 11(9): 4509-4517.

Hauschild J, Petersen B, Santiago Y, et al. 2011. Efficient generation of a biallelic knockout in pigs using zinc-finger nucleases. Proceedings of the National Academy of Sciences of the United States of America, 108(29): 12013-12017.

Hollinshead F K, O'Brien J K, Maxwell W M C, et al. 2002. Production of lambs of predetermined sex after the insemination of ewes with low numbers of frozen-thawed sorted X- or Y-chromosome-bearing spermatozoa. Reproduction, Fertility and Development, 14(7-8): 503-508.

Jeffry D, Sander J, Joung K. 2014. CRISPR-Cas systems for genome editing, regulation and targeting. Nat Biotechnol. 32(4): 347-355.

Jinek M, Chylinski K, Fonfara I, et al. 2012. A programmable dual-RNA-guided DNA endonuclease in adaptive bacterial immunity. Science, 337(6096): 816-821.

Kawakami K, Sato S, Ozaki H, et al. 2000. Six family genes-structure and function as transcription factors and their roles in development. BioEssays, 22(7): 616-626.

Kobayashi H, Kawakami K, Asashima M, et al. 2007. Six1 and Six4 are essential for Gdnf expression in the metanephric mesenchyme and ureteric bud formation, while Six1 deficiency alone causes mesonephric-tubule defects. Mechanisms of Development, 124(4): 290-303.

Kobayashi T, Yamaguchi T, Hamanaka S, et al. 2010. Generation of rat pancreas in mouse by interspecific blastocyst injection of pluripotent stem cells. Cell, 142(5): 787-799.

Komor A C, Kim Y B, Packer M S, et al. 2016. Programmable editing of a target base in genomic DNA without double-stranded DNA cleavage. Nature, 533(7603): 420-424.

Konishi Y, Karnan S, Takahashi M, et al. 2012. A system for the measurement of gene targeting efficiency in human cell lines using an antibiotic resistance-GFP fusion gene. BioTechniques, 53(3): 141-152.

Lai L X, Kang J X, Li R F, et al. 2006. Generation of cloned transgenic pigs rich in omega-3 fatty acids. Nature Biotechnology, 24(4): 435-436.

Li R F, Lai L X, Wax D, et al. 2006. Cloned transgenic swine via in vitro production and cryopreservation. Biology of Reproduction, 75(2): 226-230.

Li W T, Wang K J, Kang S M, et al. 2015. Tongue epithelium cells from shRNA mediated transgenic oat show high resistance to foot and mouth disease virus. Scientific Reports, 5: 17897.

Liang P P, Sun H W, Sun Y, et al. 2017. Effective gene editing by high-fidelity base editor 2 in mouse zygotes.

Protein and Cell, 8(8): 601-611.

Liu Z Q, Chen M, Chen S Y, et al. 2018. Highly efficient RNA-guided base editing in rabbit. Nature Communications, 9(1): 2717.

Liu Z, Cai Y J, Wang Y, et al. 2018. Cloning of macaque monkeys by somatic cell nuclear transfer. Cell, 174(1): 881-887.

Liu Z, Cai Y L, Liao Z D, et al. 2019. Cloning of a gene-edited macaque monkey by somatic cell nuclear transfer. Natl Sci Rev, 6(1): 101-108.

Liu Z, Chen M, Chen S, et al. 2018. Highly efficient RNA- guided base editing inrabbit. Nat Commun, 9(1): 2717.

Lu D, Li Q Y, Wu Z B, et al. 2014. High-level recombinant human lysozyme expressed in milk of transgenic pigs can inhibit the growth of *Escherichia coli* in the duodenum and influence intestinal morphology of sucking pigs. PloS One, 9(2): e89130.

Maeder M L, Thibodeau-Beganny S, Osiak A, et al. 2008. Rapid "open-source" engineering of customized zinc-finger nucleases for highly efficient gene modification. Molecular Cell, 31(2): 294-301.

Maeder M L, Thibodeau-Beganny S, Sander J D, et al. 2009. Oligomerized pool engineering(OPEN): an 'open-source' protocol for making customized zinc-finger arrays. Nature Protocols, 4(10): 1471-1501.

Matsunari H, Nagashima H, Watanabe M, et al. 2013. Blastocyst complementation generates exogenic pancreas in vivo in apancreatic cloned pigs. Proceedings of the National Academy of Sciences of the United States of America, 110(12): 4557-4562.

McGrath J, Solter D. 1984. Completion of mouse embryogenesis requires both the maternal and paternal genomes. Cell, 37(1): 179-183.

Miller J C, Tan S, Qiao G J, et al. 2011. A TALE nuclease architecture for efficient genome editing. Nature Biotechnology, 29(2): 143-148.

Mohiuddin M M, Singh A K, Corcoran P C, et al. 2014. Genetically engineered pigs and target-specific immunomodulation provide significant graft survival and hope for clinical cardiac xenotransplantation. The Journal of Thoracic and Cardiovascular Surgery, 148(3): 1106-1113.

Moore F E, Reyon D, Sander J D, et al. 2012. Improved somatic mutagenesis in zebrafish using transcription activator-like effector nucleases(TALENs). PloS One, 7(5): e37877.

Nancarrow C D, Marshall J T, Clarkson J L, et al. 1991. Expression and physiology of performance regulating genes in transgenic sheep. Journal of Reproduction and Fertility. Supplement, 43: 277-291.

Parrilla I, Vazquez J M, Roca J, et al. 2004. Flow cytometry identification of X- and Y-chromosome-bearing goat spermatozoa. Reproduction in Domestic Animals = Zuchthygiene, 39(1): 58-60.

Powell B C, Walker S K, Bawden C S, et al. 1994. Transgenic sheep and wool growth: possibilities and current status. Reproduction, Fertility and Development, 6(5): 615-623.

Prather R S, Lorson M, Ross J W, et al. 2013. Genetically engineered pig models for human diseases. Annual Review of Animal Biosciences, 1: 203-219.

Pursel V G, Pinkert C A, Miller K F, et al. 1989. Genetic engineering of livestock. Science, 244(4910): 1281-1288.

Qiu P Y, Jiang J, Liu Z, et al. 2019. BMAL1 knockout macaque monkeys display reduced sleep and psychiatric disorders, Natl Sci Rev, 6(1): 87-100.

Rashid T, Kobayashi T, Nakauchi H. 2014. Revisiting the flight of Icarus: making human organs from PSCs with large animal chimeras. Cell Stem Cell, 15(4): 406-409.

Reyon D, Kirkpatrick J R, Sander J D, et al. 2011. ZFNGenome: a comprehensive resource for locating zinc finger nuclease target sites in model organisms. BMC Genomics, 12: 83.

Sander J D, Joung J K. 2014. CRISPR-Cas systems for editing, regulating and targeting genomes. Nature Biotechnology, 32(4): 347-355.

Shulman M J, Nissen L, Collins C. 1990. Homologous recombination in hybridoma cells: dependence on time and fragment length. Molecular and Cellular Biology, 10(9): 4466-4472.

Smith M F, Geisert R D, Parrish J J. 2018. Reproduction in domestic ruminants during the past 50 yr: discovery to application. Journal of Animal Science, 96(7): 2952-2970.

Vishwanath R, Moreno J F. 2018. Review: semen sexing - current state of the art with emphasis on bovine species. Animal, 12(s1): s85-s96.

Waberski D, Riesenbeck A, Schulze M, et al. 2019. Application of preserved boar semen for artificial insemination: past, present and future challenges. Theriogenology, 137: 2-7.

Walton R T, Christie K A, Whittaker M N, et al. 2020. Unconstrained genome targeting with near-PAMless engineered CRISPR-Cas9 variants. Science, 368(6488): 290-296.

Wang J Z, Liu M L, Zhao L H, et al. 2019. Disabling of nephrogenesis in porcine embryos via CRISPR/Cas9-mediated SIX1 and SIX4 gene targeting. Xenotransplantation, 26(3): e12484.

Wang Y S, He X N, Du Y, et al. 2015. Transgenic cattle produced by nuclear transfer of fetal fibroblasts carrying Ipr1 gene at a specific locus. Theriogenology, 84(4): 608-616.

Whitworth K M, Li R F, Spate L D, et al. 2009. Method of oocyte activation affects cloning efficiency in pigs. Molecular Reproduction and Development, 76(5): 490-500.

Wright D A, Thibodeau-Beganny S, Sander J D, et al. 2006. Standardized reagents and protocols for engineering zinc finger nucleases by modular assembly. Nature Protocols, 1(3): 1637-1652.

Wu J, Platero-Luengo A, Sakurai M, et al. 2017. Interspecies chimerism with mammalian pluripotent stem cells. Cell, 168(3): 473-486.

Wu X, Ouyang H, Duan B, et al. 2012. Production of cloned transgenic cow expressing omega-3 fatty acids. Transgenic Research, 21(3): 537-543.

Xie J K, Ge W K, Li N. 2019. Efficient base editing for multiple genes and loci in pigs using base editors. Nat Commun, 10(1): 2852.

Yang H, Shi L Y, Wang B A, et al. 2012. Generation of genetically modified mice by oocyte injection of androgenetic haploid embryonic stem cells. Cell, 149(3): 605-617.

Yang L H, Güell M, Niu D, et al. 2015. Genome-wide inactivation of porcine endogenous retroviruses(PERVs). Science, 350(6264): 1101-1104.

Yu G H, Chen J Q, Yu H Q, et al. 2006. Functional disruption of the prion protein gene in cloned goats. The Journal of General Virology, 87(Pt 4): 1019-1027.

Yuan Y, Spate L D, Redel B K, et al. 2017. Quadrupling efficiency in production of genetically modified pigs through improved oocyte maturation. Proceedings of the National Academy of Sciences of the United States of America, 114(29): E5796-E5804

Zhang R J, Wang Y, Chen L, et al. 2018. Reducing immunoreactivity of porcine bioprosthetic heart valves by genetically-deleting three major glycan antigens, GGTA1/β4GalNT2/CMAH. Acta Biomaterialia, 72: 196-205.

Zhao L H, Zhao Y H, Liang H, et al. 2015. A promoter trap vector for knocking out bovine myostatin gene with high targeting efficiency. Genetics and Molecular Research, 14(1): 2750-2761.

Zhong C Q, Zhang M L, Yin Q, et al. 2016. Generation of human haploid embryonic stem cells from parthenogenetic embryos obtained by microsurgical removal of male pronucleus. Cell Research, 26(6): 743-746.

Zhou Q, Renard J P, Friec G L, et al. 2003. Generation of fertile cloned rats by regulating oocyte activation. Science, 302(5648): 1179.

英汉对照词汇

adenine, A	腺嘌呤	first polar body	第一极体
allergy	过敏症	floating method	浮游法
artificial insemination, AI	人工授精	flow cytometer/cell sorter, FCM/CS	细胞流式分离法
assisted reproductive technology, ART	辅助生殖技术	fluorescence *in situ* hybridization, FISH	荧光原位杂交
adenine base editor, ABE	单碱基编辑	follicle-stimulating hormone, FSH	促卵泡生成素
blastocyst	囊胚		
caffeine	咖啡因	foot and mouth disease virus, FMDV	口蹄疫病毒
calcium ionophore A23187	钙离子载体 A23187	gamete intrafallopian transfer, GIFT	配子输卵管内移植
cell cycle	细胞周期		
cell totipotency	细胞全能性	gene editing	基因编辑
cervical artificial insemination, CAI	子宫颈人工输精	gene knock-out	基因敲除
		gene targeting	基因打靶
cystic fibrosis transmembrane conductance regulator, CFTR	囊性纤维化穿膜传导调节蛋白	germinal vesicle, GV	生发泡
cloned animal	克隆动物	gonadotropin releasing hormone, GnRH-a	促性腺激素释放激素激动剂
clustered regularly interspaced short palindromic repeat	规律间隔成簇短回文重复序列	guanine, G	鸟嘌呤
CMAH gene-knockout	*CMAH* 基因敲除	glass microtubule	玻璃微管
CRISPR associated	Cas	hyperacute rejection, HAR	超急性排异反应
cumulus cell	卵丘细胞	heparin	肝素
cycloheximide	放线酮	homology directed repair, HDR	同源定向修复
cystic fibrosis, CF	囊性纤维化	human chorionic gonadotropin, hCG	人绒毛膜促性腺激素
cytidine monophosphate-*N*-acetylneuraminic acid hydroxylase, CMAH	胞苷-磷酸-*N*-乙酰神经氨酸羟化酶	human menopausal gonadotropin, hMG	人类绝经期促性腺激素
cytochalasin B	细胞松弛素 B	human thrombomodulin, hTBM	人血栓调节蛋白
cytoplasm	细胞质	Huntington, HTT	亨廷顿
cytosine, C	胞嘧啶	hyaluronidase	透明质酸酶
decondensation	脱凝缩	identical twins	同卵双胎
DNA double-strand break, DSB	DNA 双链断裂	*in vitro* fertilization, IVF	体外受精
DNA synthesis	DNA 合成期	inner cell mass, ICM	内细胞群
electric fusions	电融合	International Embryo Transfer Society, IETS	国际胚胎移植学会
embryo transfer, ET	胚胎移植	intracellular pathogen resistance 1, Ipr1	胞内抗病原体 1
embryonic stem cell, ESC	胚胎干细胞		
epigenetics	表观遗传学	intracytoplasmic sperm injection, ICSI	卵细胞质内单精子注射
estradiol, E2	雌二醇		
estrous synchronization	发情同期化		
estrus	发情		

ionomycin	离子霉素	pronase	链霉蛋白酶
induced pluripotent stem cell, iPSC	诱导多能干细胞	prostaglandin F2α, PGF2α	前列腺素 F2α
		protospacer adjacent motif, PAM	原间隔子相邻基序
leader	前导区	repeat	重复序列区
luteinizing hormone, LH	黄体生成素	reprogramming	重新程序化
mannitol solution	甘露醇溶液	Sendai virus, HVJ	仙台病毒
maturation culture	成熟培养	sex chromosome	性染色体
metaphase Ⅱ	第二次减数分裂中期	sex control	性别控制
		sex determination	性别鉴定
morula	桑葚胚	sex-determining region of Y-chromosome, SRY	Y 染色体上性别决定基因序列
myostatin, MSTN	肌生成抑制蛋白		
N-glycolylneuraminic acid, NeuGc	N- 羟乙酰神经氨酸	somatic cell cloning, SCNT	体细胞克隆
		spacer	间隔区
non-homologous end-joining, NHEJ	非同源末端连接	subzonal insertion	卵周隙内精子注射
		sucrose solution	蔗糖溶液
nucleus	细胞核	super cow	超级奶牛
oocyte activation	卵母细胞激活	super ovulation	超数排卵
oocyte pick up, OPU	卵母细胞采集	synthetic oviductal fluid, SOF	输卵管合成培养液
perivitelline space	卵周隙	testis-determing factor, TDF	精巢发育决定基因
PERV	猪内源性逆转录病毒	thymine, T	胸腺嘧啶
		transcriptional activator like effector nuclease, TALEN	类转录激活因子效应物核酸酶
polyethylene glycol	聚乙二醇		
polymerase chain reaction, PCR	聚合酶链反应	transgene	转基因
porcine reproductive and respiratory syndrome, PRRS	猪繁殖与呼吸综合征	transgenic animal	转基因动物
		trichostatin A, TSA	曲古抑菌素 A
		trophoblast, TE	滋养层
post-cervical or intrauterine artificial insemination, PCAI	宫腔内人工授精	tumor necrosis factor-alpha, TNF-α	人肿瘤坏死因子 -α
pregnant mare serum gonadotrophin, PMSG	孕马血清促性腺激素	zinc finger nuclease, ZFN	锌指核酸酶
		zona drilling	透明带钻孔法
preimplantation genetic diagnosis, PGD	植入前遗传学诊断	zygote intrafallopian transfer, ZIFT	合子输卵管内移植
prion protein, PrP	朊蛋白		
progesterone, PG	孕酮		

第七章　人类生殖繁衍和生存危机

第一节　人类性别分化与发育特点

一、生物的最高形式——人

大约在 135 亿年前,经过所谓的"大爆炸"(Big Bang)之后,形成了宇宙的物质、能量、时间和空间要素。宇宙的这些基本特征成就了"物理学"。在这之后过了大约 30 亿年,物质和能量开始形成复杂的结构,称为"原子""分子",这些原子和分子互相作用形成新的物质,这个作用过程称为"化学"。大约 38 亿年前,地球上一些分子结合起来形成一种特别庞大而又精细的结构,称为"有机体",随着有机体的复杂化形成了"生物学"。智人(homo sapiens)是生物学人属下的唯一现存物种,形态特征比直立人更为进步,是生物的最高形式,根据演化过程分为早期智人和晚期智人。早期智人过去曾叫古人,生活在 4 万~25 万年前,主要特征是脑容量大,在 1300ml 以上,表现为眉嵴发达、前额较倾斜、枕部突出、鼻部宽扁、颌部前突。一般认为早期智人由直立人进化而来,但有争议认为直立人在后来崛起的智人(现代人)走出非洲后灭绝或在此之前就已经灭绝。晚期智人(新人)是解剖结构上的现代人,大约从四五万年前开始出现,两者形态上的主要差别在于晚期智人的前部牙齿和面部减小、眉嵴减弱、颅高增加,这些形态特征在现代人中更加明显。晚期智人臂不过膝、体毛退化,逐渐具有语言和劳动能力,并在劳动过程中形成了社会性和阶级性。

人类的演化很多是基因突变导致的,DNA 分子在人群中的多态性,以及不同人群间的遗传距离有助于揭示人类演化的过程。同时,通过 DNA 技术或分子考古学能够从很小的古代遗骸碎片或地层残留物中提取 DNA,进而研究古人与现代人之间遗传物质的差异。DNA 位于常染色体、XY 性染色体和线粒体中。其中,Y 染色体由父亲传给儿子,呈父系遗传方式;线粒体 DNA(mtDNA)在母亲和子女之间传递,为严格的母系遗传,每个个体细胞中 mtDNA 的序列相同。Y 染色体和 mtDNA 均较少发生重组,适合研究现代人的进化历程。Y 染色体 DNA 的变化有助于揭示人类的父系起源,mtDNA 则可以洞悉人类的母系起源;此外,通过 X 和常染色体上的 DNA 也可以追溯人类起源。

1983 年,约翰森(Johnson)和华莱士(Wallace)等(迈克尔·艾伦·帕克,2014;张昀,2019)研究了包括高加索人、东亚人和非洲人在内的 200 个样本的 mtDNA,构建了线粒体进化树,并得出两种迥然不同的现代人起源结果(图 7-1)。他们提出了一种判断最古老人群的方法,研究前并不考虑各种族人群的进化速率是否相同,而是根据 mtDNA 高频率地存在多个不同种族或在其他灵长类动物中的分布情况提出假设,确定 mtDNA 的最古老型或中心型。结果发现,200 个样本中有 30 余种 mtDNA 单倍型,其中只有 1 型不仅在欧洲人中而且在亚洲人和非洲人中也有分布，因此认为普遍存在的 1 型为祖先单倍型；其在亚洲人中频率最高（亚洲人：69.6%；欧洲人：58%；非洲人：14.9%），说明亚洲人是最古老的，进而得出现代人出自亚洲的结论（图 7-1）。同时也可能存在另外一种进化方式，即若假定分子钟成立，也就是说若假定各种族人群的 mtDNA 进化速率相同，则所发现的非洲人的遗传多样性最高，就意味着非洲人经历的时间最长，是最古老的人群，进而得出现代人出自非洲的结论。虽然作者并未提及现代人出自非洲说或现代人出自亚洲说的观点，但在正文中作者明确认为分子钟可能不成立，因此，他们认为，线粒体进化树支持现代人出自亚洲的观点。

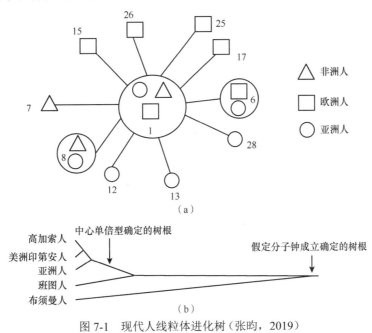

图 7-1　现代人线粒体进化树（张昀，2019）

1987 年，卡诺（Cano）等同样利用 mtDNA 研究现代人的起源。他们采集了 147 个样本，包括 5 个种族人群：非洲人（由非裔美国人代表）、亚洲人、高加索人（来自欧洲、北非和中东），以及澳大利亚和巴布亚新几内亚（Papua New Guinea）的土著居民（张昀，2019）。在假定各种族人的 mtDNA 进化速率相等（每百万年为 2% ～ 4%）的前提下，根据非洲人内部的遗传多样性（人群内部遗传距离）最高，得出现代人出自非洲的结论。随后，以分子钟为前提的 Y 染色体和常染色体 DNA 研究也支持了现代人出自非洲的结论，该结论逐渐成为分子进化领域的主流理论。罗伯特（Robert）等研究了来自不同地区 38 个样本的 Y 染色体，比较锌指蛋白（ZFY）对应基因序列中一个长度为 729 碱基对的内含子序列差异，发现样本之间没有差异，也就是说，全部样本的内含子序列是相同的。由于 Y 染色体只在男性中传递，因此，现代各种族男性的 Y 染色体可能都来自一个共同的古老祖父，这与夏娃出非洲说所认为的现代人单地区起源说一致。最新计算的 Y 染色体共祖时间为 33.8 万年，与线粒体推测时间不一致。常染色体和 X 染色体的研究通常也与现代人出自非洲说发生矛盾，因为计算出的人群分化时间大大早于线粒体研究得出的 20 万年，如常染色体研究得出 150 万年，X 染色体研究得出 49 万年的结论。不同染色体研究得出不同结论时，不应偏向个别结论而忽略其他：基因组中的单个位点只能反映人类进化历史的一个片段，分析不同的位点可能得出截然不同的进化树；因此，一些基于不同位点的结论是相互冲突的。只有在进行了足够数量的研究后，才能就现代人的进化历史逐渐达成共识。

2010 年，对尼安德特人常染色体基因组的研究指出其对现代人有遗传贡献，也颠覆了人们之前关于现代人来自非洲的说法，以及其他大洲的当地古人被完全取代的认知。目前，单地区起源说已经被修正为同化说。尽管学界对非洲人遗传多样性最高这一现象有共识，但是对该现象的不同解读却可以得出两种迥然不同的结果，即现代人出亚洲说和出非洲说。大量研究证实基因组的大部分序列是有功能的，并处在遗传变异水平的饱和态，这质疑了中性理论及由它推导的现代人出非洲说的合理性，而中性理论的提出恰恰是用来解释并非普遍存在的分子钟的。近年来已经有研究者从新理论的角度解读遗传多样性的饱和态和线性态，人们对现代人起源的认识将会进一步加深和完善。

二、人类性别的正常发育分化

（一）性别分化基本模式

性别发育是指人的性别决定后开始产生性别，包括性别决定和性分化两个步骤（李喜和，2019）。性别决定即具双潜能的胚胎生殖嵴发育成睾丸或卵巢，性分化即导致内外生殖器的形成。按照最初级的认识，人类性别是由染色体决定的，即细胞染色体核型为 46, XX 个体的表现为女性，46, XY 的个体表现为男性。但是有些人的细胞染色体核型与表现出来的性别特征却不一致，即核型为 46, XX 的个体中既有女性特征也有男性特征，同样核型为 46, XY 的个体既有男性特征同时也有女性特征。为什么会出现这种奇怪的现象呢？对以上的现象存在着各种各样的猜测，但是一直没有科学依据去解释。直到 20 世纪初，科学家发现了人体细胞中 Y 染色体上存在性别决定基因后，才揭开了性别的奥秘，人们对性别决定才有了新的认识。性别决定和分化是个体正常生存与发育的必要一环。染色体尤其是性染色体的完整性是性别决定的基础，并协同其他基因和激素共同指导着性器官的发育与成熟，最终形成睾丸或卵巢。性别决定包括两方面内容：第一为性腺的决定和发育，称为初级性别决定；第二为附属性器官、特征及性行为的建立，称为次级性别决定。前者受到多种基因的调节，占有优先和主导地位，后者的建立主要来自性腺产生激素的诱导和调节作用。

母亲的体细胞里含有"XX"染色体，经过减数分裂形成成熟生殖细胞——卵子，所以卵子中都含有"X"染色体；而父亲的体细胞中含有"XY"染色体，经过减数分裂形成成熟生殖细胞——精子，所以一半的精子中含有"X"染色体，另一半精子中含有"Y"染色体。如果含有"Y"染色体的精子和卵子结合，形成含有"XY"染色体的受精卵，正常情况下发育形成男孩；含有"X"染色体的精子和卵子结合，形成"XX"染色体，正常情况下发育成女孩（图 7-2）。

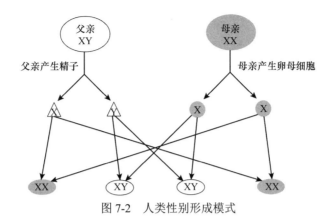

图 7-2　人类性别形成模式

（二）性腺分化与生殖系统形成

性分化指个体性腺性别与表型性别的发育过程，即某些体细胞在性激素的作用下分化发育成内外生殖器及第二性征的过程。哺乳动物的绝大多数器官原基只能分化为特定类型的器官，如肾原基仅能形成肾，而肝原基仅能形成肝，但性腺原基具有双向分化潜能。性腺原基在发育过程中有两种选择，在不同的性染色体构成的情况下，既可以发育为卵巢，也可以发育为睾丸。在胚胎发育的一个特定时期，哺乳动物的性腺发育首先要经历一个未分化期，此时性腺原基既无雄性又无雌性特征。性腺原基分化的形式决定着性器官的发育及个体性特征的形成。性腺出现在性别分化之后。

在人妊娠第 4 周胚胎背壁中线的两侧，即背肠系膜的两侧，各出现一条纵嵴向腹膜腔突出，即形成尿生殖嵴。第 5 周时，两个尿生殖嵴的体腔上皮细胞增厚，中胚层中部出现一条纵沟，将其分为内、外两部分，其中外侧分化为中肾，内侧的间质不断增殖，向腹膜腔突出形成两条生殖嵴，即性腺原基。人胚胎可以保持性未分化状态直至第 7 周。在性未分化期，生殖嵴上皮增殖成为疏松结缔组织的间充质，上皮层形成性索。在第 6 周时，性索迁移到性腺的生殖细胞周围。在 XX 及 XY 性腺中，性索都与表面上皮相连。在人妊娠第 6 周末，男性和女性的生殖系统在外形上仍无差别，而一些细胞水平的微小差异可能已经产生了。在男性和女性中，未来性腺的皮质区和髓质区中均有生殖细胞与性索。完整的中肾管和副中肾管并行排列。生殖系统的两性期或性未分化期自第 6 周末结束，从第 7 周开始分别向男性或女性生殖腺发育。

性腺的分化发生于原始生殖细胞到达生殖嵴之后，但尚不清楚是到达性腺的原始生殖细胞促进了性腺的分化，还是性腺在分化过程中吸引了原始生殖细胞。当生殖嵴发育达到一定大小时，到达生殖嵴的原始生殖细胞迅速分裂增殖，生殖嵴中的体细胞也相应增殖。随着发育主要由中肾内侧的一些细胞分化构成生殖嵴的原始髓质，而生殖嵴上皮本身则构成了原始皮质。上皮细胞继续向实质内生长构成细胞团索，并携带上皮间的原始生殖细胞一同进入，这些细胞索就是原始性索，无性别差异，性腺尚未分化。

三、人类性别发育分化的分子调控机制

人类的性别具有特别明显的性状，两性性状的差异不仅表现在外部形态特征上，在

内部器官的结构上同样差异显著。性别决定是一个复杂的生理现象，存在着一定的决定机制，这种决定机制主要与遗传物质（性染色体和基因）、激素和环境等因素有关。许多基因都参与性腺类型的调控。人类性别最初认为由 Y 染色体上的 SRY 基因起决定作用，但后来研究发现，除了 SRY 基因外，常染色体上的基因如 SOX9、WT1、SF1、MIS、SIPs 和 X 染色体上的 DAX1 均与性别决定有关。男性睾丸分化的关键基因为 SRY、SF-1、SOX9、Dhh 等，女性胚胎由于缺乏男性性别决定基因，性腺向卵巢发育，同时 Wnt-4、Fa、Hoxa9、Hoxa10、Hoxa11、Hoxa13 可以促进输卵管、子宫、宫颈和阴道的正常分化。

（一）性别分化的调控基因

1. SRY 基因在睾丸分化中的作用

SRY 基因作为睾丸决定因子（TDF）的候选基因于 1990 年被古德弗洛（Goodfellow）发现定位于 Y 染色体短臂（Yp11.3）（Christopher，2006；Hunter，1995；Richard et al.，2007；Sinclair et al.，1990）。目前认为，在睾丸分化发育中 SRY 基因是起着开关式重要调节作用的基因之一，其编码的蛋白质具有 DNA 结合功能，属 HMG 结构域的转录因子家族。实验表明 SRY 基因编码的蛋白质具有与人 MIS 启动子区核苷酸片段结合的功能，提示该基因在调节下游基因包括性别分化的基因中起着重要作用。SRY 基因调节某些基因，如 SOX9、MIS 等，但又受制于另一些基因的调控，如 WT1，这些基因相互作用，决定着性别的分化。如果该基因发生突变、缺失、易位等都可导致基因功能丧失及性逆转综合征的发生。目前研究发现 XY 女性患者中 SRY 基因编码的蛋白质存在 20 多种突变。XX 男性患者大多为 Y 染色体短臂上 SRY 基因片段易位到 X 染色体上，基因组中可检测到 SRY 基因，部分患者未检测到 SRY 基因，可能是位于 SRY 基因上游或下游的常染色体或 X 染色体上的其他基因突变所致，因此 SRY 基因不是性别决定的唯一基因。

2. SOX 基因在性别分化中的作用

近年来，利用与 SRY 基因的同源性，分离到高移动性 DNA 结合区内与人 SRY 或小鼠 Sry 的相似性在 60% 以上的基因，被命名为 SOX（SRY-like HMG box）基因。CD（campomelic dysplasia）综合征属于一种致死性先天性骨骼发育异常综合征，并伴有高频的染色体 46, XY 性反转，说明导致 CD 综合征的基因可能也参与了睾丸的决定和发育。将引起 CD 综合征的基因分离后，根据其结构特点命名为 SOX9。该基因含有两个内含子及一个阅读框，能编码 509 个氨基酸残基，与 SRY 基因具有 71% 的同源性，在进化上十分保守。虽然 SRY 基因仅在哺乳动物中表达，但 SOX9 基因在几乎在所有的脊椎动物中均存在。尽管有 SRY 基因存在，当 SOX9 基因仅有一个功能性拷贝时，XY 个体常发育成女性。而且，如没有 Y 染色体，但具有一个额外的 SOX9 拷贝时，XX 个体则常发育为雄性。SOX9 基因在男性和女性的早期生殖嵴中低水平表达，但在正在发育的卵巢中则停止表达。SRY 基因开始表达后不久，SOX9 基因在正在发育的睾丸中的表达上调。SOX9 基因在支持细胞中的表达一直持续到成年期。SOX9 的下游靶分子很可能是 AMH 基因。SOX9 与 AMH 启动子区结合，协同激活 AMH 基因发生转录（杨增明等，2019；Richard et al.，2007）。

目前认为，*SOX9* 是一个常染色体上与性别分化有关的基因，参与控制睾丸发育，但在控制骨骼发育过程中，*SOX9* 基因是关键因素，*SOX9* 基因突变必然导致 CD 综合征的发生。所以，CD 综合征患者可能表现为常染色体性逆转的女性，但 *SOX9* 基因突变并不总是引发性逆转。*SOX3* 位于 X 染色体上，主要在神经系统和胚胎生殖嵴的发育中起作用。在 *SOX* 家族中，*SOX3* 最接近于 *SRY/Sry*，表明它们可能源于一个共同的祖先基因。*SOX5*、*SOX6*、*SOX17* 主要参与精子细胞发生（杨增明等，2019；Christopher，2006）。

3. *DAX1* 基因在女性性腺分化中的作用

DAX1 基因（dosage sensitive sex-reversal-adrenal hypoplasia congenital-critical region of the X chromosome gene 1）位于 X 染色体上，属核激素受体超家族的成员，它是一个强有力的转录抑制子。在具 46 条染色体的 XY 女性患者中都有 Y 染色体及整个 *SRY* 基因，但未发育为男性。这些患者的肾上腺发育不全，而且这些患者都具有 X 染色体短臂的部分重复，由此推测这一区域含有一个剂量敏感性逆转（dosage sensitive sex reversal，DSS）基因。目前，已从 DSS 区域中克隆了 *DAX1* 基因、位于 Xp 区的一个 160kb 的区域。由于 XY 个体中的两个 *DAX1* 拷贝导致生殖器官女性化，*DAX1* 基因很可能在女性的性别决定及卵巢的发育过程中起重要作用。另外，*DAX1* 基因的突变也可解释一些 XY 男性中的性逆转。

4. *SF-1* 基因在睾丸早期发育中的作用

SF-1（steroidogenic factor 1）类固醇生成因子为 DNA 结合蛋白，是孤核受体（orphan nuclear receptor），属于转录因子的核激素受体家族。*SF-1* 的主要功能是可结合到启动子区调节类固醇羟基化酶（steroid hydroxylase）的表达，可催化胆固醇转化为睾酮的过程。*SF-1* 也参与未分化性腺的发育过程。*SF-1* 可能在睾丸的早期发育中也起作用。当未分化期的性腺开始分化时，可检测到 *SF-1* 在睾丸中的表达，但在卵巢中不表达。而且，*SF-1* 可特异性地结合到 *AMH* 基因的启动子区。由于睾丸中 *SF-1* 的表达稍晚于 *SRY* 基因，很可能 *SRY* 基因激活 *SF-1* 基因的表达。作为一种转录因子，*SF-1* 可调节细胞色素 P450 羟化酶（一种可催化大多数类固醇激素合成的酶）的特异性表达，还可调节肾上腺和性腺中许多基因的表达，如 3β- 羟基类固醇脱氢酶、促肾上腺皮质激素受体等基因。*SF-1* 突变后会阻碍睾丸和卵巢的形成（梁珊珊等，2018）。对 *SF-1* 转基因小鼠的研究表明，*SF-1* 还可调节 *AMH* 基因的表达。因此，*SF-1* 可调控雄性表型发育所需的睾酮和抗苗勒氏管激素的合成过程。当小鼠胚胎的性腺原基开始分化时，*SF-1* 在雄性胚胎中的表达开始增加，但此时在雌性胚胎中的转录水平却降低，表明持续表达的 *SF-1* 可能会抑制雌性性别分化。而且，*SF-1* 基因敲除的小鼠发生由雄性向雌性的性逆转。*SF-1* 和 *WT1* 可形成异源二聚体，增强依赖 *SF-1* 的 *AMH* 启动子的转录激活作用。

5. *Wnt* 家族对两性原始米勒管正常发育的调控作用

一直认为女性卵巢决定和内生殖道发育没有特异基因调节，但目前研究发现雌性大鼠性发育至少是由信号分子 *Wnt* 家族成员调控的。*Wnt-4* 属分泌蛋白 *Wg/Wnt* 家族成员，通过卷曲的受体发挥着细胞内信息传递的功能。*Wnt-4* 在中肾表达并参与性腺发育，在

睾丸中通过 *SRY* 对下游基因进行调节，在卵巢中则持续表达，同时它也表达在米勒管中，但在中肾管中不表达。因此，*Wnt-4* 对两性原始米勒管的正常发育是非常重要的，在向卵巢发育的过程中抑制间质细胞的分化。破坏雌性大鼠 *Wnt-4* 则导致卵巢雄性化，间质样细胞产生雄激素，中肾管分化，米勒管缺如。*Wnt-7* 是该家族中的另一重要成员，它可以使米勒管进一步分化为雌性内生殖器官，雄性大鼠 *Wnt-7a* 调节米勒管抑制因子Ⅱ型受体（MISR Ⅱ）的表达，使米勒管完全退化。因此，敲除 *Wnt-7a* 的存活雌性大鼠残存米勒管分化不好的衍化结构，雄性大鼠由于 MISR Ⅱ不能表达而米勒管持续存在。另外己烯雌酚引起雌性胚胎子宫发育异常，可能是通过抑制 *Wnt-7a* 改变 *Hoxa9*、*Hoxa10* 的表达所致。尽管人和鼠的 *Wnt-4* 和 *Wnt-7a* 基因具有同源性，但它们在雌性发育中的确切作用还有待于进一步研究。

6. 其他基因在性分化发育中的调控作用

9 号染色体短臂末端缺失与性腺发育不全和 46，XY 性反转有关。其两个候选基因 *DMRT1*、*DMRT2* 已被定位于染色体 9P24.3。*WT1*（Wilms' tumor gene）在男性胚胎性发育中具有重要作用，安瓦尔（Anwar）等研究表明 *WT1* 在启动子核心区域通过早期生长反应基因 -1 样 DNA 结合序列对上游 *SRY* 基因进行调节并激活其他基因共同参与睾丸的形成。*WT1* 若发生突变可引起男性性反转、男性假两性畸形和隐睾。

（二）性别分化的基因调控途径

男性性腺决定后的性分化阶段主要是激素依赖的过程。在 *SRY* 基因的作用下，胎儿间质细胞分泌睾酮，支持细胞释放米勒管抑制物质（Müllerian inhibiting substance，MIS），这两种激素虽然有着不同的功能和作用机制，但它们共同作用维持男性正常的性分化，而且这些激素的同族受体在靶组织中的表达也是非常关键的。另外睾丸下降也属性分化的一部分，它主要与睾酮和胰岛素样生长因子结合蛋白 -3 有关。

1. 米勒管抑制物质在胚胎发育中的作用机制

MIS 也称抗米勒管激素（AMH），它是由胎儿支持细胞产生的一种球蛋白，属于 β 转化生长因子超家族中的成员，包括抑制素和激活素。在性发育中的作用是促使米勒管从头侧至尾侧逐渐退化。其机制可能是 AMH 与间充质细胞中的 MIS Ⅱ型受体结合，通过旁分泌方式诱导米勒管上皮细胞的凋亡（疾病预防控制局，2020）。MIS 信号传导是通过 MIS 配体与间充质细胞膜内 MIS 丝 / 苏氨酸激酶Ⅱ型受体和Ⅰ型受体相互作用并引发其磷酸化作用完成的。*MIS* 基因通过转录因子 SF1、WT1、GATA-4、SOX9 对其上游基因进行调节，由于 SF1 和 GATA-4 因子与 *MIS* 启动子区域结合位点相邻，很可能这两个因子在 MIS 的表达上有转录协同作用。MIS 也调节其下游细胞的成熟和各种类固醇源性蛋白的转录。米勒管永存综合征（persistent Müllerian duct syndrome，PMDS）是男性假两性畸形的一种，其特征是外阴部男性样，但生殖管除中肾管衍化物外，同时存在子宫、输卵管及上部阴道，可能是由于编码 MIS 或 MIS Ⅱ型受体基因发生突变所致。它是一种常染色体隐性遗传，显示 X 连锁遗传方式。莉莎（Liza）等对血清 MIS 阴性的 PMDS 家族成员研究发现 2 个新的突变：1 个是 *MIS-Ⅱ* 型受体基因第 5 外显子 1692 位腺嘌呤缺失，导致跨膜区后的氨基酸阅读框发生改变而形成终止密码子，使得 MIS-Ⅱ型受体缺陷，另一个突变是 MIS-Ⅱ受体基因外显子 96 051 位鸟嘌呤变为腺嘌呤，使得激酶Ⅷ区末端精氨酸被谷氨酰胺取代，MIS-Ⅱ型受体缺陷。近年研究发现尿道下裂患儿血清中 MIS 水平显著升高而睾酮水平低下，提示 MIS 在尿道下裂的发生中可能起一定作用，其作用机制可能为 MIS 抑制细胞色素 P450c17 羟化酶（CYP17）基因的表达进而抑制了雄激素的合成。

2. 雄激素在男性性分化和性成熟中的作用

男性性分化和成熟是雄激素依赖的过程。雄激素分为睾酮（T）和双氢睾酮（DHT）。T 主要诱导中肾管的男性化，形成精囊、输精管和附睾。而 DHT 与雄激素受体结合并依次诱导外生殖器、尿道和前列腺的形成。双氢睾酮是由睾酮在靶细胞的 5α- 还原酶的催化作用下转化而来，其生物学效应是睾酮的 50 倍；其中 2 型 5α- 还原酶与生殖器发育密切相关。近年来睾酮 -5α- 还原酶 - 双氢睾酮 - 雄激素受体的研究取得了许多进展。

（1）5α- 还原酶：类固醇

5α- 还原酶是微粒体蛋白，催化各种类固醇底物的 $\Delta^{4,5}$ 双键还原，使睾酮（T）转化为生物活性更强的双氢睾酮（DHT）。5α- 还原酶有 2 种同工酶，研究显示在雄激素靶组织中起主要作用的是Ⅱ型还原酶。Ⅱ型 5α- 还原酶由 2 号染色体 *P23* 基因编码，有 3 种多态性。研究证实 5α- 还原酶缺乏症主要是由Ⅱ型 5α- 还原酶基因突变所致，对该症的深入研究目前已报道了至少 39 种基因突变，包括无义突变、缺失突变、剪接突变和错义突变，如第 5 外显子的 *R246Q* 和 *R246W* 或 *S245Y* 突变、第 4 外显子的 *P212R* 突变、第 2 外显子的 *G115D* 突变、第 1 外显子的 *G85D* 和 *V89L* 突变等，这些突变导致机体合成无功能蛋白质或功能低下的蛋白质，从而引起不同程度的男性化缺陷。而且在尿道下裂患者中也发现多种 5α- 还原酶基因突变，如 *A49T*、*L113R*、*H231R*、*R227Q* 等。

（2）雄激素受体

雄激素受体（androgen receptor，AR）是一种配体依赖性转录因子。该基因定位于 X 染色体 Xq11-12 上，由 8 个外显子和 7 个内含子组成，外显子 A、B、C、D、H 分别编码转录激活区、DNA 激素结合区。其第 1 外显子内含有多态性（CAG）$_n$ 的三核苷酸重复 / 微卫星序列。雄激素不敏感综合征是一种 X 连锁隐性遗传病，从分子水平对其进行研究表明 *AR* 基因是致病的主要基因。*AR* 基因异常包括整个基因的缺失、插入、剪接位点突变和点突变，其中点突变最为常见。目前发现 200 多例点突变，主要发生于外显子 BH 编码的 DNA 结合区和激素结合区，而且在外显子 F 和 G 序列中还集中了 5 个突变热点。*AR* 的缺失、插入很少见，而剪接位点突变更罕见，目前仅报道 4 例剪接位点突变，外显子 G 与内含子 7 之间的单一碱基突变 G→A，内含子 4 上剪接位点突变 G→F，内含子 3 上的 G→A 突变和内含子 5- 外显子 F 接头处的剪接位点突变 G→T。

四、人类性别的异常发育分化

性别发育异常（disorders/differences of sex development，DSD）是指染色体与性腺、外生殖器的表现不一致。该疾病谱广泛，有不同病理生理改变且临床表现各异，最常见于新生儿或青少年。新生儿常表现为生殖器异常，而青少年则表现为青春发育期的性发育异常。根据 2005 年芝加哥共识，DSD 可分为性染色体 DSD 及 46, XY DSD 和 46, XX DSD 三大类。性染色体 DSD 主要与性染色体核型异常有关，主要包括 45, XO 特纳综合征（Turner syndrome）和 47, XXY 克兰费尔特综合征（克氏综合征，Klinefelter syndrome）及各种嵌合体；46, XY DSD 主要与睾丸发育异常、雄激素合成 / 作用异常有关，米勒管永存综合征、重度尿道下裂也属于其中；46, XX DSD 主要与卵巢发育异常、雄激素过量等因素有关。其中，46, XY DSD 的病因和体征最为复杂（杨增明等，2019；Christopher，2006；Richard et al.，2007）。

（一）特纳综合征

特纳综合征又称为先天性卵巢发育不全、性腺发育不全综合征，是一种较为常见的因 X 染色体数目异常或结构畸变所致的性染色体异常疾病，亦是导致女性不孕症的重要原因之一。在我国，特纳综合征发病率占活产女婴的 1/2900，占原发性闭经人群的 1/3。1938 年，美国的特纳（Turner）教授首次报道了这一疾病，故该病又名特纳综合征。正常女性的染色体核型为 46, XX，女性身体正常发育及卵巢功能正常都赖于这两条完整的 X 染色体。特纳综合征的病理基础是在减数分裂过程中受到某些因素的影响，使得 X 染色体不分离导致 X 染色体缺体配子的形成，与正常配子受精后形成 X 单体合子，即 45, X；除了 45, X 核型以外，与特纳综合征有关的核型还有 X 单体型（45, XO）、嵌合体型、X 染色体结构异常型、X 三体型（47, XXX）及含 Y 染色体型。

特纳综合征的典型特征为身材矮小，其成年患者身高较同种族、同年龄的女性人群平均低约 20cm。大多数患者表现为性腺发育不全、卵巢被纤维组织替代、原发性或继发性不孕及第二性征不发育。该病的非典型特征则包括颈蹼、后发际低、指甲凸、下颌骨小、手足水肿、多痣、盾状胸、肘外翻、第四掌骨短小、高腭弓、乳距宽等。除此之外，50% 的患者存在心脏结构异常，如主动脉缩窄等；1/3 的患者存在肾畸形，如马蹄肾、双或多裂肾盂等；部分患者可出现甲状腺功能减退等甲状腺功能异常；大部分特纳综合征患者智力发育正常，但仍有少数患者存在不同程度的智力发育迟缓或智力低下。

（二）克氏综合征

克氏（Klinefelter）综合征，即先天性曲细精管发育不全综合征，是由 Klinefelter 和内分泌学家奥尔布赖特（Albright）提出并以 Klinefelter 命名的一种性染色体异常疾病，是男性不育中最常见的遗传性疾病。非嵌合型克氏综合征在新生男婴中的发病率为 1/660，高于 47, XXX 和 47, XYY 综合征，并且有逐年升高的趋势。在不育男性中的患病率约为 3% ～ 4%，而无精子症患者则高达 10% ～ 12%。克氏综合征患者中最常见核型是 47, XXY，约占 80%，其余 20% 为其他核型，包括约占 15% 的嵌合型（如 46, XY/47, XXY；45, X/46, XY/47, XXY；46, XX/47, XXY 等），以及多条 X 染色体合并为 1 条或多条 Y 染色体的非整倍性核型（如 48, XXXY；48, XXYY；49, XXXXY 等），还包括带有其他结构异常的 X 染色体核型。

克氏综合征患者出生时表现正常，但隐睾发生率高。隐睾男孩中克氏综合征的患病率几乎是正常男孩的 10 倍。也有研究认为该病患者的生殖器官异常（小阴茎、隐睾、阴囊裂和尿道下裂）可能在出生时就存在，不过这是多余 X 染色体的影响，还是胎儿时期雄激素缺乏所导致的，目前尚不确定。在青春期，只有少数患者呈现明显的性腺功能减退症状，如肌肉发育不良，阴茎短小，阴毛、腋毛及面部毛发缺乏或者稀少。成年患者一般表现为身材瘦高，四肢相对较长，身材比例异常，第二性征发育不良，小阴茎，睾丸小而质地坚硬或隐睾。克氏综合征患者体征呈现女性化特征：发音尖或女性声音，无喉结、无胡须、阴毛稀少呈女性分布特点，皮肤白嫩，皮下脂肪丰富，约有 25% 的患者发育出女性乳房。

（三）46, XY 性别发育异常

1. 男性性腺分化异常疾病

男性胎儿在发育过程中因睾酮合成不足或作用障碍，导致性腺分化异常，包括无睾综合征、性腺发育不全征和男性特纳综合征。

（1）无睾综合征

包括先天性无性腺综合征和胚胎睾丸萎缩综合征。发病原因不清，可能是 Y 染色体性别决定区 SRY 基因异常导致无睾症；胎儿出生前后睾丸扭转精索血管栓塞致睾丸血流供应受阻而使睾丸萎缩。先天性无性腺综合征的特点是核型为 46, XY，外阴是完全女性化的男性假两性畸形，无性腺组织。胚胎睾丸萎缩综合征的特点是核型为 46, XY，外阴不同程度男性化，无睾丸或仅有残留的睾丸残基。

（2）46, XY 型性腺发育不全征

该病呈家族性或散发性发病。家族性发病是 X 连锁隐性或限于男性常染色体显性遗传性疾病。病因不清楚，10% 患者是由于 Y 染色体短臂性决定区缺失所致。46, XY 型性腺发育不全可分为完全型和不完全型，完全型呈女性表型，身材正常或高身材，双侧条索状性腺，血清促卵泡生成素（FSH）、黄体生成素（LH）升高，睾酮降低。不完全型呈两性畸形，双侧发育不全的睾丸或条索状性腺加发育不全的睾丸。

（3）男性特纳综合征

多散发，家族性患者为常染色体显性遗传，散发性患者为基因突变所致。核型为46，XY，临床表现与特纳综合征相似，身材矮小、特殊面容、颈蹼、后发际低、先天性心脏病、四肢异常、骨龄落后、智力低下。

2. 男性假两性畸形

男性假两性畸形表现为染色体核型是 46, XY，性腺是睾丸，而生殖管道和外阴表型介于女性和男性之间。

（1）Leydig 细胞不发育或发育不全或睾丸对绒毛膜促性腺激素（HCG）和 LH 不反应症

这类疾病属于家族性常染色体隐性遗传，主要由于 Leydig 细胞不发育或发育不良，部分由 LH 受体突变所致。染色体及性腺性别均为男性，出生时外阴多为女性表现型，睾丸细小，在腹股沟外环或大阴唇内可扪及未下降的睾丸。睾丸活检 Leydig 细胞发育不

良或缺乏，Leydig 细胞膜上 LH 受体缺乏或减少。

（2）先天性睾酮合成障碍

睾酮生物合成过程涉及 5 种酶，即胆固醇侧链裂解酶（P450 SCC）、3β- 羟类固醇脱氢酶（3β-HSD）、类固醇激素合成急性调节蛋白（StAR）、17α- 羟化酶（CYP17）/17,20-裂链酶和 17β- 羟类固醇氧化还原酶（17β-HSO）。P450 SCC 缺乏：此酶缺乏可导致严重肾上腺皮质功能不全，患儿外阴呈女性型，有盲袋阴道，无子宫和输卵管，附睾和输精管缺如或发育不全，睾丸位于大阴唇内或隐睾，所有的肾上腺皮质激素及其代谢产物均降低，LH 升高，患者常在出生后夭折。3β-HSD 缺乏：表现为男性化不全，小阴茎，阴囊或会阴型尿道下裂，盲袋阴道，无子宫和输卵管，有附睾和输精管，睾丸常位于阴唇褶内，血睾酮、DHT 低于正常，而 E2 升高。StAR 缺陷：男性先天性类脂质性肾上腺皮质增生为 StAR 缺陷所致，常染色体隐性遗传，表现为严重的糖皮质激素和盐皮质激素缺乏，男性假两性畸形和性幼稚，外生殖器为女婴样，多幼年夭折。CYP17 缺乏和17,20- 裂链酶缺陷：外生殖器可为完全女性型，伴盲袋阴道、两性畸形或发育不全的男性型，无子宫和输卵管，附睾和输精管基本正常或发育不良，睾丸可位于下降过程的任何位置，血清 FSH、LH 升高，睾酮、DHT、雄烯二酮和 E2 降低，17- 羟孕烯醇酮异常升高。17β-HSO 缺乏：患者外生殖器多为女性型，少数为两性畸形，睾丸一般在腹股沟管内，有附睾和输精管，缺乏子宫和输卵管，青春期后出现男性化，伴或不伴男性乳腺发育，LH、FSH、脱氢表雄酮（DHEA）、雌酮和雄烯二酮升高，睾酮和 DHT 降低。

（3）雄激素不敏感综合征（AIS）

AIS 是 X 连锁隐性遗传性疾病，有完全型和不完全型。完全型又称睾丸女性化综合征，不完全型又称雷凡斯坦（Reifenstein）综合征。由于雄激素受体（AR）基因异常，导致胚胎组织对雄激素不敏感，Wolff 管及泌尿生殖窦分化为男性生殖管道受阻而发育为女性表型。出生时难以发现，有时在外阴部可触及肿块。完全型的遗传性别是男性，表型性别是女性，有第二性征发育，但无月经。外生殖器为女性型，盲袋阴道，无子宫和输卵管。睾丸位于腹腔、腹股沟管或阴唇内，无附睾和输精管。青春期乳房发育同正常人，但体毛稀少，无腋毛和阴毛。不完全型的外生殖器为男性型，常有尿道下裂，小阴茎，隐睾多见，睾丸小，无精子，附睾和输精管发育不良，无子宫和输卵管。雄激素不敏感综合征者血 LH、E2、睾酮和 DHT 升高。

（4）5α- 还原酶缺陷症

5α- 还原酶缺陷症是家族性常染色体隐性遗传病，患者长辈常有近亲结婚史。5α-还原酶缺陷导致睾酮不能转变为 DHT。血促性腺激素和睾酮正常，而 DHT 明显减少。HCG 刺激后，睾酮明显升高而 DHT 无变化。特征性改变是睾酮正常或升高，DHT 降低，睾酮 /DHT 值升高。性腺和内生殖器均为正常男性，但泌尿生殖窦因 DHT 缺乏，除有增大的阴蒂（clitoris）外，均分化为女性型。应早期治疗，在青春发育期前作社会性别确定和外生殖器矫形手术。

（5）米勒管永存综合征

多由于 AMH 基因突变，AMH 合成缺乏或异常，或者 AMH 受体缺陷所致；亦有少部分 AMH 或 AMH 受体基因正常。睾丸和外生殖器发育正常，附睾、输精管和子宫、输卵管并存，常见腹股沟疝和隐睾症。

（6）医源性男假性畸形

妊娠早期可因服用保胎药（含孕激素）或雌激素制剂引起 46, XY 胚胎性别分化异常。孕激素可能有抑制 5α- 还原酶或睾酮生物合成的作用，使 DHT 或睾酮降低，胎儿可出现尿道下裂等。

3. 其他 46, XY 性别分化异常病

（1）单纯性尿道下裂

单纯性尿道下裂是一种发生率较高的先天性外阴畸形，表现为阴茎尿道融合不全。一般认为与雄激素作用不充分有关。

（2）46, XY 两性畸形伴多发先天异常

染色体核型是 46, XY，女性表型，合并右膈疝、右肺发育不良、室间隔缺损和右肺动脉发育不良等。

（3）46, XY 真两性畸形

真两性畸形患者核型多为 46, XX，其次是 46, XX/46, XY 嵌合，极少为 46, XY。表现为不同程度尿道下裂。最常见的性腺是卵睾，其次是卵巢，睾丸最少见。

（四）46, XX 性别发育异常

根据染色体性别与性腺性别是否一致，46, XX 的两性畸形可分为两大类：即真两性畸形和假两性畸形。

1. 46, XX 真两性畸形

46, XX 真两性畸形（46, XX true hermaphroditism）指染色体核型为 46, XX，其性腺同时有卵巢和睾丸组织（卵睾体），表现型（外生殖器）男性者（或模棱两可，包括 46, XX 男性综合征）。此类病例国内相对罕见，尤其 46, XX 男性综合征者，随着人类基因研究的进展，国外近年报道逐渐增加。其表型（外生殖器）可为男性阴茎（或有尿道下裂，或有小阴茎，或有勃起屈曲）和睾丸（细小或未下降而形成隐睾，或仅有一侧，或为卵睾），女性男性化表现，外生殖器模糊。其性腺类型：卵睾体是最常见性腺类型，多位于正常卵巢位置且多于右侧；卵睾体内卵巢组织多于睾丸组织，易发生卵睾体下降至阴唇、阴囊或腹股沟内；多数一侧为卵睾体，一侧为卵巢（多于左侧）；卵巢和（或）卵睾体内的卵巢组织多正常发育且可见黄体，而睾丸或卵睾体内的睾丸组织常不同程度发育不良。传统认为，性染色体决定性腺分化发育，Y 染色体决定了性腺分化为睾丸而成为男性。临床所见真两性畸形（性腺和性染色体的不一致），使人们逐步认识到尽管 Y 染色体对于决定性腺分化有非常重要的作用，但性染色体不是决定性腺分化发育和性别的唯一因素。研究证明，除性染色体外，常染色体上与性分化发育有关的基因有：2 号染色体上的 5α- 还原酶型基因，Xq11-12.5 上的雄激素受体基因 *DAX-1*、*SOX9*、*SF-1*、*WT-1*、21- 羟化酶编码基因，以及 17q、10q25、9q2224 等染色体的不同区带均与性腺的分化发育有关。这些因素的突变均可发生两性畸形。

因此，46, XX 真两性畸形的产生可能是睾丸决定区基因（*SRY*）从 Y 染色体易位到

X 染色体上；常染色体上与决定性腺分化有关的基因发生突变，使受控于 Y 染色体的睾丸决定因子的"应答基因"自行表达；SRY 上可读框的缺失（如 5′ 端的部分缺失）导致睾丸中细胞 DNA SRY 阴性，卵睾睾丸部分的 DNA 尽管 SRY 阳性但是缺少功能而形成 46, XX 真两性畸形；真两性畸形存在 Y 基因的隐性嵌合体（最可能是胚胎发育早期一个单倍体卵细胞经过无性生殖分裂为两个单倍体的卵细胞，之后经过双受精，最后两个合子融合成为一个个体），但数量少，目前未能识别。以上原因也可以解释真两性畸形中染色体核型以 46, XX 占多数的现象。

2. 46, XX 假两性畸形

46, XX 假两性畸形（46, XX false hermaphroditism）包括先天性肾上腺性征综合征（congenital adrenogenital syndrome）和后天性（获得性）肾上腺性征综合征（acquired adrenogenital syndrome）。临床表现为卵巢男性化肿瘤、Leyding 细胞瘤、黄体瘤、多囊卵巢等卵巢肿瘤多见。发生的原因可能是胎儿期母体接受雄激素治疗，母体患先天性肾上腺皮质增生，母亲或胎儿患分泌雄性激素的肿瘤，大量使用孕激素等。46, XX 假两性畸形的病因有遗传性、先天性和后天性的不同。性腺为卵巢而外生殖器男性化，其男性表型的程度根据病情和病因的不同可从最轻度的阴蒂肥大到最重度的尿道下裂。此外，有体毛、腋毛及阴毛增多增粗，分布如男性；喉结增大、声音低沉、痤疮、肌肉发达；月经稀少乃至闭经；卵巢、乳房等逐渐萎缩，乳头变小，乳晕色淡；性欲改变及其他皮质醇增多症的表现。以先天性肾上腺增生为例，该病是常染色体隐性遗传疾病。皮质醇合成过程中某一种必需的酶缺陷导致皮质醇合成不足，反馈调节促肾上腺皮质激素释放激素（CRH）和促肾上腺皮质激素（ACTH）代偿性增加，引起肾上腺皮质增生，因增生的肾上腺皮质网状带分泌过高的雄激素而出现外生殖器男性化发育。常见的酶的缺陷依次为：21- 羟化酶、11β- 羟化酶、17α- 羟化酶、18α- 羟化酶、3β- 脱氢酶、20 碳链酶、22 碳链酶。此外，还有 20- 羟化酶、22- 羟化酶、17- 裂链酶、20- 裂链酶等。其中以 21- 羟化酶缺陷最常见，约占 95%，在人群中患病率约为 1:10 000。除外生殖器不同程度男性化外，21-羟化酶、3β- 脱氢酶、18- 羟化酶的缺陷还伴有失钠、失水、血压下降等电解质紊乱，是由于皮质醇和醛固酮合成受阻，孕酮积聚于肾小管拮抗醛固酮的作用所致。而 11β- 羟化酶和 17α- 羟化酶的缺陷却可同时伴有钠潴留、高血压和低血钾，是因雄激素和去氢皮质酮过多所引起。

第二节　人类的不孕不育与精准医疗

一、不孕不育现状

社会快速发展极大地推动了人类文明的进步，然而随之也带来了生活节奏加快、工作压力增大，由此引起人们婚育观念的巨大转变，婚育年龄推迟。特别是进入 21 世纪以来，人类生育能力下降的问题日益凸显，不孕不育人数逐年增长，已成为影响人类发展与健康的一个全球性问题。因此，世界卫生组织预测，不孕不育症将成为继肿瘤、心脑血管疾病之后的第三大顽疾，育龄人群的生殖健康已成为世界范围内重点关注的公共卫生问题（The World Bank Group，2018）。

（一）国内外育龄人群生育水平现状

从 20 世纪 80 年代开始，世界人口结构和增长模式出现了很大的变化，特别是在许多西方发达国家，人口负增长及社会老龄化带来的消极影响令各国政府焦虑不安，适婚人群不断推迟婚育年龄导致不孕不育夫妇的增加毫无疑问是造成这一局面的主要原因。根据 1995 年世界卫生组织对不孕不育症的定义：不孕不育症是指有正常性生活的夫妇（20 ～ 45 岁），未采取避孕措施同居 1 年以上而不能使女方妊娠或维持妊娠者，这个比例已经达到育龄夫妇的 25% ～ 30%，不育不孕症已成为各个国家和地区育龄夫妇都可能要面对的问题。

1. 国外的不育不孕现状

由于首次生育平均年龄提高，以及不健康生活方式和环境因素的影响，不孕症在全球范围内越来越普遍。有数据显示，全球不孕症患病率已从 1997 年的 11% 增长至 2017 年的 15%，预计 2023 年将达 17.2%（陈子江等，2019；龙晓宇和乔杰，2017；杨菁和张燕，2005）。

世界卫生组织 2001 年发布的全球不孕症形势分析报告指出，发展中国家不孕症的发病率显著高于发达国家。2001 年发展中国家不孕症患病率为 8% ～ 12%。从不孕症全球分布情况来看，非洲的患病率最高，主要是继发性不孕症。在某些地区，特别是非洲撒哈拉沙漠以南，25 ～ 49 岁的继发性不孕症患病率高达 30% 以上，性传播疾病和生殖道感染对生殖能力产生的破坏性影响（导致输卵管阻塞和盆腔粘连），常常成为继发性不孕症的主要病因。不同国家和地区的不孕症患病率相差悬殊，与当地卫生健康状况及预防不孕的措施有关。与此同时，发达国家不孕症患病率大约是 5% ～ 8%，虽然低于发展中国家的平均水平，但不孕症的患病率也呈现增长趋势，主要归因于肥胖、性传播疾病增加及生育年龄延迟等（龙晓宇和乔杰，2017；Cui，2010）。

2. 中国不孕不育现状

我国社会、经济、文化、卫生状态的变化，以及人们生殖健康观念的改变、生活方式的选择对不孕不育症产生着巨大影响。当前，青春期年龄提前与生育年龄普遍延迟的矛盾比以往更为突出，即发育年龄早、性能力建立早、性成熟早，而婚龄、育龄晚。婚前性行为发生率及未婚人群的人工流产率呈明显上升趋势。其他如环境污染、生活压力及青少年和育龄人群肥胖发生率的增加等均使健康生育面临严峻的挑战。近 20 年来，生殖医学在中国得到了迅猛的发展，但对于不孕症的患病率尚缺乏全国性大规模的调查统计。中国人口协会之前发布的调查结果显示，截至 2016 年，我国不孕不育患者已超过 5000 万，从 30 年前占育龄人口的 1% ～ 3% 到现在的 12% ～ 15%，激增了 10 倍左右，不孕不育已经成为影响我国人口增长的主要原因之一（黄荷凤等，2013；刘风华等，2015；龙晓宇和乔杰，2017；杨菁和张燕，2005）（图 7-3）。

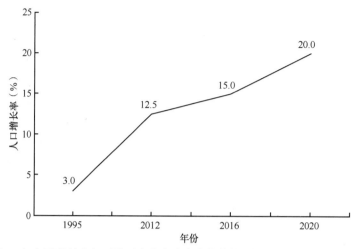

图 7-3　近 25 年中国育龄夫妇不孕不育症患病率变化趋势（辅助生殖行业研究报告，2020）

（二）不孕不育的干预策略

1. 积极开展生殖健康咨询

生殖健康咨询与指导服务应包括两方面内容。一方面，要对新婚夫妇提供生育指导，进行合理避孕和科学人工流产以避免夫妻双方，尤其是女性的生育力下降，普及女性排卵期、男性精子质量等生殖健康相关的生理知识。另一方面，对不孕症夫妇提供支持，包括针对性的心理疏导和积极有效的治疗。

2. 大力推广人类辅助生殖技术

随着社会发展与时代进步，"优生优育"的生育观念与现代人的生育意愿更为同步，适时合理地实施辅助生殖技术确实能够帮助部分不孕不育的育龄夫妇，有效解决不孕不育症造成的家庭与社会问题。根据国家卫生健康委员会的公开数据，目前我国提供辅助生殖技术的医疗机构已超过 500 家，但辅助生殖技术受地区与人口经济水平限制，呈现出分布不平衡现象，西部欠发达地区的医疗机构数量远少于东部地区，无法满足经济欠发达地区不孕不育症治疗的需求。因此，进一步在全国大力推广辅助生殖技术，缓解卫生资源分布不均势在必行。

3. 规范青少年性教育体系

不孕不育的重要病因包括不良性生活引发的性传播疾病造成的生育能力下降，或意外怀孕而进行人工流产导致女性生育力损失。生殖健康的防控工作应针对不同人群采取不同措施，我国青少年的身心发展受社会经济与文化环境的影响发生了巨大变化，性成熟和性行为提早带来的非意愿性妊娠流产、生殖道感染等问题极大增加了成年后患不孕症的概率。因此，必须重视对青少年科学、规范、合理的性教育，降低青少年未来预期不孕不育的风险，通常可以通过同伴教育、学校教育、网络新媒体宣传等多种形式，逐渐形成我国社会较为规范的青少年性教育体系。

二、不孕不育的治疗

（一）不孕不育症的定义

不孕不育（infertility）症是指育龄夫妇未避孕，正常性生活 1 年或 1 年以上未妊娠。不孕可分为原发性不孕和继发性不孕。原发性不孕指从未妊娠者；继发性不孕为曾经妊娠，之后 1 年或 1 年以上不孕者（杨增明等，2019；Christopher，2006；Richard et al.，2007）。

（二）不孕不育症的诊断

1. 女性不孕不育症的诊断

在月经期的第 2、第 3 天测定血清中的促卵泡激素（follicle stimulating hormone，FSH）、黄体生成素（luteinizing hormone，LH）、雌二醇（estradiol，E2）、孕酮（progesterone，P）、睾酮（testosterone，T）和泌乳素（PRL），以判断女性生殖内分泌环境是否正常。

在月经周期第 21 天测定血清中孕酮的浓度（高于 3ng/dL），检验患者是否能够正常排卵。

于月经周期第 26 天进行子宫内膜活检，并以诺伊斯标准（Noyes' criteria）判断患者是否黄体功能不全。

由于大约 20% 的不孕女性存在输卵管疾病，因此通常在经期结束 3 ~ 7d 进行子宫输卵管造影术（hysterosalpingography，HSG）来检测输卵管的通畅程度。

于排卵期进行正常性生活后，检测精子与宫颈黏液间的相互作用。

如有必要，可进行腹腔镜探查（laparoscopy），确定患者的盆腔、输卵管解剖学结构，以及是否患有子宫内膜异位症（endometriosis）。

2. 男性不育症的诊断

首先要进行至少 3 次精液常规检查，并由生殖男科专家对结果进行分析。如果发现异常（表 7-1，表 7-2），则需要进一步进行体格、男性化特征及外生殖器检查。对于单次射精精子总数低于标准下限的男性（表 7-2），还必须进行相关男性激素的化验，如血清促卵泡生成素（FSH）和睾酮（T）等。在夫妻双方完成所有的检查之后，仍然有 5% ~ 15% 的夫妇无法找到不孕的原因，这部分患者通常被定义为不明原因性不孕症（unexplained infertility）。

表 7-1　男性不育症患者的精液分析类型分布

精液样本类型	%
正常（normal）	14
无精子症（azoospermia）	14
多重参数异常（multiple abnormal parameters）	49
单一参数异常（single abnormal parameter）	23
精子活力不足（弱精症）（asthenospermia）	6
畸形精子症（teratospermia）	4
少精子症（oligospermia）	4
低精液量（low semen volume）	7
脓性精液症（pyospermia）	2

资料来源：Walsh et al. 2002. Campbell's Urology，8th ed

表 7-2　男性精液参数常规参考值下限

参数	参考值下限
精液体积（ml）	1.5（1.4～1.7）
精子总数（10^6/一次射精）	39（33～46）
精子浓度（10^6/ml）	15（12～16）
总活力（PR+NP，%）	40（38～42）
前向运动（PR，%）	32（31～34）
存活率（活精子，%）	58（55～63）
精子形态学（正常形态，%）	4（3～4）

资料来源：陈振文和谷龙杰，2012

3. 不孕不育的病因学分析

不孕不育的因素很多，多项流行病学调查显示，不孕不育夫妇中女方因素占 40%～50%，男方因素占 25%～40%，双方因素占 20%～30%，而不明原因的不孕不育占 5%～10%。女性不孕不育主要以排卵障碍、输卵管因素、子宫内膜容受性异常为主，男性不育主要是精子质量差、生精异常及射精功能障碍。其病因学分析数据参见表 7-3 和表 7-4。

表 7-3　女性不孕不育患者的病因分析

种类	患者比例（%）
排卵障碍（disorders of ovulation）	27
盆腔粘连（pelvic adhesions）	12
输卵管结构功能异常（disorders in the anatomy and tubal function）	22
高泌乳素血症（hyperprolactinemia）	7
子宫内膜异位症（endometriosis）	5～15

资料来源：Walsh et al. 2002. Campbell's Urology，8th ed

表 7-4　男性不育患者的病因分析

种类	患者比例（%）
精索静脉曲张（varicocele）	38
先天异常（idiopathic）	23
输精梗阻（obstruction）	13
正常（normal）*	9
隐睾症（cryptorchidism）	3
睾丸衰竭（testicular failure）	3
抗精子抗体（antisperm antibodies）	2
射精功能障碍（ejaculatory dysfunction）	2
生殖腺毒素（gonadotoxin）**	2
内分泌失调（endocrinopathy）	1

续表

种类	患者比例（%）
脓性精液症（pyospermia）	1
基因及染色体异常（genetic and chromosomal abnormalities）***	0.5
睾丸扭转（torsion of testis）	0.5
勃起功能障碍（erectile dysfunction）	0.4
睾丸癌（testis cancer）	0.4
超微结构（ultrastructure）	0.3
病毒性睾丸炎（viral orchitis）	0.3
系统性疾病（systemic illness）	0.2
尿道下裂（hypospadias）	0.05

资料来源：Walsh et al. 2002. Campbell's Urology，8th ed

* 不明原因；** 包括化疗、放疗、药物、高温暴露等；*** 包括染色体异常，如克氏综合征，以及基因失活，如 *CFTR* 基因突变

（1）女性不孕不育

1）输卵管性不孕不育

输卵管在捡拾、运输配子和胚胎方面发挥着重要作用，也是精子获能、精卵结合受精的部位。感染和手术操作极易使输卵管黏膜受损，影响输卵管的通畅性和功能。凡是导致输卵管阻塞或功能异常的因素均能引起女性不孕，如盆腔感染、输卵管炎、输卵管结核、子宫内膜异位症及输卵管绝育术等。

2）排卵障碍的不孕不育

排卵障碍是很多内分泌疾病的共同表现，占不孕女性的 20%～25%。临床表现主要为月经不规律甚至闭经，月经周期短于 26d 或长于 32d 提示可能存在排卵异常。最常见的引起排卵障碍的因素包括：①多囊卵巢综合征（PCOS）；②卵巢早衰和性腺发育不全；③下丘脑功能失调，如精神创伤、全身严重消耗性疾病；④垂体肿瘤及各种功能异常引起的垂体性闭经；⑤其他内分泌疾病，如甲状腺、肾上腺功能异常，糖尿病和严重营养不良均可引起排卵障碍。

3）子宫性不孕不育

子宫是受精卵着床和胚胎发育的主要场所，子宫性不孕不育也是导致女性不孕的重要原因。先天性子宫发育异常、结构畸形、子宫肌瘤、宫腔粘连及子宫内膜病变，可使宫腔狭窄、瘢痕形成、局部免疫细胞异常、子宫内膜分泌不足而影响妊娠结果。

4）免疫性不孕不育

是由于生殖系统的自身免疫或同种免疫引起的。自身免疫一种表现为器官特异性，如女方血清中存在的抗子宫内膜抗体和抗卵细胞透明带抗体，前者使子宫内膜着床环境发生改变抵抗胚胎着床，而后者则可使卵子透明带变硬阻碍精子穿透。另一种表现为非器官特异性抗体，如抗心磷脂抗体、抗核抗体、抗 DNA 抗体等。同种免疫主要是精子、精浆或受精卵作为抗原刺激女性产生抗精子抗体，使精子失去活力，不能与卵子结合或胚胎着床失败。目前对非器官特异性自身抗体针对的抗原检测技术较为成熟和标准，而

器官特异性自身抗体针对的抗原成分复杂,检测的标准化程度低,与不孕的关系尚不明确。

5)不明原因的不孕不育

一对不孕夫妇的各项指标都正常,而不孕原因又无法解释,即诊断为不明原因性不孕症。

(2)男性不育

1)生殖器官等异常

生殖器官等异常主要有:①睾丸的先天性发育异常;②输精管梗阻或缺如;③精索静脉曲张导致的睾丸血液淤积,有效血流量减少,生精的正常微环境遭到破坏,最终使精原细胞退化、萎缩,精子生成减少,活力减弱,畸形精子增多,严重者可无精子;④雄激素靶器官病变,如睾丸女性化和 Reifenstein 综合征。根据精子异常的种类,可采取不同的辅助生殖助孕技术(表 7-5,图 7-4)。

2)内分泌异常

内分泌异常主要原因是促性腺激素合成或分泌功能障碍,主要症状有:①最典型的为卡尔曼综合征(Kallmann syndrome,KS)又称选择性促性腺功能低下型性腺功能减退症,为下丘脑 GnRH 脉冲式释放功能障碍,是常染色体隐性遗传病,临床特征是性成熟障碍,伴有嗅觉丧失、睾丸小、睾丸下降异常、小阴茎、尿道下裂、血清睾酮水平低、LH 和 FSH 水平处于同年龄组正常值下限;②选择性 LH 缺陷症:患者血清 FSH 水平正常,LH 和睾酮水平低下,男性化不足,乳房发育,但睾丸大小正常,精液内有少量精子,故又称"生育型"无睾综合征;③垂体瘤对 LH 的分泌影响最为明显,垂体瘤是高泌乳素血症的最常见原因,PRL 过高可导致患者性欲减退、勃起功能障碍、乳房溢乳及生精功能障碍;④肾上腺皮质增生症中常与不育相关的是 21-羟化酶缺陷,皮质激素合成减少,引起 ACTH 增加,肾上腺皮质受到 ACTH 的过度刺激而合成大量睾酮,后者抑制垂体促性腺激素的分泌,从而导致不育。

3)性功能障碍

包括性欲减退、勃起功能障碍、早泄、不射精和逆行射精等,导致精液不能正常射入阴道。

4)免疫因素

包括由男性产生的抗精子自身免疫和由女性产生的抗精子同种免疫。精子与免疫系统由于血睾屏障的作用而隔离,故无论对男性或女性,精子抗原为外来抗原,具有很强的抗原性。血睾屏障及精浆内免疫抑制因子等因素共同建立了一套完整的免疫耐受机制,当发生睾丸炎、附睾炎、前列腺炎、精囊炎,或进行输精管结扎等手术后,上述免疫耐受机制被破坏,即可能发生抗精子免疫反应。

5)感染因素

腮腺炎病毒可引起睾丸炎,严重者可引起永久性曲细精管破坏和萎缩而发生睾丸功能衰竭;梅毒螺旋体也可以引起睾丸炎和附睾炎;淋病、结核、丝虫病可引起输精管梗阻;精液慢性细菌感染,或支原体、衣原体感染可使精液中白细胞计数增多,精液质量降低,未成熟精子增加。

6)药物手术史

抗癌药物、化疗及抗高血压药物等可直接或间接影响精子生成。既往盆腔手术史、膀胱、前列腺手术史有可能引起射精功能减退；疝修补术或睾丸固定术有可能影响精索或睾丸供血。

7）不明原因的不育

男性不育中约 30% 的患者经过目前常用的检查方法仍不能查出确切病因，即诊断为不明原因的不育。

表 7-5　精液常规检查结果分级与适应证

项目	标准	分级	适应证
精子数量（精子密度）	$10×10^6 \sim 15×10^6$ 个 /ml	轻度少精症	IVF-ET
	$5×10^6 \sim 10×10^6$ 个 /ml	中度少精症	IVF-ET
	$1×10^6 \sim 5×10^6$ 个 /ml	重度少精症	ICSI-ET
	$<1×10^6$ 个 /ml	极重度少精症	ICSI-ET
精子活力（前向运动精子比例）	25% ～ 32%	轻度弱精症	IVF-ET
	10% ～ 25%	中度弱精症	IVF-ET
	1% ～ 10%	重度弱精症	ICSI-ET
	< 1%	极重度弱精症	ICSI-ET
精子形态（正常形态精子比例）	3% ～ 4%	轻度畸形精子症	IVF-ET
	2% ～ 3%	中度畸形精子症	ICSI-ET
	1% ～ 2%	重度畸形精子症	ICSI-ET
	< 1%	极重度畸形精子症	ICSI-ET

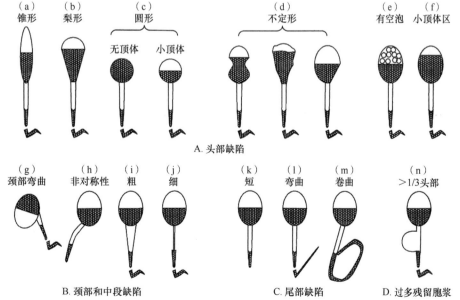

图 7-4　人类精子异常形态示意图（Kruger et al.，1993）

（三）不孕不育症的临床治疗

治疗不孕不育的主要方法有一般性治疗、药物治疗、手术治疗及辅助生殖技术治疗。

1. 一般性治疗

主要针对备孕阶段的夫妇。通常首先进行生育前健康体检，评估生育能力并有针对性地进行受孕指导（如监测排卵）。

2. 药物治疗

分为中药调理和激素类药物治疗，主要适用于备孕阶段或不孕年限短、男女双方都没有发现器质性异常的夫妇。例如，对于卵巢性因素（PCOS 或 POF）导致的排卵障碍，可通过口服或注射控制性促排卵药物实现诱发排卵；对子宫内膜异位症及腺肌症患者可通过使用促性腺激素释放素激动剂（GnRH-a）控制病情发展；在男性不育治疗中，可使用促性腺激素治疗性腺功能低下所致的少精症或弱精症。

3. 手术治疗

主要针对不孕不育夫妇存在器质性异常，如男方精索静脉曲张，或者女方输卵管堵塞、宫腔粘连等。手术方式和处理应该遵循保留和改善生育功能的原则。

4. 辅助生殖技术治疗

药物、手术治疗后仍然不能受孕，并符合适应证的夫妇，可选择采用辅助生殖技术进行治疗。

辅助生殖技术（assisted reproductive technology，ART）是指运用医学技术和方法对人的卵子、精子、受精卵或胚胎进行人工操作，以达到受孕目的的一系列技术总称。ART 包括宫腔内人工授精（intrauterine insemination，IUI）、体外受精（*in vitro* fertilization，IVF）、胚胎移植（embryo transfer，ET）、卵细胞质内单精子注射（intracytoplasmic sperm injection，ICSI）及各种衍生技术（李喜和，2019；梁珊珊等，2018；刘凤华等，2015；孙文希和胡凌娟，2019；杨增明等，2019）。

（1）人工授精

人工授精（artificial insemination，AI）是指将精子以非性交的方式置于女性生殖道使其受孕的技术。根据精子的来源，AI 可分为夫精人工授精（AIH）和供精人工授精（AID）；按照授精部位不同分为阴道内人工授精（IVI）、宫颈管内人工授精（ICI）、宫腔内人工授精（IUI）和输卵管内人工授精（IFI）。目前比较常用的人工授精方式是 IUI。

1）人工授精的适应证

AIH 的适应证主要包括：①精液异常，轻度或中度少精症（精子密度 $5 \times 10^6 \sim 20 \times 10^6$ 个 /ml）、弱精症（前向运动精子＜ 32%）、畸形精子症（正常形态精子＜ 4%）、严重的精液量减少（精液量＜ 1ml）、精液液化异常或不液化及逆行射精等；②宫颈黏液异常导致精子无法通过宫颈；③ 性功能障碍或生殖道畸形导致的性交障碍；④免疫性不育，男方因感染、创伤等诱发自身抗体产生，女方对精液的免疫反应妨碍受精过程的发生；⑤排卵障碍及子宫内膜异位症等经药物或手术治疗后仍未受孕；⑥不明原因性不孕，夫妇双方经常规的不孕不育临床检查均未发现异常。

AID 的适应证主要包括：①不可逆性无精子症，特别是非梗阻性无精子症，睾丸穿刺未发现成熟精子者；②男方极重度少精、弱精、畸形精子症患者；③男方患有不宜生育的遗传性疾病，如精神病、癫痫、严重的智力低下等；④夫妇间因特殊血型导致严重母胎血型不合，不能得到存活的新生儿。

AID 适应证女方条件：①年龄在生育期，身体健康，完全能承受妊娠；②卵巢功能和盆腔检查正常；③女方至少一侧输卵管是通畅的。

2）人工授精的禁忌证

人工授精的禁忌证：①男方或者女方患有不宜生育的严重遗传病、躯体疾病或精神疾病；②一方患有生殖泌尿系统的急性感染性疾病或性传播疾病；③一方近期接触致畸量的放射线、有毒物质，服用有致畸作用的药品、毒品等并处于作用期。

3）人工授精技术

人工授精前，男女双方需进行必要的体格检查和实验室检查，确定适应证及是否适合妊娠，对拟行供精者是否适合供精进行严格筛查和知情同意。人工授精流程为：①临床诱发排卵的方案制订和监测，通常从月经周期的第 10 天开始采用阴道 B 超检测卵泡发育，待卵泡发育至 >14mm 时结合血液中雌二醇（estradiol，E2）和黄体生成素（luteinizing hormone，LH）水平评价卵泡发育程度及 LH 峰，当优势卵泡生长至 16 ～ 20mm，LH 水平上升至基础值 2 倍以上，即可在 24 ～ 48h 后进行人工授精；②精液收集与处理，人工授精当天，男方将精液取出体外，根据当天精子质量可采用密度梯度离心法或直接上游法优化处理，优化后的精子调整合适密度用于人工授精，AID 冷冻精液解冻后，采用密度梯度离心法优化精液，优化后的精子调整合适密度用于人工授精；③宫腔内人工授精，以外周血 LH 峰、基础体温、宫颈黏液、卵泡大小和内膜厚度确定排卵期，选择排卵前的 48h 至排卵后的 12h 进行人工授精。将处理后的精液吸入人工授精管内，由临床医生将人工授精管送入宫腔，通过连接的注射器将处理后的精液缓慢注入宫腔，完成授精过程（图 7-5）。

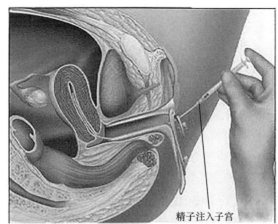

无菌的精子
悬浮液

精子注入子宫

图 7-5　宫腔内人工授精操作流程示意图（van Voorhis，2007）

（2）体外受精 - 胚胎移植技术

体外受精 - 胚胎移植（*in vitro* fertilization and embryo transfer，IVF-ET）技术俗称"试管婴儿"，是分别将卵子和精子取出后，在体外完成受精和胚胎早期发育，再将胚胎移植回母体子宫继续发育成胎儿的过程。1978年7月25日，全球首例试管婴儿在英国诞生，引起了全世界科学界的轰动（Richard et al.，2007；Steptoe and Edwards，1978）。"试管婴儿"技术在很长一段时间内饱受争议，但随着社会的发展，越来越多的试管婴儿顺利出生并健康成长，目前全球至少已有900万试管婴儿健康出生，使得人们对"试管婴儿"技术的认识发生了很大转变。2010年，试管婴儿技术的创立者罗伯特·爱德华兹获得了诺贝尔生理学或医学奖。

近些年，不孕不育症患者对试管婴儿技术的接受度越来越高，需求也越来越多，全球有数以千计的医院和诊所提供试管婴儿治疗，仅国内开展辅助生殖技术的医疗机构就已超过500家，辅助生殖已经成为一项十分庞大的产业（杨菁和张燕，2005；杨增明等，2019；Tesarik and Mendoza，1999）。

1）体外受精的适应证

Ⅰ．输卵管性不孕

输卵管疾病约占女性不孕的25%～40%。盆腔炎症、子宫内膜异位症、宫外孕、人工流产，以及结核病、盆腔、腹腔手术史等均是导致输卵管疾病的高危因素。部分轻度或中度输卵管疾病患者可通过抗炎治疗或输卵管修复手术获得妊娠，而盆腔输卵管炎症导致宫腔粘连、双侧输卵管切除及结扎术，或者患者年龄>35周岁并伴有卵巢功能减退等均是行"试管婴儿"的重要指征。

Ⅱ．排卵障碍性不孕

卵巢功能异常是女性不孕的最主要原因，卵巢功能异常通常表现为无排卵、卵泡发育不良及黄体功能不足，常见病症包括多囊卵巢综合征（polycystic ovarian syndrome，PCOS）、先天性卵巢发育不良和卵巢早衰（premature ovarian failure，POF），以及卵巢子宫内膜异位症破坏卵巢组织引起的卵巢功能减退等。

Ⅲ．子宫内膜异位症

20%～50%不孕妇女合并有子宫内膜异位症（endometriosis，EM），该症侵犯盆腔内脏器官并向深部发展，造成子宫内膜粘连影响受孕能力。在药物及手术治疗后仍未怀孕的患者应建议利用体外受精技术助孕。

Ⅳ．男性不同程度的少精、弱精、畸形精子症

男性精子质量的下降已经成为世界性的问题。精液常规检查、精子形态学、精子DNA完整性分析是男性不育症诊断的重要依据，能够从精子的数量、存活率、运动能力、形态学、遗传物质等方面对男性生殖健康状况进行准确客观地评估，是了解男性生育力的基本临床指标。根据《WHO人类精液检查与处理实验室手册》（第五版）标准规定，男性精液质量差是进行IVF-ET治疗的重要指征。

Ⅴ．男性不可逆梗阻性无精症及生精功能障碍

睾丸具有生精功能，未发现输精管阻塞，精液和性高潮后的尿液中均未见精子，经附睾穿刺或者睾丸活检可见精子的患者；受精障碍的患者；生精功能障碍的患者均具有进行IVF-ET治疗的指征。

Ⅵ．不明原因性不孕

不明原因性不孕目前尚无确切定义，鉴于生殖过程的复杂性和检验技术的限制，许

多检查无法在临床上开展，因此，目前临床无法进行明确诊断的不孕即为不明原因性不孕。不明原因性不孕患者的治疗原则是首先通过促排卵，增加每个受孕周期中能够受精的卵子数、提高胚胎着床率，实现妊娠。若上述治疗无效，需进行 IVF-ET 助孕治疗。

2）体外受精的禁忌证

体外受精的禁忌证主要包括：①夫妻任何一方患有严重精神疾病、泌尿生殖系统急性感染、性传播疾病；②患有《母婴保健法》规定的不宜生育且目前无法进行产前诊断或胚胎植入前遗传学诊断的遗传性疾病；③夫妻任何一方具有吸毒等严重不良嗜好；④任何一方接触致畸剂量的射线、毒物、药物并处于作用期；⑤女方子宫不具备妊娠功能或严重的躯体疾病不能承受妊娠。

3）体外受精-胚胎移植（IVF-ET）技术

Ⅰ. 控制性超促排卵（controlled ovarian hyperstimulation，COH）

IVF-ET 的基础涉及超促排卵及精子和卵子的体外操作与胚胎移植。通常情况下，女性一个排卵周期只生长发育并排出一枚卵子。控制性超促排卵是指卵巢在激素的作用下能够生长发育形成多枚成熟卵子，从而提高每次 IVF 成功的机会。为了获得足够用于 IVF 的卵母细胞，目前临床控制性超促排卵最常使用的促性腺激素包括：从绝经期妇女的尿液中提取的人类绝经期促性腺激素（human menopausal gonadotropin，HMG），以及利用生物技术手段生产的重组促卵泡生成素（follicle-stimulating hormone，FSH）和黄体生成素（luteinizing hormone，LH）。临床使用促性腺激素刺激超促排卵通常会联合使用 GnRH 激动剂（gonadotropin-releasing hormone agonist，GnRH-a），从而抑制内源性 LH 的分泌，避免卵泡发生过早黄素化。主要的 COH 方案主要包括"长方案""短方案"和"CnRH 拮抗剂方案"等。

长方案：在该方案中，女方在月经周期的第 21 天开始注射 GnRH-a，连续注射 14d，并于下一个月经期的第 2～3 天开始注射 HMG 或 FSH。卵泡生长发育情况需要通过测量血清中雌二醇的含量结合阴道 B 超测量卵泡直径进行实时监控，通常促性腺激素注射 9～11d 后卵泡会发育成熟。当 2～3 个卵泡直径达到 16～18mm 时，肌肉注射 10 000IU 的人绒毛膜促性腺激素（human chorionic gonadotropin，hCG）或者 250u 注射用重组人绒促性素。hCG 对于卵母细胞的最终成熟是至关重要的，主要作用是促使卵母细胞完成第一次减数分裂，并停留在第二次减数分裂中期。

短方案：女方在月经周期第 1～2 天使用 GnRH-a，并于同一个周期的第 2～3 天开始注射 HMG 或重组 FSH，其余同长方案，多用于年龄偏大或卵巢反应不良的妇女。

GnRH 拮抗剂方案：GnRH 拮抗剂（如西曲瑞克、加尼瑞克）的使用可以避免 GnRH-a 的骤发效应，能够更为直接和迅速地抑制垂体分泌 LH，从而进一步简化刺激方案。执行短方案至多数卵泡直径达到 13～14mm 时（通常为促排卵第 6 天），按照 0.25mg/d 的剂量注射 GnRH 拮抗剂直至 hCG 注射日。执行 GnRH 拮抗剂方案也可不使用 GnRH 激动剂。

Ⅱ. 卵母细胞的获得

通常在女方注射 hCG 后 36～38h 实施取卵术，患者进行全身麻醉，医生在阴道 B 超引导下将取卵针通过阴道到达卵巢表面,刺入卵泡,通过负压抽吸卵泡液于无菌试管中，将卵泡液迅速送到实验室，实验室人员在显微镜下，从卵泡液中捡出卵母细胞复合体置于受精液中，置于 37℃，6% CO_2 培养箱中培养，等待受精。

Ⅲ. 体外受精过程

在取卵的当天需要进行精子准备，新鲜精子或冷冻保存的精子均可以用于体外受精。精液样本液化后，加入盛有 45%、90% 的 percoll 细胞分离液的离心管中，进行密度梯度离心，分离得到具有活力的精子，将一定浓度的精子加入盛有卵母细胞复合体的培养皿中共培养 18h，去颗粒细胞后，卵母细胞于显微镜下通过形态观察确定受精情况，在典型的 IVF 中，一枚卵子需要 5000 ~ 10 000 个精子进行共培养以便成功受精（杨增明等，2019；Bing and Ouellette，2009）。判断卵子是否受精的典型形态学标准包括：正常受精的合子存在雌雄两个原核，且在卵周隙中拥有两个极体；异常受精的合子只有一个原核，或原核数目多于两个的合子（图 7-6）。

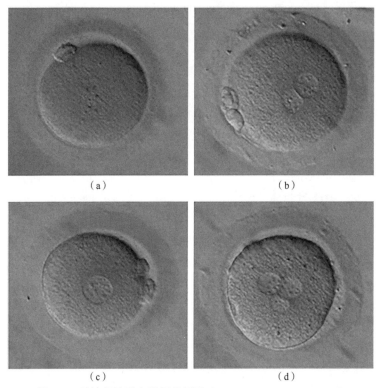

（a）　　　　　　　　　　　　　　　（b）

（c）　　　　　　　　　　　　　　　（d）

图 7-6　受精卵的形态学评价标准（Bing and Ouellette，2009）

（a）未受精的 MⅡ 期卵母细胞；（b）正常的受精卵，2PN；（c）异常受精，1PN；（d）异常受精，3PN

Ⅳ. 胚胎移植过程

正常受精后发育到第 3 天的胚胎为卵裂期胚胎，根据细胞数、细胞均匀度和胚胎碎片含量等确定胚胎级别，或者在体外继续培养到第 5 天，胚胎发育到囊胚期，根据囊胚腔扩张程度、内细胞团细胞数、滋养层细胞数确定囊胚级别，选择符合标准胚胎的 1 ~ 2 枚移植到女方子宫中，剩余胚胎冷冻保存于液氮中（图 7-7）。劣质胚胎与患者沟通后直接废弃。

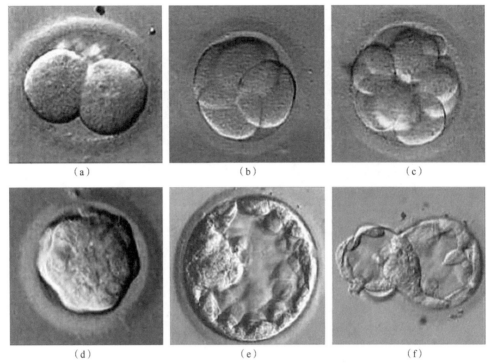

图 7-7　不同发育时期的人类体外受精胚胎（Braude and Rowell，2003）
（a）2 细胞期胚胎（第 1 天）；（b）4 细胞期胚胎（第 2 天）；（c）8 细胞期胚胎（第 3 天）；（d）致密桑葚胚（第 4 天）；
（e）囊胚（第 5 天）；（f）孵化囊胚（第 6 天）

　　胚胎移植过程使用阴道窥器暴露子宫颈，将移植外套管缓慢插入子宫腔，同时将待移植的胚胎装入移植管内芯中，并通过外套管进入子宫腔内，在阴道 B 超的引导下，选择内膜条件较好的部位，将胚胎注入子宫腔。最后缓慢撤出移植管，完成胚胎移植（图 7-8）。

　　IVF 成功的关键因素在于胚胎的质量及孕妇的年龄，大于 35 周岁的女性胚胎染色体整倍体率显著下降，导致 IVF 助孕妊娠率仅为 30% 左右，以前的研究认为男性的年龄与妊娠率无显著相关性，最新的研究认为 40 岁以上男性在 IVF 助孕中也会降低妊娠率，增加流产率。如何在单个 IVF 周期中获得最高的妊娠率和相对较低的多胎率是当前每个生殖医学中心的核心指标。有研究显示移植多枚胚胎并不会明显提高受孕率，多胎妊娠率反而因此显著升高。之前多数生殖医学中心对于低于 35 周岁的女性通常只移植 2 枚以下的胚胎，而对于 35 周岁以上的高龄女性则移植 3 枚胚胎，并可选择性实施辅助孵化技术（assisted hatching technique，AH）以提高胚胎着床率，随着囊胚培养技术的日益成熟，现在越来越多的生殖医学中心选择单囊胚移植，这一技术方案不但可显著提高妊娠率更可有效避免多胎妊娠的发生（杨增明等，2019；Richard et al.，2007）。

　　4）单精子卵细胞质内注射 - 胚胎移植（ICSI-ET）技术

　　人们一度乐观地认为 IVF-ET 技术可以同时应对男女双方因素造成的不孕不育，然而结果却是让人失望的。对于男性因素导致的不孕不育治疗中，一个 IVF 周期仅仅只能获得约 10% 的妊娠率，其原因在于这部分患者的精子往往存在着功能性缺陷。1992 年，布鲁塞尔自由大学的巴勒莫（Palermo）等首次利用单精子卵细胞质内注射技术使不孕不育夫妇

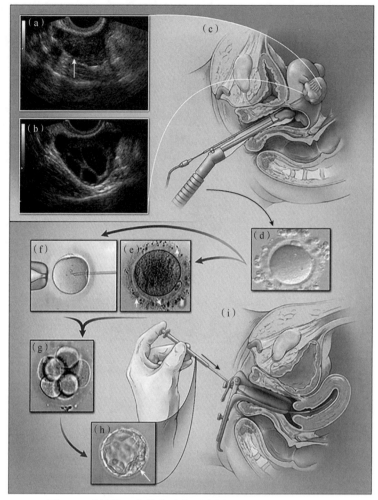

图 7-8　试管婴儿的操作流程示意图（van Voorhis，2007）

（a）早卵泡期（月经第 2～3 天）卵巢中的卵泡；（b）控制性超促排卵后卵巢中的卵泡（多个主导卵泡直径＞18mm）；（c）B 超引导下经阴道卵巢穿刺取卵术；（d）收集卵泡液获得的卵丘卵母细胞复合体；（e）常规体外受精（IVF）后的卵子；（f）行卵胞质内单精子注射（ICSI）的卵子；（g）体外培养发育至第 3 天的胚胎（卵裂期胚胎）；（h）体外培养发育至第 5 天的胚胎（囊胚期胚胎）；（i）胚胎移植术

成功妊娠，并生出健康婴儿，被誉为辅助生殖技术发展史上的"里程碑"事件（梁珊珊等，2018；Tesarik and Mendoza，1999；van Steirteghem et al.，2002）。

ICSI 的适应证：①重度少精、弱精、畸形精子症。对于 ICSI 技术来说，精子的浓度、运动性及形态基本不影响妊娠率，因此，这项技术只需要少量成活精子即可完成受精，可以帮助重度少精、弱精、畸形精子症患者成功妊娠。②不可逆的梗阻性无精子症。由于梗阻性无精子症患者能够正常的完成精子发生，但由于输精管阻塞等原因无法排出体外，因此可以通过睾丸或附睾穿刺取出少量精子来进行 ICSI 助孕。③免疫性及不明原因的不孕。有研究显示，大约有 23% 的不明原因不孕症患者使用常规 IVF 无法成功受精，而使用 ICSI 则可以明显改善受精率。④常规体外受精失败。有体外受精失败史的患者，再次进行体外受精的成功率往往会低于 25%，而应用 ICSI 则可以获得较高的受精率。

　　ICSI 的技术流程如下。①取精：对于能够正常排精，只是由于精液中精子数量极少，活力极差，或者是精子形态存在中重度畸形而行 ICSI 的患者，取精后通过梯度离心或直接离心的方法优选精子，而梗阻性无精症患者的精子获取主要来源是附睾和睾丸，常用的方法包括显微外科附睾精子吸取术、经皮附睾精子吸取术、睾丸精子吸取术（testicular sperm aspiration，TESA）和睾丸曲细精管精子抽提术，此外对于射精功能障碍患者，还可以从输精管和精囊腺中进行取精，而对于逆行射精患者可以从膀胱尿液中进行取精（图 7-9）。②卵母细胞的准备：为了获得更好的视野进行精确的单精子注射，必须去除包裹在卵母细胞周围的卵丘细胞。通常选择在采卵后 2h，将卵丘卵母细胞复合体置于含有 80mIU/ml 透明质酸酶的培养液中去除卵丘细胞，选择排出第一极体的成熟卵母细胞进行 ICSI 操作。③显微注射：第一精子的选择与制动，将精子置于 7% 的 PVP 中，在倒置显微镜下通过运动模式及形态学指标选择运动轨迹接近直线且形态正常的精子，将显微注射针降入 PVP 溶液中，使用针尖将精子尾部中段压在皿底，并快速对精子尾部进行摩擦打折，使得精子被完全制动，这一操作可以破坏精子的质膜，便于注射后精子内容物，以及与卵母细胞激活相关因子的释放，是 ICSI 操作中必不可少的关键步骤；第二卵母细胞的固定，使用持卵针轻轻吸住卵母细胞，调整使第一极体使其定位于 12 点或 6 点钟位置，这样的卵母细胞固定方式可以最大限度地避免显微注射对纺锤体的伤害；第三精子注射，在显微注射之前，将尖端带有精子的显微注射针靠近卵母细胞透明带的 3 点钟位置，轻轻向前推进刺入透明带，并进一步刺穿质膜，进针至超过卵子半径时反复少量回吸卵胞质 2 ～ 3 次以激活卵子，之后将精子轻轻从注射针中推出，最后缓慢撤出注射针（图 7-10），将注射后的卵母细胞置于发育培养液在培养箱中进行培养。

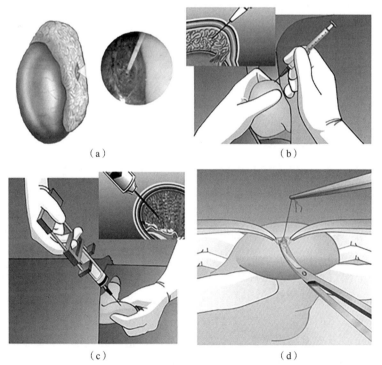

（a）　　　　　　　　　　　　　　　（b）

（c）　　　　　　　　　　　　　　　（d）

图 7-9　采精方法示意图（Esteves et al.，2013）

（a）显微外科附睾精子吸取术；（b）经皮附睾精子吸取术；（c）睾丸精子吸取术；（d）睾丸曲细精管精子抽提术

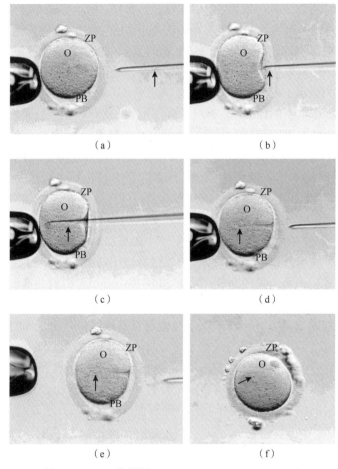

图 7-10　ICSI 流程图（Tesarik and Mendoza，1999）

（a）固定于持卵针上的卵母细胞；（b）注射针刺穿卵母细胞透明带；（c）注射针刺穿卵母细胞质膜；（d）精子被注入卵胞质；
（e）从持卵针中释放卵母细胞；（f）执行 ICSI 2min 后的卵母细胞，精子清晰可见，注射通道完全消失。PB：极体；ZP：
透明带；箭头指示精子所在位置；O. 原核

5. 胚胎的冷冻保存及解冻技术

　　自从 1983 年（特劳恩森）（Trounson）和莫尔（Mohr）首次报道移植冻融的 8 细胞胚胎后获得妊娠，并分娩健康婴儿以来，人类胚胎冷冻技术迅速应用于 IVF 助孕周期中（乔杰等，2015；杨菁和张燕，2005；Mukaida and Oka，2012）。在 IVF-ET 治疗周期中，一般会利用促排卵药物的刺激来增加成熟卵子数，往往可使卵巢一次生长 10 个以上的成熟卵子。但实际上在每一次治疗周期中，只有 1～2 个胚胎移植回子宫，剩余的胚胎可以进行冷冻保存。如果在治疗周期没有成功妊娠，保存的胚胎可以在之后的排卵周期移植回母体，给患者提供妊娠的机会。在胚胎的冷冻保存中，细胞内冰晶体的形成或细胞失水导致渗透压改变，均对细胞造成损伤，冷冻保护剂的添加可以减少冰晶、渗透压对细胞的损伤。冷冻速率也会影响冷冻的效果，胚胎冷冻方法有慢速程序化冷冻法和快速玻璃化冷冻法。慢速程序化冷冻法：胚胎在冷冻保护剂中平衡后，装在 0.25ml 麦管中，放于程序降温仪中，以 2℃ /min 的速度从室温降至 –7℃，停留 5min，植冰，再停留 10min，然后以 0.3℃ /min 速度降温到 -30℃，以 10℃ /min 降至 -150℃后投入液氮。快速玻璃化冷冻法：胚胎在高浓度冷冻保护剂短时间平衡后，使用最少量的冷冻液体积（1 ～ 2μl），装在导热性最好的、管壁薄的载杆上，直接投入液氮中，以达到最快的降温速度。高浓度、极其黏稠的冷冻保护液在快速冷冻过程中由液态直接冻结为无结构的极其黏稠的玻璃状态或无冰晶结构的固态，保证了胚胎冷冻的效果。

胚胎解冻方法：胚胎解冻剂与冷冻保护剂成分相同、浓度递减的系列液体，胚胎从高浓度解冻液逐渐转移到低浓度解冻液中，解冻后胚胎中冷冻保护剂逐渐去除后，将胚胎移入发育培养液中培养 2h，移植到患者的子宫中。玻璃化冷冻过程不需要任何昂贵的设备，并且简便、快速、避免细胞内外冰晶的形成，胚胎冷冻复苏率接近 100%，在辅助生殖临床中得到广泛的应用。

6. 辅助生殖技术并发症

常规体外受精和 ICSI 技术介入的妊娠过程有时会带来一些并发症，如卵巢过度刺激综合征（ovarian hyperstimulation syndrome，OHSS）、多胎妊娠（multiple pregnancy）等（杨增明等，2019；Christopher，2006）。

（1）卵巢过度刺激综合征

OHSS 的发生与患者所使用促排卵药物的种类、剂量、治疗方案、患者的内分泌状况及是否妊娠等因素有关。OHSS 主要发生在使用 HCG 之后，而且一旦妊娠体内持续的 HCG 会加重 OHSS 症状，因此，HCG 是 OHSS 发生的重要因素之一。根据临床症状和实验室检查结果可将 OHSS 分为轻、中、重度，轻度 OHSS 的发生率为 20% ～ 30%，中度、重度 OHSS 为 3% ～ 8%。OHSS 的发病机制尚不清楚，可能与高浓度的雌激素、血管内皮生长因子（vascular endothelial growth factor，VEGF），以及排卵后卵巢分泌的一种或多种炎性因子过量相关，在这些因子的作用下，血管通透性增加、毛细血管渗漏，大量富含白蛋白的血液损失会导致血浓缩症（hemoconcentration）和低白蛋白血症（hypoalbuminemia），腹腔和胸腔的液体积累通常会引起一系列症候，如腹水、胸水、少尿、胃肠道不适及呼吸困难等。同时也有可能导致罕见的更为严重的后果（低于 1%），诸如出血、腹膜炎、血管栓塞甚至死亡。随着个体化卵巢刺激方案及预防意识的提高，OHSS 的发生率呈明显下降趋势。

（2）多胎妊娠及相关的并发症

一次妊娠同时有两个或两个以上胎儿形成称为多胎妊娠。人类的妊娠一般是单胎妊娠，多胎妊娠是一种特殊现象，在人类自然妊娠过程中多胎妊娠发生率＜ 5%，多胎妊娠发生率与种族、遗传因素、血清促性腺激素水平、孕妇年龄等有关。在辅助生殖技术治疗不孕症中，多胎妊娠发生率明显增加，其主要原因是在试管婴儿周期中得到多个胚胎，由于不能确定胚胎的后期发育潜力，为了提高妊娠率每次移植 2 ～ 3 个胚胎，这是多胎妊娠发生的直接原因。多胎妊娠导致孕产妇发生妊娠高血压综合征、糖耐量异常、产后出血等并发症的危险性显著增加，胎儿出现流产、早产、宫内发育迟缓及低体重儿等发生率明显升高。因此，减少多胎妊娠的发生率是辅助生殖技术必须重视的问题，为此，许多国家及医疗机构制定了相关的法规和指南，通过移植两个胚胎或者进行单胚胎移植来降低多胎妊娠发生的风险。随着囊胚培养技术的提高，进行单胚移植时优先选择囊胚期的胚胎，既可以降低多胎妊娠率又能获得更高的妊娠率和活产率。

三、人类基因组计划与精准医疗

（一）人类基因组计划

人类基因组计划（Human Genome Project，HGP）在研究人类基因组过程中建立起来的策略、思想与技术，构成了生命科学领域新的学科——基因组学，是一项规模宏大、跨国界跨学科的科学探索工程。其宗旨在于测定组成人类染色体（单倍体）中所包含的 30 亿个碱基对组成的核苷酸序列，从而绘制人类基因组图谱，并且辨识其载有的基因及其序列，达到破译人类遗传信息的最终目的。可以用于研究微生物、植物及其他动物。人类基因组计划与曼哈顿原子弹计划和阿波罗登月计划并称为自然科学三大计划，是人类科学史上的又一项伟大工程（Harton et al.，2011；Hieter and Boguski，1997；Hou et al.，2013）。

人类基因组计划由美国科学家于 1985 年率先提出，1990 年正式启动。美国、英国、法国、德国、日本和中国科学家共同参与了这一预算达 30 亿美元的人类基因组计划。按照计划设想，在 2005 年，要把人体内约 2.5 万个基因的密码全部解开，同时绘制出人类基因图谱。截止到 2003 年 4 月 14 日，多国科学家通力合作完成了人类基因组计划的测序工作，其中，2001 年人类基因组草图的发表被认为是人类基因组计划中一个重要的里程碑。此外，人类基因组计划中还包括除人类以外其他 5 种生物基因组的研究，分别是大肠杆菌、酵母、线虫、果蝇和小鼠，称之为人类的 5 种"模式生物"。

人类基因组计划的目的是解码生命，了解生命的起源，了解生命体生长发育的规律，认识种属之间和个体之间存在差异的起因，认识疾病发生的机制，以及长寿与衰老等生命现象，为疾病的预防、诊断和靶向治疗提供科学依据。

（二）功能基因组计划

功能基因组学（functional genomics）又被称为后基因组学（post genomics），它利用结构基因组所提供的信息和产物，发展和应用新的实验手段，通过在基因组或系统水平上全面分析基因的功能，使得生物学研究从对单一基因或蛋白质的研究转向对多个基因或蛋白质同时进行系统的研究。这是在基因组静态的碱基序列明确之后转入对基因组动态的生物功能学研究。

随着人类基因组计划的完成，人类功能基因组学研究成为新的热点。这一研究领域与人类的健康息息相关，蕴藏着巨大的经济和社会效益。通过功能基因组学研究和挖掘新基因的功能，发现有应用前景的基因资源已成为国际基因组研究领域的焦点。现在，国际上集中竞争新的未知基因和蛋白质的开发优先权，抢占新的制高点。按照 2005 年贝茨（Betz）的估算，在人类基因组中大约有 600 个可用于小分子化合物筛选的药物靶标，

1800个可用于蛋白质治疗的药物靶标，2100个可用于基因治疗或siRNA治疗的药物靶标。利用功能基因组学和反向生物学开发的基因组药物（genome-based drug）已经越来越多地进入临床研究和应用。

我国从20世纪90年代中期开始重视人类功能基因组学的研究，目前已经从大规模cDNA测序和基因组测序转向细胞及整体水平的功能研究、疾病相关性研究、相互作用蛋白的研究及蛋白质组学研究等。人类功能基因组学研究的重要特点包括：大量创新实验技术的综合利用，统计学和计算机分析紧密结合分析实验结果等。在人类功能基因组学研究领域中，国际上建立的许多新技术在我国已得到广泛应用，如生物信息学、生物芯片、蛋白质组学、转基因动物、基因敲除模式生物、高通量高内涵细胞筛选技术等（Hieter and Boguski，1997；Hou et al.，2013）。

（三）辅助生殖精准医疗

1. 精准医疗的概述

2015年1月30日，时任美国总统奥巴马在国情咨文中明确提出了美国版的"精准医疗计划"（Precision Medicine Initiative），并宣布美国政府将投入2.15亿美元用于启动此项研究计划。目前，大多数疾病的诊疗标准和医疗技术都是基于"标准化病人"制定和实施的，这种"一刀切"的治疗方法，对于大多数患者都是有效的，但对于一些"特殊患者"却收效甚微，这种情况将随着精准医疗的出现而改变。精准医疗是一种将个人基因、环境与生活习惯差异考虑在内的疾病预防与处置的新兴方法。精准医疗能够使临床医生更好地了解患者健康状况，更好地了解疾病或病症的复杂机制，并为更好地预测采取何种有效治疗方法提供基础（杨增明等，2019；Boyle et al.，2004；Richard et al.，2007）。

从人类基因组计划实施开始，"基因组学"的概念从最早的中心法则（信息从DNA到蛋白质的流动过程）到系统生物学（信息网络的形成），日益趋向"精准"。精准医疗的重点不在"医疗"而在"精准"。精准医疗作为下一代诊疗技术，较传统诊疗方法有很大的技术优势。相比传统诊疗手段，精准医疗具有精准性和便捷性，一方面，通过基因测序可以找出患者的突变基因，从而迅速确定对症药物，省去患者尝试各种治疗方法的时间，提升治疗效果；另一方面，基因测序只需要患者的血液甚至唾液，无须传统的病理切片，可以减少诊断过程中对患者身体的损伤。可以预见，精准医疗技术的出现将显著改善癌症患者的诊疗体验和诊疗效果，发展潜力巨大。

2. 精准医疗在人类辅助生殖技术中的应用

生育障碍影响着全世界数以千万计的不孕不育夫妇，传统辅助生殖技术已经无法适应不孕不育症人数逐年增加，诱发生殖障碍性疾病的因素日趋复杂的现状。随着精准医疗的兴起，辅助生殖技术领域的精准化和个体化医疗也越来越得到生殖专家们的重视，胚胎的个体化医学概念也将逐步被大众所接受。生殖医学领域的精准医疗是目前临床精准医疗应用的典范，其中，通过植入前遗传学诊断（preimplantation genetic diagnosis，PGD）及胚胎植入前遗传学筛查（preimplantation genetic screening，PGS）对胚胎进行遗传学诊断并作出个体化处理，已经成为"试管婴儿"技术的里程碑。目前 PGD 和 PGS 统称为 PGT（preimplantation genetic test），高通量测序和生物大数据分析已成功用于多基因遗传病检测、无创产前筛查（NIPT）和 PGD/PGS 等临床实践（Harton et al.，2011；Hou et al.，2013）。

（1）精准医疗在 PGD/PGS 中的应用

新生儿出生缺陷是婴儿死亡和残疾的主要原因之一，尽管终止异常妊娠可以在产前避免遗传缺陷患儿出生，但却使患者及家庭遭受身心痛苦。随着辅助生殖技术的不断进步，特别是胚胎植入前遗传学诊断的出现，在胚胎着床之前即对配子或胚胎进行遗传物质分析，选择遗传物质正常胚胎进行移植妊娠，为早期预防遗传缺陷胚胎植入母体提供了解决策略。

目前已被确定的遗传病主要包括单基因遗传病、多基因遗传病、染色体异常遗传病等三大类，其中已经明确的单基因遗传病有 7000 多种。PGD/PGS 策略中最重要的两个技术流程就是胚胎活检和分子检测。所谓精准就是精准到分子水平，能精确地知道疾病、健康、生命活动的分子基础。

PGD 在 2013 年已经将测序应用于临床，到底如何精准，数据的分析最为关键。目前，临床上常用的诊断方法在准确性、可操作性、诊断成本等方面均有其局限性。以往用于 PGD 的方法主要有荧光原位杂交（fluorescence *in situ* hybridization，FISH）、比较基因组杂交（comparative genomic hybridization，CGH）、微阵列比较基因组杂交（array-CGH）、单核苷酸多态性 - 微阵列（single nucleotide polymorphism-array，SNP-array）等技术。近年来出现的二代测序（next generation sequencing，NGS）技术作为 PGD 技术的新检测手段，不仅能检测染色体非整倍体、染色体结构异常、微缺失 / 微重复及单基因疾病，而且精度更高，准确性更强。而新出现的单细胞全基因组测序技术能够对胚胎进行结构异常，甚至是点突变的检测，分辨率极高，对囊胚活检细胞、卵裂球活检细胞，以及卵母细胞减数分裂产生的极体进行基因组测序，能够为临床医生进行胚胎植入前的遗传学诊断和筛查提供非常有价值的帮助。

（2）胚胎植入前遗传学诊断 / 筛查

胚胎植入前遗传学诊断 / 筛查（PGD/PGS）是指在 IVF-ET 的胚胎移植前，取胚胎的遗传物质进行分析，诊断是否有异常，筛选健康胚胎进行移植，阻断遗传病在世代间的传递。而 PGD 与 PGS 的区别在于前者是鉴定胚胎是否存在父母具有的已知染色体或基因异常，后者是检测胚胎是否存在已知或未知的染色体数目和结构异常，即使这部分胚胎异常来源于新发突变。

1）胚胎植入前遗传学诊断（PGD）

1990 年，PGD 首次被成功应用于患有 X 染色体连锁疾病妇女的胚胎鉴定中。胚胎学家以胚胎基因组为模板，通过对 X 染色体特异性重复序列的扩增，淘汰了那些无法扩增出特异条带的胚胎。从那以后，PGD 越来越多地被用来降低或阻断已知遗传疾病传递给下一代的概率（表 7-6）。PGD 诊断指征如下。

表 7-6　胚胎植入前遗传学诊断的指征

适合进行胚胎植入前遗传学诊断的情况
双亲均为常染色体隐性遗传病携带者，如囊包性纤维症、黑蒙症、镰状细胞贫血
双亲中至少有一方是常染色体显性遗传病携带者，如亨廷顿舞蹈症
已知的具有重要影响的基因突变，如 *BRCA* 基因突变
X 染色体连锁疾病，如血友病
染色体平衡易位或倒位
不适合进行胚胎植入前遗传学诊断的情况
遗传致病因素不确定的患者
某些表型性状的检测，如头发的颜色
以家庭性平衡为目的的性别选择

Ⅰ. 单基因突变

PGD 可以被用来检测那些与某一特定基因的 DNA 序列突变密切相关的疾病。在决定进行 PGD 之前，首先应该确定致病基因突变的遗传模式，如囊包性纤维症是一种常染色体隐性遗传性疾病，因此，如果双亲中的一方含有单等位基因 *CFTRΔF508*，而另一方并没有携带已知的可能导致这一疾病的基因突变，那么 PGD 就不是必须进行的。但是，如果双方都是囊包性纤维症突变的携带者，则应该进行 PGD。对于那些常染色体显性遗传的疾病，如亨廷顿舞蹈症，夫妻任何一方患有这种疾病，进行 PGD 就是非常必要的。同样，对于 X 染色体连锁的隐性遗传病，建议患者进行 PGD，阻断遗传病传递给下代。

Ⅱ. 结构性染色体畸变

胚胎植入前遗传学诊断也可以被应用于检测已知的结构性染色体畸变，如染色体平衡易位（包括相互易位与罗伯逊易位）和染色体倒位（包括臂间倒位与臂内倒位）。携带有这种染色体畸变的人，由于其遗传编码信息是完整的，因此夫妇双方具有完全正常的表型，但是，在形成配子的过程中，会形成一定比例染色体结构异常（染色体数量增多或减少、染色体部分缺失或重复）的配子，造成妊娠失败或生出具有严重缺陷的后代。

2）胚胎植入前遗传学诊断的技术手段

Ⅰ. 荧光原位杂交（fluorescence *in situ* hybridization，FISH）技术

多色荧光原位杂交技术可以用来检测胚胎中性染色体的存在情况及是否具有某些染色体异常。特异性结合染色体特定区段的探针可以直接用荧光染料进行标记，也可以用生物素进行标记，进而被偶联荧光染料的抗体特异识别。这些荧光信号可以在荧光显微镜下进行观察并分析。FISH 的使用不涉及 DNA 的扩增，因此可以避免扩增过程带来的误差。但是，FISH 的检测结果主要来源于对荧光信号的评估，所以很可能由于操作人员的熟练程度不同而引入人为误差（图 7-11）。

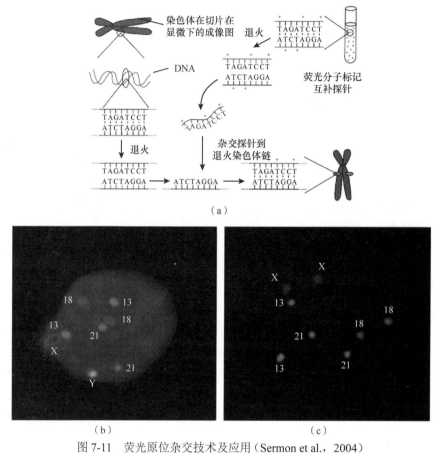

（a）

（b）　　　　　　　　　　　　　　（c）

图 7-11　荧光原位杂交技术及应用（Sermon et al.，2004）

（a）荧光原位杂交技术原理；（b）、（c）五色荧光原位杂交技术在 PGD 中的应用 [（b）存在 X、Y 染色体的男性细胞核；
（c）两个 X 染色体的女性细胞核]

Ⅱ. 聚合酶链反应（polymerase chain reaction，PCR）

基因分型和直接测序是鉴定单基因异常的常用方式。由于进行 PGD 的样本仅仅是 1～2 个细胞，所以这些方法的应用都离不开 DNA 的体外扩增，其中最为经典的方法就是聚合酶链式反应，能够为 PGD 的实施提供充足的 DNA 材料。

Ⅲ. 核型定位（karyomapping）技术

核型定位是一项利用单核苷酸多态性（single nucleotide polymorphism，SNP）进行基因单倍型分析的技术，通过检测胚胎是否遗传了双亲中带有致病基因的染色体来达到诊断的目的，通常可以被用来进行单基因突变的植入前诊断。

Ⅳ. 连锁分析检验（linkage analysis assay）

基于单细胞基因组的 PCR 扩增有时会造成等位基因信息的丢失，即引起等位基因脱扣（allele drop-out）现象，从而导致错误的诊断结论。连锁分析检验技术通过对靶基因及其位点附近的父源性和母源性多态性标记进行联合扩增检测来降低等位基因脱扣的发生，从而验证来源于精子和卵子的等位基因信息是否均被正确扩增，以保证诊断结果的正确性。

3）胚胎植入前遗传学筛查（PGS）

与 PGD 不同的是 PGS 至今依然饱受争议。这一技术的支持者认为，PGS 可以为选择拥有二倍体正常核型的胚胎进行移植提供依据，从而提高 IVF 单胚移植的成功率，因此可以缩短获得成功妊娠的时间，并降低怀孕后流产的风险。在某种意义上说，这种效率上升还可以降低患者的经济负担。反对者则认为，由于 PGS 是一种诊断学的介入过程，并不会直接改善 IVF 胚胎的妊娠率和流产率。

筛查指征：到目前为止，是否需要对所有体外受精的胚胎均进行植入前遗传学筛查，还没有在生殖医学界达成一致。现在，临床上通常会有选择性地对一部分患者群体进行 PGS，主要包括：①患有不明原因多次妊娠丢失的夫妇；②流产胎儿出现染色体非整倍性现象的夫妇；③在 IVF 周期中出现反复着床失败的夫妇；④有严重的男性因素不孕症的患者；⑤已经进行胚胎植入前遗传学诊断的夫妇；⑥高龄且接受 IVF 治疗的夫妇；⑦具有遗传病患儿的家庭进行 HLA 配型。

PGS 技术手段简介如下。

Ⅰ.荧光原位杂交技术

FISH 是最早被应用于胚胎植入前遗传学筛查的检验技术。FISH 可以快速完成对样本的检测（4 ～ 10h）。而且，由于不需要 DNA 的体外扩增，FISH 可以避免诸如等位基因脱扣等由于扩增引入的误差，但是错误的杂交位点，以及操作人员对于荧光信号解读的主观误差同样可能影响 FISH 结果的可信度。此外，FISH 应用于 PGS 最大的限制因素在于其无法实现对人体所有的 23 对染色体进行完整的整倍性分析。

Ⅱ.微阵列（microarray）技术

微阵列已经被越来越多地应用于 PGS 中。其优势在于可以同时评价全部 23 对染色体的整倍性情况。现在临床应用较多的微阵列技术包括比较基因组杂交（comparative genomic hybridization，CGH）微阵列和单核苷酸多态性（single nucleotide polymorphism，SNP）微阵列技术。

（A）比较基因组杂交微阵列

CGH 微阵列是用来比较检测样本和正常对照 DNA 产物之间差异的一种检测手段。这一技术首先需要将待检胚胎细胞的基因组 DNA 和正常对照的基因组 DNA 样本进行扩增，并将这些扩增产物与固定在微阵列芯片上的特异性荧光探针进行杂交，进而通过计算机分析待检样本相对于对照组中每一个荧光探针的强度来确定其染色体的整倍性状况（图 7-12）。CGH 微阵列的优势在于可以快速得到结果，通常遗传检验实验室可以在获得样本的 12h 内做出诊断报告，但是其劣势在于很可能引入由扩增带来的诊断错误。此外，由于 CGH 微阵列是通过荧光探针的强度比率来进行鉴别，所以当所有 23 条染色体同时增加一个拷贝，即三倍体的情况出现时，CGH 会给出“正常”的诊断结果，使其无法被检出。同样的情况也会发生在单亲二倍体的待检材料中，这些都是 CGH 微阵列应用的限制因素。

（B）单核苷酸多态性微阵列

SNP 微阵列同样需要首先扩增待检胚胎细胞的基因组 DNA。随后将得到的扩增产物与固定在微阵列芯片上的 SNP 特异性位点进行杂交，杂交位点会激活荧光基团释放光

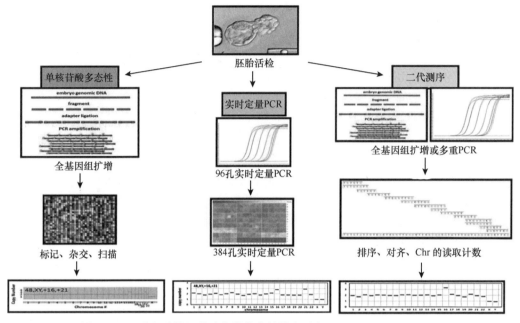

图 7-12　几种胚胎植入前遗传学筛查的技术手段（Gardner et al.，2015）

信号，计算机会捕捉这些光信号并分析每一个特定的 SNP 位点，从而给出待检细胞染色体上的遗传信息。与 CGH 微阵列不同，SNP 微阵列不需要以正常的 DNA 样本做对照，只需要将结果与标准的国际人类基因组单体型图（HapMap）进行比较即可得出筛查结果。

SNP 微阵列的优势在于可以用来检测染色体上相对较小的删除和重复突变，并且可以评价所有 23 条染色体的非整倍性。此外，由于 SNP 微阵列可以获得等位基因的基因型信息，因此，通过与亲本 DNA 进行比较就可以得出胚胎的 DNA 信息遗传自父亲还是母亲。但是，SNP 微阵列技术往往耗时较长，需要几天才能得出筛查结果。

Ⅲ.实时定量 PCR（real time quantitative PCR）技术

实时定量 PCR 技术可以通过与已知的正常对照 DNA 进行比较来检测染色体的拷贝数变化。这一技术可以快速评价(通常为 4～6h)所有 23 条染色体的非整倍性情况。然而，由于实时定量 PCR 只能检测每一条染色体上相对较少数量的位点信息，所以很难做到同时对多个待测样本进行筛查。虽然这项技术可以用来鉴别三倍体，但无法检测单亲二倍体和结构性的染色体畸变。

Ⅳ.二代测序技术

二代测序技术同样可以被用来进行胚胎植入前的遗传学筛查。这项技术可以对胚胎基因组进行扩增，并将得到的数百万条 DNA 片段序列与参照基因组图谱进行比对，从而对每一条染色体上的特异性 DNA 信息进行评价。同时，这项技术还可以检出胚胎基因组中单基因或多基因的突变。因此，二代测序技术既可以被用来进行胚胎植入前的遗传学筛查，也可以在双亲存在已知遗传突变的情况下，用来进行胚胎植入前的遗传学诊断（图 7-12）。

3.PGD/PGS 的风险评估

与所有的临床检验一样，PGD/PGS 也存在误诊，假阳性或假阴性结果的得出就会导致错误的诊断结论。假阳性结果会使得健康的胚胎被丢弃从而对整个辅助生殖治疗带来负面影响，而假阴性结果造成的后果可能更为严重，不正常胚胎移植可能导致带有遗传缺陷的婴儿最终出生。现代医学通常将胚胎植入前遗传学检验的误诊分为两个层次：首先是细胞水平的误诊，其次是在细胞水平诊断正确的情况下出现的胚胎水平的误诊。造成这些误诊的原因可以归结为生物学因素、技术因素及方法学的因素。

（1）细胞水平的误诊

细胞水平的误诊主要是指对于样本的遗传诊断结果与其实际携带的遗传信息存在出入的情况。引起这种误诊的原因主要有以下两个方面：①人为因素引起的误诊，如贴错标签或样品的污染；②使用的技术方法造成的误诊，如等位基因脱扣。

（2）胚胎水平的误诊

即便在细胞水平上做出了准确的诊断，依然会造成一定的胚胎水平误诊率。在人类的早期胚胎中存在着较高的嵌合现象，虽然采用滋养外胚层取材可以将这种误诊的概率降至最低，但仍然有数据表明，滋养外胚层和内细胞团细胞之间会有 2% ～ 4% 的核型不一致现象。因此，限于人类早期胚胎发生的生物学特性，即便是选择最佳时间和最可靠的技术进行遗传学的检验，仍然无法保证胎儿核型和被分析细胞结果的完全一致性。在细胞水平上得到正确诊断的前提下，较高程度的胚胎嵌合依然可能造成胚胎水平的误诊。在这种情况下，细胞水平的正确诊断还是无法保证最终临床移植胚胎的精确性，需要在妊娠中期进行羊水细胞遗传学检查进一步确定遗传物质的正确性。

随着基因组学包括表观遗传组学等多组学研究的进展，我们有机会从单细胞水平上更多地认识人类生殖过程，使越来越多的致病基因被确定，人类肿瘤易感基因和一些迟发性疾病的基因在检测中被发现，使胚胎植入前的遗传学诊断应用范围不断扩大。辅助生殖技术与精确医疗的结合是阻断遗传病发生和实现优生优育的重要措施，对疾病的预防将更加有效，在服务人类健康中具有巨大的潜力。

第三节　人口、环境和未来

人口与环境是一个完整的、具有一定结构和功能的系统。人类赖以生存的环境由地表、水、大气及各种动植物等要素构成。人类从各种不同环境中取得生存所必需的各项资源，与环境的不利因素相抗衡又相适应，并通过劳动影响着环境。环境为人口提供了赖以生存的条件，又是人类劳动创造的产物。人类无法脱离自然界而独立生存，人类的发展必须适应和改造自然。全球自然生态系统所能维持的人口极为有限，估计不超过 200 亿。

长期以来，人类对人口与环境间相互依存、相互制约的关系认识不足、重视不够。人类为了局部、眼前的利益而通过损害整体和长远的利益来改造环境导致了生态危机。在人口与环境的矛盾关系中，人口数量的膨胀是核心问题。人口与环境的矛盾总是在平衡与不平衡之间转换。人类对自然施加的影响，不同程度上破坏了原有的生态平衡，也在不断建立新的生态平衡。工业化的发展带来的环境污染问题和生态危机，并不代表人口压力已绝对超过了地球的承载能力，也不意味着地球生态系统已临近崩溃。人类与环境之间矛盾的产生，很大程度源于资源的严重浪费、社会机制的缺陷和不合理的国际经济体制。只要适当控制人口、合理利用资源、提高科技水平、推动社会进步，当前的生态危机是可以缓和的。

一、人口危机和粮食问题

　　人类已经在地球上生活了数百万年，在最初阶段人口发展是非常缓慢的。在公元初年全世界总人口仅2.7亿，1830年世界人口才达到10亿；从此以后世界人口出现猛增现象，1930年人口为20亿，1960年人口为30亿，1975年人口为40亿，1987年人口达到50亿，第二、三、四、五个10亿分别用了100年、30年、15年、13年。随着人口的激增和生存的需要，人类对地球资源的需求量也越来越多。然而地域的承载能力是有限的，这就限制了人口数量的增长，人口的激增也会导致人均耕地越来越少。第二次世界大战以后，在1950～1984年，世界粮食总产量从6.3亿t增至18亿t，增长了约180%。同期的世界人口从25.1亿增至47.7亿，增长约90%。由于粮食增长速度快于人口增长，世界人均粮食还是呈增长趋势。然而，世界人口增长和粮食生产存在不均衡现象，发达国家人口占世界人口的1/4，生产的粮食却占到世界粮食产量的1/2。发展中国家人口占世界人口的3/4，生产的粮食仅占世界粮食产量的1/2。一些非洲国家、亚洲国家和阿拉伯国家由于人口增长过快，而粮食产量低，缺粮问题日益严重，由此引发的粮食问题正演变为严重的全球性问题。在2011年世界总人口突破70亿，到2020年达到77.53亿，人类与环境之间的矛盾与冲突变得越来越尖锐（The World Bank Group，2018；United Nations UN，2015，2018，2019）。

　　（一）人口危机

　　根据联合国发布的《2019年世界人口展望》报告提供的数据，虽然全球人口仍在增长，但一些国家的总人口正在减少，所有国家都在面临或者即将面临人口老龄化的问题。总体来讲，世界人口危机主要有以下特点和趋势：世界人口自1994年以来增加了20亿，自2007年来增加了10亿。人口增长率在1965～1970年达到顶峰，平均每年增长2.1%。从那时起，全球人口增长速度逐渐减缓，在2015～2020年降至每年1.1%以下，预计到21世纪末增速将继续放缓。全球人口预计将在2030年达到85亿，在2050年达到97亿，在2100年达到109亿。

　　1. 人口快速增长的危害

　　世界人口的增长率在各国间存在着不均衡现象。联合国发布的《2019年世界人口展望》报告预计到2050年，全球人口增长的一半以上将集中在以下9个国家：刚果（金）、埃及、埃塞俄比亚、印度、印度尼西亚、尼日利亚、巴基斯坦、坦桑尼亚和美国。印度人口预计将在2027年左右超过中国，成为世界上人口最多的国家。人口快速增长是与高生育力相一致的，在2019年，撒哈拉以南的非洲国家的平均生育率达到4.6，大洋洲平均生育率是3.4（除澳大利亚和新西兰）、北非和西亚是2.9，中亚和南亚是2.4。更为严重的是，从 2015 ~ 2020 年，预计全世界 15 ~ 19 岁的母亲将生育 6200 万婴儿，主要是撒哈拉以南非洲和拉丁美洲在内的一些国家，将继续维持较高的青少年生育率，这对年轻妇女及其子女可能产生不利的健康影响和社会后果。因此，这些国家应该做好满足越来越多的儿童和青少年生存需求的准备。

持续快速增长的人口将给已经紧张的环境资源带来更大的压力，特别是对于许多不发达或者发展中国家或地区及一些小岛屿国家，会对可持续发展目标带来巨大的压力。

2. 低生育力和人口的老龄化

与上述国家人口快速增长相反的是自 20 世纪 60 年代以来，大多数国家的人口增长率一直在下降，预计在 2019 ~ 2050 年，全球有将近一半国家或地区的生育率低于 2.1，将有 55 个国家或地区的人口会减少 1% 或更多，近年来发达国家的生育率显著降低，尤其是日本和西欧的一些国家人口增长率已经接近于零。尽管中国是一个人口大国，但从 2000 年以来，中国的平均生育率在 1.5 左右，从 2019 年开始在未来的 30 年，中国人口数量仍然会缓慢下降。

同时随着经济的发展，人民生活水平的提高，人均预期寿命越来越长，世界人口在继续老龄化，65 岁以上人口成为增长最快的年龄组，2018 年年底世界上 65 岁以上的人数首次超过了 5 岁以下儿童。据法国《科学与生活》科普杂志预测，到 2050 年，65 岁以上的人口将会是 5 岁以下儿童的两倍多，超过 15 ~ 24 岁的青少年。在 2019 年，世界人口平均预期寿命达到 72.6 岁，比 1990 年的预期寿命增加了 8 年多。预计未来生存率的提高将导致全球平均寿命在 2050 年达到 77.1 岁左右。虽然各国在缩小预期寿命差异方面取得了相当大的进展，但是世界人口老龄化在不同地区的表现是不一样的，在日本和德国，人口老龄化的程度很高，但是对于非洲国家，在未来的几十年间，每年有大量的婴儿出生，青壮年人口仍然占很大比例。

3. 各国间人口的迁移

在全球范围内生育率和死亡率普遍下降，这决定了人口规模和年龄结构的趋势发生了变化。在一些国家，国际移徙已成为人口变化的主要组成部分。2010 ~ 2020 年，欧洲和北美，北非和西非，以及澳大利亚与新西兰等是移民净迁入国，其中预计 14 个国家或地区的移民总净迁入量超过 100 万人。在未来的 10 年，白俄罗斯、德国、匈牙利、意大利、日本、俄罗斯，塞尔维亚和乌克兰，将会经历国际移民的净迁入，国际移民的迁入有助于抵消这些国家由于死亡人数多于出生人数导致的人口下降，会弥补劳动力不足，改善人口结构，有助于社会发展。同时有 10 个国家移民的净流出量已经超过 100 万，其中许多国家由于移民造成的劳动力流失，间接影响了人口结构。

对于一个国家或地区来说，由于人口的出生、死亡和迁移等因素的影响，其人口的年龄结构是不断变化的，即未成年人口、成年人口和老年人口在总人口中的比例构成是不断变化的。在一个国家或地区的总人口中，如果老年人口的比例不断提高，而其他年龄组人口的比例就会相应地不断下降，我们称这个动态过程为人口老龄化；劳动力（24 ~ 60 岁）人口减少的趋势，导致在不远的将来，劳动力不足，市场需求减少；同时伴随着人口老龄化，直接对这些国家在劳动力、市场经济发展、财政收入、老年看护、养老金等各个方面都带来了巨大的挑战和压力。

（二）粮食问题

联合国发布的《2019 年全球粮食危机报告》显示，截至 2018 年，全球仍有 53 个国家约 1.13 亿人处于重度饥饿状态，但这一数据较 2017 年的 1.24 亿略有下降。该报告指出，冲突、气候变化与经济衰退仍是导致粮食不安全的主要原因。在过去 3 年中，全球面临粮食危机的总人数始终维持在 1 亿以上，且波及的国家范围正在扩大（United Nations UN，2019）。总体来讲，世界粮食问题主要有以下特点和趋势。

1. 严重的粮食不安全现状

在 2018 年，有 53 个国家超过 1.13 亿人经历了严重饥饿。按严重程度排序，2018 年发生严重粮食危机的国家分别为：也门、刚果（金）、阿富汗、埃塞俄比亚、叙利亚、苏丹、南苏丹和尼日利亚，这 8 个国家占严重粮食不安全总人数的三分之二，约 7200 万人。虽然非洲国家受粮食不安全影响的人口（1.13 亿）比 2017 年略有改善，但该地区的粮食安全问题仍然不均衡。2018 年该报告指出有 51 个国家约 1.24 亿人面临严重饥饿。在过去 3 年（2016 年、2017 年和 2018 年）里有超过 1 亿人面临严重饥饿，这一数据在 2019 年有小幅增长。在 2017～2018 年，遭遇严重饥饿的人数有小幅下降，这主要归因于一些粮食安全高度脆弱的国家并没有经历类似 2016 年厄尔尼诺现象带来的严重干旱、洪水、不稳定降雨和温度上升等气候灾害。这些粮食安全高度脆弱的国家主要包括非洲南部和东部、拉丁美洲和加勒比及亚太区域的一些国家。

2018 年另有 42 个国家约 1.43 亿人正生活在严重饥饿的边缘。一旦面临冲击或压力，这些国家会陷入更加危险的状态。生活在严重饥饿边缘的儿童会出现严重的急性和慢性营养不良，造成营养不良的直接因素包括较差的饮食摄入、饮食不足和疾病。在大多数国家中，多数儿童只能获得最低程度的必需饮食。母亲和看护者在向儿童提供他们在关键生长时期所需的关键微量元素方面常常面临困难。冲突、不安全局势、气候变化和经济动荡是造成粮食缺乏的主要因素，其中冲突和不安全的局势仍然是 2018 年粮食缺乏的主要原因。有 21 个国家和地区大约 7400 万人受到冲突或不安全局势的影响，其中约 3300 万人来自非洲 10 个国家；超过 2700 万人分布在西亚 / 中东的 7 个国家和地区；1300 万人在南亚 / 东南亚的 3 个国家；110 万人在东欧。2018 年的气候和自然灾害使 2900 万人陷入严重的粮食缺乏状况。

2. 食品安全风险

预计在未来一段时间内，也门、刚果（金）、阿富汗、埃塞俄比亚、叙利亚、苏丹、南苏丹和尼日利亚北部仍是世界上粮食危机最严重的地区。这些国家的大部分人口处于严重的粮食不安全的紧急情况。气候灾害和冲突将使粮食不安全状况继续恶化。南部非洲部分地区的干旱天气和中美洲干旱走廊的干旱气候将严重影响农业前景。厄尔尼诺现象可能会对拉丁美洲和加勒比地区的农业生产和粮食价格产生影响。在孟加拉国和叙利亚的区域危机中，预计收容国的难民和移民对粮食的需求仍然很大。如果委内瑞拉的政治和经济危机持续下去，流离失所的难民和移民人数还会继续增加。

目前全球有 8.21 亿人口处于营养不良的阶段，未来长期粮食不安全的规模、严重性和急迫性需要引起全世界的特别关注。该报告建议通过终止冲突、促进性别平等、为儿童提供营养和教育、改善乡村基础设施及加强社会保障，来建立坚实稳定且具有抵抗力的"零饥饿"世界。现代的信息技术可以帮助实时监测食品安全的变化，特别是在一些脆弱的国家和环境中，更加需要关注食品安全的问题。虽然目前粮食领域数据质量总体上有所改善，但有些国家的数据仍存在差距。对弱势群体数据的有效收集和分析是决定摸清粮食危机程度的关键因素，因此为开展人道主义援助工作的国家和地区提供有针对性的综合应对措施至关重要。在过去 10 年中，人道主义援助和支出需求增长了约 121%，其中约 40% 用于满足粮食和农业部门的需求。一系列来自中国的农业援助和技术支持，正在助力非洲饥饿问题的缓解。2018 年 12 月，联合国世界粮食计划署和中国国家国际发展合作署签署协议，双方将加强合作共同帮助索马里、南苏丹、刚果（金）、刚果（布）及莱索托等非洲国家应对粮食安全问题。根据协议，中国政府将在南南合作援助基金框架下向世界粮食计划署提供资金支持，用于为上述非洲五国提供总量约 1.5 万 t 粮食援助，这将惠及当地超过 42 万人。本次援助的重点是那些遭受粮食严重短缺的流离失所者或难民，特别是其中的妇女和儿童等，所援助的粮食已在 2019 年陆续发放。

二、艾滋病和新型传染病

（一）艾滋病

1. 艾滋病简介

1981 年美国报道发现一种能对人体免疫系统产生破坏力的反转录病毒，导致患者死亡率高，且发病率呈现快速上升趋势，1982 年 9 月，美国疾病控制中心正式将此类疾病命名为获得性免疫缺陷综合征（acquired immunodeficiency syndrome，AIDS），随后的研究证明这是一种新型传染病；1983 年法国巴斯德研究所的蒙塔尼尔（Montagnier）等从 1 例淋巴瘤患者的淋巴结中分离出 1 株病毒，命名为淋巴结病相关病毒（lymphadenopathy associated virus，LAV）；1984 年美国国家癌症研究所的哥劳（Gallo）等从 1 名获得性免疫缺陷综合征患者的外周血单核细胞中也分离出 1 株病毒，命名为人类嗜 T［淋巴］细胞病毒 - Ⅲ 型（human T-cell lymphotropic virus type Ⅲ，HTLV- Ⅲ），同年，美国加利福尼亚大学的莱威（Levy）等从获得性免疫缺陷综合征患者外周血淋巴细胞中分离出 1 株病毒，称为获得性免疫缺陷综合征相关病毒（AIDS related virus，ARV）。1986 年，国际病毒分类委员会（International Committee on Taxonomy of Viruses，ICTV）将 LAV/HTLV-Ⅲ /ARV 统一命名为人类免疫缺陷病毒（human immunodeficiency virus，HIV），又称艾滋病病毒，HIV 为 RNA 病毒，属于反转录病毒科慢病毒属（Gallo，2006）。

由 HIV 感染而引起的疾病称为艾滋病，全称为获得性免疫缺陷综合征。HIV 属于逆转录病毒，主要针对人类免疫系统进行感染并改变其运作模式，包括辅助型 T 细胞、巨噬细胞、树突状细胞（dendritic cell）等，其中又以直接破坏细胞膜上具有 CD4 蛋白的 T 细胞（简写作 CD4+T 细胞）的结果最为严重。在急性感染阶段，HIV 通过 gp41 与 gp120 组成的复合体侵入 CD4+T 细胞，导致 CD4+T 细胞的数量开始下降。监测到 HIV 存在的免疫系统很快会做出应答，杀死大部分的 HIV，使得 CD4+T 细胞的数量几乎恢复到正常水平。但 HIV 病毒通过高频率的突变，最后逃过免疫系统的"追捕"，转为潜伏状态。在 HIV 处于潜伏状态时，CD4+T 细胞的数量持续下降。最后，当 CD4+T 细胞数量下降到极低水平、HIV 病毒上升到一定水平后，艾滋病也随之进入症状期。没有 CD4+T 细胞辅助的免疫系统几乎失灵，免疫系统将难以杀灭侵入机体的病原体及体内癌变的细胞，受 HIV 感染个体的免疫系统无法有效分辨"敌我"，最后导致严重的各种感染症或恶性肿瘤，总称获得性免疫缺陷综合征。

HIV 分为两种：HIV-1 和 HIV-2。HIV-1 依病毒演化分析分为 M（major）型、N（non-M，non-O）型及 O（outlier）型。其中的 M 型病毒成为全球性流行病毒。而 N 型及 O 型则相当少见，多见于中、西非，美国及欧洲则有少数案例，亚洲尚未发现。研究发现 HIV-1 的次亚型共有 10 种之多，分别为 M 型的非重组亚型（A、B、C、D、F、G、H、J、K）与流行重组型（circulating recombinant form，CRF）组成。HIV-2 由于病毒效价较低及水平和垂直感染的比率较低，目前仅流行于西非，因此 HIV-1 的毒性与传染性均高于HIV-2。HIV-1 与其他在很多灵长类动物中发生的，可引起类似艾滋病的病毒有密切的关系，尽管有证据表明，在更早的某些个案中可能已经出现艾滋病的传播，它还是曾一度被认为是在 20 世纪初期从动物传染给人类的，但是传播的动物源、时间和地点或者传播来源的数量都是未知的。在非洲的黑猩猩中发现了与人类相同的 HIV，但这并不能证明人类身上的 HIV 最早来源于黑猩猩，可能人类和黑猩猩的 HIV 都是从第三方获得的（Gao et al.，1999；Kallings，2008；Kaplan and Heimer，1995；Michaels et al.，1998）。

2. 艾滋病流行病学特征

艾滋病是一种危害性极大的传染病，男女均可发病，其流行状况在不发达国家尤其严重。1981 年 6 月 6 日，美国通报了全球首例艾滋病毒感染案例，至今人类仍未能有效控制艾滋病的传播。据 2018 年联合国的统计结果，全世界约有 3790 万名 HIV 感染者，每年约有 77 万人因艾滋病而死亡，其中约有 2060 万名 HIV 感染者生活在东非与南非地区。截至 2018 年，全球已有 3200 万人死于艾滋病，中国现存 AIDS 患者 75 万余人，2017 年新发现 AIDS 患者 13 万余人（其中 95% 以上均是通过性途径感染），当年报告死亡 3 万余人。

3. 艾滋病的诊断

艾滋病病毒感染人体后，人体会产生抗体对抗病毒，在一段期间内抗体可增长至能被检出的程度，这一段时间称为空窗期（或窗口期），从 11d 至 3 个月不等，亦有个别病例长达 6 个月，世界卫生组织及多数国家政府建议以 3 个月为准。在空窗期接受艾滋病毒抗体测试时，可能呈假阴性反应，因此必须等待自怀疑受感染日起计最少 3 个月后接受测试，才可得出较准确结果。亦有少数发达国家（如日本）采用抗原抗体联合检测方法并规定此方法的空窗期为两个月。艾滋病毒抗体测试一般以抽取血液样本为主，有个别机构则采用尿液样本化验。

4. 艾滋病的临床症状

艾滋病的常见临床症状是发热、体重减轻、咳嗽和腹泻等。感染艾滋病毒的潜伏期从几个月至 10 年或以上不等，所以根据病情的发展过程，临床上分为 3 期：急性感染期、潜伏期、发病期（Gail and Benichou，2000）。

（1）急性感染期

艾滋病病毒进入人体后，会很快进入急性感染期，通常发生在初次感染 HIV 后 2 ~ 4 周。HIV 病毒快速繁殖，主要攻击 CD4+ 细胞。随后 CD8+ 细胞开始杀死被感染的 CD4+ 细胞，CD4+ 细胞数量显著下降，免疫系统开始产生抵抗艾滋病病毒的抗体，但是并不能清除所有病毒。CD8+ 细胞作用逐渐减弱至消失后，CD4+ 细胞的水平也恢复到每微升 800 个左右（正常值是每微升 1200 个左右）。急性感染期大多数患者没有任何临床症状，和正常人一样；部分患者会产生类似流感或者单核血细胞增多症的病症，常见的症状包括发热、嗜睡、盗汗、咽痛、恶心、呕吐、腹泻、皮疹、关节疼痛、淋巴结肿大及神经系统症状等。每个病例的具体症状各有不同。这些症状平均持续 1 ~ 3 周后缓解。因为这些症状没有明显特异性，所以上述症状经常不会被看作感染艾滋病病毒的征兆。但是患者血液中的病毒含量很高，传染性非常强。

（2）潜伏期

免疫系统对艾滋病病毒的作用可以减少血液中的病毒数量，使患者进入艾滋病的潜伏期。潜伏期一般为 6 ~ 8 年，最短可能仅有两周，最长可达 20 年，时间长度受多种因素影响。通常在潜伏期，病人没有任何明显症状。CD4+ 细胞是艾滋病病毒的主要靶细胞之一，同时在人体免疫系统中处于关键地位，因此除了病毒的含量，CD4+ 细胞数也是监测病程的重要指标。HIV 在感染者体内不断复制，导致免疫系统受损，通常每微升血液中的 CD4+ 细胞数少于 200 时，或者 CD4+ 细胞在淋巴细胞中所占比例少于 14% 时，人体将难以维持细胞免疫机能，HIV 患者进入发病期。

（3）发病期

当机体血液中的 CD4+ 细胞少于每微升 200 个时，HIV 患者就会开始出现艾滋病症状，即后天免疫不全综合征，也就是艾滋病发病期。进入该阶段的病人生存时间一般不会超过 9 个月，但是随着医学的进步，患者的存活时间也可能延长。发病期症状为腹股沟淋巴结以外的两处以上不明原因的、持续 3 个月以上的淋巴结肿大，并出现如持续一个月以上发热、疲劳、食欲不振、腹泻、体重下降、睡眠时盗汗等症状。有部分患者停留在这种状态，而有部分患者会进入发病期，HIV 几乎摧毁了感染者的免疫系统，患者很快死于机会性感染或恶性肿瘤。一般将病程处于急性感染期与潜伏期的感染者称为"HIV 携带者"，而将进入发病期的感染者称为"艾滋病病人"。

5. 艾滋病的治疗进展

在艾滋病的初发阶段，医学界对其了解甚少，基本没有医治方法。直至 1995 年，鸡尾酒疗法的发明与广泛应用延缓了大多数感染者的发病时间，使死亡率大幅下降。目前对 HIV 的治疗方法是一般治疗、抗病毒治疗、恢复或改善免疫功能的治疗及机会性感染和恶性肿瘤的综合治疗原则，减少了单一用药产生的抗药性，最大限度地抑制病毒的复制，使被破坏的机体免疫功能部分甚至全部恢复，从而延缓病程进展、延长患者生命、提高生活质量，使艾滋病得到有效控制（Sharp and Hahn，2011）。

人类免疫缺陷病毒是 20 世纪从撒哈拉以南的非洲地区蔓延开来的，至今艾滋病已成为最具破坏力的全球性大流行病（Gao et al.，1999）。根据联合国艾滋病规划署和世界卫生组织统计，艾滋病自 1981 年首度被证实以来，已夺走超过 3000 万人的性命。据统计，每天有 1800 名新生儿出生时就感染了艾滋病毒，其中 45% 的感染儿童在 2 岁之前死亡。尽管目前研制的一些药物能够抑制病毒的活性、减缓病程发展，间接减少感染后的发病率和死亡率，但并非所有国家都有能力将这些药物用于临床治疗，而且这些药物的副作用及治疗的局限性仍很明显。目前还没有研制出能根治艾滋病的药物。随着抗艾滋病药物研发水平的提高，艾滋病感染者治疗后的预期生存期已得到很大程度的延长，目前的治疗方案已经可以将艾滋病毒的数量控制在很低的水平。

6. 艾滋病的传播途径和防治策略

（1）传播途径

艾滋病的主要传播途径包括血液传播、母婴传播以及性传播。

（2）艾滋病防治策略

艾滋病毒一旦离开人体暴露于空气中，几秒钟到几分钟之内全部死亡，因此可通过下列途径预防艾滋病。

安全性行为：避免婚前、婚外、高危性行为；性行为中使用安全套是有效预防艾滋病的措施之一；唾液中的艾滋病毒浓度很低，接吻一般不会感染艾滋病，除非口腔有伤口。

严禁毒品，不与他人共用注射器。

不要擅自输血和使用血液制品，要在医生的指导下使用。

不要借用或共用牙刷、剃须刀、刮脸刀等个人用品。

避免直接与艾滋病患者的血液、精液、乳汁接触。

医疗防护：医护工作者遵循必要的安全措施可以避免艾滋病在病人和工作人员间及病人之间的传播。在职业暴露后 48h 内口服阻断药物可以降低被感染的风险。在侵入性医疗及急救中，应让医护及急救人员知晓患者是否为艾滋病患者（Kaplan and Heimer，1995；Bell，1997）。

疫苗：目前并没有有效的艾滋病疫苗。2009 年发布的 RV144 单次试验疫苗被发现能够降低 30% 左右的患病概率，目前对于 RV144 疫苗的试验还在进行。

（二）新型传染病

传染病是指由各种病原体引起的、能在人与人、动物与动物或人与动物之间相互传播的一类疾病。中国目前的法定传染病分为甲、乙、丙 3 类，共 40 种。此外，还包括国家卫生健康委员会决定列入乙类、丙类传染病管理的其他传染病和按照甲类管理开展应急监测报告的其他传染病。进入 21 世纪以来，人类已经遭遇或正在经历许多新型传染病，主要包括冠状病毒、埃博拉病毒和禽流感。

1. 冠状病毒

冠状病毒在系统分类上属于病毒目冠状病毒科冠状病毒属；病毒直径 80 ～ 120nm，具有包膜，包膜上存在棘突，整个病毒像日冕；基因组全长 27 ～ 32kb，为线性单股正链 RNA。冠状病毒仅感染脊椎动物，如人、鼠、猪、猫、犬、禽类等；感染人体后引起的病症表现从普通感冒到重症肺部感染和胃肠道炎症等。冠状病毒是自然界存在的一大类病毒，2019 新型冠状病毒（2019-nCoV，COVID-19）是目前已知的第 7 种可以感染人的冠状病毒，其余 6 种分别是 HCoV-229E、HCoV-OC43、HCoV-NL63、HCoV-HKU1、SARS-CoV 和 MERS-CoV。

2. 埃博拉传染病

埃博拉病毒（Ebola virus）是一种罕见的病毒。1976 年，人类在苏丹南部和刚果（金）（旧称扎伊尔）的埃博拉河地区发现埃博拉病毒后，引起了医学界的广泛关注和重视。埃博拉病毒是纤维病毒科埃博拉病毒属中多种病毒的通用术语。埃博拉病毒是烈性传染性病毒，生物安全等级为 4 级。病毒潜伏期可达 2 ~ 21d，通常只有 5 ~ 10d（Goeijenbier et al.，2014）。人类和其他灵长类动物感染埃博拉病毒后，能引起埃博拉出血热，埃博拉出血热是最致命的病毒性出血热。感染者症状包括恶心、呕吐、腹泻、肤色改变、全身酸痛、体内出血、体外出血、发烧等。致死原因主要为中风、心肌梗死、低血容量休克或多发性器官衰竭，死亡率在 50% ~ 90%。

3. 禽流感

禽流感（avian influenza；avian flu；bird flu；highly pathogenic avian influenza，HPAI），全称禽流行性感冒（avian influenza，AI），是由病毒引起的动物传染病，通常感染鸡、鸭、鹅等禽类，少见情况会感染猪。禽流感病毒高度感染特定物种，但在罕有情况下会跨越物种障碍感染人类。人感染禽流感是指禽流感病毒侵入人体后引发的急性呼吸道传染病。

三、地球环境与未来

（一）地球环境

地球环境是指大气圈（主要是对流层）、水圈、土壤圈、岩石圈和生物圈，又称为全球环境或地理环境。地球环境与人类及生物的关系尤为密切。其中生物圈中的生物把地球上各个圈层的关系密切地联系在一起，形成了人类生存的生态圈，在生态圈内进行着物质循环、能量转换及信息的传递。

1. 人类活动

人类活动是人类为了生存发展和提升生活水平，不断进行的一系列不同规模不同类型的活动，包括农、林、渔、牧、矿、工、商、交通、观光和各种工程建设等。人类加以开垦、搬运和堆积的速度已经逐渐相等于自然地质作用的速度，对生物圈和生态系的改造有时也会超过自然生物的作用规模，人类活动迅速而剧烈地改变着自然界，反过来又影响到自身。

2. 人类活动对地球环境的影响

人类是自然界重要的组成部分之一，近几百年来人类社会非理性超速发展，已经使人类活动成为影响地球各圈层自然环境稳定的主导负面因子。森林和草原植被的退化或消亡、生物多样性的减退、水土流失及污染的加剧、大气温室效应的突显及臭氧层的破坏，这一切无不给人类敲响了警钟。人类必须善待自然，对自己的发展和活动有所控制，人和自然才能和谐发展。湿地被称为地球之肾，应该严格保护，但相当数量已经开垦为耕地，特别是水稻田-人工湿地。森林是地球之肺，也是应该严格保护的。但森林同时又是以木材为主的一系列林产品的生产基地，这些可再生的自然资源是应该合理经营利用的，应该通过科学的培育措施、合理的技术手段，增加木材的利用率。除了少数需严格保存的自然保护区之外，合理的采伐利用，仍是必要的经营森林的措施，要更好地把森林的保护和经营利用协调起来，否则，森林的调节功能将下降，引发严重的水土流失，加剧山体滑坡等自然灾害的发生。在一些江河上（特别是西南地区）修建水电站，这是我国能源产业发展的需要，也有利于改善能源结构，减少 CO_2 排放，但水电站的建设也必然带来一些对自然环境的负面影响，有可能破坏某些地区的生态环境。

（二）人类传染病与地球环境

人类与自然环境的关系是密不可分的，自然环境与人类相互作用，人类利用环境、改造环境，同时也被环境所制约。如果在人类利用自然环境的过程中毫无节制，自然环境将会给人类带来疾病等灾难。每年死亡人群中很大一部分是死于疾病，而且有很多疾病都是由自然环境所引起的。人类赖以生存的自然环境中许多因素综合地作用于人体，在某些条件下可对人体健康产生有益的作用，在另一些条件下也会产生不良影响。人与环境之间的辩证统一关系，表现在机体的新陈代谢上，即机体与环境不断进行着物质、能量和信息的交换与转移，使机体与环境之间保持动态平衡。上述平衡状态一旦破坏，即可产生对机体不良影响甚至发生疾病和死亡。

自然疫源性疾病常指某些自然环境为病原体在野生动物间的传播创造了良好条件，人类进入这些地区时，通过媒介动物或宿主动物等而受到病原体感染所致的传染性疾病。这类疾病的病原体主要宿主有兽类、鸟类、家畜、家禽等，媒介主要有蚊、蜱、螨类等。目前全球一些比较严重的传染病，几乎均属于自然疫源传染病。随着社会发展、人民生活水平提高及科学技术进步，传染病防控体系不断完善，监测水平逐渐提高，全球的传染病预防控制工作取得了很大的进展。近十几年来，自然疫源性疾病的发病和死亡整体水平下降。在自然条件与人类活动加速全球化的驱动下，传染病的发生和传播模式也在发生着改变。自然因素尤其是气候变化直接或间接影响许多传染病的暴发和传播。气温、降水、湿度和光照等气象要素通过影响病原体、宿主和疾病的传播媒介，从而改变传染病的发生规律和传播规律。极端气候事件引起的干旱、洪涝等气象灾害会直接对人类造成伤害并影响传染病的发生规律与传播规律。地表生态系统包括下垫面类型和植被分布也会间接对传染病的暴发产生影响。人类活动也是影响传染病传播的间接动力，其中，国际化、普遍化的旅行以及农村向城市的人口迁移所造成的人口流动是传染病大规模传播的根本原因。快速城市化中伴随的城市基础设施滞后以及城市边缘传染病的高风险将改变传染病及其造成死亡的模式。农业侵占、森林砍伐等土地利用变化，已经引发了一系列疾病暴发并改变了许多地方病的传播方式。飞速发展的航空、公路和铁路交通运输，不但加快了疾病传播的速度，也扩大了疾病传播的范围。另外，频繁的经济贸易增加了传染病暴发的可能性，为病原体远距离扩散、新型病毒随牲畜贸易沿途扩散等提供了途径。

包括狂犬病和埃博拉在内的一些传染病，都属于人畜共患病，这些疾病是由病原体（细菌、病毒或其他寄生生物）引起的，它们可以从动物传染给人类。但是我们对这些疾病仍然知之甚少。目前我们还不完全了解病原体是如何在不同的宿主物种之间传播并导致流行病发生的，越来越多的证据表明，宿主的转移也与环境有关，环境为人类从野生动物身上感染不同的病原体提供了新的机会。世界人口的增长，以及我们利用和改造地球的方式造成我们与野生动物接触机会增多。以前被隔离的野生动物和它们的病原体已经加入到一个不断变化的全球网络中，传播疾病的范围比以前更广、途径更多。多宿主病原体的传播已经成为世界性的现象，野生动物往往在人畜共患病事件中扮演重要角色，如来自欧洲和其他地区的游客在沙特阿拉伯的骆驼身上感染中东呼吸综合征（MERS）。威胁不仅来自野生动物的病原体感染人类，而且许多病原体已经被人类和人类的宠物带到新的地区，在人类记录的近400种寄生蠕虫中，有近50%存在于各种各样的动物中，包括犬、牛、灵长类动物、啮齿动物和鹿等野生动物。研究发现，随着人类和他们的同伴动物在世界各地迁徙，这种寄生虫的转移范围可能已经遍布全球。人类需要清楚了解病原体如何在物种间传播，以及传播发生时如何阻止它们的蔓延并将风险降到最低。

（三）人类、地球环境与未来

人类自从诞生的那天起，就与周围的地理环境发生着密切的关系。一方面，人类的生命活动和生产活动需要不断地向周围环境获取物质和能量，以求自身的生存和发展，同时，人类又将废弃物排放于地理环境之中；另一方面，环境根据自然规律在不停地形成和变化着一定的物质和能量，不为人类的主观需求而改变其客观属性，也不为人类有目的的活动而改变自己的发展过程。因此，在环境有限的自循环过程中，人类无限制地资源开采和环境破坏无疑打破了这一平衡。不管是在现有环境中谋求发展，还是抛弃旧的寻求新的环境，人类需要更加积极、谨慎地处理好地球环境和人类的关系。气候变化是人类共同关注的问题，人们逐渐认识和意识到人类对地球未来环境的影响力，近年来，越来越多的国家和民众正在积极参加到一些保护地球环境的协议或者活动中来。

1.《巴黎协定》

2015年12月，近200个《联合国气候变化框架公约》（以下简称《公约》）缔约方在巴黎气候变化治理大会上达成《巴黎协定》（The Paris Agreement）。这是继《京都议定书》后第二份有法律约束力的气候协议，为2020年后全球应对气候变化行动做出了安排。《巴黎协定》主要目标是将21世纪全球平均气温上升幅度控制在2℃以内，并将全球气温上升控制在高于前工业化时期水平1.5℃以内，从而减少气候变化对人类产生的风险和影响。中国是第23个完成批准协定的缔约方。2017年10月23日，尼加拉瓜政府正式宣布签署《巴黎协定》，随着尼加拉瓜的签署，拒绝《巴黎协定》的国家只有叙利亚和美国。2017年

11 月 8 日，德国波恩举行的新一轮联合国气候变化大会上，叙利亚代表宣布将尽快签署加入《巴黎协定》并履行承诺。2019 年 11 月 4 日，美国正式启动退出巴黎气候协定的进程。

《巴黎协定》共 29 条，包括目标、减缓、适应、损失损害、资金、技术、能力建设、透明度、全球盘点等内容。从环境保护与治理上来看，《巴黎协定》的最大贡献在于明确了全球共同追求的"硬指标"。《巴黎协定》指出，各方将加强对气候变化威胁的全球应对，把全球平均气温较工业化前水平升高控制在 2℃ 之内，并为把升温控制在 1.5℃ 之内努力。只有全球尽快实现温室气体排放达到峰值，21 世纪下半叶实现温室气体净零排放，才能降低气候变化给地球带来的生态风险及给人类带来的生存危机。从人类发展的角度看，《巴黎协定》将世界所有国家都纳入了呵护地球生态确保人类发展的命运共同体当中。各项内容摈弃了"零和博弈"的狭隘思维，体现出与会各方共享、担当和实现互惠共赢的强烈愿望。《巴黎协定》在联合国气候变化框架下，在《京都议定书》、"巴厘路线图"等一系列成果基础上，按照共同但有区别的责任原则、公平原则和各自能力原则，进一步加强联合国气候变化框架公约的全面、有效和持续实施。从经济视角审视，《巴黎协定》同样具有实际意义：推动各方以"自主贡献"的方式参与全球应对气候变化行动，积极向绿色可持续的增长方式转型，避免过去几十年严重依赖石化产品的增长模式继续对自然生态系统构成威胁；促进发达国家继续带头减排，并加强对发展中国家提供财力支持，在技术周期的不同阶段强化技术发展和技术转让的合作行为，帮助后者减缓和适应气候变化；通过市场和非市场双重手段进行国际合作，通过适宜的减缓、顺应、融资、技术转让和能力建设等方式，推动所有缔约方共同履行减排贡献。

2. 地球一小时

"地球一小时"（Earth Hour）是 WWF（世界自然基金会）应对全球气候变化所提出的一项倡议，希望个人、社区、企业和政府在每年 3 月最后一个星期六 20：30 ～ 21：30 熄灯一小时，来表明他们对应对气候变化行动的支持。过量二氧化碳排放导致的气候变化已经极大地威胁到地球上人类的生存。人类只有通过改变全球民众对于二氧化碳排放的态度，才能减轻这一威胁对我们和地球环境造成的严重影响。

3. 亚洲熄灯日

2010 年 6 月 21 日亚洲熄灯日（Asia Lights Out Day）活动是一次大型的熄灯环保活动。活动主题为"熄灯亮心"，由香港地球之友、北京地球村等环保团体联手推动，旨在倡议亚洲的各个城市在这一天熄灯一小时（晚上 9 ～ 10 点），借此来引起人们对日益严峻的环境问题的重视，同时倡导人们选择节能减排、爱护环境、敞开心灵、亲善人际关系的生活方式。

国际社会共同努力不仅证明了需要对环境和气候变化采取行动的紧迫性，而且显示出各国政府和民众一致认为应对气候变化需要强有力的国际合作。"人类命运共同体"的理念，也包含了为了人类生存保护地球、保护环境、珍惜资源的重要性。希望我们能够同心协力，为人类繁衍、生存、发展呵护好我们共同的家园（图 7-13）。

图 7-13　剑桥风光

参 考 文 献

陈振文, 谷龙杰. 2012. 精液分析标准化和精液质量评估——WHO《人类精液检查与处理实验室手册》. 5 版. 中国计划生育学杂志, (1): 58-62.

陈子江, 刘嘉茵, 黄荷凤, 等. 2019. 不孕症诊断指南. 中华妇产科杂志, 54(8): 505-511.

黄荷凤, 王波, 朱依敏. 2013. 不孕症发生现状及趋势分析. 中国实用妇科与产科杂志, 29(9): 688-690.

李喜和. 2019. 家畜性别控制技术. 北京: 科学出版社.

梁珊珊, 黄国宁, 孙海翔, 等. 2018. 卵胞浆内单精子注射 (ICSI) 技术规范. 生殖医学杂志, 27(11): 6-10.

刘风华, 杨业洲, 张松英, 等. 2015. 辅助生殖技术并发症诊断及处理共识. 生殖与避孕, 35(7): 431-439.

龙晓宇, 乔杰. 2017. 精准医疗在生殖医学临床中的应用. 实用妇产科杂志, 33(6): 408-411.

迈克尔·艾伦·帕克. 2014. 生物的进化. 济南: 山东画报出版社.

乔杰, 马彩虹, 刘嘉茵, 等. 2015. 辅助生殖促排卵药物治疗专家共识. 生殖与避孕, 35(4): 211-223.

孙文希, 胡凌娟. 2019. 国内外不孕不育症现状及我国的干预策略探讨. 人口与健康, (12): 19-23.

修燕, 徐飚, 姜庆五. 2003. 严重急性呼吸综合征的流行和防治. 中华传染病杂志, 21(3): 196-198.

徐作军, 刘炳岩, 高鹏, 等. 2003. 重症急性呼吸综合征. 中华内科杂志, 42(6): 432-434.

杨菁, 张燕. 2005. 不孕症研究概况. 外国医学 (妇幼保健分册), 16(4): 232-235.

杨增明. 2019. 生殖生物学. 2 版. 北京: 科学出版社.

杨增明, 孙青原, 夏国良. 2019. 生殖生物学. 2 版. 北京: 科学出版社.

张昀. 2019. 生物进化. 北京: 北京大学出版社.

诸思赟, 施光锋. 2003. 严重急性呼吸综合征的病原学和治疗新进展. 中国抗感染化疗杂志, 3(3): 170-172.

Ansari A A. 2014. Clinical features and pathobiology of Ebola virus infection. Journal of Autoimmunity, 55: 1-9.

Assiri A, Al-Tawfiq J A, Al-Rabeeah A A, et al. 2013. Epidemiological, demographic, and clinical characteristics of 47 cases of Middle East respiratory syndrome coronavirus disease from Saudi Arabia: a descriptive study. The Lancet Infectious Diseases, 13(9): 752-761.

Bing Y, Ouellette R J. 2009. Fertilization in vitro. Methods in Molecular Biology, 550: 251-266.

Boyle K E, Vlahos N, Jarow J P. 2004. Assisted reproductive technology in the new millennium: part I. Urology, 63(1): 2-6.

Braude P, Rowell P. 2003. Assisted conception. II-*in vitro* fertilisation and intracytoplasmic sperm injection. BMJ, 327(7419): 852-855.

Briese T, Mishra N, Jain K, et al. 2014. Middle East respiratory syndrome coronavirus quasispecies that include homologues of human isolates revealed through whole-genome analysis and virus cultured from dromedary camels in Saudi Arabia. mBio, 5(3): e01146-e01114.

Chan M. 2014. Ebola virus disease in West Africa-no early end to the outbreak. The New England Journal of

Medicine, 371(13): 1183-1185.

Chippaux J P. 2014. Outbreaks of Ebola virus disease in Africa: the beginnings of a tragic saga. The Journal of Venomous Animals and Toxins Including Tropical Diseases, 20(1): 44.

Chowell G, Nishiura H. 2014. Transmission dynamics and control of Ebola virus disease(EVD): a review. BMC Medicine, 12: 196.

Christopher D J. 2006. The Sperm Cell. UK: Cambridge University Press.

Cui W Y. 2010. Mother or nothing: the agony of infertility. Bulletin of the World Health Organization, 88(12): 881-882.

de Groot R J, Baker S C, Baric R S, et al. 2013. Middle East respiratory syndrome coronavirus(MERS-CoV): announcement of the Coronavirus Study Group. Journal of Virology, 87(14): 7790-7792.

Doucleff M. 2012. Holy batvirus! Genome hints at origin of SARS-like virus. https://www.npr.org/sections/health-shots/2012/09/28/161944734/holy-bat-virus-genome-hints-at-origin-of-sars-like-virus/[2021-09-28].

Esteves S C, Miyaoka R, Orosz J E, et al. 2013. An update on sperm retrieval techniques for azoospermic males. Clinics, 68(Supp 1): 99-110.

Funk D J, Kumar A. 2015. Ebola virus disease: an update for anesthesiologists and intensivists. Canadian Journal of Anaesthesia = Journal Canadien D'anesthesie, 62(1): 80-91.

Gail M H, Benichou J. 2000. Encyclopedia of Epidemiologic Methods, (Vol. 467). New Jersey: John Wiley and Sons.

Gallo R C. 2006. A reflection on HIV/AIDS research after 25 years. Retrovirology, 3: 72.

Gao F, Bailes E, Robertson D L, et al. 1999. Origin of HIV-1 in the chimpanzee *Pan troglodytes troglodytes*. Nature, 397(6718): 436-441.

Gardner D K, Meseguer M, Rubio C, et al. 2015. Diagnosis of human preimplantation embryo viability. Human Reproduction Update, 21(6): 727-747.

Goeijenbier M, van Kampen J J A, Reusken C B E M, et al. 2014. Ebola virus disease: a review on epidemiology, symptoms, treatment and pathogenesis. The Netherlands Journal of Medicine, 72(9): 442-448.

Gonzalez J P, Pourrut X, Leroy E. 2007. Ebola virus and other filoviruses. Current Topics in Microbiology and Immunology, 315: 363-387.

Harton G, Braude P, Lashwood A, et al. 2011. ESHRE PGD consortium best practice guidelines for organization of a PGD centre for PGD/preimplantation genetic screening. Human Reproduction, 26(1): 14-24.

Hemida M G, Perera R A, Wang P, et al. 2013. Middle East Respiratory Syndrome(MERS)coronavirus seroprevalence in domestic livestock in Saudi Arabia, 2010 to 2013. Euro Surveillance: Bulletin Europeen Sur Les Maladies Transmissibles = European Communicable Disease Bulletin, 18(50): 20659.

Hieter P, Boguski M. 1997. Functional genomics: it's all how you read it. Science, 278(5338): 601-602.

Hiromoto Y, Yamazaki Y, Fukushima T, et al. 2000. Evolutionary characterization of the six internal genes of H5N1 human influenza a virus. The Journal of General Virology, 81(Pt 5): 1293-1303.

Hou Y, Fan W, Yan L, et al. 2013. Genome analyses of single human oocytes. Cell, 155(7): 1492-1506.

Hu B, Zeng L P, Yang X L, et al. 2017. Discovery of a rich gene pool of bat SARS-related coronaviruses provides new insights into the origin of SARS coronavirus. PLoS Pathogens, 13(11): e1006698.

Hunter R H F. 1995. Sex Determination, Differentiation and Intersexuality in Placental Mammals. Cambridge: The Press Syndicate of The University of Cambridge.

Kallings L O. 2008. The first postmodern pandemic: 25 years of HIV/ AIDS. Journal of Internal Medicine, 263(3): 218-243.

Kaplan E H, Heimer R. 1995. HIV incidence among New Haven needle exchange participants: updated estimates from syringe tracking and testing data. Journal of Acquired Immune Deficiency Syndromes and

Human Retrovirology, 10(2): 175-176.

Kindler E, Jónsdóttir H R, Muth D, et al. 2013. Efficient replication of the novel human betacoronavirus EMC on primary human epithelium highlights its zoonotic potential. mBio, 4(1): e00611-e00612.

Laupland K B, Valiquette L. 2014. Ebola virus disease. The Canadian Journal of Infectious Diseases and Medical Microbiology = Journal Canadien Des Maladies Infectieuses et de la Microbiologie Medicale, 25(3): 128-129.

Luo Y, Li B, Jiang R D, et al. 2018. Longitudinal surveillance of betacoronaviruses in fruit bats in Yunnan province, China during 2009-2016. Virologica Sinica, 33(1): 87-95.

Michaels S H, Clark R, Kissinger P. 1998. Declining morbidity and mortality among patients with advanced human immunodeficiency virus infection. The New England Journal of Medicine, 339(6): 405-406.

Mukaida T, Oka C. 2012. Vitrification of oocytes, embryos and blastocysts. Best Practice and Research Clinical Obstetrics and Gynaecology, 26(6): 789-803.

Phoolcharoen W, Dye J M, Kilbourne J, et al. 2011. A nonreplicating subunit vaccine protects mice against lethal Ebola virus challenge. Proceedings of the National Academy of Sciences of the United States of America, 108(51): 20695-20700.

Raj V S, Mou H H, Smits S L, et al. 2013. Dipeptidyl peptidase 4 is a functional receptor for the emerging human coronavirus-EMC. Nature, 495(7440): 251-254.

Ramanan P, Shabman R S, Brown C S, et al. 2011. Filoviral immune evasion mechanisms. Viruses, 3(9): 1634-1649.

Richard E J, Jones R, Lopez K, et al. 2014. Human Reproductive Biology. Elsevier.

Sermon K, van Steirteghem A, Liebaers I. 2004. Preimplantation genetic diagnosis. Lancet, 363(9421): 1633-1641.

Sharp P M, Hahn B H. 2011. Origins of HIV and the AIDS pandemic. Cold Spring Harbor Perspectives in Medicine, 1(1): a006841.

Sinclair A H, Berta P, Palmer M S, et al. 1990. A gene from the human sex-determining region encodes a protein with homology to a conserved DNA-binding motif. Nature, 346(6281): 240-244.

Steptoe P C, Edwards R G. 1978. Birth after the reimplantation of a human embryo. Lancet, 2(8085): 366.

Sullivan N, Yang Z Y, Nabel G J. 2003. Ebola virus pathogenesis: implications for vaccines and therapies. Journal of Virology, 77(18): 9733-9737.

Tesarik J, Mendoza C. 1999. In vitro fertilization by intracytoplasmic sperm injection. BioEssays: News and Reviews in Molecular, Cellular and Developmental Biology, 21(9): 791-801.

The World Bank Group. 2018. The World Bank(2018)World Development Indicators. GNI per capita. Atlas method. Washington, D C.

Tuffs A. 2009. Experimental vaccine may have saved Hamburg scientist from Ebola fever. BMJ, 338: b1223.

United Nations UN. 2015. Transforming our world: the 2030 agenda for sustainable development. https://sdgs.un.org/2030agenda[2015-11-30].

United Nations UN. (2018. World urbanization prospects: the 2018 revision.https://www.un.org/development/desa/pd/content/world-urbanization-prospects-2018-revision[2018-12-20].

United Nations UN. 2019. World population prospects 2019-highlights. https://www.un.org/development/desa/pd/node/1114[2019-06-22].

van den Brand J M A, Smits S L, Haagmans B L. 2015. Pathogenesis of Middle East respiratory syndrome coronavirus. The Journal of Pathology, 235(2): 175-184.

van Steirteghem A, Devroey P, Liebaers I. 2002. Intracytoplasmic sperm injection. Molecular and Cellular Endocrinology, 186(2): 199-203.

van Voorhis B J. 2007. Clinical practice. In vitro fertilization. The New England Journal of Medicine, 356(4): 379-386.

Walsh P C, Retik A B, Vaughan E D, et al. 2002. Campbell's Urology. 8th ed. Philadelphia: WB Saunders: 2: 1487.

Wang N, Li S Y, Yang X L, et al. 2018. Serological evidence of bat SARS-related coronavirus infection in humans, China. Virologica Sinica, 33(1): 104-107.

英汉对照词汇

acid rain	酸雨	embryo transfer, ET	胚胎移植
acquired adrenogenital syndrome	后天性 (获得性) 肾上腺性征综合征	endometriosis	子宫内膜异位症
		estradiol, E2	雌二醇
acquired immunodeficiency syndrome, AIDS	获得性免疫缺陷综合征，艾滋病	follicle-stimulating hormone, FSH	促卵泡生成素
allele drop-out	等位基因脱扣	functional genomics	功能基因组学
artery	动脉	fluorescence *in situ* hybridization, FISH	荧光原位杂交
array-CGH	微阵列比较基因组杂交	fowl plague virus, FPV	鸡瘟病毒
Asia Lights Out Day	亚洲熄灯日	gestational period	妊娠期
androgen receptor, AR	雄激素受体	genome-based drug	基因组药物
assisted reproductive technology, ART	辅助生殖技术	germinal vesicle, GV	生发泡
assisted hatching technique, AH	辅助孵化技术	hemoconcentration	血浓缩症
		homo sapiens	智人
avian influenza; avian flu; bird flu; highly pathogenic avian influenza, HPAI	禽流行性感冒 / 禽流感	human immunodeficiency virus, HIV	人类免疫缺陷病毒
blastocyst	囊胚	hypophysis	垂体
Big Bang	大爆炸	hysterosalpingography, HSG	子宫输卵管造影术
circulating recombinant form, CRF	流行重组型	hypoalbuminemia	低白蛋白血症
clitoris	阴蒂	Human Genome Project, HGP	人类基因组计划
comparative genomic hybridization, CGH	比较基因组杂交	HapMap	国际人类基因组单体型图
congenital adrenogenital syndrome	先天性肾上腺性征综合征	infertility	不孕不育
		intracytoplasmic sperm injection, ICSI	卵细胞质内单精子注射
controlled ovarian hyperstimulation, COH	控制性超促排卵	intrauterine insemination, IUI	宫腔内人工授精
		in vitro fertilization, IVF	体外受精
Corona Virus Disease 2019, COVID-19	新型冠状病毒	International Committee on Taxonomy of Viruses, ICTV	国际病毒分类委员会
dendritic cell	树突状细胞	karyomapping	核型定位
disorders/differences of sex development, DSD	性别发育异常	Klinefelter syndrome	克兰费尔特综合征
Earth Hour	地球一小时	laparoscopy	腹腔镜探查
Ebola virus	埃博拉病毒	luteinizing hormone, LH	黄体生成素
		linkage analysis assay	连锁分析检验

lymphadenopathy associated virus, LAV 淋巴结病相关病毒

microarray 微阵列

Middle East Respiratory Syndrome, MERS 中东呼吸综合征

Müllerian inhibiting substance, MIS 米勒管抑制物质

multiple pregnancy 多胎妊娠

next generation sequencing, NGS 二代测序

Noyes' criteria 诺伊斯标准

orphan nuclear receptor 孤核受体

ovarian hyperstimulation syndrome, OHSS 卵巢过度刺激综合征

persistent Müllerian duct syndrome, PMDS 米勒管永存综合征

polycystic ovarian syndrome, PCOS 多囊卵巢综合征

polymerase chain reaction, PCR 聚合酶链反应

postgenomics 后基因组学

Precision Medicine Initiative 精准医学计划

preimplantation genetic diagnosis, PGD 植入前遗传学诊断

preimplantation genetic screening, PGS 植入前遗传学筛查

premature ovarian failure, POF 卵巢早衰

progesterone, P 孕酮

real time quantitative PCR 实时定量 PCR

single nucleotide polymorphism, SNP 单核苷酸多态性

single nucleotide polymorphism-array, SNP-array 单核苷酸多态性 - 微阵列

steroid hydroxylase 类固醇羟基化酶

testosterone, T 睾酮

testicular sperm aspiration, TESA 睾丸精子吸取术

The Paris Agreement 巴黎协定

unexplained infertility 不明原因性不孕症

46, XX true hermaphroditism 46, XX 真两性畸形

46, XX false hermaphroditism 46, XX 假两性畸形

彩 版

（a）　　　　　　　　　　　　　　（b）

图 2-10　世界首例试管山羊（a）及"世界试管山羊之父"旭日干先生（b）（李喜和，2019）

图 6-8　利用性别控制技术繁育的鹿、肉牛、猪、宠物犬、奶山羊

图 6-10　旭日干博士领导的研究团队与成功培育的中国首例试管羊（左上，1989）、试管牛（右上，1989）及该研究团队 20 周年纪念（中下，2009）

（上）

（左）　　　　　　　　　　　　　（右）

图 6-22　克隆的奶牛种公牛（上）、奶山羊种公羊（左）、鹿茸高产马鹿（右）